Πρόχειρες Σημειώσεις Φυσικής Γ Λυκείου

Θετικής & Τεχνολογικής Κατεύθυνσης

περί ΦΥΣΙΚΗΣ Ορμώμενος

Μιχάλης Ε. Καραδημητριου

MSc Φυσικός

Ηράκλειο Κρήτης

2η Έκδοση - Ιούλης 2013

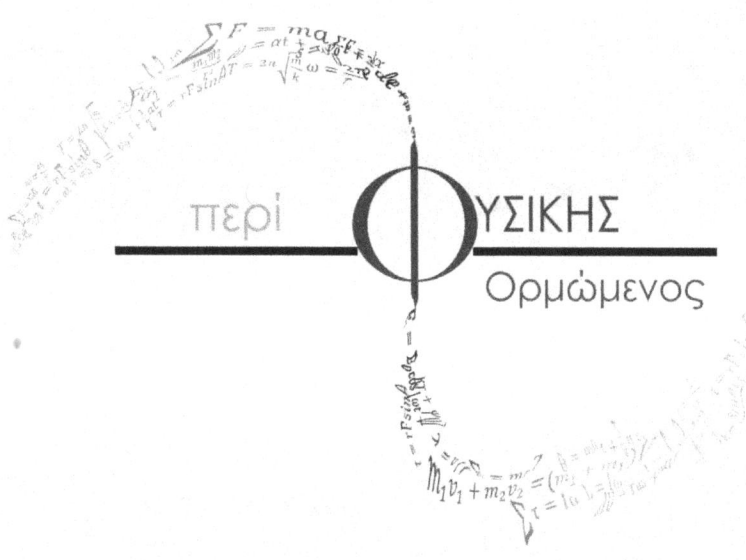

Περιεχόμενα

Πρόλογος

Οι « Πρόχειρες Σημειώσεις » έχουν σαν στόχο να συνοδεύσουν την διδασκαλία του Μαθήματος Φυσικής Κατεύθυνσης στους μαθητές της Γ Λυκείου. Ο όρος « πρόχειρες » είναι αναγκαίος γιατί κάθε χρόνο θα τίθενται σε αμφισβήτηση από τον συγγραφέα και τους αναγνώστες.

Σημειώνω ότι οι σημειώσεις έχουν πάρει στοιχεία από διάφορα βοηθήματα Φυσικής που κυκλοφορούν στα βιβλιοπωλεία. Αναφέρω αυτά του Γιώργου Δημόπουλου, Άγγελου & Σπύρου Σαββάλα, Γιώργου Παναγιωτακόπουλου & Γιώργου Μαθιουδάκη που έχουν κάνει καταπληκτική δουλειά.

Προφανώς ο στόχος των σημειώσεων αυτών δεν είναι να υποκαταστήσουν κανένα βιβλίο, είναι απλά συνοδευτικές του μαθήματος. Σε κάθε παράγραφο άλλωστε υπάρχουν προτεινόμενες ασκήσεις από τα παραπάνω βιβλία για να μελετήσει ο μαθητής.

Στο τέλος των σημειώσεων υπάρχουν τα **Σετ Ασκήσεων** που δόθηκαν στους μαθητές μου κατά το σχολικό έτος 2012 - 2013 και βασίζονται στο ψηφιακό βοήθημα του Υπουργείου Παιδείας (http://www.study4exams.gr). Βέβαια όλο το υλικό είναι δημοσιευμένο στο http://www.perifysikhs.com.

Μιχάλης Ε. Καραδημητρίου, Msc Φυσικός

Κεφάλαιο 1

Ταλαντώσεις

1.1 Απλή Αρμονική Ταλάντωση

1.1.1 Περιοδικά Φαινόμενα

Ονομάζονται τα φαινόμενα που επαναλαμβάνονται κατά τον ίδιο τρόπο σε ίσα χρονικά διαστήματα. Τέτοια φαινόμενα είναι η κυκλική ομαλή κίνηση, η κίνηση του εκκρεμούς κ.ά. Κάθε περιοδικό φαινόμενο χαρακτηρίζεται από την **Περίοδο** (T), τη **Συχνότητα** (f) και την **γωνιακή συχνότητα** (ω)

- **Περίοδος (T)** ενός περιοδικού φαινομένου είναι ο χρόνος που απαιτείται για μια πλήρη επανάληψη του φαινομένου. Αν σε χρόνο t γίνονται N επαναλήψεις του φαινομένου, τότε η περίοδος είναι ίση με το πηλίκο:

$$T = \frac{t}{N} \tag{1.1}$$

Μονάδα μέτρησης της περιόδου είναι το 1 s.

- **Συχνότητα (f)** ενός περιοδικού φαινομένου ειναι το πηλίκο του αριθμού N των επαναλήψεων του φαινομένου σε ορισμένο χρόνο t, προς το χρόνο t. Δηλαδή:

$$f = \frac{N}{t} \tag{1.2}$$

Μονάδα μέτρησης της συχνότητας είναι το 1 Hz ή 1 s^{-1}

Από τον ορισμό τους, τα μεγέθη περίοδος και συχνότητα είναι αντίστροφα και συνδέονται με την σχέση:

$$f = \frac{1}{T} \tag{1.3}$$

- Η **γωνιακή συχνότητα (ω)**είναι ένα μέγεθος που αναφέρεται σε όλα τα περιοδικά φαινόμενα και δίνεται από την σχέση:

$$\omega = \frac{2\pi}{T} = 2\pi f \tag{1.4}$$

Η γωνιακή συχνότητα είναι ίση με το μέτρο της γωνιακής ταχύτητας στην ομαλή κυκλική κίνηση και εκφράζει τον αριθμό των επαναλήψεων ενός φαινομένου σε χρόνο $2\pi sec$.

Μονάδα μέτρησης της συχνότητας είναι το $1rad/sec$.

1.1.2 Οι εξισώσεις της Απλής Αρμονικής Ταλάντωσης

Ταλάντωση ονομάζεται μια παλινδρομική περιοδική κίνηση.**Γραμμική ταλάντωση** ονομάζεται η ταλάντωση που εξελίσσεται πάνω σε ευθεία τροχιά. Μια ειδική περίπτωση γραμμικής ταλάντωσης είναι η **απλή αρμονική ταλάντωση (α.α.τ.)**.

Έστω ένα σώμα που κινείται παλινδρομικά πάνω σε ένα άξονα γύρω από την αρχή Ο του άξονα, που είναι το μέσον της τροχιάς του. Αν η απομάκρυνση χ του σώματος από το σημείο Ο είναι αρμονική συνάρτηση του χρόνου t, δηλαδή δίνεται από την σχέση:

$$x = A\eta\mu(\omega t + \phi_0) \tag{1.5}$$

τότε η κίνηση του σώματος λέγεται *απλή αρμονική ταλάντωση*. Το **Α** είναι η μέγιστη απομάκρυνση, δηλαδή η μέγιστη απόσταση από το σημείο Ο στην οποία φτάνει το σώμα και ονομάζεται **Πλάτος** της ταλάντωσης. Η γωνία $\phi = \omega t + \phi_0$ που η τιμή της καθορίζει και την τιμή της απομάκρυνσης χ του σώματος την χρονική στιγμή t ονομάζεται **φάση της ταλάντωσης**.Το σημείο Ο είναι η **θέση ισορροπίας** της ταλάντωσης.

Η φάση αυξάνεται συνεχώς με τον χρόνο και σε χρονικό διάστημα $\Delta t = T$ αντιστοιχεί σε αύξηση της φάσης κατά $\Delta\phi = 2\pi rad$

Η ποσότητα ϕ_0 είναι η φάση της ταλάντωσης για την χρονική στιγμή $t = 0$ και γιαύτό ονομάζεται **αρχική φάση**. Ουσιαστικά η αρχική φάση καθορίζεται από τις ¨αρχικές συνθήκες¨ της απλής αρμονικής ταλάντωσης (θέση, ταχύτητα, επιτάχυνση). Για την αρχική φάση ισχύει:

$$0 \le \phi_0 < 2\pi$$

Η **ταχύτητα** του σώματος κάθε χρονική στιγμή δίνεται από την σχέση:

$$\upsilon = \frac{dx}{dt} = \upsilon_{max}\sigma\upsilon\nu(\omega t + \phi_0) \tag{1.6}$$

όπου $\upsilon_{max} = \omega A$ η μέγιστη τιμή του μέτρου της ταχύτητας του σώματος. Το σώμα έχει μέγιστη ταχύτητα, όταν διέρχεται από την θέση ισορροπίας Ο ($x = 0$).

Η **επιτάχυνση** του σώματος κάθε χρονική στιγμή δίνεται από την σχέση:

$$\alpha = \frac{d\upsilon}{dt} = -\alpha_{max}\eta\mu(\omega t + \phi_0) \tag{1.7}$$

όπου $\alpha_{max} = \omega^2 A$ η μέγιστη τιμή του μέτρου της επιτάχυνσης του σώματος. Το σώμα έχει μέγιστη επιτάχυνση, όταν βρισκεται στις ακραίες θέσης της ταλάντωσης ($x = \pm A$).

Οι χρονικές εξισώσεις (1.5),(1.6),(1.7) απομάκρυνσης,ταχύτητας και επιτάχυνσης είναι η ¨ταυτότητα¨ της κάθε κίνησης στην μηχανική και συγκροτούν την **Κινηματική προσέγγιση** του προβλήματος. Για την περίπτωση της απλής αρμονικής ταλάντωσης οι εξισώσεις αυτές είναι περιοδικές συναρτήσεις του χρόνου

Σχέση στιγμιαίας επιτάχυνσης-απομάκρυνσης Η σχέση (1.7) με την βοήθεια της (1.5) γράφεται:

$$\alpha = -\alpha_{max}\eta\mu(\omega t) = -\omega^2 A\eta\mu(\omega t) = -\omega^2 x \tag{1.8}$$

Από την τελευταία σχέση προκύπτει ότι η επιτάχυνση α και η απομάκρυνση x του σώματος έχουν πάντα αντίθετη φορά, ή με άλλα λόγια, ότι η επιτάχυνση έχει πάντοτε φορά προς την θέση ισορροπίας Ο.

Σχέση στιγμιαίας ταχύτητας-απομάκρυνση Η αλγεβρική τιμή της ταχύτητας σε μια τυχαία χρονική στιγμή και της απομάκρυνσης την ίδια χρονική στιγμή συνδέονται με την σχέση:

$$\upsilon = \pm\omega\sqrt{A^2 - x^2} \tag{1.9}$$

η απόδειξη της σχέσης προκύπτει με δύο τρόπους παραθέτω τον πρώτο παρακάτω

$$x = A\eta\mu(\omega t) \Rightarrow \frac{x}{A} = \eta\mu(\omega t) \Rightarrow \frac{x^2}{A^2} = \eta\mu^2(\omega t)$$

και

$$\upsilon = \omega A\sigma\upsilon\nu(\omega t) \Rightarrow \frac{\upsilon}{\omega A} = \sigma\upsilon\nu(\omega t) \Rightarrow \frac{\upsilon^2}{\omega^2 A^2} = \sigma\upsilon\nu^2(\omega t)$$

προσθέτοντας κατά μέλη τις παραπάνω σχέσεις προκύπτει:

$$\frac{x^2}{A^2} + \frac{\upsilon^2}{\omega^2 A^2} = \eta\mu^2(\omega t) + \sigma\upsilon\nu^2(\omega t) = 1 \Rightarrow \upsilon = \pm\omega\sqrt{A^2 - x^2}$$

1.1.3 Γραφικές παραστάσεις

Στα διαγράμματα των παραπάνω σχημάτων αποδίδεται η μεταβολή της απομάκρυνσης, της ταχύτητας και της επιτάχυνσης σε συνάρτηση με τον χρόνο για ένα σώμα που εκτελεί απλή αρμονική ταλάντωση με $\phi_0 = 0$.

Τι πληροφορίες μπορούμε να πάρουμε από τις παραπάνω γραφικές παραστάσεις·

α) Η χρονική στιγμή $t = 0$ μας δίνει την αρχική φάση ϕ_0.

β) Η ταχύτητα του σώματος μηδενίζεται στις ακραίες θέσεις, ενώ μεγιστοποιείται όταν το σώμα διέρχεται από την θέση ισορροπίας.

γ) Η επιτάχυνση του σώματος μηδενίζεται όταν το σώμα διέρχεται από την θέση ισορροπίας του, ενώ μεγιστοποιείται όταν το σώμα φτάνει σε ακραία θέση.

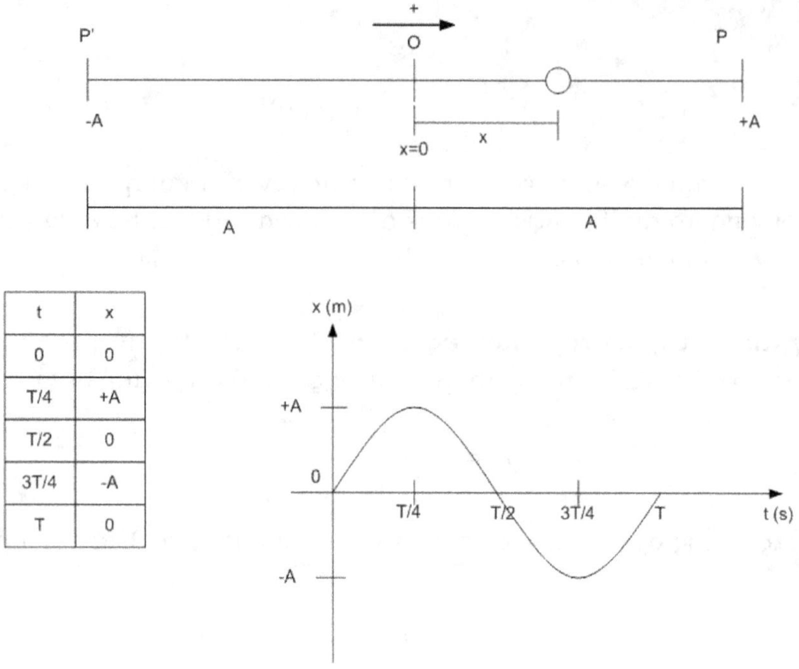

t	x
0	0
T/4	+A
T/2	0
3T/4	-A
T	0

Σχήμα 1.1: Διάγραμμα Απομάκρυνσης - χρόνου

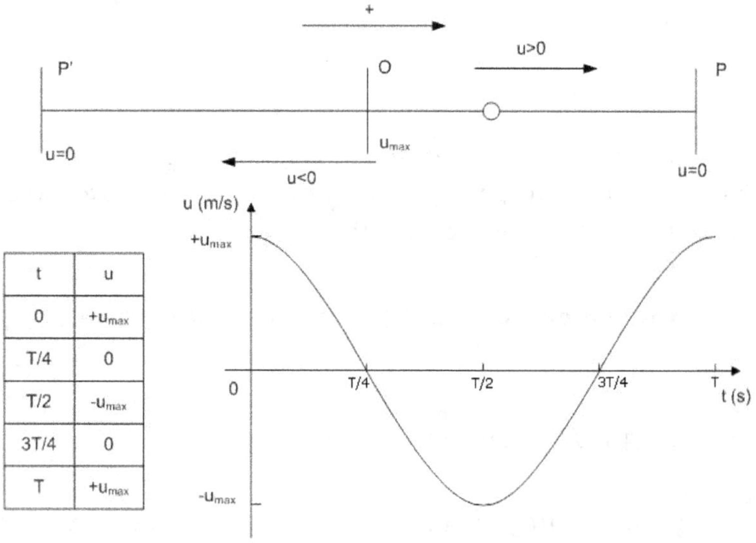

t	u
0	$+u_{max}$
T/4	0
T/2	$-u_{max}$
3T/4	0
T	$+u_{max}$

Σχήμα 1.2: Διάγραμμα Ταχύτητας - χρόνου

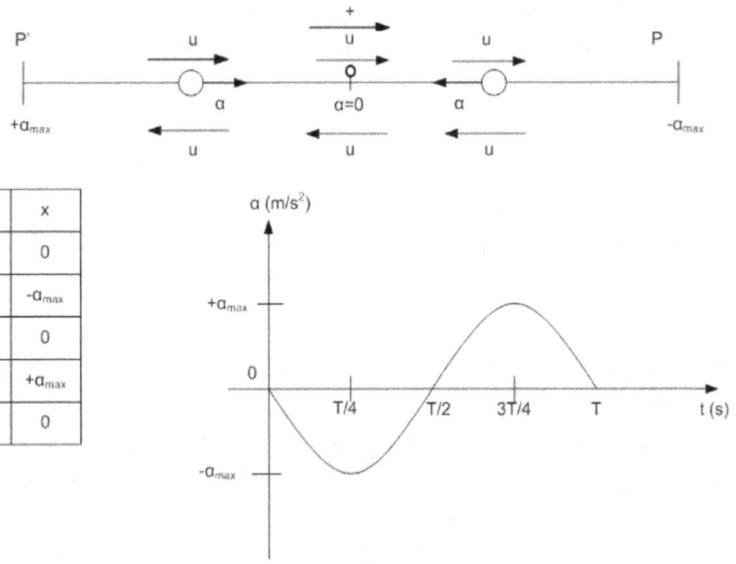

t	x
0	0
T/4	$-α_{max}$
T/2	0
3T/4	$+α_{max}$
T	0

Σχήμα 1.3: Διάγραμμα Επιτάχυνσης - χρόνου

δ) Τα διανύσματα της απομάκρυνσης, της ταχύτητας και της επιτάχυνσης έχουν:

- Θετική αλγεβρική τιμή όταν έχουν φορά προς τα πάνω ή προς τα δεξιά.
- Αρνητική αλγεβρική τιμή όταν έχουν φορά προς τα κάτω ή αριστερά.

Πολλές φορές η εκφώνηση της άσκησης καθορίζει την θετική φορά

δ) Όταν το σώμα απομακρύνεται από την θέση ισορροπίας, η ταχύτητα του ελαττώνεται κατά μέτρο(άρα επιτάχυνση αντίθετη στην ταχύτητα) , ενώ όταν το σώμα πλησιάζει προς την θέση ισορροπίας, η ταχύτητα του αυξάνεται κατά μέτρο(άρα επιτάχυνση και ταχύτητα στην ίδια φορά)

1.1.4 Παραδείγματα Υπολογισμού Αρχικής φάσης

π.χ.1 Ένα σώμα που εκτελεί απλή αρμονική ταλάντωση την χρονική στιγμή $t = 0$ βρίσκεται στην ακραία θετική θέση ($x = +A$). Να υπολογίσετε την αρχική φάση της ταλάντωσης.

Λύση Αφού εκτελεί α.α.τ. $\Rightarrow x = A\eta\mu(\omega t + \phi_0)$ την χρονική στιγμή $t = 0 \Rightarrow +A = A\eta\mu(\phi_0) \Rightarrow \eta\mu(\phi_0) = +1 \Rightarrow \phi_0 = 2k\pi + \pi/2 \Rightarrow \phi_0 = \pi/2rad$

π.χ.2 Ένα σώμα που εκτελεί απλή αρμονική ταλάντωση ξεκινά την χρονική στιγμή $t = 0$ από την θέση ισορροπίας και κινείται με φορά προς την ακραία αρνητική θέση.Να υπολογίσετε την αρχική φάση της ταλάντωσης.

Λύση Αφού εκτελεί α.α.τ. $\Rightarrow x = A\eta\mu(\omega t + \phi_0)$ την χρονική στιγμή $t = 0$ βρίσκεται στην θέση $x = 0 \Rightarrow 0 = A\eta\mu(\phi_0) \Rightarrow \eta\mu(\phi_0) = 0 \Rightarrow \phi_0 = 2k\pi$ ή $\phi_0 = 2k\pi + \pi$.

Ταυτόχρονα όμως για $t = 0, \upsilon = -\upsilon_{max} \Rightarrow \sigma\upsilon\nu(\phi_0) = -1 \Rightarrow \phi_0 = \pi rad$

π.χ.3 Ένα σώμα που εκτελεί απλή αρμονική ταλάντωση βρίσκεται την χρονική στιγμή $t = 0$ στη θέση $x = +A/2$ και κινείται προς την θέση ισορροπίας. Να υπολογίσετε την αρχική φάση της ταλάντωσης.

Λύση Αφού εκτελεί α.α.τ. $\Rightarrow x = A\eta\mu(\omega t + \phi_0)$ την χρονική στιγμή $t = 0$ βρίσκεται στην θέση $x = +A/2 \Rightarrow A/2 = A\eta\mu(\phi_0) \Rightarrow \eta\mu(\phi_0) = 1/2 \Rightarrow \phi_0 = 2k\pi + \pi/6$ ή $\phi_0 = 2k\pi + \pi - \pi/6$.

Ταυτόχρονα όμως για $t = 0, \upsilon < 0 \Rightarrow \sigma\upsilon\nu(\phi_0) < 0 \Rightarrow \phi_0 = \pi - \pi/6 = 5\pi/6rad$(2ο τεταρτημόριο) * Άν για την στιγμή $t = 0$ κινούνταν προς την ακραία θετική θέση τότε $\upsilon > 0 \Rightarrow \phi_0 = \pi/6rad$

1.1.5 Η Δύναμη στην Απλή Αρμονική Ταλάντωση

Όταν ένα σώμα μάζας m εκτελεί απλή αρμονική ταλάντωση, τότε σε μια τυχαία θέση της τροχιάς του έχει επιτάχυνση α, ανεξάρτητα από την κατεύθυνση της κίνησης του. Η συνολική δύναμη που δέχεται το σώμα και είναι υπεύθυνη για την επιτάχυνση του δίνεται από τον θεμελιώδη Νόμο της μηχανικής:

$$\Sigma F = m\alpha \tag{1.10}$$

όμως λόγω της σχέσης (1.8) προκύπτει

$$\Sigma F = -m\omega^2 x \tag{1.11}$$

Αν συμβολίσουμε $D = m\omega^2$, η παραπάνω σχέση γράφεται:

$$\Sigma F = -Dx \tag{1.12}$$

Η σταθερά αναλογίας D λέγεται **σταθερά επαναφοράς** της ταλάντωσης και η τιμή της εξαρτάται από τα χαρακτηριστικά του ταλαντούμενου συστήματος. Από την σχέση (1.12) φαίνεται ότι όταν ένα σώμα εκτελεί απλή αρμονική ταλάντωση, η συνολική δύναμη που δέχεται:

- έχει ως φορέα την ευθεία πάνω στην οποία γίνεται η ταλάντωση του σώματος,
- είναι ανάλογη με την απομάκρυνση του σώματος από την Θέση Ισορροπίας Ο,
- έχει αντίθετη φορά απο την απομάκρυνση του σώματος και πάντοτε προς την θέση ισορροπίας
- στην θέση ισορροπίας $\Sigma F = 0$

Η σχέση (1.12) ονομάζεται και **Δύναμη Επαναφοράς**, αφού δρα έτσι ώστε να επιταχύνει το σώμα πάντα προς την θέση ισορροπίας και παριστάνεται γραφικά στο διάγραμμα 1.4 **Παρατήρηση**: Η σχέση (1.12) αποτελεί **ικανή και αναγκαία συν-**

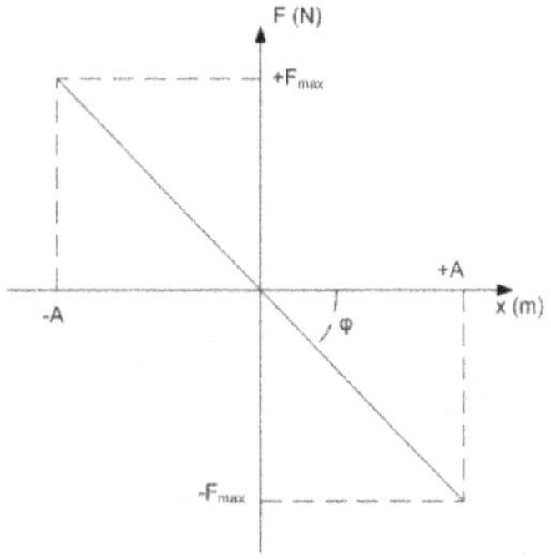

Σχήμα 1.4: Διάγραμμα Δύναμης- Απομάκρυνσης

θήκη, ώστε ένα σώμα να εκτελεί απλή αρμονική ταλάντωση. Αυτό σημαίνει πως όταν θέλουμε να αποδείξουμε ότι η γραμμική ταλάντωση που εκτελεί ένα σώμα είναι και αρμονική, μπορούμε να αποδείξουμε ότι σε κάθε θέση απομάκρυνσης x από την θέση ισορροπίας η συνισταμένη δύναμη που δέχεται το σώμα είναι ανάλογη της απομάκρυνσης και έχει αντίθετη κατεύθυνση από αυτή. Φυσικά ισχύει και το αντίστροφο, δηλαδή αν ένα σώμα εκτελεί απλή αρμονική ταλάντωση, τότε η συνισταμένη δύναμη που δέχεται σε κάθε θέση απομάκρυνσης x από την θέση ισορροπίας ικανοποιεί την σχέση (1.12).

Σχέση Περιόδου- σταθεράς επαναφοράς

Από την σχέση $D = m\omega^2$ προκύπτει: $\omega = \sqrt{\frac{D}{m}}$
από τον ορισμό της γωνιακής συχνότητας $\omega = \frac{2\pi}{T}$ προκύπτει:

$$T = 2\pi\sqrt{\frac{m}{D}} \tag{1.13}$$

Από την τελευταία σχέση προκύπτει ότι **η περίοδος T δεν εξαρτάται από το πλάτος A της ταλάντωσης**.

Η δύναμη επαναφοράς ως συνάρτηση του χρόνου

Από τις σχέσεις (1.12),(1.5) προκύπτει:

$$\Sigma F = F_{max}\eta\mu(\omega t + \phi_0) \tag{1.14}$$

,με την μέγιστη τιμή του μέτρου της δύναμης $F_{max} = DA$

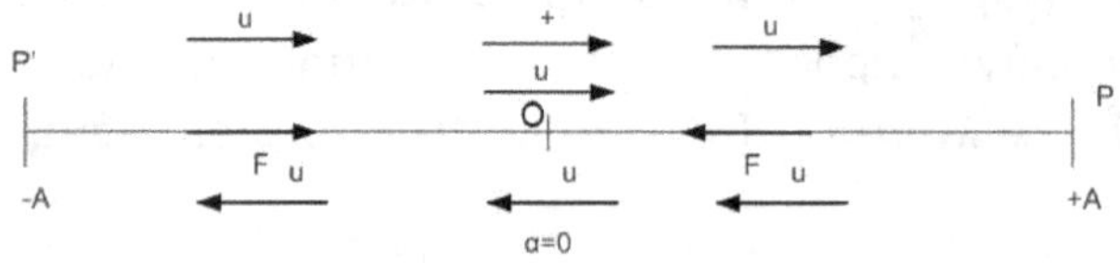

t	F
0	0
T/4	$-F_{max}$
T/2	0
3T/4	$+F_{max}$
T	0

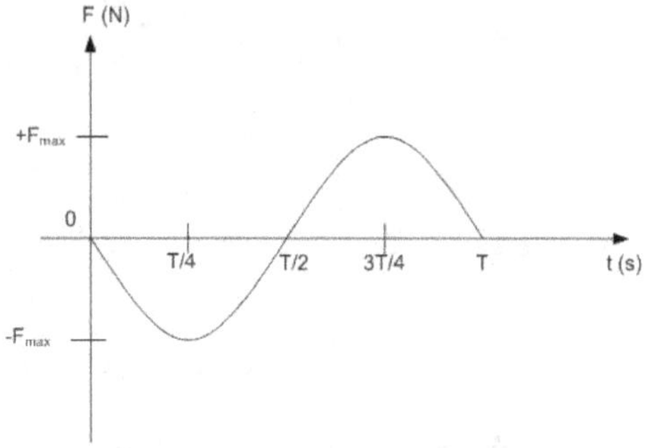

Σχήμα 1.5: Διάγραμμα Δύναμης - Χρόνου

1.2 Το σύστημα ¨Μάζας - Ελατηρίου¨

Το ποιο χαρακτηριστικό πρόβλημα που θα αντιμετωπίσουμε στις μηχανικές ταλαντώσεις είναι το πρόβλημα της μάζας που είναι στερεωμένη στο άκρο ενός ιδανικού ελατηρίου.

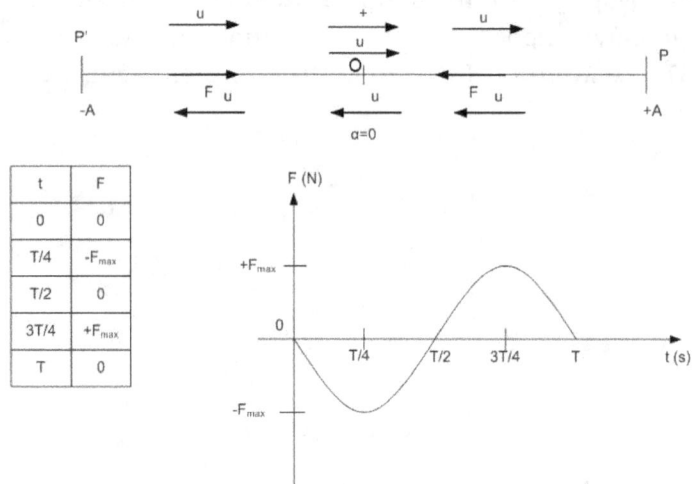

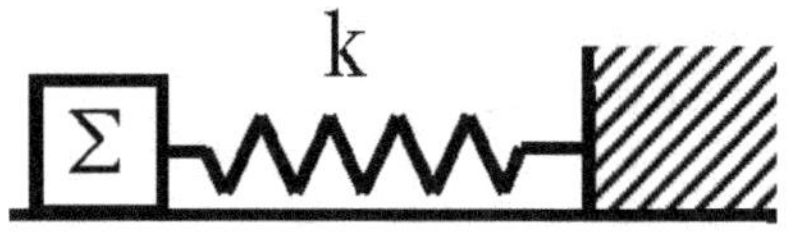

Ιδανικό ελατήριο είναι κάθε ελατήριο που μπορεί να θεωρηθεί ως αβαρές και υπακούει στον **Νόμο του Hooke** $F_{\epsilon\lambda} = k\Delta l$ όπου k είναι η σταθερά του ελατηρίου (εξαρτάται από το υλικό του ελατηρίου) και Δl είναι η επιμήκυνση ή συμπίεση του ελατηρίου από την **Θέση Φυσικού μήκους** του. Η δύναμη $F_{\epsilon\lambda}$ έχει τέτοια φορά ώστε να επαναφέρει το ελατήριο στην αρχική του κατάσταση φυσικού μήκους (l_0)

Η Δύναμη Ελατηρίου ($F_{\epsilon\lambda}$) συμπίπτει με την δύναμη επαναφοράς μόνο στην περίπτωση του οριζοντίου ελατηρίου, όπου η θέση ισορροπίας και η θέση φυσικού μήκους συμπίπτουν, αντίθετα στην περίπτωση του κατακόρυφου ή κεκλιμένου συστήματος η θέση ισορροπίας και η θέση φυσικού μήκους είναι διαφορετικές, άρα δεν συμπίπτουν οι δύο δυνάμεις μεταξύ τους.

Πώς αποδεικνύουμε ότι ένα σώμα το οποίο είναι δεμένο σε ελατήριο εκτελεί απλή αρμονική ταλάντωση, αν το διεγείρουμε από την κατάσταση ισορροπίας του;

Βήματα - μεθοδολογία σε προβλήματα οριζοντίων και κατακόρυφων ελατηρίων που στο άκρο τους έχουν σώμα μάζας m

1ο : Σχεδιάζουμε το ελατήριο στο φυσικό του μήκος, το σώμα στην θέση ισορροπίας και το σώμα σε μια τυχαία θέση που απέχει x από την θέση ισορροπίας

2ο : Σχεδιάζουμε τις δυνάμεις που ασκούνται στην μάζα στην θέση ισορροπίας. Από την συνθήκη ισορροπίας ($\Sigma F = 0$) βρίσκουμε μια σχέση

3ο : Σχεδιάζουμε τις δυνάμεις που ασκούνται στην τυχαία θέση και υπολογίζουμε την ΣF. *Προσέχουμε στον υπολογισμό της συνισταμένης δύναμης, από τις δυνάμεις που έχουν την ίδια φορά με την απομάκρυνση x να αφαιρούμε εκείνες που έχουν αντίθετη φορά.*

4ο : Αφού καταλήξω σε σχέση της μορφής $\Sigma F = -Dx$, με D θετική σταθερά το σώμα θα εκτελεί απλή αρμονική ταλάντωση με σταθερά επαναφοράς D.

5ο : Το πλάτος A της ταλάντωσης είναι ίσο με την αρχική απομάκρυνση του σώματος από την Θέση Ισορροπίας. Η περίοδος υπολογίζεται απο την σχέση (1.13) και η εξίσωση της απομάκρυνσης δίνεται από την (1.5) με την κατάλληλη αρχική φάση ϕ_0

1.2.1 Η ενέργεια στην Απλή Αρμονική Ταλάντωση

Η ενέργεια της ταλάντωσης Ε ενός συστήματος που εκτελεί απλή αρμονική ταλάντωση ισούται με την ενέργεια που προσφέραμε αρχικά στο σύστημα για να το θέσουμε σε ταλάντωση. Η ενέργεια της ταλάντωσης υπολογίζεται από τον τύπο:

$$E = \frac{1}{2}DA^2 \tag{1.15}$$

Από την παραπάνω σχέση προκύπτει ότι το πλάτος A καθορίζεται από την ενέργεια της ταλάντωσης, δηλαδή από την ενέργεια που προσφέραμε αρχικά στο σύστημα ώστε να αρχίσει να ταλαντώνεται. Σε όλη την διάρκεια της ταλάντωσης η ενέργεια παραμένει σταθερή.Άρα: **Η ενέργεια μιας απλής αρμονικής ταλάντωσης είναι σταθερή και ανάλογη με το τετράγωνο του πλάτους της.**

Δυναμική& Κινητική Ενέργεια Ταλάντωσης Στην διάρκεια της ταλάντωσης η ενέργεια εμφανίζεται ως δυναμική ενέργεια ταλάντωσης και ως κινητική ενέργεια ταλάντωσης. Η κινητική και η Δυναμική ενέργεια υπολογίζονται αντίστοιχα από τις σχέσεις:

$$K = \frac{1}{2}mv^2 \tag{1.16}$$

$$U = \frac{1}{2}Dx^2 \tag{1.17}$$

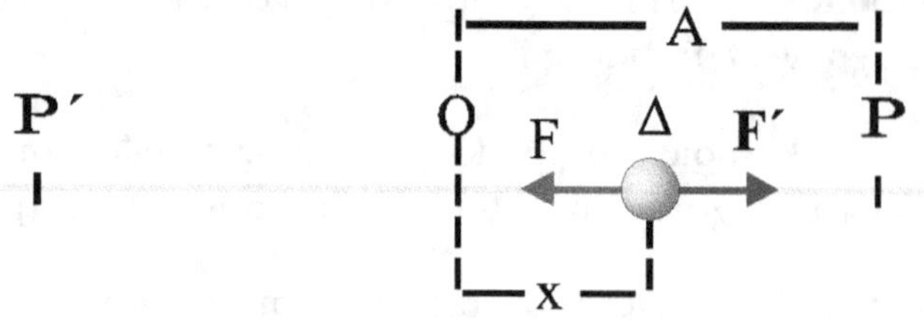

Απόδειξη της σχέσης $U = \frac{1}{2}Dx^2$**:** Αν το σώμα βρίσκεται ακίνητο στην θέση ισορροπίας O, για να μετακινηθεί σε μια άλλη θέση πρέπει να του ασκηθεί κατάλληλη εξωτερική δύναμη $F_{\epsilon\xi}$. Κατά την μετακίνηση αυτή θα ασκείται στο σώμα και η δύναμη επαναφοράς. Για να μετακινηθεί το σώμα στην ακραία θέση (x) χωρίς ταχύτητα θα πρέπει το μέτρο της εξωτερικής δύναμης να είναι ίσο με το μέτρο της δύναμης επαναφοράς και να έχει αντίθετη φορά, σε κάθε χρονική στιγμή. Δηλαδή θα πρέπει να ισχύει:

$$F_{\epsilon\xi} = -\Sigma F = -(-Dx) = Dx$$

Το έργο της εξωτερικής δύναμης είναι ίσο και με την προσφερόμενη ενέργεια για να απομακρύνουμε το σώμα κατά x από την θέση ισορροπίας. Επειδή η δύναμη είναι μεταβλητού μέτρου το έργο της υπολογίζεται από το εμβαδόν της γραφικής παράστασης $F_{\epsilon\xi} = f(x)$.

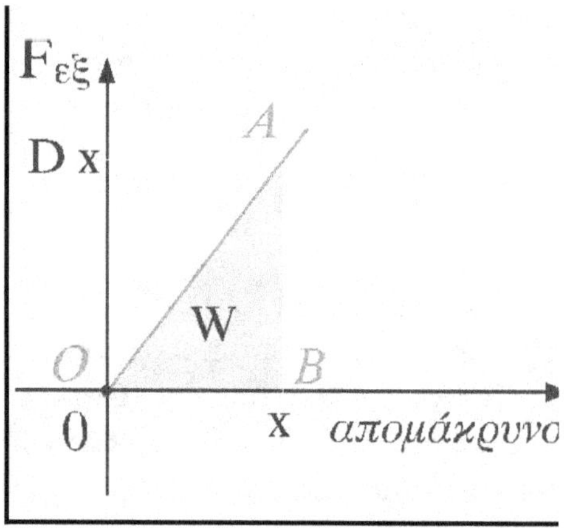

Από το εμβαδόν προκύπτει η ενέργεια που προσφέρεται στο σύστημα και αποθηκεύεται σάυτό ως Δυναμική Ενέργεια:

$$W_{F_{\epsilon\xi}} = E = \frac{1}{2}Dx^2 \qquad (1.18)$$

K, U **ως συναρτήσεις του χρόνου:** Αντικαθιστώντας στις σχέσεις 1.16 και 1.17 της χρονικές εξισώσεις για την στιγμιαία απομάκρυνση και στην στιγμιαία ταχύτητα μπορούμε να οδηγηθούμε στις παρακάτω σχέσεις:

$$K=\frac{1}{2}m(\upsilon_{max}\sigma\upsilon\nu(\omega t))^2 \Rightarrow K=\frac{1}{2}m\omega^2A^2\sigma\upsilon\nu^2(\omega t)$$

$$\Rightarrow K=\frac{1}{2}DA^2\sigma\upsilon\nu^2(\omega t)=E\sigma\upsilon\nu^2(\omega t) \quad (1.19)$$

$$U=\frac{1}{2}D(A\eta\mu(\omega t))^2 \Rightarrow U=\frac{1}{2}DA^2\eta\mu(\omega t)=E\eta\mu^2(\omega t) \quad (1.20)$$

Από τις σχέσεις 1.20 και 1.19 προκύπτει ότι η κινητική και η δυναμική ενέργεια ενός συστήματος που εκτελεί απλή αρμονική ταλάντωση μεταβάλλονται περιοδικά με τον χρόνο. Οι γραφικές παραστάσεις της Κινητικής, της Δυναμικής και της ολικής ενέργειας της ταλάντωσης σε συνάρτηση με τον χρόνο φαίνονται στο διάγραμμα του παρακάτω σχήματος:

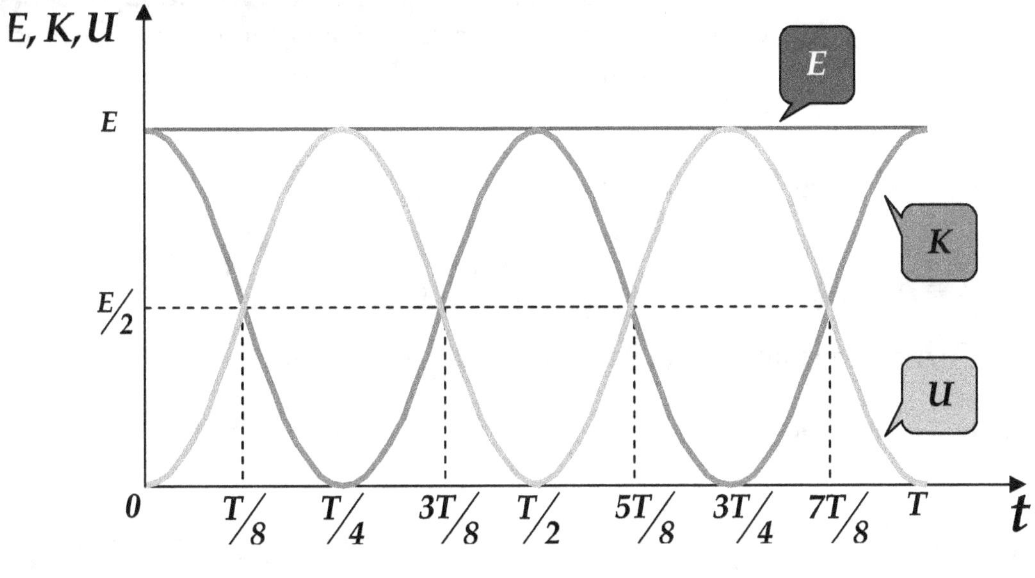

Σχήμα 1.6: E, K, U σε συνάρτηση με τον χρόνο

Διατήρησης της Ενέργειας: Η ολική ενέργεια Ε στην απλή αρμονική ταλάντωση παραμένει σταθερή και είναι κάθε στιγμή ίση με το άθροισμα της Δυναμικής ενέργειας ταλάντωσης και της κινητικής ενέργειας. Δηλαδή:

$$K+U=E \Rightarrow \frac{1}{2}mv^2+\frac{1}{2}Dx^2=E$$

,όπου βέβαια Ε=σταθερή και δίνεται από την σχέση 1.15

Από τα παραπάνω διαπιστώνουμε ότι:

(α) **Στην θέση ισορροπίας** ($x = 0$) η Δυναμική ενέργεια είναι μηδέν, ενώ η Κινητική ενέργεια είναι μέγιστη και ίση με την Ενέργεια ταλάντωσης. $E = K_{max} = \frac{1}{2}mv_{max}^2$

(β) **Στις ακραίες θέσεις** ($x = \pm A$) η Κινητική Ενέργεια είναι μηδέν, ενώ η Δυναμική ενέργεια είναι μέγιστη και ίση με την ενέργεια της ταλάντωσης $E = U_{max} = \frac{1}{2}DA^2$

(γ) **Σε οποιαδήποτε ενδιάμεση θέση**(εκτός από την Θ.Ι.) το σύστημα έχει και Κινητική και Δυναμική Ενέργεια και σε κάθε χρονική στιγμή ισχύει η **Αρχή Διατήρησης της Ενέργειας**

$$\frac{1}{2}mv^2 + \frac{1}{2}Dx^2 = E = \frac{1}{2}DA^2 = \frac{1}{2}mv_{max}^2 \tag{1.21}$$

Γνωρίζοντας την Δυναμική και την Κινητική Ενέργεια κατά την διάρκεια της απλής αρμονικής ταλάντωσης μπορούμε να περιγράψουμε την κίνηση του σώματος, χωρίς να χρειάζεται απαραίτητα ο χρόνος. Αυτή η προσέγγιση είναι η **Ενεργειακή προσέγγιση** της κίνησης, που σε πολλές περιπτώσεις είναι χρησιμότερη από την Κινητική προσέγγιση που απαιτεί γνώση του χρόνου.

Παρακάτω παρουσιάζω δύο βασικές αποδείξεις:

Απόδειξη της σχέσης $v_{max} = \omega A$:

$$E = K_{max} \Rightarrow \frac{1}{2}DA^2 = \frac{1}{2}mv_{max}^2 \Rightarrow A^2 = \frac{m}{D}v_{max}^2 \rightarrow A = \sqrt{\frac{m}{D}}v_{max}$$

όμως η σταθερά επαναφοράς είναι $D = m\omega^2 \Rightarrow v_{max} = \omega A$

Απόδειξη της σχέσης $v = \pm\omega\sqrt{A^2 - x^2}$:

$$\frac{1}{2}mv^2 + \frac{1}{2}Dx^2 = E = \frac{1}{2}DA^2 \Rightarrow mv^2 = D(A^2 - x^2) \Rightarrow v \pm \sqrt{\frac{D}{m}(A^2 - x^2)}$$

όμως η σταθερά επαναφοράς είναι $D = m\omega^2 \Rightarrow v = \pm\omega\sqrt{A^2 - x^2}$

Τα διαγράμματα $U = f(x), K = f(x)$ **στην απλή αρμονική ταλάντωση** Η δυναμική Ενέργεια της ταλάντωσης θα δίνεται από την σχέση:

$$U = \frac{1}{2}Dx^2 \quad \mu\epsilon - A \leq x \leq +A$$

Η κινητική Ενέργεια της ταλάντωσης θα δίνεται από την σχέση:

$$E = K + U \Rightarrow K = E - \frac{1}{2}Dx^2 \quad \mu\epsilon - A \leq x \leq +A \tag{1.22}$$

Άρα η γραφική παράσταση της Δυναμικής Ενέργειας και της Κινητικής Ενέργειας σε κοινό διάγραμμα σε συνάρτηση με την απομάκρυνση από την Θ.Ι. παρουσιάζεται στο Σχήμα 1.7:

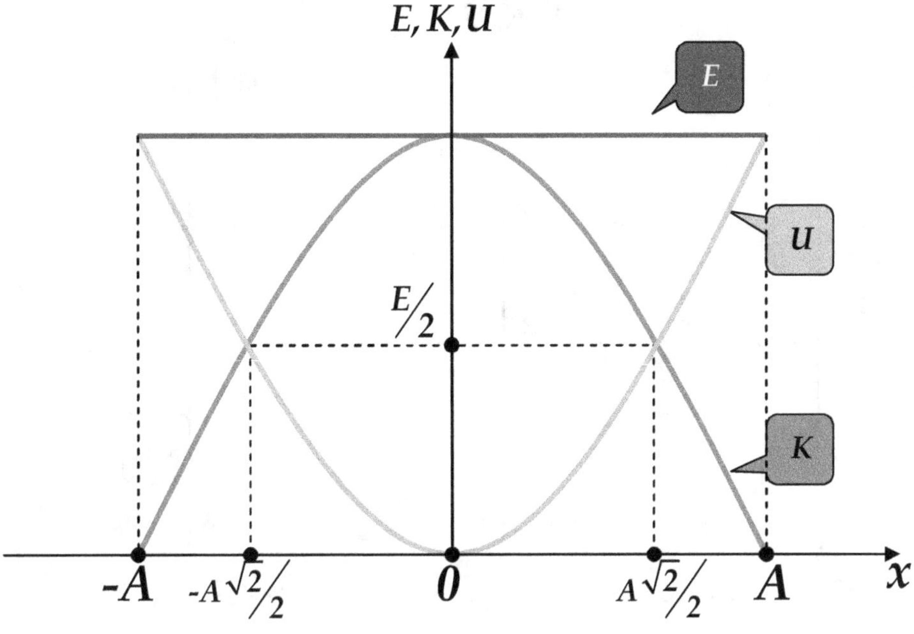

Σχήμα 1.7: Διάγραμμα E, K, U με την απομάκρυνση

Τα διαγράμματα $U = f(\upsilon), K = f(\upsilon)$ στην απλή αρμονική ταλάντωση Η κινητική ενέργεια της ταλάντωσης θα δίνεται από την σχέση:

$$K = \frac{1}{2}m\upsilon^2 \quad \mu\epsilon - \upsilon_{max} \leq \upsilon \leq +\upsilon_{max}$$

Η δυναμική ενέργεια της ταλάντωσης θα δίνεται από την σχέση:

$$E = K + U \Rightarrow U = E - \frac{1}{2}m\upsilon^2 \quad \mu\epsilon - \upsilon_{max} \leq \upsilon \leq +\upsilon_{max} \tag{1.23}$$

Άρα η γραφική παράσταση της Δυναμικής Ενέργειας και της Κινητικής Ενέργειας σε κοινό διάγραμμα σε συνάρτηση με την απο την ταχύτητα παρουσιάζεται στο Σχήμα 1.8:

Η ενέργεια στο Ιδανικό Ελατήριο: Στην περίπτωση του ιδανικού ελατηρίου που αναλύσαμε παραπάνω μπορούμε να υπολογίσουμε την Δυναμική Ενέργεια του ελατηρίου, η οποία χαρακτηρίζεται ώς δυναμική ενέργεια παραμόρφωσης. Υπολογίζεται από την σχέση:

$$U_{\epsilon\lambda} = \frac{1}{2}k(\Delta l)^2 \tag{1.24}$$

, όπου βέβαια k η σταθερά του ελατηρίου και Δl η επιμήκυνση ή συμπίεση του ελατηρίου από το φυσικό του μήκος. Προσοχή η Δυναμική Ενέργεια Ταλάντωσης

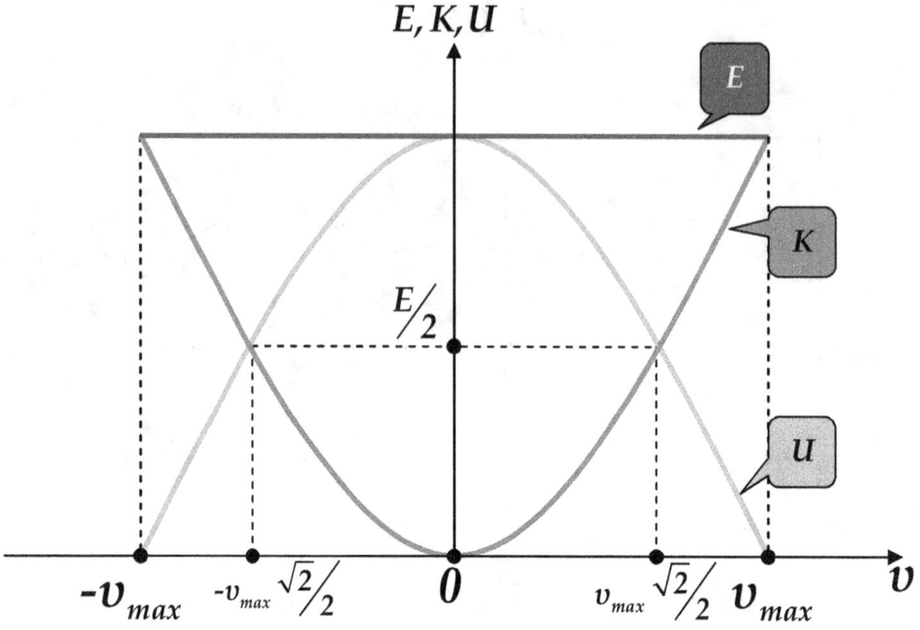

Σχήμα 1.8: Διάγραμμα E, K, U με την ταχύτητα

συμπίπτει με την Ενέργεια του Ελατηρίου μόνο στην περίπτωση του οριζοντίου ελατηρίου.

Το έργο της Δύναμης του Ελατηρίου μπορεί να υπολογιστεί από την παρακάτω σχέση:

$$W_{F_{\epsilon\lambda}} = U_{\epsilon\lambda}^{(\alpha\rho\chi)} - U_{\epsilon\lambda}^{(\tau\epsilon\lambda)} \tag{1.25}$$

Αντίστοιχα το έργο της δύναμης επαναφοράς μπορεί να υπολογιστεί με τον ίδιο τρόπο, αν στην θέση της Δυναμικής Ενέργειας Ελατηρίου, βάλουμε την Δυναμική Ενέργεια Ταλάντωσης.

Πρόταση Μελέτης Λύσε από τον **Ά τόμο των Γ. Μαθιουδάκη & Γ. Παναγιωτακόπουλου** τις ακόλουθες ασκήσεις: 1.1 - 1.108, 2.1 - 2.60, 1.131 - 1.146, 1.149 - 1.156, 1.160, 1.161, 1.172, 1.174, 1.176, 1.178, 1.179, 1.180, 1.183, 1.184, 1.186, 1.187, 1.188, 1.190

1.2.2 Ρυθμοί μεταβολής στην Απλή Αρμονική Ταλάντωση

Ο Ρυθμός μεταβολής είναι από τις βασικές έννοιες στην Φυσική καθώς μπορούν να μας δώσουν πληροφορίες για την συμπεριφορά μιας φυσικής ποσότητας. Στα μαθηματικά Γ Λυκείου θα μάθουμε ότι ο ρυθμός μεταβολής μιας συνάρτησης είναι η παράγωγος συνάρτηση. Παρακάτω παρουσιάζω ρυθμούς μεταβολής βασικών μεγεθών στην απλή αρμονική ταλάντωση.

- **Ρυθμός μεταβολής της απομάκρυνσης** $\frac{dx}{dt}$

$$\frac{dx}{dt} = \upsilon = \omega A \sigma \upsilon \nu(\omega t) \tag{1.26}$$

- **Ρυθμός μεταβολής της ταχύτητας** $\frac{d\upsilon}{dt}$

$$\frac{d\upsilon}{dt} = \alpha = -\omega^2 A \eta \mu(\omega t) \tag{1.27}$$

- **Ρυθμός μεταβολής της ορμης** $\frac{dP}{dt}$

$$\frac{dP}{dt} = \Sigma F = -DA\eta\mu(\omega t) \tag{1.28}$$

- **Ρυθμός μεταβολής της Κινητικής - Δυναμικής Ενέργειας** $\frac{dK}{dt}, \frac{dU}{dt}$

Γνωρίζουμε ότι $K + U = E \Rightarrow d(K + U) = 0$, αφού Ε=σταθερή, $\Rightarrow dK = -dU$

$$\frac{dK}{dt} = -\frac{dU}{dt} \tag{1.29}$$

επίσης

$$\frac{dK}{dt} = \frac{dW_{\Sigma F}}{dt} = \frac{\Sigma F \cdot dx}{dt} = \Sigma F \cdot \upsilon \Rightarrow \frac{dK}{dt} = -D \cdot x \cdot \upsilon \tag{1.30}$$

και σε συνάρτηση με τον χρόνο, αντικαθιστώντας τις σχέσεις (1.5),(1.6) προκύπτει:

$$\frac{dK}{dt} = -DA\eta\mu(\omega t)\omega A\sigma\upsilon\nu(\omega t) \Rightarrow \frac{dK}{dt} = -\frac{DA\omega^2}{2}\eta\mu(2\omega t) \tag{1.31}$$

άρα

$$\frac{dU}{dt} = +\frac{DA\omega^2}{2}\eta\mu(2\omega t) \tag{1.32}$$

1.2.3 Η Διαφορά φάσης στην απλή αρμονική ταλάντωση

Διαφορά Φάσης $\Delta\phi$ δύο αρμονικά μεταβαλλόμενων μεγεθών λέγεται η διαφορά των φάσεων τους. Όταν τα δύο μεγέθη έχουν την ίδια γωνιακή συχνότητα ω,τότε η διαφορά φάσης είναι χρονικά σταθερή. Για να βρούμε την διαφορά φάσης δύο μεγεθών, πρέπει τα μεγέθη να εκφράζονται με τον ίδιο τριγωνομετρικό αριθμό.

Στην περίπτωση της **απομάκρυνσης και της ταχύτητας** μιας απλής αρμονικής ταλάντωσης έχουμε:

$x = A\eta\mu(\omega t)$ και $\upsilon = \upsilon_{max}\sigma\upsilon\nu(\omega t) \Rightarrow \upsilon = \upsilon_{max}\eta\mu(\omega t + \frac{\pi}{2})$

Άρα η διαφορά φάσης μεταξύ των δύο μεγεθών είναι $\Delta\phi = \frac{\pi}{2}$ και προηγείται η ταχύτητα.

Η φυσική σημασία αυτής της διαφοράς φάσης είναι ότι όταν κάποια χρονική στιγμή η ταχύτητα έχει μια ορισμένη τιμή, η απομάκρυνση θα πάρει την αντίστοιχη τιμή μετά από χρόνο Δt που αντιστοιχεί σε γωνία $\Delta\phi = \frac{\pi}{2}$, δηλαδή μετά από χρόνο που θα δίνεται απο την σχέση:

$\Delta\phi = \frac{2\pi}{T}\Delta t \Rightarrow \Delta t = \frac{T}{4}$

Άρα αν για παράδειγμα η ταχύτητα πάρει την τιμή $\upsilon = +\upsilon_{max}$, τότε η απομάκρυνση θα πάρει την τιμή $+A$ σε χρόνο $\frac{T}{4}$.

Στην περίπτωση της **απομάκρυνσης και της επιτάχυνσης** μιας απλής αρμονικής ταλάντωσης έχουμε:

$x = A\eta\mu(\omega t)$ και $\alpha = -\alpha_{max}\eta\mu(\omega t) \Rightarrow \alpha = \alpha_{max}\eta\mu(\omega t + \pi)$

Άρα η διαφορά φάσης μεταξύ των δύο μεγεθών είναι $\Delta\phi = \pi$ και προηγείται η επιτάχυνση.

Η φυσική σημασία αυτής της διαφοράς φάσης είναι ότι όταν κάποια χρονική στιγμή η επιτάχυνση έχει μια ορισμένη τιμή, η απομάκρυνση θα πάρει την αντίστοιχη τιμή μετά από χρόνο Δt που αντιστοιχεί σε γωνία $\Delta\phi = \pi$, δηλαδή μετά από χρόνο που θα δίνεται από την σχέση:

$\Delta\phi = \frac{2\pi}{T}\Delta t \Rightarrow \Delta t = \frac{T}{2}$

Άρα αν για παράδειγμα η ταχύτητα πάρει την τιμή $\alpha = +\alpha_{max}/2$, τότε η απομάκρυνση θα πάρει την τιμή $+A/2$ σε χρόνο $\frac{T}{2}$.

Γενικά λέμε ότι δύο αρμονικά μεταβαλλόμενα μεγέθη δεν έχουν διαφορά φάσης όταν παίρνουν ταυτόχρονα τις μέγιστες και τις ελάχιστες τιμές τους.

1.2.4 Η αναπαράσταση του περιστρεφόμενου διανύσματος

Μια ακόμα έξυπνη μέθοδος για την επίλυση ασκήσεων στην απλή αρμονική ταλάντωση. Θα αποδείξουμε την φράση:**Όταν ένα σώμα εκτελεί ομαλή κυκλική κίνηση τότε η προβολή του πάνω σε μια διάμετρο της κίνησης εκτελεί απλή αρμονική ταλάντωση.**

Από το σχήμα (1.9) έχουμε ότι:

$$(\text{ΟΣ}')= (\text{ΟΣ})\ \eta\mu(\phi) \Rightarrow x = \eta\mu(\omega t)$$

αφού βέβαια ισχύει ότι $\phi = \omega t$ για το σώμα που εκτελεί ομαλή κυκλική κίνηση με ω την γωνιακή ταχύτητα του.

Άρα για κάθε σώμα που εκτελεί απλή αρμονική ταλάντωση μπορούμε να υποθέσουμε ότι υπάρχει ένα περιστρεφόμενο διάνυσμα μήκος Α και γωνιακής ταχύτητας ω. Παράλληλα σε κάθε τεταρτημόριο είμαστε σε θέση να γνωρίζουμε και την ταχύτητα του σώματος που εκτελεί απλή αρμονική ταλάντωση με βάση το πρόσημο του $\sigma\upsilon\nu(\phi)$. Η μέθοδος του περιστρεφόμενου διανύσματος είναι αρκετά χρήσιμη στον υπολογισμό της αρχικής φάσης ϕ_0.

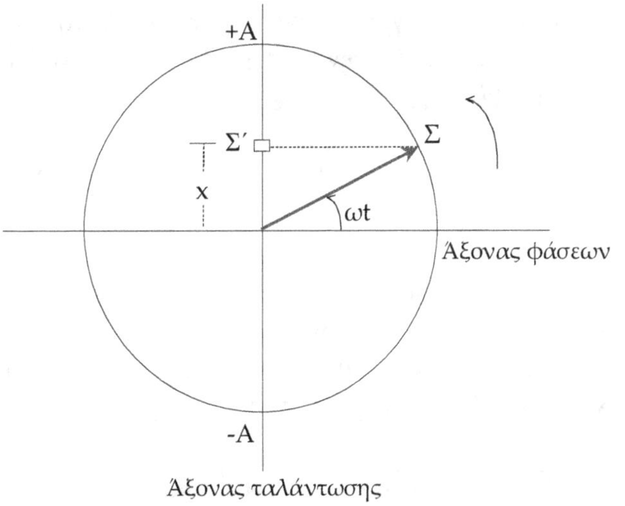

Σχήμα 1.9: η αναπαράσταση του περιστρεφόμενου διανύσματος

Πρόταση Μελέτης Λύσε από τον **Ά τόμο των Γ. Μαθιουδάκη & Γ. Παναγιωτακόπουλου** τις ακόλουθες ασκήσεις: 1.162 - 1.165,1.169, 1.191, 1.192, 1.194, 1.196, 1.197, 1.198, 1.200, 1.203, 1.33 - 1.70, 1.83 - 1.98, 1.101 - 1.108

1.2.5 Κρούση και Απλή Αρμονική Ταλάντωση

Σε πολλά προβλήματα εμφανίζεται το φαινόμενο της Κρούσης ανάμεσα σε σώματα που εκτελούν απλή αρμονική ταλάντωση μετά ή πριν την κρούση. Ας εισάγουμε την βασική ιδέα της Κρούσης για μια γρήγορη εφαρμογή σε προβλήματα Ταλαντώσεων. **Η κρούση θα παρουσιαστεί αναλυτικά στο τελευταίο κεφάλαιο της ύλης, άρα εδώ θα μείνουμε στις κύριες ιδέες**.

Έστω ότι δύο σώματα με μάζες m_1, m_2 κινούνται πάνω στην ίδια ευθεία με ταχύτητες $\vec{v}_1, \vec{v}_2$ αντίστοιχα. Ταυτόχρονα υποθέτουμε ότι η διάρκεια της κρούσης είναι πολύ μικρή. Παρατηρούμε δύο βασικές κατηγορίες κρούσεων.

Ανελαστική Κρούση είναι η περίπτωση κρούσης κατά την οποία έχουμε απώλειες ενέργειας,λόγω ανελαστικών δυνάμεων ή δυνάμεων πλαστικής παραμόρφωσης που ασκούνται κατά την διάρκεια της κρούσης. Αν μετά την κρούση οι νέες ταχύτητες των σωμάτων είναι $\vec{v}_1', \vec{v}_2'$, αντίστοιχα τότε θα ισχύει η **Αρχή Διατήρησης της Ορμής** και της ενέργειας του συστήματος. Δηλαδή:

$$\vec{P}_{o\lambda(\alpha\rho\chi)} = \vec{P}_{o\lambda(\tau\epsilon\lambda)} \Rightarrow m_1\vec{v}_1 + m_2\vec{v}_2 = m_1\vec{v}_1' + m_2\vec{v}_2' \tag{1.33}$$

και

$$E_{o\lambda(\alpha\rho\chi)} = E_{o\lambda(\tau\epsilon\lambda)} \Rightarrow K_1 + K_2 = K_1' + K_2' + E_{\alpha\pi\omega\lambda} \tag{1.34}$$

όπου $E_{\alpha\pi\omega\lambda}$ οι απώλειες ενέργειας λόγω της ανελαστικής παραμόρφωσης ή της θερμότητας. Σε αυτή την περίπτωση δεν διατηρείται σταθερή η Κινητική Ενέργεια του συστήματος των σωμάτων $(K_{o\lambda(\alpha\rho\chi)} > K_{o\lambda(\tau\epsilon\lambda)})$

Στην περίπτωση ανελαστικής κρούσης που αμέσως μετά την κρούση προκύπτει συσσωμάτωμα η κρούση θα λέγεται **Πλαστική Κρούση** και θα ισχύουν πάλι οι παραπάνω εξισώσεις.

Ελαστική Κρούση είναι η περίπτωση κρούσης κατά την οποία διατηρείται σταθερή η Κινητική Ενέργεια του συστήματος καθώς και η Ορμή του. Αν μετά την κρούση οι νέες ταχύτητες των σωμάτων είναι $\vec{v}_1', \vec{v}_2'$, αντίστοιχα τότε θα ισχύει η σχέση (1.33)και η διατήρηση της Κινητικής Ενέργειας του συστήματος:

$$K_{o\lambda(\alpha\rho\chi)} = K_{o\lambda(\tau\epsilon\lambda)} \Rightarrow K_1 + K_2 = K_1' + K_2' \tag{1.35}$$

Και στις δύο περιπτώσεις κρούσης ισχύει η Αρχή της Διατήρησης της Ορμής για το σύστημα των σωμάτων. **Για την επίλυση κάθε προβλήματος κρούσης με απλή αρμονική ταλάντωση ακολουθούμε τα ακόλουθα βήματα**:

1ο: Σχεδιάζουμε το σώμα που εκτελεί α.α.τ. στην θέση ισορροπίας του (αν υπάρχει ελατήριο το σχεδιάζουμε στην θέση φυσικού μήκους του)

2ο: Σχεδιάζουμε τις θέσεις των σωμάτων αμέσως πριν την κρούση και αμέσως μετά την κρούση και υπολογίζουμε τις ταχύτητες πριν την κρούση εφόσον δεν μας είναι γνωστές με την χρήση μεθόδων που αναλύσαμε παραπάνω (π.χ. αν γνωρίζουμε την απομάκρυνση x από την θέση ισορροπίας πριν την κρούση βρίσκουμε την ταχύτητα με την βοήθεια της Ενέργειας στην α.α.τ.)

3ο: Λύνουμε το σύστημα που προκύπτει από τις σχέσεις (1.33),(1.35) αν έχουμε ελαστική κρούση και βρίσκουμε την ταχύτητα του ταλαντούμενου σώματος μετά την κρούση. Αν η κρούση είναι πλαστική ή ανελαστική εφαρμόζουμε την (1.33 και βρίσκουμε την ταχύτητα του συσσωματώματος.

4ο: Υπολογίζουμε την Ενέργεια του ταλαντούμενου συστήματος μετά την κρούση με την χρήση της Διατήρησης της Ενέργειας μετά την κρούση $E' = K' + U'$.

5ο: Υπολογίζουμε το νέο πλάτος της ταλάντωσης A' από την νέα Ενέργεια E'

Προσοχή γιατί υπάρχουν περιπτώσεις προβλημάτων που αλλάζει η θέση ισορροπίας του ταλαντούμενου συστήματος αμέσως μετά την κρούση με συνέπεια να αλλάζει και το πρόβλημα που μελετούμε. Οι περιπτώσεις αυτές είναι εκείνες της πλαστικής κρούσης σε κατακόρυφο ή κεκλιμένο σύστημα ελατηρίου - μάζας. Στην περίπτωση αυτή σχεδιάζουμε την νέα θέση ισορροπίας μετά την κρούση, για να μπορέσουμε να προχωρήσουμε στο 4ο και 5ο βήμα.

Τέλος στα προβλήματα που μετά την κρούση δημιουργείται συσσωμάτωμα (Πλαστική Κρούση) αλλάζει και η γωνιακή συχνότητα ω, άρα και η περίοδος της ταλάντωσης.

Πρόταση Μελέτης Λύσε από τον **Ά τόμο των Γ. Μαθιουδάκη & Γ. Παναγιωτακόπουλου** τις ακόλουθες ασκήσεις: 2.136, 2.138, 2.139, 2.140, 2.141,2.143, 2.145, 2.146, 2.148, 2.149, 2,150, 2.151, 2.153, 2.154, 2.155, 2.156, 2.158, 2.159, 2.160

1.2.6 Σώματα που βρίσκονται σε επαφή και εκτελούν α.α.τ.

Όταν δύο σώματα με μάζες m_1, m_2 βρίσκονται σε επαφή και εκτελούν απλή αρμονική ταλάντωση ταυτόχρονα, τότε έχουν κοινή γωνιακή συχνότητα $\omega_1 = \omega_2 = \omega$. Η συχνότητα ω υπολογίζεται από την σχέση:

$$D = (m_1 + m_2)\omega^2 \Rightarrow \omega^2 = \frac{D}{m_1+m_2} \Rightarrow \omega = \sqrt{\frac{D}{m_1+m_2}}$$

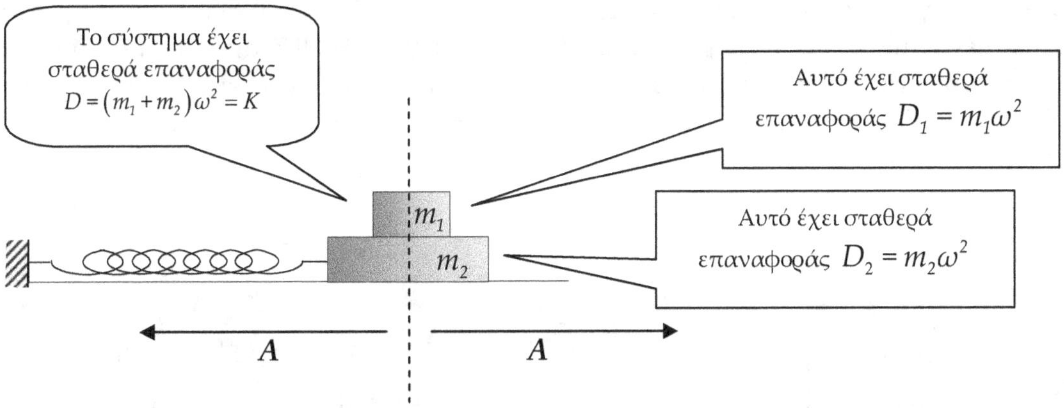

Το κάθε σώμα έχει την δική του σταθερά επαναφοράς D_1, D_2 που την υπολογίζουμε από τις σχέσεις:

$$D_1 = m_1\omega^2, D_2 = m_2\omega^2$$

Αν το σύστημα που εκτελεί την απλή αρμονική ταλάντωση είναι δεμένο σε ελατήριο, τότε η σταθερά επαναφοράς είναι $D = k$

Όταν ένα σώμα είναι σε επαφή με μια επιφάνεια (ή με ένα άλλο σώμα), δέχεται από την επιφάνεια δύναμη N. **Στην οριακή περίπτωση που $N = 0$ το σώμα χάνει την επαφή** με την επιφάνεια.

1.3 Ηλεκτρικές Ταλαντώσεις

1.3.1 Το κύκλωμα L - C

Διαθέτουμε ένα κύκλωμα που περιλαμβάνει ένα πυκνωτή χωρητικότητας C, ένα ιδανικό πηνίο με συντελεστή αυτεπαγωγής L και ένα διακόπτη Δ συνδεδεμένα σε σειρά.Αν θεωρήσουμε αμελητέες όλες τις ωμικές αντιστάσεις το κύκλωμα αυτό ονομάζεται **Ιδανικό Κύκλωμα L-C**.

Φορτίζουμε τον πυκνωτή με πηγή σταθερής τάσης V και απομακρύνουμε την πηγή φόρτισης. Ο αρχικά φορτισμένος πυκνωτής έχει φορτίο Q και ενέργεια U_E ο διακόπτης Δ είναι ανοικτός. Το φορτίο και η ενέργεια που είναι αποθηκευμένη στον πυκνωτή υπολογίζονται από τις σχέσεις:

$$C = \frac{Q}{V} \Rightarrow Q = CV \tag{1.36}$$

$$U_E = \frac{1}{2}CV^2 = \frac{1}{2}\frac{Q^2}{C} \tag{1.37}$$

Την χρονική στιγμή $t = 0$, κλείνουμε τον διακόπτη Δ, οπότε αρχίζει η εκφόρτιση του πυκνωτή και το κύκλωμα διαρρέεται από ρεύμα.Η ένταση του ρεύματος αυξάνεται σταδιακά, γιατί το πηνίο αντιστέκεται στην απότομη αύξηση του ρεύματος, λόγω του φαινομένου της αυτεπαγωγής και του κανόνα του Lentz. Η ΗΕΔ από αυτεπαγωγή έχει πολικότητα τέτοια ώστε να αντιστέκεται στο ρεύμα και υπολογίζεται από την σχέση $E_{\alpha\upsilon\tau\epsilon\pi} = -L\frac{di}{dt}$. Σε κάθε χρονική στιγμή η $V_L = E_{\alpha\upsilon\tau\epsilon\pi} = V_C = \frac{q}{c}$, όπου βέβαια V_C είναι η τάση στα άκρα του πυκνωτή.

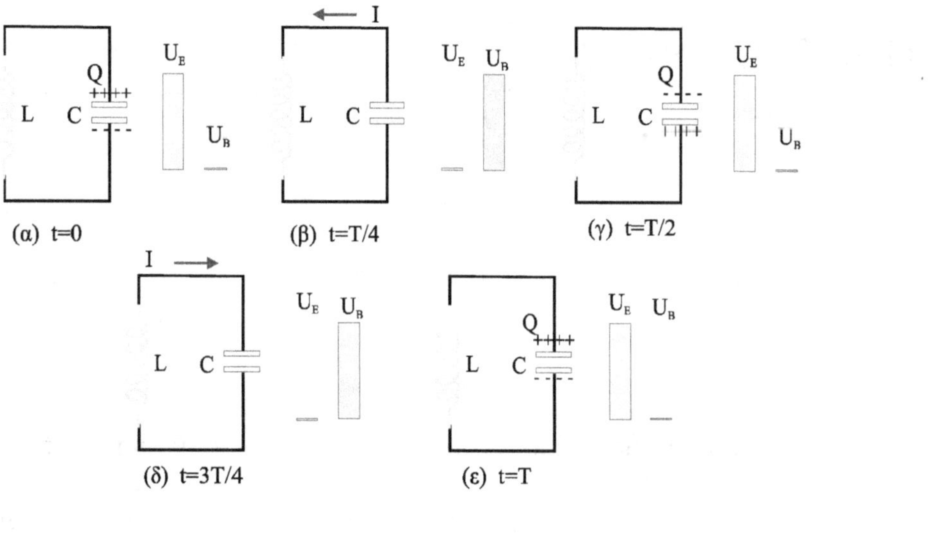

Σχήμα 1.10: Οι φάσεις της ηλεκτρικής ταλάντωσης σε χρόνο μιας περιόδου

Η αύξηση της έντασης του ρεύματος (i) συνεχίζεται μέχρι την στιγμή της πλήρους εκφόρτισης του πυκνωτή ($q = 0$), οπότε και αποκτά την μέγιστη τιμή της (I) την χρονική στιγμή $T/4$.

Στην συνέχεια, η ένταση του ρεύματος μειώνεται πάλι σταδιακά, γιατί το πηνίο αντιστέκεται στον απότομο μηδενισμό της, λόγω του φαινομένου της αυτεπαγωγής. Η μείωση της έντασης του ρεύματος συνεχίζεται και η κίνηση των φορτίων έχει ως αποτέλεσμα ο πυκνωτής να φορτίζεται με αντίθετη πολιτικότητα από την αρχική. **Όταν**

το ρεύμα μηδενιστεί ($i = 0$),ο πυκνωτής θα έχει αποκτήσει και πάλι φορτίο Q **την χρονική στιγμή** $T/2$.

Στην συνέχεια ακολουθεί το ίδιο φαινόμενο, με το ρεύμα να έχει αντίθετη φορά από την προηγούμενη, μέχρις ότου το κύκλωμα να επανέλθει στην κατάσταση στην οποία βρίσκονταν την χρονική στιγμή $t = 0$.Στην ιδανική περίπτωση που δεν υπάρχουν απώλειες ενέργειας το φαινόμενο επαναλαμβάνεται διαρκώς. Αυτό το περιοδικό φαινόμενο ονομάζεται **Ηλεκτρική Ταλάντωση**.

1.3.2 Οι εξισώσεις της Ηλεκτρικής Ταλάντωσης

Στο πρόβλημα των Ηλεκτρικών ταλαντώσεων τα κύρια μεγέθη είναι το φορτίο του πυκνωτή (q) και το ρεύμα (i) που διαρρέει το πηνίο. Και τα δύο μεγέθη περιγράφονται από κατάλληλες περιοδικές συναρτήσεις του χρόνου, με περίοδο που δίνεται από την σχέση:

$$T = 2\pi\sqrt{LC} \tag{1.38}$$

Οι χρονικές εξισώσεις για το φορτίο του πυκνωτή και το ρεύμα που διαρρέει το πηνίο στην γενική τους μορφή γράφονται:

$$q = Q\eta\mu(\omega t + \phi_0) \text{ και } i = I\sigma\upsilon\nu(\omega t + \phi_0)$$

Είναι εύκολο να διαπιστώσει κανείς τις « ομοιότητες » των παραπάνω σχέσεων με τις αντίστοιχες χρονικές εξισώσεις της απομάκρυνσης x και της ταχύτητας υ των μηχανικών ταλαντώσεων. Είναι προφανές ότι το Q αντιστοιχεί στην μέγιστη τιμή του φορτίου του πυκνωτή (πλάτος φορτίου) και το I στην μέγιστη τιμή του ρεύματος (πλάτος ρεύματος). Επίσης η φάση $\phi = \omega t + \phi_0$ έχεις τις ίδιες ιδιότητες με την φάση της απλής αρμονικής ταλάντωσης με $0 \leq \phi_0 \leq 2\pi$.

Στην πλειονότητα των προβλημάτων που θα μας απασχολήσουν η αρχική φάση θα περιοριστεί σε δύο τιμές,σε αντίθεση με τα προβλήματα των μηχανικών ταλαντώσεων.

Η περίπτωση του φορτισμένου πυκνωτή Όταν την χρονική στιγμή $t = 0$ το φορτίο στον θετικά φορτισμένο οπλισμό είναι $q = +Q$ και κατά συνέπεια η ένταση του ρεύματος στο κύκλωμα είναι $i = 0$ τότε αποδεικνύεται ότι $\phi_0 = \pi/2$. Άρα προκύπτουν οι ακόλουθες χρονικές εξισώσεις:

$$q = Q\eta\mu(\omega t + \frac{\pi}{2}) \Rightarrow q = Q\sigma\upsilon\nu(\omega t) \tag{1.39}$$

και

$$i = I\sigma\upsilon\nu(\omega t + \frac{\pi}{2}) \Rightarrow q = -I\eta\mu(\omega t) \tag{1.40}$$

όπου $I = \omega Q$, η μέγιστη τιμή της έντασης του ρεύματος. (κατ' αντιστοιχία με την μέγιστη ταχύτητα της μηχανικής ταλάντωσης). **Προσοχή η στιγμιαία τιμή του φορτίου (q) αντιστοιχεί στο φορτίο του αρχικά θετικά φορτισμένου οπλισμού.**

Η περίπτωση του αφόρτιστου πυκνωτή Όταν την χρονική στιγμή $t = 0$ ο πυκνωτής είναι αφόρτιστος ($q = 0$) και το πηνίο διαρρέεται από ρεύμα έντασης I, τότε αποδεικνύεται ότι $\phi_0 = 0$. Άρα προκύπτουν οι ακόλουθες χρονικές εξισώσεις:

$$q = Q\eta\mu(\omega t) \tag{1.41}$$

και

$$i = I\sigma\upsilon\nu(\omega t) \tag{1.42}$$

Οι παραπάνω δύο περιπτώσεις δεν είναι βέβαια οι μοναδικές, καθώς όπως και στις μηχανικές ταλαντώσεις η αρχική φάση μπορεί να πάρει ένα εύρος τιμών ανάλογα με τις ¨αρχικές συνθήκες¨ του προβλήματος. Εδώ οι αρχικές συνθήκες είναι το φορτίο του πυκνωτή και η ένταση του ρεύματος που διαρρέει το κύκλωμα. Αλλά στα πλαίσια του μαθήματος θα ασχοληθούμε κυρίως με τις παραπάνω.

1.3.3 Γραφικές παραστάσεις

Παρακάτω φαίνονται οι γραφικές παραστάσεις του φορτίου του πυκνωτή και της έντασης του ρεύματος σε συνάρτηση με τον χρόνο,για την περίπτωση του αρχικά φορτισμένου πυκνωτή ($\phi_0 = \pi/2$. Με σχετική ευκολία μπορούμε να σχεδιάσουμε και τα αντίστοιχα διαγράμματα για την περίπτωση του αρχικά αφόρτιστου πυκνωτή.

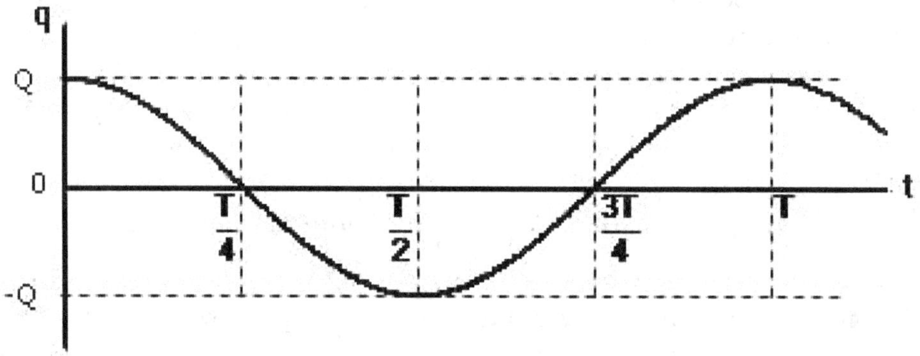

Σχήμα 1.11: Διάγραμμα φορτίου-χρόνου

Παρατηρήσεις για το ¨πρόσημο¨ του ρεύματος

Όταν κλείσει ο διακόπτης, ο πυκνωτής θα αρχίσει να εκφορτίζεται μέσα από το πηνίο και την χρονική στιγμή t θα υπάρχει ένα ρεύμα i στο κύκλωμα και ένα φορτίο q στον πυκνωτή. **Το ρεύμα i και το φορτίο i σχετίζονται,γιατί τι ρεύμα δίνει το ρυθμό με τον οποίο το φορτίο μεταφέρεται από τον ένα οπλισμό του πυκνωτή στον**

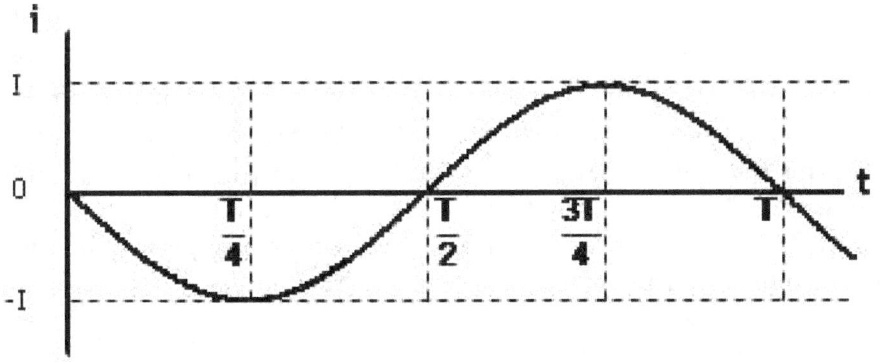

Σχήμα 1.12: Διάγραμμα έντασης -χρόνου

άλλο. Άλλωστε η ένταση του ρεύματος εξ ορισμού είναι ίση με τον ρυθμό μεταβολής του φορτίου.

$$i = \frac{dq}{dt} \tag{1.43}$$

Η σύμβαση μας για τα πρόσημα των q, i

- Έστω ότι δεχόμαστε ότι η φορά του ρεύματος είναι θετική, όταν αυτό κατευθύνεται προς τον αρχικά θετικά φορτισμένο οπλισμό του πυκνωτή (για $t = 0, q = +Q$). Με την επιλογή αυτή και σύμφωνα με την σχέση (1.43), το q αυξάνεται, όταν $i > 0$. Στην περίπτωση αυτή οι εξισώσεις (1.39) , (1.61 δίνουν σε κάθε χρονική στιγμή το φορτίο και το ρεύμα, με τις γραφικές παραστάσεις του να δίνονται από τα σχήματα (1.11),(1.12)

- Σύμφωνα με την σύμβαση μας και με βάση τον ορισμό του ρεύματος κατανοούμε ότι το πρόσημο της έντασης του ρεύματος σχετίζεται με την φόρτιση ($\frac{dq}{dt} > 0$)ή την εκφόρτιση ($\frac{dq}{dt} > 0$)του πυκνωτή. **Ρεύμα με φορά από το πηνίο προς τον αρχικά θετικά φορτισμένο οπλισμό του πυκνωτή θα θεωρείται θετικό (**$i > 0$**) και ρεύμα με φορά από τον αρχικά θετικά φορτισμένο οπλισμό του πυκνωτή θα θεωρείται αρνητικό (**$i < 0$**).**

Πρόταση Μελέτης Λύσε από τον **Ά τόμο των Γ. Μαθιουδάκη & Γ. Παναγιωτακόπουλου** τις ακόλουθες ασκήσεις: 5.1 - 5.11, 5.69, 5.70, 5.71, 5.72,5.73

1.3.4 Η ενέργεια στην Ηλεκτρική Ταλάντωση

Η Ενέργεια στην Ηλεκτρική Ταλάντωση είναι ίση με την ενέργεια που προσφέρουμε στο κύκλωμα την χρονική στιγμή $t = 0$. Στην περίπτωση του αρχικά φορτισμένου πυκνωτή, η ενέργεια του κυκλώματος ισούται με την Ενέργεια του Ηλεκτρικού πεδίου που έχει αποθηκευτεί στον πυκνωτή, η οποία είναι ίση με :

$$U_E = \frac{1}{2}\frac{Q^2}{C} \quad (1.44)$$

Μόλις κλείσουμε το διακόπτη, ο πυκνωτής θα αρχίσει να εκφορτίζεται μέσα από το πηνίο και το κύκλωμα διαρρέεται από ρεύμα. Όσο διαρκεί η εκφόρτιση, η **ενέργεια του ηλεκτρικού πεδίου** στον πυκνωτή ελαττώνεται και μετατρέπεται σε **ενέργεια του μαγνητικού πεδίου** στο πηνίο.Όταν ο πυκνωτής εκφορτιστεί πλήρως, η ένταση του ρεύματος που διαρρέει το πηνίο γίνεται μέγιστη, οπότε η ενέργεια του μαγνητικού πεδίου στο πηνίο αποκτά την μέγιστη τιμή της που είναι ίση με:

$$U_B = \frac{1}{2}LI^2 \quad (1.45)$$

Στην συνέχεια η διαδικασία γίνεται αντίστροφα. Η ενέργεια του μαγνητικού πεδίου στο πηνίο ελαττώνεται, ενώ αυξάνεται η ενέργεια του ηλεκτρικού πεδίου στο πηνίο, μέχρι την πλήρη φόρτιση του, οπότε το κύκλωμα επανέρχεται ενεργειακά στην αρχική του κατάσταση. Η όλη διαδικασία επαναλαμβάνεται.

Στην ιδανική περίπτωση που δεν υπάρχουν απώλειες ενέργειας , η **Ολική Ενέργεια** του κυκλώματος θεωρείται σταθερή και είναι ίση με:

$$E = \frac{1}{2}\frac{Q^2}{C} = \frac{1}{2}LI^2 \quad (1.46)$$

Οι ενέργεια του Ηλεκτρικού πεδίου στον πυκνωτή (U_E) και του μαγνητικού πεδίου στο πηνίο (U_B)υπολογίζονται σε κάθε χρονική στιγμή από τις σχέσεις:

$$U_E = \frac{1}{2}\frac{q^2}{C} \quad \kappa\alpha\iota \quad U_B = \frac{1}{2}Li^2 \quad (1.47)$$

U_E,U_B ως συναρτήσεις του χρόνου Αν υποθέσουμε ότι την χρονική στιγμή $t = 0$ ο πυκνωτής είναι φορτισμένος και αντικαθιστώντας τις σχέσεις για την στιγμιαία τιμή του φορτίου 1.39 και της έντασης 1.40 στις παραπάνω σχέσεις προκύπτουν αντίστοιχα:

$$U_E = \frac{1}{2}\frac{(Q\sigma\upsilon\nu(\omega t))^2}{C} = \frac{1}{2}\frac{Q^2}{C}\sigma\upsilon\nu^2(\omega t) \Rightarrow U_E = E\sigma\upsilon\nu^2(\omega t) \quad (1.48)$$

$$U_B = \frac{1}{2}L(-I\eta\mu(\omega t))^2 = \frac{1}{2}LI^2\eta\mu^2(\omega t) \Rightarrow U_B = E\eta\mu^2(\omega t) \quad (1.49)$$

Από τις παραπάνω σχέσεις επιβεβαιώνεται ότι η ενέργεια του Ηλεκτρικού πεδίου του πυκνωτή μετατρέπεται περιοδικά σε ενέργεια του μαγνητικού πεδίου στο πηνίο και αντίστροφα, ενώ η ολική ενέργεια παραμένει σταθερή. Παρακάτω ακολουθεί το αντίστοιχο διάγραμμα των δυο μεγεθών σε συνάρτηση με τον χρόνο.

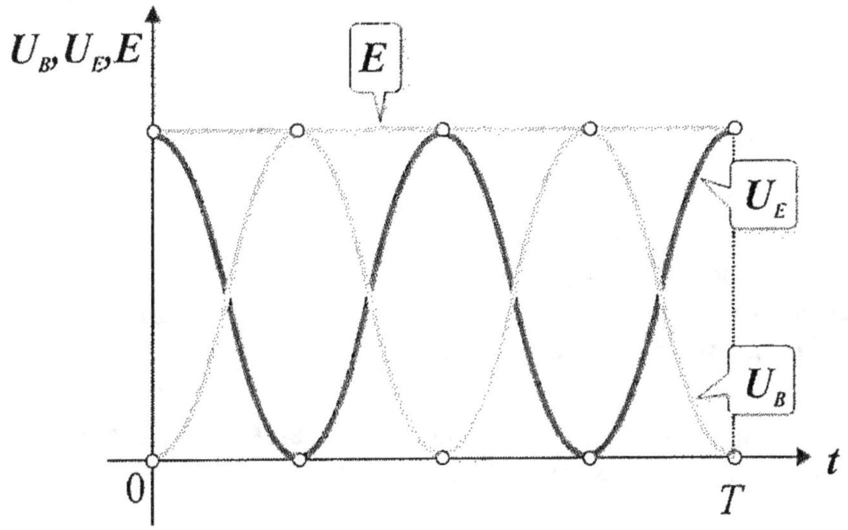

Σχήμα 1.13: E, U_E, U_B σε συνάρτηση με τον χρόνο

Η Διατήρηση της Ενέργειας Η ολική ενέργεια του κυκλώματος παραμένει σταθερή σε κάθε στιγμή και ίση με το άθροισμα της Ενέργειας του Ηλεκτρικού πεδίου στον πυκνωτή και της ενέργειας του μαγνητικού πεδίου στο πηνίο. Δηλαδή σε κάθε χρονική στιγμή θα ισχύει:

$$E = U_E + U_B \Rightarrow \frac{1}{2}\frac{Q^2}{C} = \frac{1}{2}LI^2 = \frac{1}{2}\frac{q^2}{C} + \frac{1}{2}Li^2 \tag{1.50}$$

Περιγράψαμε παραπάνω ένα ιδανικό κύκλωμα $L - C$ χωρίς απώλειες ενέργειας. **Οι απώλειες ενέργειας σε ένα πραγματικό κύκλωμα** $L - C$ οφείλονται σε δύο βασικούς λόγους:

- Στην θερμότητα που χάνεται λόγω του φαινομένου $Joule$ από τις αντιστάσεις του κυκλώματος
- Στην ενέργεια που εκπέμπεται με την μορφή ακτινοβολίας κατά την λειτουργία του κυκλώματος.

Παρακάτω παρουσιάζω δύο αποδείξεις που κάτι πρέπει να μας θυμίζουν:

Απόδειξη της σχέσης $I = \omega Q$

$$U_{B(max)} = U_{E(max)} \Rightarrow \frac{1}{2}LI^2 = \frac{1}{2}\frac{Q^2}{C} \Rightarrow I^2 = \frac{1}{LC}Q^2 \Rightarrow I = \omega Q \tag{1.51}$$

παραπάνω χρησιμοποίησα το γεγονός ότι $T = 2\pi\sqrt{LC} \Rightarrow \omega = \frac{1}{\sqrt{LC}}$

Απόδειξη της σχέσης $i = \pm\omega\sqrt{Q^2 - q^2}$ Με την χρήση της σχέσης (1.50) προκύπτει:

$$\frac{1}{2}\frac{Q^2}{C} = \frac{1}{2}\frac{q^2}{C} + \frac{1}{2}Li^2 \Rightarrow Li^2 = \frac{Q^2}{C} - \frac{q^2}{C} \Rightarrow i^2 = \frac{1}{LC}(Q^2 - q^2)$$
$$\Rightarrow i = \pm\omega\sqrt{Q^2 - q^2} \tag{1.52}$$

Αντίστοιχα με τις μηχανικές ταλαντώσεις μπορούμε να σχεδιάσουμε τα διαγράμματα των ενεργειών U_E και U_B σε συνάρτηση με τις στιγμιαίες τιμές του φορτίου q και της έντασης του ρεύματος i. Η μορφή τους θα είναι αντίστοιχη.

Πρόταση Μελέτης Λύσε από τον **Ά τόμο των Γ. Μαθιουδάκη & Γ. Παναγιωτακόπουλου** τις ακόλουθες ασκήσεις: 5.75 -5.81, 5.83, 5.85, 5.86

Ρυθμοί Μεταβολής στην Ηλεκτρική Ταλάντωση Αντίστοιχα όπως και στην περίπτωση της Απλής Αρμονικής Ταλάντωσης, οι ρυθμοί μεταβολής παίζουν καθοριστικό ρόλο και στο κύκλωμα $L - C$ για την κατανόηση των μεγεθών και των μεταβολών τους. Παραθέτω βασικούς ρυθμούς μεταβολής που θα εμφανιστούν σε ασκήσεις:

- **Ρυθμός μεταβολής του φορτίου στον οπλισμό του πυκνωτή** $\frac{dq}{dt}$

  Είδαμε και παραπάνω ότι:

  $$\frac{dq}{dt} = i \tag{1.53}$$

- **Ρυθμός μεταβολής της τάσης στα άκρα του πυκνωτή** $\frac{dV_C}{dt}$

  Ο ρυθμός μεταβολής της τάσης υπολογίζεται ώς εξής:

  $$C = \frac{q}{V_C} \Rightarrow V_C = \frac{1}{C}q \Rightarrow \frac{dV_C}{dt} = \frac{1}{C}\frac{dq}{dt} \Rightarrow \frac{dV_C}{dt} = \frac{i}{C} \tag{1.54}$$

  προσοχή το i μπαίνει με το πρόσημο του στην σχέση, εκτός και αν ενδιαφερόμαστε μόνο για την τάση και όχι για την πολικότητα της.

- **Ρυθμός μεταβολής της έντασης του ρεύματος** $\frac{di}{dt}$

  Από τον νόμο της αυτεπαγωγής ($Lentz$) προκύπτει ότι $E_{\alpha\epsilon\tau} = -L\frac{di}{dt}$, άρα:

  $$\frac{di}{dt} = -\frac{E_{\alpha\epsilon\tau}}{L}$$

  όμως $E_{\alpha\epsilon\tau} = V_L = V_C = \frac{q}{C} \Rightarrow$

  $$\frac{di}{dt} = -\frac{q}{LC} \Rightarrow \frac{di}{dt} = -\omega^2 q \tag{1.55}$$

- **Ρυθμός μεταβολής της Ενέργειας σε πηνιο και πυκνωτή** $\frac{dU_E}{dt}, \frac{dU_B}{dt}$ Επειδή στην ιδανική περίπτωση η Ενέργεια του Κυκλώματος παραμένει σταθερή προκύπτει ότι:

$$E = U_E + U_B \Rightarrow dE = 0 = dU_E + dU_B \Rightarrow \frac{dU_E}{dt} = -\frac{dU_B}{dt} \quad (1.56)$$

όπου βέβαια σε ένα ηλεκτρικό κύκλωμα ο ρυθμός μεταβολής αντιστοιχεί στην Ηλεκτρική ισχύ P_C για τον πυκνωτή και P_L για το πηνίο. Άρα με βάση αυτό προκύπτει ότι:

$$\frac{dU_E}{dt} = P_C \quad \kappa\alpha\iota \quad \frac{dU_B}{dt} = P_L \quad (1.57)$$

$$\frac{dU_E}{dt} = V_C i = \frac{q}{C} i \quad (1.58)$$

Πρόταση Μελέτης Λύσε από τον **Ά τόμο των Γ. Μαθιουδάκη & Γ. Παναγιωτακόπουλου** τις ακόλουθες ασκήσεις: 5.87,5.88, 5.89, 5.91, 5.102, 5.103, 5.106, 5.107, 5.109, 5.110, 5.112, 5.113, 5.114, 5.115, 5.116, 5.118, 5.119, 5.121

Η περίπτωση του αρχικά αφόρτιστου πυκνωτή... Όπως διατυπώσαμε και παραπάνω την χρονική στιγμή $t = 0$ οι τιμές των q, i μπορούν να πάρουν οποιαδήποτε τιμή, άρα υπάρχει μια σειρά από τιμές της αρχικής φάσης για να περιγράψουμε το πρόβλημα μας. Μια χαρακτηριστική περίπτωση εκτός από εκείνη του αρχικά φορτισμένου πυκνωτή που παραπάνω περιγράψαμε υπάρχει και εκείνη του αρχικά αφόρτιστου πυκνωτή. Μια διάταξη στην οποία θα μπορούσαμε να έχουμε την περίπτωση αυτή είναι η ακόλουθη:

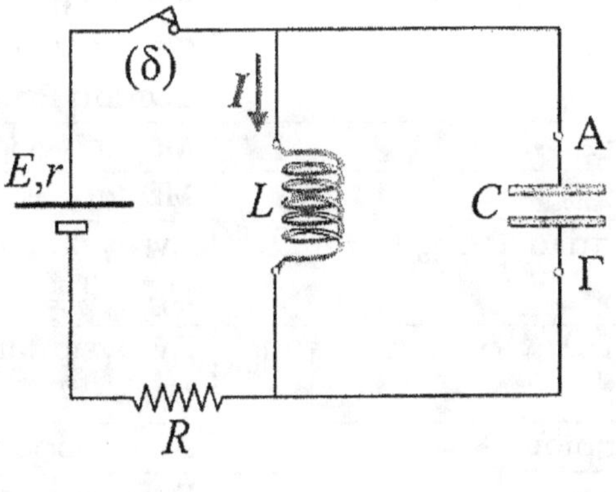

Ύστερα από πολύ ώρα με τον διακόπτη (δ) κλειστό το πηνίο διαρρέεται από σταθερό ρεύμα I. Το ρεύμα υπολογίζεται από τον Νόμο του Ohm για κλειστό κύκλωμα:

$$I = \frac{E}{R + r} \quad (1.59)$$

όπου E είναι η ΗΕΔ της πηγής και r η εσωτερική της αντίσταση.

Αν την χρονική στιγμή $t = 0$ ανοίξουμε τον διακόπτη στο πηνίο είναι αποθηκευμένη ενέργεια $U_B = \frac{1}{2}LI^2$ που θα είναι ίση με την ενέργεια της Ηλεκτρικής ταλάντωσης που θα ακολουθήσει.

Σε αυτή την περίπτωση που για $t = 0, q = 0$ και $i = +I$ και θεωρώντας ως θετικό τον οπλισμό Γ οι χρονικές εξισώσεις για το φορτίο και την ένταση του ρεύματος θα είναι:

$$q = Q\eta\mu(\omega t) \tag{1.60}$$

και

$$i = I\sigma\upsilon\nu(\omega t) \tag{1.61}$$

με απόδειξη που εύκολα μπορεί να προκύψει ξεκινώντας από τις γενικές χρονικές εξισώσεις των q, i και επιλέγοντας ως αρχική φάση $\phi_0 = 0$.

Πρόταση Μελέτης: Λύσε από τον **Ά τόμο των Γ. Μαθιουδάκη & Γ. Παναγιωτακόπουλου** τις ακόλουθες ασκήσεις: 5.93, 5.94, 5.95, 5.96, 5.97, 5.99, 5.100, 5.123, 5.124, 5.126, 5.127, 5.128, 5.131, 5.132

Οι αντιστοιχίες του ιδανικού $L-C$ με το μηχανικό ανάλογο του σύστημα $m-k$ Όπως ήδη θα έχετε παρατηρήσει οι μαθηματικές σχέσεις στο κύκλωμα $L-C$ έχουν πολλές ομοιότητες και αναλογίες με αντίστοιχες σχέσεις του συστήματος της μάζας με το ελατήριο των μηχανικών ταλαντώσεων. Χωρίς να σημαίνει ότι τα δύο αυτά συστήματα ταυτίζονται, μπορούμε να περιγράψουμε τις αντιστοιχίες των μεγεθών για λόγους μνημονικούς.

Σύστημα Μάζας - Ελατηρίου	**Κύκλωμα** $L-C$
Απομάκρυνση x	Φορτίο q
Ταχύτητα υ	Ένταση Ρεύματος i
Πλάτος Ταλάντωσης A	Μέγιστο φορτίο Q
Μέγιστη Ταχύτητα $\upsilon_{max} = \omega A$	Μέγιστη Ένταση Ρεύματος $I = \omega Q$
Δυναμική Ενέργεια ταλάντωσης $U = \frac{1}{2}Dx^2$	Ενέργεια Ηλεκτρικού Πεδίου του Πυκνωτή $U_E = \frac{1}{2}\frac{q^2}{C}$
Κινητική Ενέργεια Ταλάντωσης $K = \frac{1}{2}m\upsilon^2$	Ενέργεια Μαγνητικού Πεδίου στο πηνίο $U_B = \frac{1}{2}Li^2$
Σταθερά k του ελατηρίου	Αντίστροφο της χωρητικότητας $\frac{1}{C}$
Μάζα m του σώματος	Συντελεστής αυτεπαγωγής του πηνίου L
Περίοδος $T = 2\pi\sqrt{\frac{m}{k}}$	Περίοδος $T = 2\pi\sqrt{LC}$

Γνωρίζοντας την περιγραφή του συστήματος « ελατηρίου- μάζας » μπορούμε εύκολα να περάσουμε στο ιδανικό κύκλωμα $L-C$ και να χρησιμοποιήσουμε παρόμοιες μαθηματικές μεθόδους για τις ασκήσεις μας.

1.4 Φθίνουσες Ταλαντώσεις

1.4.1 Μηχανικές Ταλαντώσεις

Οι ταλαντώσεις των οποίων το πλάτος μειώνεται με τον χρόνο και τελικά μηδενίζεται λέγονται **Φθίνουσες ή Αποσβεννύμενες**. Όλες οι ταλαντώσεις στην φύση είναι φθίνουσες, γιατί καμία κίνηση δεν είναι απαλλαγμένη από τριβές και αντιστάσεις. Η απόσβεση (δηλαδή η ελάττωση) του πλάτους μιας ταλάντωσης οφείλεται στις δυνάμεις που αντιτίθενται στην κίνηση του. Επειδή αυτές οι δυνάμεις είναι αντίθετες με την ταχύτητα, παράγουν συνεχώς αρνητικό έργο με αποτέλεσμα να μεταφέρουν συνεχώς ενέργεια από το ταλαντούμενο σύστημα στο περιβάλλον. Έτσι η ολική ενέργεια του συστήματος με την πάροδο του χρόνου ελαττώνεται και το πλάτος της ταλάντωσης, που εξαρτάται από την ολική ενέργεια μειώνεται.

Γενικά οι δυνάμεις που προκαλούν μείωση του πλάτους δεν είναι εύκολο να προσδιοριστούν. Μια περίπτωση με μεγάλο ενδιαφέρον είναι η περίπτωση της δύναμης που είναι ανάλογη και αντίθετη της ταχύτητας.

$$F' = -bv \tag{1.62}$$

Μια τέτοια δύναμη είναι η δύναμη αντίστασης που ασκείται σε μικρά αντικείμενα που κινούνται μέσα στο νερό ή στον αέρα.

Στην περίπτωση αυτή ο 2ος Νόμος του Νεύτωνα θα έχει την παρακάτω μορφή:

$$\Sigma F = m\alpha \Rightarrow -Dx - bv = m\alpha \tag{1.63}$$

Η σταθερά αναλογίας b είναι μια θετική ποσότητα που ονομάζεται **σταθερά απόσβεσης** και εξαρτάται από τις ιδιότητες του μέσου καθώς και από το σχήμα και το μέγεθος του αντικειμένου που κινείται. Η μονάδας μέτρησης στο $S.I.$ είναι το $1kg/s$. Από την μορφή της δύναμης είναι εμφανές ότι ο ρυθμός μείωσης του πλάτους της ταλάντωσης θα εξαρτάται από την τιμή της σταθεράς b. Όσο μεγαλύτερη είναι, τόσο μεγαλύτερη θα είναι και η μείωση του πλάτους σε κάθε περίοδο.

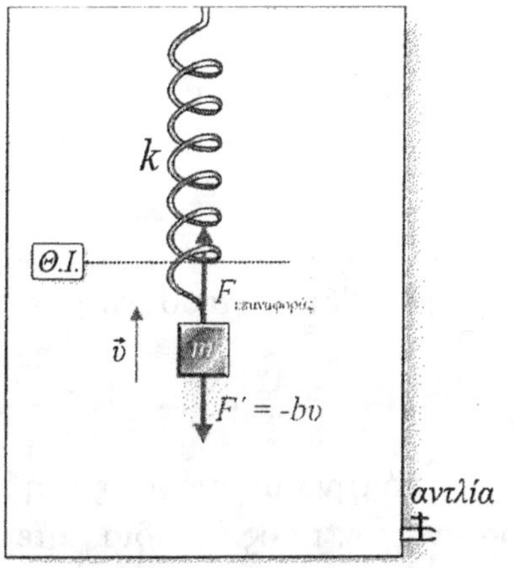

Σχήμα 1.14: Η αύξηση της πυκνότητας αέρα έχει σαν αποτέλεσμα μείωση του πλάτους

Χρησιμοποιώντας την διάταξη του διπλανού σχήματος και για διάφορες τιμές της σταθεράς απόσβεσης, παίρνουμε τις παρακάτω γραφικές παραστάσεις, στις οποίες αποδίδεται η απομάκρυνση x σε συνάρτηση με τον χρόνο για μηδενική, μικρή, μεσαία και μεγάλη απόσβεση.

Τα βασικά συμπεράσματα που προκύπτουν είναι:

- Το πλάτος της ταλάντωσης είναι **φθίνουσα συνάρτηση του χρόνου**. Το πόσο γρήγορα μειώνεται το πλάτος εξαρτάται από τη σταθερά απόσβεσης b. Όταν η σταθερά απόσβεσης μεγαλώνει, το πλάτος της ταλάντωσης μειώνεται πιο γρήγορα. **Στις ακραίες περιπτώσεις που η σταθερά b παίρνει πολύ μεγάλες τιμές, η κίνηση γίνεται απεριοδική**, δηλαδή ο ταλαντωτής επιστρέφει στην θέση ισορροπίας του και μένει εκεί.

- **Η περίοδος** για ορισμένη τιμή της σταθεράς b, διατηρείται σταθερή και ανεξάρτητη από το πλάτος. Όταν η σταθερά b μεγαλώνει, η περίοδος παρουσιάζει μια μικρή αύξηση που, στα πλαίσια του σχολικού βιβλίου θα θεωρούμε αμελητέα.

Η εκθετική μείωση του πλάτους Το πλάτος της ταλάντωσης μειώνεται εκθετικά με τον χρόνο σύμφωνα με την σχέση:

$$A = A_0 e^{-\Lambda t} \tag{1.64}$$

όπου A_0 είναι το πλάτος της ταλάντωσης την χρονική στιγμή $t = 0$ και $\Lambda = \frac{b}{2m}$ είναι μια θετική σταθερά. Η μονάδα μέτρησης της σταθεράς Λ στο $S.I.$ είναι το s^{-1}.

Χρόνος Υποδιπλασιασμού ή ημισείας ζωής του πλάτους Από την σχέση (1.64) προκύπτει ότι για την μείωση του πλάτους κατά 50% απαιτείτε πάντοτε το ίδιο χρονικό διάστημα $t_{1/2}$ που ονομάζεται χρόνος υποδιπλασιασμού του πλάτους.

Αν θέσουμε στην σχέση $A = \frac{A_0}{2}$ τότε βρίσκουμε τον χρόνο $t_{1/2}$:

$$\frac{A_0}{2} = A_0 e^{-\Lambda t_{1/2}} \Rightarrow \frac{1}{2} = e^{-\Lambda t_{1/2}} \Rightarrow 2 = e^{\Lambda t_{1/2}} \Rightarrow ln2 = \Lambda t_{1/2} \Rightarrow t_{1/2} = \frac{ln2}{\Lambda} \tag{1.65}$$

Άρα ο χρόνος υποδιπλασιασμού είναι ανεξάρτητος του αρχικού πλάτους της ταλάντωσης, εξαρτάται αποκλειστικά από την σταθερά Λ.

Η εκθετική μείωση της μέγιστης απομάκρυνσης Οι μέγιστες απομακρύνσεις προς την ίδια κατεύθυνση μειώνονται εκθετικά με τον χρόνο. Δηλαδή ισχύει η σχέση:

$$A_\kappa = A_0 e^{-\Lambda t}, \quad t = \kappa T, \kappa = 0, 1, 2, ...$$

Από την παραπάνω σχέση προκύπτει ότι ο λόγος δύο διαδοχικών μεγίστων απομακρύνσεων, προς την ίδια κατεύθυνση, διατηρείται σταθερός. Δηλαδή, ισχύει:

$$\frac{A_0}{A_1} = \frac{A_1}{A_2} = \frac{A_2}{A_3} = ... = \frac{A_\kappa}{A_{\kappa+1}} = \sigma\tau\alpha\theta. \tag{1.66}$$

Απόδειξη: Επιλέγοντας τις χρονικές στιγμές $t_1 = \kappa T$ και $t_2 = (\kappa T + 1)T$ βρίσκουμε:

$$\frac{A_\kappa}{A_{\kappa+1}} = \frac{A_0 e^{-\Lambda(\kappa T)}}{A_0 e^{-\Lambda(\kappa T+1)}} = e^{\Lambda T} = \sigma\tau\alpha\theta.$$

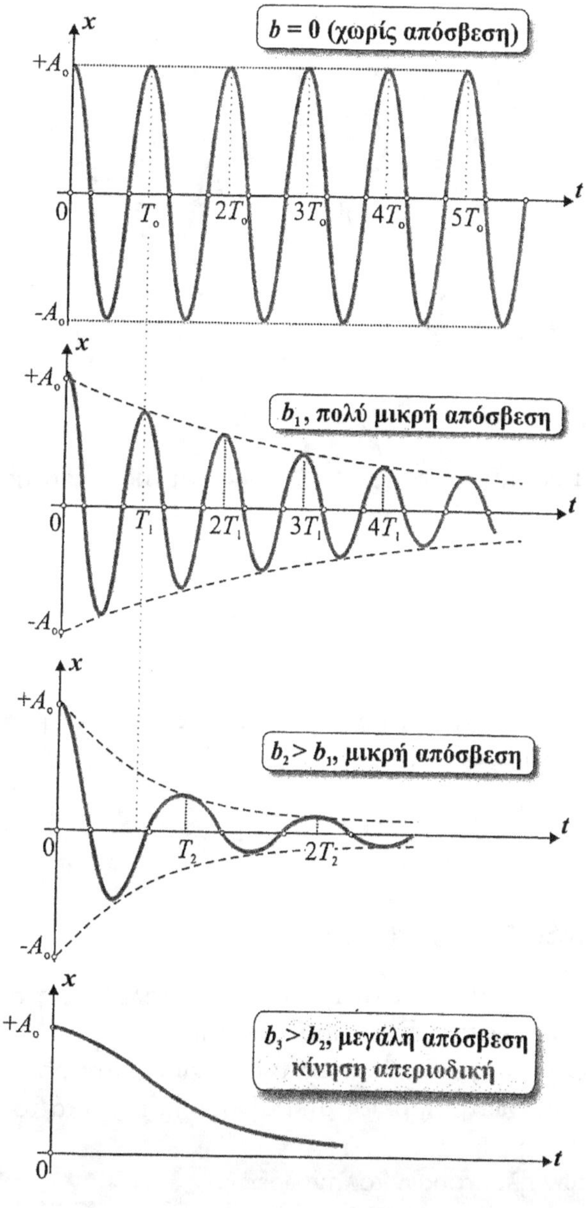

Σχήμα 1.15: Φθίνουσες μηχανικές ταλαντώσεις

Η ενέργεια στην φθίνουσα μηχανική ταλάντωση μειώνεται και αυτή εκθετικά με τον χρονο και θα υπολογίζεται από τον τύπο:

$$E = \frac{1}{2}DA^2 = \frac{1}{2}D(A_0e^{-\Lambda t}) \Rightarrow E = \frac{1}{2}DA_0^2e^{-2\Lambda t} \Rightarrow E = E_0e^{-2\Lambda t} \tag{1.67}$$

Αντίστοιχα με τον λόγο των διαδοχικών πλατών, αποδεικνύεται πολύ εύκολα ότι ισχύει η σχέση:

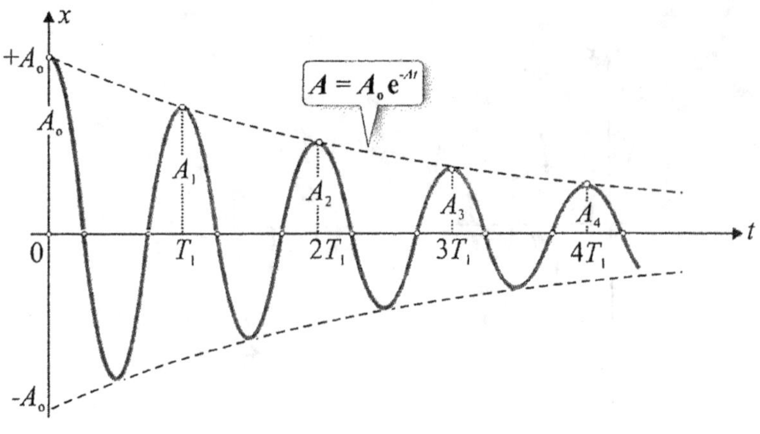

Σχήμα 1.16: Η εκθετική μείωση του πλάτους και της μέγιστης απομάκρυνσης

$$\frac{E_0}{E_1} = \frac{E_1}{E_2} = \frac{E_2}{E_3} = ... = \frac{E_\kappa}{E_{\kappa+1}} = \sigma\tau\alpha\theta. \tag{1.68}$$

Ο ρυθμός απώλειας Ενέργειας θα δίνεται από την ισχύ της δύναμης απόσβεσης σύμφωνα με την παρακάτω σχέση:

$$\frac{dE}{dt} = F'\upsilon = -b\upsilon^2 \tag{1.69}$$

1.4.2 Ηλεκτρικές Ταλαντώσεις

Σε ένα κύκλωμα $L - C$ για να είναι η ηλεκτρική ταλάντωση αμείωτη, δεν πρέπει να υπάρχει απώλεια ενέργειας, κάτι που πρακτικά είναι αδύνατο. Οι ηλεκτρικές ταλαντώσεις είναι φθίνουσες. Το πλάτος της έντασης του ρεύματος καθώς και το μέγιστο φορτίο στον πυκνωτή διαρκώς μικραίνουν και τελικά το κύκλωμα παύει να ταλαντώνεται.

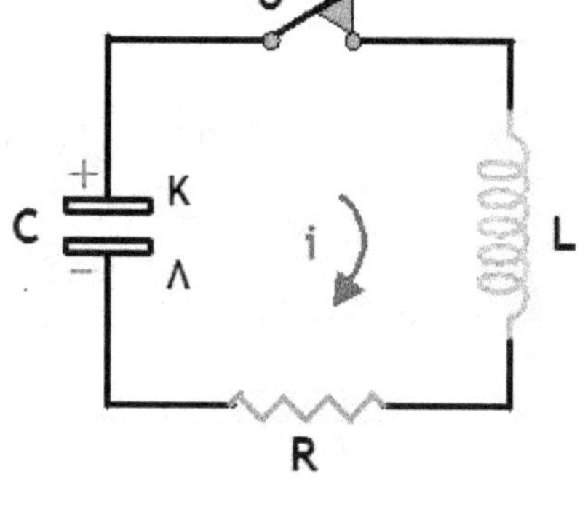

Στην περίπτωση των ηλεκτρικών ταλαντώσεων, ο κύριος λόγος της απόσβεσης είναι η ωμική αντίσταση R, η οποία παίζει για το κύκλωμα τον ίδιο ακριβώς ρόλο που παίζει για τον αρμονικό ταλαντωτή η σταθερά απόσβεσης b. Μόλις κλείσουμε τον διακόπτη, ο πυκνωτής αρχίζει να εκφορτίζεται και το κύκλωμα διαρρέεται από ρεύμα. Η ωμική αντίσταση μετατρέπει βαθμιαία την ηλεκτρική ενέργεια σε θερμότητα $Joule$, με αποτέλεσμα η ολική ενέργεια και κατά συνέπεια το μέγιστο φορτίο του πυκνωτή διαρκώς να μειώνεται και τελικά να μηδενίζεται. Μεταβάλλοντας την ωμική αντίσταση R, μπορούμε να λάβουμε τις γραφικές παραστάσεις του φορτίου q του πυκνωτή σε συνάρτηση με τον χρόνο t για μηδενική, μικρή, μεσαία και πολύ μεγάλη ωμική αντίσταση.

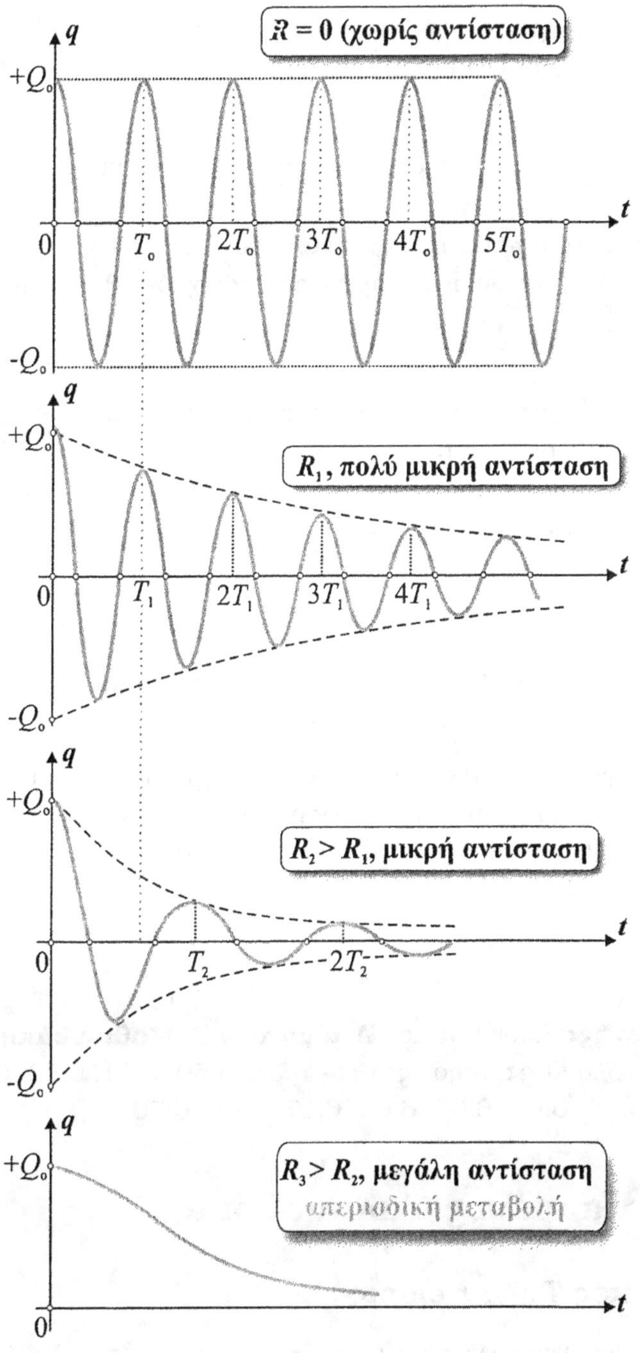

Σχήμα 1.17: Φθίνουσες ηλεκτρικές ταλαντώσεις

Τα βασικά συμπεράσματα που προκύπτουν από τις γραφικές είναι:

- Ο ρυθμός μείωσης του μέγιστου φορτίου εξαρτάται από την αντίσταση R και, όταν η αντίσταση μεγαλώνει, το μέγιστο φορτίο μειώνεται πιο γρήγορα.
- **Η περίοδος**, για ορισμένη ποσότητα της αντίστασης, διατηρείται σταθερή και ανεξάρτητη από το μέγιστο φορτίο στον πυκνωτή. Η περίοδος της ταλάντωσης μεγαλώνει όταν μεγαλώνει η αντίσταση. Η αύξηση όμως αυτή μπορεί να θεωρηθεί αμελητέα.
- Αν η τιμή της αντίστασης υπερβεί κάποιο όριο η ταλάντωση γίνεται απεριοδική.

Η εκθετική μείωση του μέγιστου φορτίου του πυκνωτή Αποδεικνύεται ότι η μεταβολή του μέγιστου φορτίου σε συνάρτηση με τον χρόνο θα δίνεται από την σχέση:

$$Q = Q_0 e^{-\Lambda t} \tag{1.70}$$

όπου Q_0 είναι το μέγιστο φορτίο του πυκνωτή την χρονική στιγμή $t = 0$ και η σταθερά $\Lambda = \frac{R}{2L}$ με R την ωμική αντίσταση του κυκλώματος και L τον συντελεστή αυτεπαγωγής του πηνίου. Η παραπάνω σχέση είναι σε πλήρη αντιστοιχία με την σχέση για το πλάτος της μηχανικής ταλάντωσης.

Από την παραπάνω σχέση και σε πλήρη αντιστοιχία με τις φθίνουσες μηχανικές ταλαντώσεις, αποδεικνύεται η σχέση:

$$\frac{Q_0}{Q_1} = \frac{Q_1}{Q_2} = ... = \frac{Q_\kappa}{Q_{\kappa+1}} = \sigma\tau\alpha\theta. \tag{1.71}$$

Η ενέργεια στην φθίνουσα ηλεκτρική ταλάντωση μειώνεται και αυτή εκθετικά με τον χρόνο ακριβώς όπως και στην περίπτωση των μηχανικών ταλαντώσεων. Επίσης το ποσό θερμότητας (Q_R) που εκλύεται στον αντιστάτη είναι ίσο με την μείωση της ενέργειας του κυκλώματος και δίνεται:

$$Q_R = E_0 - E_1 = \frac{1}{2}\frac{Q_0^2}{C} - \frac{1}{2}\frac{Q^2}{C} \tag{1.72}$$

Πρόταση Μελέτης: Λύσε από τον **Ά τόμο των Γ. Μαθιουδάκη & Γ. Παναγιωτακόπουλου** τις ακόλουθες ασκήσεις: 6.1 - 6.38, 6.50, 6.51, 6.52, 6.53, 6.55, 6.56, 6.58, 6.60, 6.61, 6.62, 6.63, 6.65, 6.66, 6.67, 6.68, 6.70

1.5 Εξαναγκασμένες Ταλαντώσεις

1.5.1 Μηχανικές Ταλαντώσεις

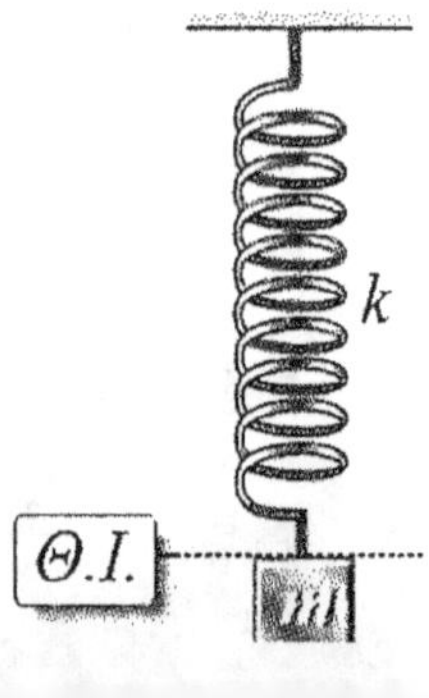

Στο διπλανό σχήμα φαίνεται ένα σύστημα ελατηρίου - μάζας. Αν η μάζα απομακρυνθεί από την θέση ισορροπίας της προς τα κάτω κατά Α και αφεθεί ελεύθερη, το σύστημα να εκτελέσει κατακόρυφη ταλάντωση. Αν δεν υπάρχουν αντιστάσεις, η ταλάντωση θα είναι αμείωτη, με συχνότητα:

$$f_0 = \frac{1}{2\pi}\sqrt{\frac{k}{m}} \tag{1.73}$$

Όμως στην πραγματικότητα η ταλάντωση θα είναι φθίνουσα. Η συχνότητα της θα είναι λίγο μικρότερη από την f_0 (στην πράξη μπορεί να θεωρηθεί περίπου ίση με την f_0. Μια τέτοια ταλάντωση ονομάζεται **ελεύθερη ταλάντωση**.

Η συχνότητα f_0 με την οποία πραγματοποιείται μια ελεύθερη ταλάντωση, ονομάζεται **ιδιοσυχνότητα της ταλάντωσης**.

Μια χρήσιμη παρατήρηση (εκτός ύλης) θεωρητικά η συχνότητα της φθίνουσας ταλάντωσης f_ϕ είναι μικρότερη από την ιδιοσυχνότητα f_0 και αυτό επιβεβαιώνεται από την σχέση :

$$\omega_\phi = \sqrt{\omega_0^2 - \left(\frac{b}{2m}\right)^2}, \quad \omega_0 = \sqrt{\frac{D}{m}}$$

η οποία ισχύει όταν στο σύστημα ενεργεί μια δύναμη αντίστασης της μορφής $F' = -bv$. Σύμφωνα με την παραπάνω σχέση γενικά $\omega_\phi < \omega_0$ ή $f_\phi < f_0$. Στην περίπτωση όμως που η σταθερά b είναι πολύ μικρή (σχολικό βιβλίο) τότε μπορούμε να θεωρήσουμε ότι $f_\phi = f_0$.

Αν θέλουμε να διατηρείται σταθερό το πλάτος της ταλάντωσης, πρέπει να ασκήσουμε στο σύστημα μια περιοδική εξωτερική δύναμη (π.χ. $F_\delta = F_0 \eta\mu(\omega_\delta t + \phi)$). Αυτή την δύναμη την ονομάζουμε **διεγείρουσα δύναμη**. Ο 2ος Νόμος του Νεύτωνα σε αυτή την περίπτωση θα έχει την παρακάτω μορφή :

$$\Sigma F = m\alpha \Rightarrow -bv - Dx + F_\delta = m\alpha \tag{1.74}$$

Θεωρούμε την διάταξη του διπλανού σχήματος, όπου το ελατήριο είναι δεμένο με σχοινί το άλλο άκρο είναι δεμένο σε ένα τροχό, ο οποίος μπορεί να περιστρέφεται. Η περιστροφή του τροχού αναγκάζει το σώμα να εκτελεί κατακόρυφη ταλάντωση με συχνότητα η οποία συμπίπτει με την συχνότητα περιστροφής του τροχού. Η ταλάντωση αυτή ονομάζεται εξαναγκασμένη.Δηλαδή :

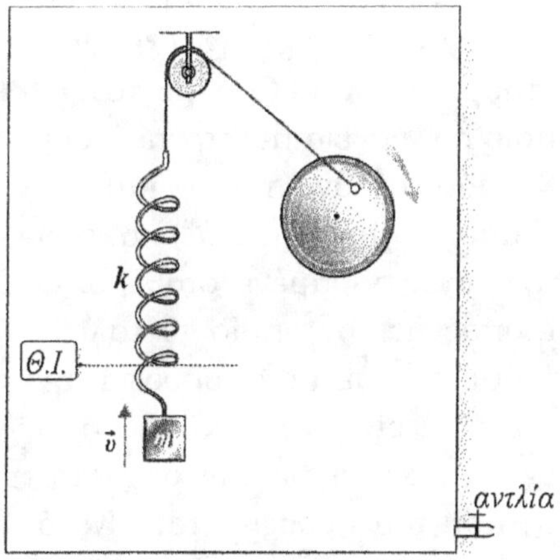

Εξαναγκασμένη Ταλάντωση ονομάζεται η ταλάντωση ενός συστήματος, όταν σε αυτό ασκείται **εξωτερική περιοδική δύναμη**, με αποτέλεσμα το πλάτος της ταλάντωσης να παραμένει σταθερό.

Ο τροχός με την περιοδική δύναμη που ασκεί ονομάζεται διεγέρτης. Η συχνότητα της εξαναγκασμένης ταλάντωσης είναι ίδια με την συχνότητα του διεγέρτη (f_δ) και όχι η ιδιοσυχνότητα του συστήματος (f_0). Δηλαδή **στην εξαναγκασμένη ταλάντωση ο διεγέρτης επιβάλλει στην ταλάντωση την συχνότητα του.**

Καμπύλες Συντονισμού

Το πλάτος της εξαναγκασμένης ταλάντωσης Α εξαρτάται από την συχνότητα f_δ του διεγέρτη. Συγκεκριμένα, αν μεταβληθεί η συχνότητα f_δ του διεγέρτη μεταβάλλεται και το πλάτος της εκτελούμενης ταλάντωσης. Οι τιμές του πλάτους είναι γενικά μικρές, εκτός και αν η συχνότητα του διεγέρτη πλησιάζει στην ιδιοσυχνότητα f_0, οπότε το πλάτος παίρνει μεγάλες τιμές και γίνεται μέγιστο, όταν η συχνότητα f_δ γίνει ίση με την ιδιοσυχνότητα. Τότε λέμε ότι έχουμε **συντονισμό**.

Συντονισμός ονομάζεται το φαινόμενο κατά το οποίο για μια ορισμένη συχνότητα του διεγέρτη, το πλάτος της εξαναγκασμένης ταλάντωσης ενός συστήματος γίνεται μέγιστο.

Στην περίπτωση που μια ταλάντωση δεν έχει απώλειες ενέργειας ($b = 0$), όταν $f_\delta = f_0$, το πλάτος γίνεται θεωρητικά άπειρο. Στην πράξη όμως αυτό είναι αδύνατο γιατί πάντα υπάρχουν (έστω και μικρές) απώλειες ενέργειας.

Για διάφορες τιμές της σταθεράς απόσβεσης (b), το πλάτος παίρνει μια πεπερασμένη μέγιστη τιμή που εξαρτάται από την τιμή της σταθεράς απόσβεσης. Ταυτόχρονα ο συντονισμός συμβαίνει όταν η συχνότητα f_δ του διεγέρτη είναι λίγο μικρότερη από την ιδιοσυχνότητα f_0. Οι **Καμπύλες συντονισμού** αποτυπώνουν με τον καλύτερο τρόπο τα παραπάνω.

Ενεργειακή προσέγγιση

Στις ελεύθερες ταλαντώσεις, κατά την διέγερση του συστήματος δίνεται σάυτό κάποια μηχανική ενέργεια, η οποία διατηρείται σταθερή, αν η ταλάντωση είναι αμείωτη, ή μετατρέπεται σε θερμότητα άν η ενέργεια είναι φθίνουσα. Στις εξαναγκασμένες ταλαντώσεις, στο σύστημα προσφέρεται περιοδικά ενέργεια με συχνότητα F_δ, μέσω της διεγείρουσας δύναμης. Ο ρυθμός με τον οποίο προσφέρεται η ενέργεια στο σύστημα (Ισχύς της F_δ) αντισταθμίζει τον ρυθμό με τον οποίο η ενέργεια μετατρέπεται σε θερμότητα λόγω τριβών και αντιστάσεων (Ισχύς της F') και έτσι το πλάτος παραμένει σταθερό. Ο τρόπος με τον οποίο το ταλαντούμενο σύστημα απορροφά την ενέργεια είναι ¨εκλεκτικός¨ και έχει να κάνει με την συχνότητα που του προσφέρεται. Κατά τον συντονισμό, η ενέργεια μεταφέρεται στο σύστημα με βέλτιστο τρόπο, γι' αυτό και το πλάτος

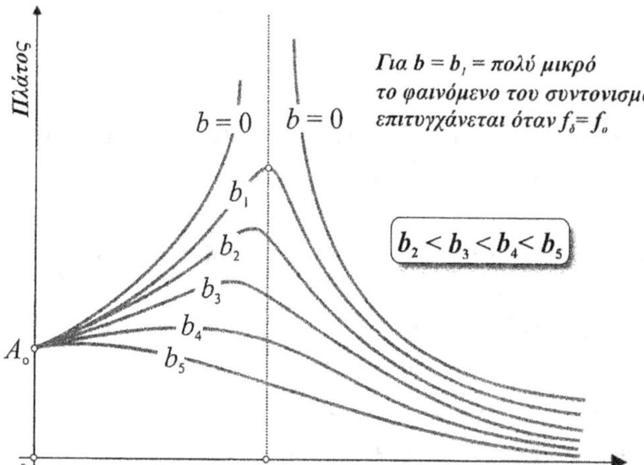

Σχήμα 1.18: Καμπύλες συντονισμού πλάτους

είναι μέγιστο. Λέγοντας βέλτιστο τρόπο, εννοούμε ότι κατά τον συντονισμό η κατεύθυνση της εξωτερικής διεγείρουσας δύναμης ($F_{\epsilon\xi}$) ταυτίζεται με την κατεύθυνση της ταχύτητας υ του συστήματος. *Να σημειωθεί ότι στην εξαναγκασμένη ταλάντωση μόνο κατά τον συντονισμό $E = K_{max} = U_{max}$, για μια τυχαία συχνότητα διεγέρτη οι μέγιστες τιμές των ενεργειών διαφέρουν.*

1.5.2 Ηλεκτρικές Ταλαντώσεις

Αν ένα κύκλωμα $L - C$ διεγερθεί (π.χ. με φόρτιση του πυκνωτή από πηγή συνεχούς τάσης) εκτελεί **ελεύθερη ηλεκτρική ταλάντωση** με συχνότητα:

$$f_0 = \frac{1}{2\pi\sqrt{LC}} \tag{1.75}$$

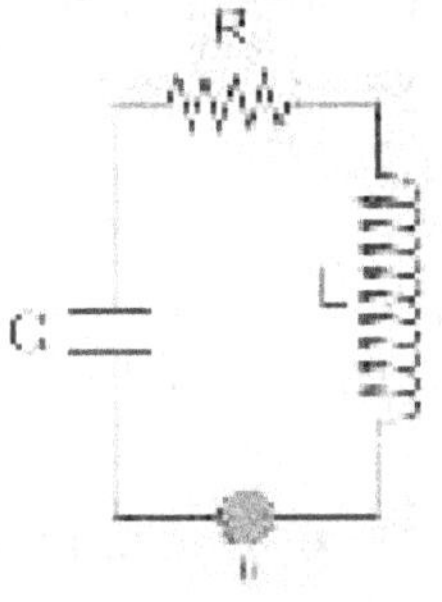

Αν το κύκλωμα δεν παρουσιάζει αντίσταση (ιδανικό κύκλωμα $L - C$), τότε η ταλάντωση είναι αμείωτη. Αν, όμως αντίσταση στο κύκλωμα δεν είναι αμελητέα ($R \neq 0$),η ταλάντωση είναι φθίνουσα με συχνότητα ελαφρώς μικρότερη από την ιδιοσυντήρητα f_0 του κυκλώματος (πρακτικά περίπου ίση για το σχολικό βιβλίο).Όπως και στις φθίνουσες μηχανικές ταλαντώσεις, έτσι και εδώ το κύκλωμα μπορεί να εκτελέσει εξαναγκασμένη ταλάντωση. Ως διεγέρτης μπορεί να χρησιμοποιηθεί μια **πηγή εναλλασσόμενης τάσης**, όπως φαίνεται στο σχήμα.

Τότε, το κύκλωμα διαρρέεται από εναλλασσόμενο ρεύμα με συχνότητα f,ίδια με της εναλλασσόμενης τάσης. Αν μεταβάλουμε την συχνότητα της τάσης, το πλάτος της έντασης του εναλλασσόμενου ρεύματος μεταβάλλεται και παίρνει την μέγιστη τιμή του, όταν η συχνότητα f γίνεται ακριβώς ίση με την ιδιοσυχνότητα f_0 του κυκλώματος $L-C$. Στην περίπτωση αυτή λέμε ότι **το κύκλωμα** $L - C$ **βρίσκεται σε συντονισμό**. Στο διάγραμμα του παρακάτω σχήματος παριστάνεται το πλάτος I της έντασης του ρεύματος σε συνάρτηση με την συχνότητα f, για διάφορες τιμές της ωμικής αντίστασης R.

Παρατηρούμε ότι οι **καμπύλες συντονισμού** είναι αντίστοιχες με εκείνες των μηχανικών εξαναγκασμένων ταλαντώσεων. Αυτό όμως που πρέπει να προσέξουμε είναι ότι καθώς η ωμική αντίσταση R αυξάνεται, το πλάτος της έντασης του ρεύματος I μειώνεται, αλλά η συχνότητα για την οποία συμβαίνει η μεγιστοποίηση του πλάτους της έντασης του ρεύματος δεν μετατοπίζεται προς μικρότερες τιμές, αλλά παραμένει πάντα ίδια με την ιδιοσυχνότητα f_0 του κυκλώματος.

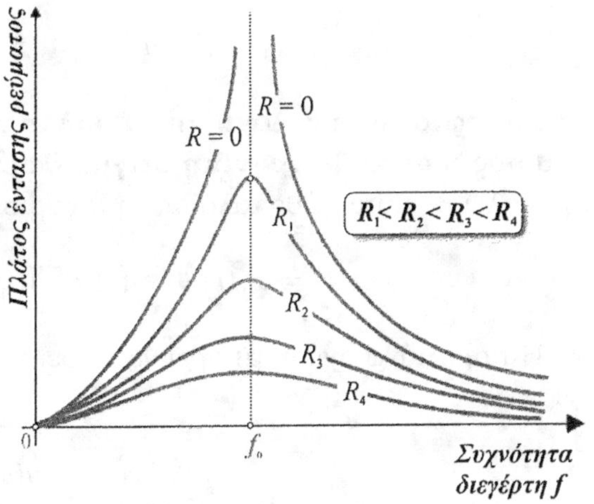

Σχήμα 1.19: Καμπύλες συντονισμού πλάτους ρεύματος

Βασική **εφαρμογή του συντονισμού στις εξαναγκασμένης ηλεκτρικές ταλαντώσεις** είναι το φαινόμενο "πίσω" από την επιλογή ραδιοφωνικού σταθμού στο ραδιόφωνο. Η επιλογή βασίζεται στον συντονισμό του κυκλώματος $L-C$ του ραδιοφώνου με τα ραδιοφωνικά κύματα. Μεταβάλλοντας την συχνότητα στο ραδιόφωνο μας μεταβάλλουμε την χωρητικότητα ενός πυκνωτή στο εσωτερικό του, άρα και την ιδιοσυχνότητα f_0 μέχρι να "συντονιστούμε" με την συχνότητα f του σταθμού και να ακούσουμε καθαρά την ένταση του σήματος.

Πρόταση Μελέτης: Λύσε από τον **Ά τόμο των Γ. Μαθιουδάκη & Γ. Παναγιωτακόπουλου** 7.1 - 7.29, 7.33-7.37, 7.39, 7.40-7.43

1.6 Σύνθεση Ταλαντώσεων

Ένα σώμα μπορεί να εκτελεί ταυτόχρονα δυο αρμονικές ταλαντώσεις, οι οποίες μπορεί να έχουν οποιαδήποτε διεύθυνση. Το αποτέλεσμα είναι, γενικά, μια πολύπλοκη κίνηση, της οποίας η διεύθυνση, η συχνότητα, το πλάτος και η φάση εξαρτώνται από τα αντίστοιχα χαρακτηριστικά των επιμέρους ταλαντώσεων. Η κίνηση που κάνει το σώμα ονομάζεται **σύνθετη ταλάντωση** και η μελέτη της **Σύνθεση ταλαντώσεων**. Στο παρόν μάθημα θα μελετήσουμε δύο περιπτώσεις σύνθετης ταλάντωσης.

Σύνθεση δύο απλών αρμονικών ταλαντώσεων που έχουν την ίδια διεύθυνση, την ίδια συχνότητα και γίνονται γύρω από το ίδιο σημείο. Έστω ότι ένα σώμα Σ εκτελεί ταυτόχρονα δύο απλές αρμονικές ταλαντώσεις πού:

- Εξελίσσονται πάνω στην ίδια ευθεία και γύρω από την ίδια θέση ισορροπίας,
- έχουν την ίδια γωνιακή συχνότητα ω και
- έχουν πλάτη A_1 καιA_2 και διαφορά φάσης ϕ.

Οι εξισώσεις των απομακρύνσεων για τις δύο ταλαντώσεις θα είναι αντίστοιχα:

$$x_1 = A_1\eta\mu(\omega t) \qquad x_2 = A_2\eta\mu(\omega t + \phi)$$

Σύμφωνα με την **Αρχή της Επαλληλίας των κινήσεων**, η απομάκρυνση του σώματος Σ **σε κάθε χρονική στιγμή** θα είναι το άθροισμα των απομακρύνσεων που προκαλεί σε αυτό κάθε ταλάντωση ξεχωριστά. Άρα θα είναι:

$$x(t) = x_1(t) + x_2(t) = A_1\eta\mu(\omega t) + A_2\eta\mu(\omega t + \phi)$$

Η παραπάνω σχέση μπορεί να πάρει την μορφή:

$$x = A\eta\mu(\omega t + \theta) \tag{1.76}$$

όπου

$$A = \sqrt{A_1^2 + A_2^2 + 2A_1A_2\sigma\upsilon\nu\phi} \tag{1.77}$$

και

$$\epsilon\phi\theta = \frac{A_2\eta\mu\phi}{A_1 + A_2\sigma\upsilon\nu\phi} \tag{1.78}$$

Από τις παραπάνω σχέσεις προκύπτει ότι η κίνηση του Σώματος Σ είναι επίσης απλή αρμονική ταλάντωση γύρω από το ίδιο σημείο, της ίδιας διεύθυνσης και της ίδιας συχνότητας με πλάτος A και διαφορά φάσης θ με την ταλάντωση με εξίσωση $x_1 = A_1\eta\mu(\omega t)$.

Οι παραπάνω σχέσεις μπορούν εύκολα να προκύψουν με την χρήση της Αναπαράστασης του περιστρεφόμενου διανύσματος για τις δύο ταλαντώσεις και την σύνθεση τους.

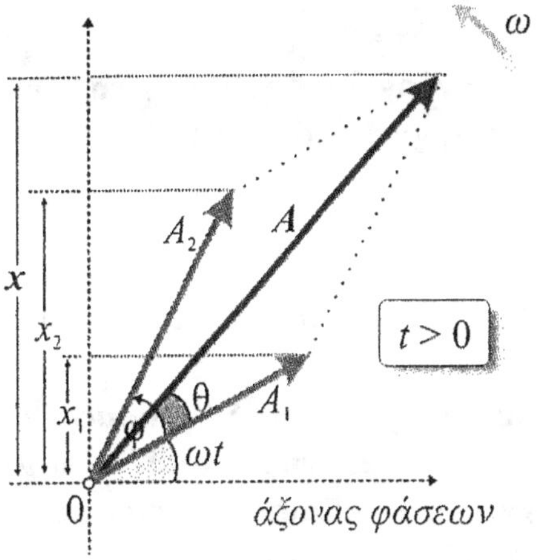

Σχήμα 1.20: Η σύνθεση με την βοήθεια της αναπαράστασης περιστρεφόμενου διανύσματος

Ειδικές περιπτώσεις

(α) Όταν ειναι $\phi = 0$, τότε οι σχέσεις (1.77),(1.78) γράφονται:

$$A = \sqrt{A_1 + A_2 + 2A_1A_2} = \sqrt{(A_1+A_2)^2} \Rightarrow A = A_1 + A_2 \tag{1.79}$$

και

$$\epsilon\phi\theta = 0 \Rightarrow \theta = 0rad$$

Παρατηρούμε ότι στην περίπτωση αυτή το πλάτος A της ταλάντωσης είναι ίσο με το άθροισμα των πλατών A_1, A_2 των επιμέρους ταλαντώσεων.

(β) Όταν $\phi = \pi rad$, τότε η σχέση (1.77)γράφεται:

$$A = \sqrt{A_1 + A_2 - 2A_1A_2} = \sqrt{(A_1 - A_2)^2} \Rightarrow A = |A_1 - A_2|$$

και η σχέση (1.78) δίνει $\theta = 0$ ή $\theta = \pi rad$.

Παρατηρούμε ότι σε αυτή την περίπτωση το πλάτος A της ταλάντωσης είναι ίσο με την απόλυτη τιμή της διαφοράς των επιμέρους πλατών και η φάση είναι ίση με την φάση της ταλάντωσης που έχει το μεγαλύτερο πλάτος (δηλαδή $\theta = 0$, αν $A_1 > A_2$, και $\theta = \pi$, όταν είναι $A_1 < A_2$).

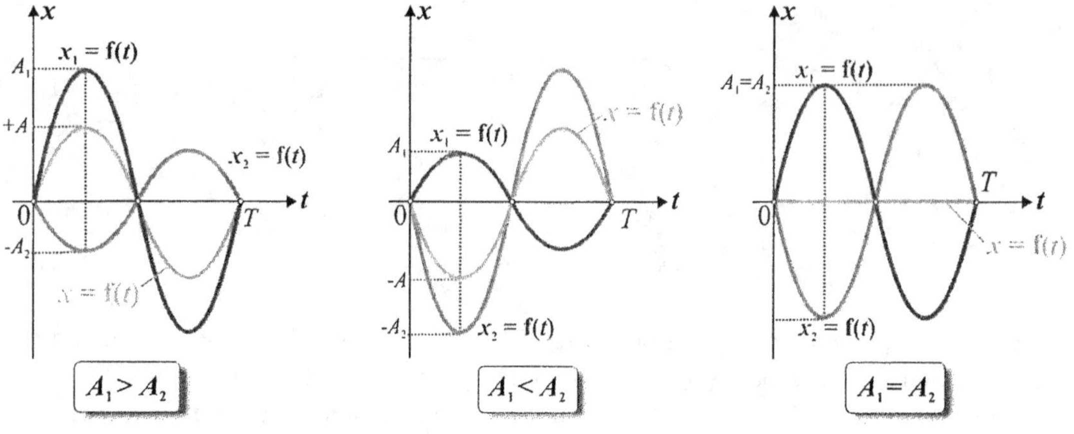

Ενέργεια σύνθετης ταλάντωσης Με βάση τον ορισμό της ενέργειας και την σχέση για το πλάτος 1.77 προκύπτει εύκολα ότι η Ενέργεια της σύνθετης ταλάντωσης θα δίνεται από την σχέση:

$$E = E_1 + E_2 + 2\sqrt{E_1 E_2}\sigma\upsilon\nu\phi \tag{1.80}$$

όπου E_1, E_2 οι ενέργειες των δυο επιμέρους ταλαντώσεων.

Σύνθεση δύο απλών αρμονικών ταλαντώσεων που έχουν την ίδια διεύθυνση,γίνονται γύρω από το ίδιο σημείο, με ίδιο πλάτος και διαφορετική συχνότητα. Έστω ότι ένα σώμα εκτελεί ταυτόχρονα δύο απλές αρμονικές ταλαντώσεις που:

- Εξελίσσονται πάνω στην ίδια ευθεία και γύρω από την ίδια θέση ισορροπίας,
- έχουν το ίδιο πλάτος Α και τους,
- οι γωνιακές συχνότητες τους ω_1 και ω_2 διαφέρουν λίγο μεταξύ τους.

Οι εξισώσεις που περιγράφουν δύο τέτοιες ταλαντώσεις είναι αντίστοιχα:

$$x_1 = A\eta\mu(\omega_1 t) \qquad x_2 = A\eta\mu(\omega_2 t)$$

Σύμφωνα με την **Αρχή της Επαλληλίας των κινήσεων**, η απομάκρυνση του σώματος Σ κάθε χρονική στιγμή θα είναι το άθροισμα των απομακρύνσεων που προκαλεί σε αυτό κάθε ταλάντωση ξεχωριστά. Άρα θα είναι:

$$x(t) = x_1(t) + x_2(t) = A\eta\mu(\omega_1 t) + A\eta\mu(\omega_2 t) = A(\eta\mu(\omega_1 t) + \eta\mu(\omega_2 t))$$

και με την χρήση της αντίστοιχης τριγωνομετρικής ταυτότητας προκύπτει ότι:

$$x = 2A\sigma\upsilon\nu\left(\frac{\omega_1 - \omega_2}{2}t\right)\eta\mu\left(\frac{\omega_1 + \omega_2}{2}t\right) \tag{1.81}$$

Επειδή όμως οι συχνότητες ω_1, ω_2 διαφέρουν πολύ λίγο μεταξύ τους, από την τελευταία σχέση μπορούμε να συμπεράνουμε ότι:

- Ο παράγοντας

$$A' = 2A\sigma\upsilon\nu\left(\frac{\omega_1-\omega_2}{2}t\right) \quad (1.82)$$

μεταβάλλεται με τον χρόνο πολύ αργά σε σχέση με τον δεύτερο παράγοντα $\eta\mu\left(\frac{\omega_1+\omega_2}{2}t\right)$. Αυτό σημαίνει ότι μπορούμε να επιλέξουμε τον παράγοντα αυτό ως πλάτος της συνισταμένης ταλάντωσης, το οποίο μεταβάλλεται με αργό ρυθμό από $|A'| = 0$ μέχρι $|A'| = 2A$.

- Ο παράγοντας $\eta\mu\left(\frac{\omega_1+\omega_2}{2}t\right)$ μεταβάλλεται αρμονικά με τον χρόνο με γωνιακή συχνότητα $\bar{\omega}$

$$\bar{\omega} = \frac{\omega_1+\omega_2}{2} \simeq \omega_1 \simeq \omega_2 \quad (1.83)$$

Επομένως η εξίσωση (1.81) γράφεται:

$$x = A'\eta\mu(\bar{\omega}t) \quad (1.84)$$

η παραπάνω σχέση περιγράφει μια **ιδιόμορφη ταλάντωση** που έχει την ίδια περίπου συχνότητα με τις επιμέρους ταλαντώσεις και πλάτος $|A'|$ που μεταβάλλεται, με αργό ρυθμό, από μηδέν μέχρι $2A$. Λέμε ότι η κίνηση του σώματος Σ παρουσιάζει **διακροτήματα**. Δηλαδή:

Διακρότημα ονομάζεται η ιδιόμορφη ταλάντωση που προκύπτει από την σύνθεση δυο αρμονικών ταλαντώσεων που γίνονται γύρω από το ίδιο σημείο και έχουν την ίδια διεύθυνση, το ίδιο πλάτος και οι συχνότητες τους διαφέρουν πολύ λίγο μεταξύ τους.

Ο χρόνος T_δ ανάμεσα σε δύο διαδοχικούς μηδενισμούς (ή δύο διαδοχικές μεγιστοποιήσεις) του πλάτους, ονομάζεται **Περίοδος του Διακροτήματος**.

Υπολογισμός της περιόδου του διακροτήματος Από την σχέση (1.82)προκύπτει ότι το πλάτος A' μηδενίζεται όταν:

$$2A\sigma\upsilon\nu\left(\frac{\omega_1-\omega_2}{2}t\right) = 0$$

$$\frac{|\omega_1-\omega_2|}{2}t = (2\kappa+1)\frac{\pi}{2}$$

όπου $\kappa = 0, 1, 2, \ldots$

Θέτοντας $\kappa = 0$ και $\kappa = 1$ στην τελευταία σχέση, μπορούμε να έχουμε δυο χρονικές στιγμές t_1 και t_2 που αντιστοιχούν σε δύο διαδοχικούς χρόνους μηδενισμού του πλάτους Α'. Άρα από τον ορισμό της περιόδου διακροτήματος έχουμε:

$$T_\delta = t_2 - t_1 = \frac{3\pi}{|\omega_1-\omega_2|} - \frac{\pi}{|\omega_1-\omega_2|} \Rightarrow T_\delta = \frac{2\pi}{|\omega_1-\omega_2|} = \frac{2\pi}{2\pi|f_1-f_2|}$$

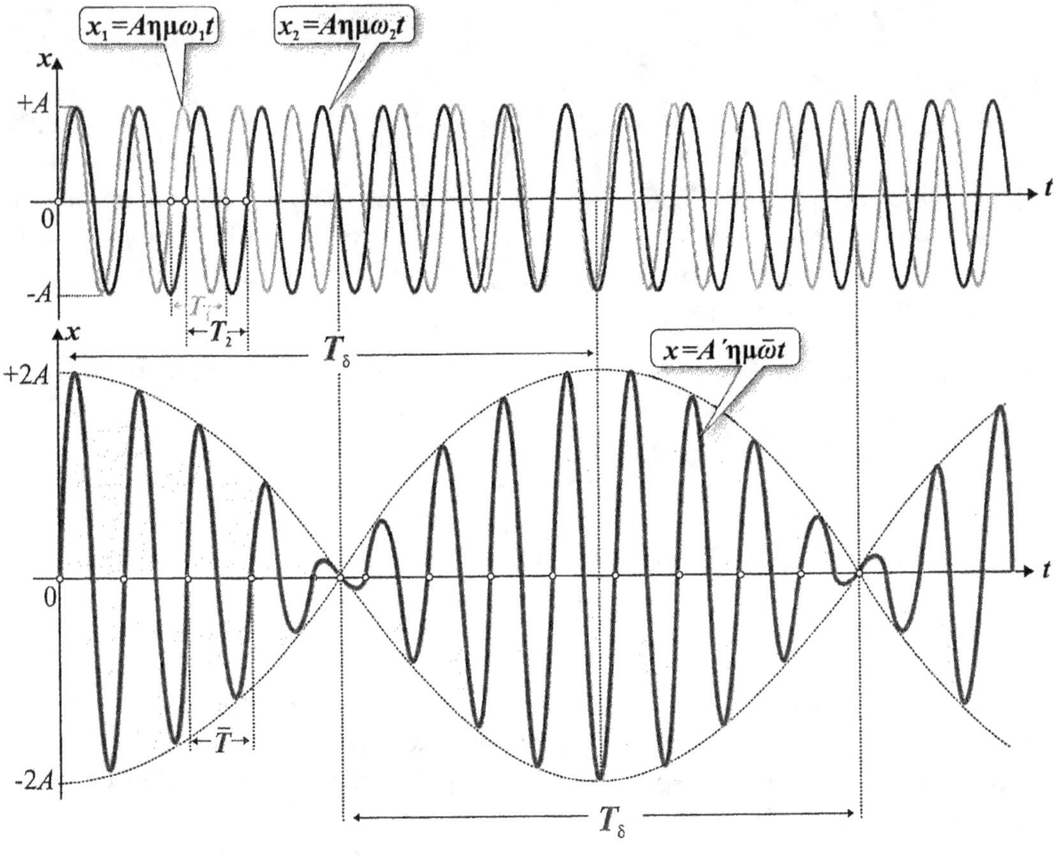

Σχήμα 1.21: Η σύνθεση δύο ταλαντώσεων με κοντινές συχνότητες

Άρα η περίοδος δια κροτήματος δίνεται από την σχεση:

$$T_\delta = \frac{1}{|f_1 - f_2|} \tag{1.85}$$

και η συχνότητα του δια κροτήματος που εκφράζει τον αριθμό των διακροτημάτων ανά δευτερόλεπτο θα δίνεται από την σχέση:

$$f_\delta = \frac{1}{T_\delta} = |f_1 - f_2| \tag{1.86}$$

Πρόταση Μελέτης: Λύσε τον **Ά τόμο των Γ. Μαθιουδάκη & Γ. Παναγιωτακόπουλου** 8.1 - 8.44, 8.50 - 8.53, 8.55-8.59, 8.62 - 8.65, 8.67, 8.68, 8.70, 8.71, 8.73-8.76, 8.78, 8.83-8.88, 8.90, 8.92, 8.94-8.98

Κεφάλαιο 2

Κύματα

2.1 Ορισμός του κύματος

Κύμα ονομάζεται η διάδοση μιας διαταραχής που μεταφέρει ενέργεια και ορμή με σταθερή ταχύτητα.

Ελαστικό μέσο ονομάζεται κάθε υλικό μέσο που, για λόγους απλότητας, δεχόμαστε ότι έχει τις εξής ιδιότητες:

- Αποτελείται από σωματίδια, τα οποία πληρούν το μέσο χωρίς διάκενα.
- Τα σωματίδια αυτά συνδέονται μεταξύ τους με ελαστικές δυνάμεις.

Αν για κάποιο λόγο ένα σωματίδιο Σ απομακρυνθεί από τη θέση ισορροπίας του, τότε εμφανίζεται μια δύναμη που τείνει να επαναφέρει το σωματίδιο στη θέση ισορροπίας του. Ταυτόχρονα, λόγω αντιδράσεων, δέχονται δυνάμεις και τα γειτονικά σωματίδια, οπότε απομακρύνονται και αυτά από τις θέσεις ισορροπίας τους. Με τον τρόπο αυτό η διαταραχή που προκλήθηκε στο σωματίδιο Σ διαδίδεται σταδιακά από το ένα σημείο του ελαστικού μέσου στο άλλο και προς όλες τις διευθύνσεις με ορισμένη ταχύτητα. όταν το μέσο είναι ομογενές και ισότροπο (δηλ. έχει τις ίδιες φυσικές ιδιότητες προς όλες τις διευθύνσεις), η ταχύτητα είναι ίδια προς όλες τις διευθύνσεις.

Κατά την διάδοση ενός κύματος μεταφέρεται ενέργεια και ορμή από το ένα σημείο του μέσου στο άλλο, όχι όμως και ύλη

Αν ένα σωματίδιο Σ (η πηγή των κυμάτων) εκτελεί εξαναγκασμένη ταλάντωση με την επίδραση μιας εξωτερικής περιοδικής δύναμης, τότε η ενέργεια που προσφέρεται συνεχώς στο σωματίδιο αυτό θα μεταβιβάζεται προς όλες τις διευθύνσεις με ορισμένη ταχύτητα. Όταν το κύμα φθάνει σε ένα οποιοδήποτε σωματίδιο του μέσου, αυτό αρχίζει επίσης να εκτελεί εξαναγκασμένη ταλάντωση και αποκτά ενέργεια (κινητική και δυναμική), η οποία μεταβιβάζεται στα γειτονικά του σωματίδια κ.ο.κ. Έτσι με την διαδικασία αυτή, γίνεται μεταφορά της ενέργειας που παρέχεται στη πηγή Σ των κυμάτων από το εξωτερικό αίτιο, χωρίς να γίνεται μεταφορά ύλης, αφού τα σωματίδια του μέσου εκτελούν εξαναγκασμένες ταλαντώσεις γύρω από τις θέσεις ισορροπίας τους.

Όταν η ταλάντωση της πηγής Σ είναι απλή αρμονική ταλάντωση, τότε το παραγόμενο κύμα ονομάζεται **Αρμονικό Κύμα**.

2.2 Τα είδη των κυμάτων

Τα κύματα, ανάλογα με τον μηχανισμό παραγωγής και διάδοσης τους, διακρίνονται σε δύο βασικές κατηγορίες:

- Στα **Μηχανικά Κύματα**, που είναι η διάδοση μιας διαταραχής σε ένα ελαστικό μέσο. Τα μηχανικά κύματα (σεισμικά, υδάτινα, ηχητικά κλπ) διαδίδονται μόνο σε υλικά σώματα που έχουν την ικανότητα να δέχονται και να μεταβιβάζουν προσωρινές παραμορφώσεις.
- Στα **Ηλεκτρομαγνητικά Κύματα**, που είναι η διάδοση μιας ηλεκτρομαγνητικής διαταραχής. Τα ηλεκτρομαγνητικά κύματα (φωτεινά κύματα, ραδιοκύματα, ακτίνες Χ, ακτίνες γ) διαδίδονται και στο κενό με ταχύτητα $c = 3 \cdot 10^8 m/s$.

Με κριτήριο τις διαστάσεις του ελαστικού μέσου, τα κύματα διακρίνονται σε:

- **Γραμμικά Κύματα**,δηλαδή κύματα που διαδίδονται μόνο σε μια διεύθυνση. Γραμμικά κύματα διαδίδονται κατά μήκος μιας τεντωμένης ελαστικής χορδής.
- **Επιφανειακά Κύματα**,δηλαδή κύματα που διαδίδονται στην επιφάνεια ενός υλικού μέσου. Επιφανειακά κύματα διαδίδονται στην επιφάνεια του νερού.
- **Κύματα χώρου**, δηλαδή κύματα που διαδίδονται προς όλες τις διευθύνσεις ενός υλικού μέσου. Κύματα χώρου είναι τα ηχητικά κύματα που διαδίδονται στον αέρα.

Με κριτήριο το μηχανισμό διάδοσης, τα κύματα διακρίνονται σε:

- **Εγκάρσια Κύματα, όπου τα σωματίδια του ελαστικού μέσου ταλαντώνονται σε διεύθυνση κάθετη προς την διεύθυνση διάδοσης του κύματος.** Τα εγκάρσια κύματα διαδίδονται στα στερεά σώματα και στην ελεύθερη επιφάνεια των υγρών. Κατά τη διάδοση των εγκαρσίων κυμάτων σχηματίζονται ¨όρη¨ και ¨κοιλάδες¨, όπως φαίνεται στο διπλανό σχήμα.

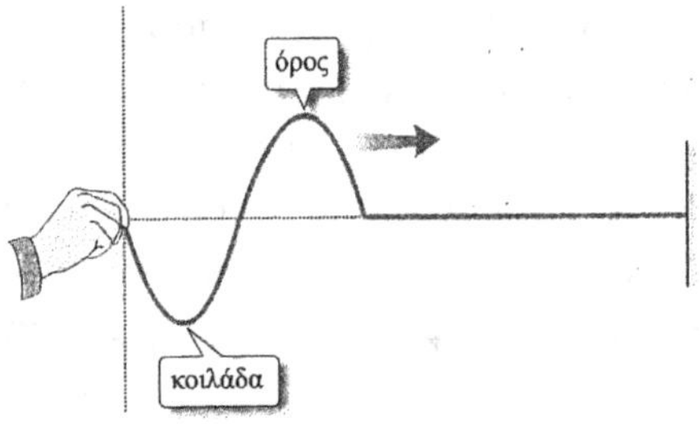

Σχήμα 2.1: Εγκάρσιο Κύμα

- **Διαμήκη Κύματα, όπου τα σωματίδια του ελαστικού μέσου ταλαντώνονται σε διεύθυνση παράλληλη προς τη διεύθυνση διάδοσης του κύματος.** Τα διαμήκη κύματα διαδίδονται στα στερεά, τα υγρά και τα αέρια. Κατά την διάδοση των διαμήκων κυμάτων εμφανίζονται ¨πυκνώματα¨ και ¨αραιώματα¨. Στα στερεά τα διαμήκη κύματα διαδίδονται με μεγαλύτερη ταχύτητα από ό,τι στα εγκάρσια.

Με κριτήριο τη μετακίνηση ή όχι της φάσης, τα κύματα διακρίνονται σε:

- **Τρέχοντα Κύματα**, όπου συμβαίνει μετακίνηση της φάσης του κύματος από το ένα σημείο του μέσου στο άλλο με πεπερασμένη ταχύτητα.
- **Στάσιμα Κύματα**, όπου η φάση του κύματος δεν μετακινείται.

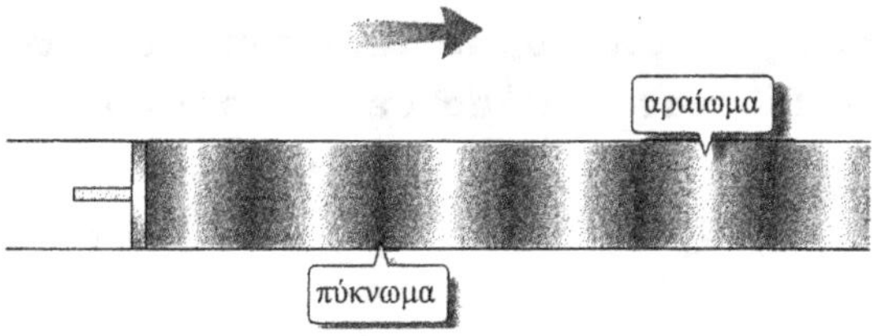

Σχήμα 2.2: Διαμήκες Κύμα

2.3 Τα στοιχεία του τρέχοντος αρμονικού κύματος

Τα στοιχεία ενός τρέχοντος αρμονικού κύματος είναι τα εξής:

α. **Η περίοδος, η συχνότητα και το πλάτος του αρμονικού κύματος**

Όταν η πηγή ενός κύματος, εκτελεί απλή αρμονική ταλάντωση με περίοδο Τ, συχνότητα f και πλάτος Α, τότε τα σωματίδια του ελαστικού μέσου όπου διαδίδεται το κύμα εκτελούν επίσης απλή αρμονική ταλάντωση που έχει την ίδια περίοδο, την ίδια συχνότητα και το ίδιο πλάτος με την ταλάντωση της πηγής. Τα μεγέθη αυτά, όταν αναφερόμαστε στο κύμα, αποτελούν τα αντίστοιχα μεγέθη του κύματος. Άρα:

Περίοδος (Τ)ενός αρμονικού κύματος είναι το χρονικό διάστημα στο οποίο ένα σωματίδιο του μέσου εκτελεί μια πλήρη ταλάντωση. Αν φωτογραφίζαμε το μέσο στο οποίο διαδίδεται ένα αρμονικό κύμα την χρονική στιγμή $t_1 = T$ και $t_2 = 2T$, θα βλέπαμε ότι η κυματική εικόνα επαναλαμβάνεται. Επομένως μπορούμε να ορίσουμε την περίοδο ενός αρμονικού κύματος και ως εξής:

Περίοδος ενός αρμονικού κύματος είναι το χρονικό διάστημα στο οποίο η κυματική εικόνα επαναλαμβάνεται.

Συχνότητα (f) ενός αρμονικού κύματος είναι η συχνότητα με την οποία ταλαντώνονται τα σωματίδια του μέσου.

Η συχνότητα της εξαναγκασμένης ταλάντωσης των σωματιδίων ενός ελαστικού μέσου, στο οποίο διαδίδεται ένα κύμα, αποτελεί χαρακτηριστικό γνώρισμα της πηγής του κύματος και δεν εξαρτάται από το ελαστικό μέσο.

Πλάτος (Α) ενός αρμονικού κύματος είναι το πλάτος με το οποίο ταλαντώνονται τα σωματίδια του μέσου.

β. **Η ταχύτητα διάδοσης του αρμονικού κύματος**

Ταχύτητα διάδοσης (υ) ενός αρμονικού κύματος ονομάζεται η ταχύτητα με την οποία διαδίδεται το κύμα σε ένα ορισμένο ελαστικό μέσο. Όταν το ελαστικό μέσο είναι ομογενές και ισότροπο, η ταχύτητα διάδοσης ενός μηχανικού κύματος είναι σταθερή και δίνεται από την σχέση:

$$\upsilon = \frac{x}{t} \tag{2.1}$$

όπου x είναι η απόσταση την οποία διατρέχει το κύμα κατά μήκος μιας ευθείας διάδοσης του και t ο χρόνος που χρειάζεται για αυτό.

Η σταθερή ταχύτητα με την οποία διαδίδεται ένα κύμα σε ένα ελαστικό μέσο δεν πρέπει να συγχέεται με τη χρονικά μεταβαλλόμενη ταχύτητα της ταλάντωσης των σωματιδίων του μέσου.

Η ταχύτητα διάδοσης ενός κύματος εξαρτάται από το αν το κύμα είναι εγκάρσιο ή διαμήκες και καθορίζεται από την ελαστικότητα και την αδράνεια του ελαστικού μέσου.

γ. **Το μήκος κύματος του αρμονικού κύματος**

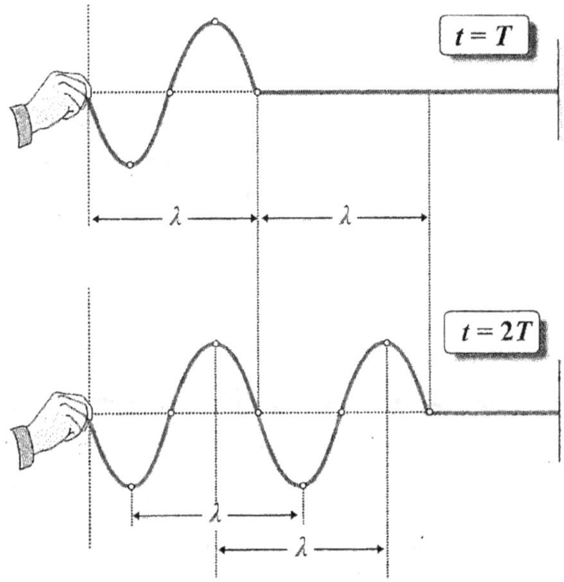

Σχήμα 2.3: Σε χρόνο T μια κορυφή του κύματος μετακινείται κατά λ

Μήκος Κύματος (λ)ενός αρμονικού κύματος που διαδίδεται σε ένα ελαστικό μέσο ονομάζεται η απόσταση την οποία διατρέχει το κύμα στο μέσο αυτό σε χρόνο ίσο με μια περίοδο του κύματος Αν στην σχέση (2.1)θέσουμε $t = T$ και $x = \lambda$, θα έχουμε:

$$\upsilon = \frac{\lambda}{T} \Rightarrow \upsilon = \lambda \cdot f \tag{2.2}$$

όπου f είναι η συχνότητα του κύματος. Η τελευταία σχέση ισχύει για οποιοδήποτε αρμονικό κύμα και ονομάζεται **Θεμελιώδης εξίσωση της Κυματικής**.

Στην θεμελιώδη εξίσωση της κυματικής η συχνότητα f καθορίζεται από την πηγή του κύματος και η ταχύτητα υ από το μέσο διάδοσης του κύματος. Κατά συνέπεια, όταν ένα κύμα μεταβαίνει από ένα μέσο Α σε ένα άλλο μέσο Β, αλλάζει η ταχύτητα και κατά συνέπεια και το μήκος κύματος.

2.3.1 Η εξίσωση του Αρμονικού Κύματος

Εξίσωση ενός αρμονικού κύματος ονομάζουμε την εξίσωση που μας δίνει την απομάκρυνση ενός σωματιδίου του μέσου διάδοσης του κύματος σε συνάρτηση με τον χρόνο και με την απόσταση του σωματιδίου από την αρχή μέτρησης των αποστάσεων.

Υποθέτουμε ότι στο σημείο Ο ενός ελαστικού μέσου υπάρχει μια πηγή κυμάτων, η οποία εκτελεί απλή αρμονική ταλάντωση συχνότητας f και ότι το κύμα που παράγεται διαδίδεται κατά την θετική κατεύθυνση του άξονα Ox (προς τα δεξιά της πηγής των κυμάτων) με ταχύτητα υ.

Εκλέγουμε ως αρχή μέτρησης των αποστάσεων ($x = 0$) το σημείο Ο και ως αρχή των χρόνων (τ=0) τη χρονική στιγμή κατά την οποία η φάση στο σημείο Ο είναι ίση με μηδέν, δηλαδή η απομάκρυνση από την θέση ισορροπίας είναι $y = 0$ και η ταχύτητα έχει θετική φορά ($\upsilon > 0$). Αυτό σημαίνει ότι η εξίσωση της απομάκρυνσης στο σημείο Ο θα είναι της μορφής!

$$y = A\eta\mu(\omega t) = A\eta\mu\left(\frac{2\pi}{T}t\right) \tag{2.3}$$

όπου ω είναι η γωνιακή συχνότητα και Τ η περίοδος της ταλάντωσης της πηγής των κυμάτων.

Ένα σημείο Μ του μέσου που απέχει απόσταση (ΟΜ)=x από την πηγή θα αρχίσει να ταλαντώνεται τη χρονική στιγμή:

$$t_1 = \frac{x}{\upsilon} \tag{2.4}$$

Επομένως σε μια τυχαία χρονική στιγμή t το σημείο Μ θα έχει ταλαντωθεί για χρόνο:

$$t - t_1 = t - \frac{x}{\upsilon} \tag{2.5}$$

Άρα, με την προϋπόθεση ότι το πλάτος της ταλάντωσης του σημείου Μ είναι ίσο με το πλάτος της ταλάντωσης του σημείου Ο, η εξίσωση της απομάκρυνσης του σημείου Μ θα δίνεται από την εξίσωση:

$$y = A\eta\mu\frac{2\pi}{T}\left(t - \frac{x}{\upsilon}\right) = A\eta\mu 2\pi\left(\frac{t}{T} - \frac{x}{\upsilon T}\right) \Rightarrow y = A\eta\mu 2\pi\left(\frac{t}{T} - \frac{x}{\lambda}\right) \tag{2.6}$$

Η σχέση (2.6) αποτελεί την **Εξίσωση του Αρμονικού Κύματος**

Διάδοση του Κύματος κατά την αρνητική φορά Αν το κύμα διαδίδεται κατά την αρνητική φορά του άξονα Ox, δηλαδή από το σημείο Μ προς το O, τότε φτάνει πρώτα στο σημείο Μ και μετά στο σημείο O. Αυτό σημαίνει ότι η φάση της ταλάντωσης στο σημείο O προηγείται της φάσης της ταλάντωσης στο σημείο O κατά γωνία $\phi = 2\pi\frac{x}{\lambda}$. Άρα αν κατά την χρονική στιγμή t η απομάκρυνση στο σημείο O δίνεται από την εξίσωση (2.3), την ίδια χρονική στιγμή η απομάκρυνση στο σημείο O δίνεται από την εξίσωση:

$$y = A\eta\mu\left(\frac{2\pi}{T}t + \phi\right) = A\eta\mu\left(\frac{2\pi}{T}t + 2\pi\frac{x}{\lambda}\right) \Rightarrow y = A\eta\mu 2\pi\left(\frac{t}{T} + \frac{x}{\lambda}\right) \tag{2.7}$$

Για κάθε σημείο που βρίσκεται στο αρνητικό ημιάξονα το x θα μπαίνει στις εξισώσεις με το πρόσημο του.

Η ταλάντωση των σωματιδίων του ελαστικού μέσου Όταν στο ελαστικό μέσο διαδίδεται ένα αρμονικό κύμα, κάθε σημείο του εκτελεί απλή αρμονική ταλάντωση, αφού το κύμα περάσει από αυτό και το διεγείρει. Αν υποθέσουμε ένα κύμα που οδεύει προς τον ημιάξονα με φορά προς τα δεξιά, οι χρονικές εξισώσεις της ταλάντωσης ενός υλικού σημείου Μ που απέχει απόσταση x_M από το O θα είναι:

Εξίσωση της απομάκρυνσης από την Θέση Ισορροπίας

$$y_M = A\eta\mu 2\pi\left(\frac{t}{T} - \frac{x_M}{\lambda}\right) \tag{2.8}$$

Εξίσωση της ταχύτητας ταλάντωσης

$$V_M = \omega A\sigma\upsilon\nu 2\pi\left(\frac{t}{T} - \frac{x_M}{\lambda}\right) \tag{2.9}$$

Εξίσωση της επιτάχυνσης ταλάντωσης

$$\alpha_M = -\omega^2 \cdot y_M \Rightarrow \alpha_M = -\omega^2 A\eta\mu 2\pi\left(\frac{t}{T} - \frac{x_M}{\lambda}\right) \tag{2.10}$$

Οι παραπάνω σχέσεις είναι οι γνωστές μας εξισώσεις της απλής αρμονικής ταλάντωσης για ένα σωματίδιο μάζας m που βρίσκεται στο ελαστικό μέσο. **Οι παραπάνω σχέσεις όμως έχουν νόημα όταν το κύμα έχει φτάσει στο σημείο Μ, δηλαδή όταν:**

$$\phi \geq 0 \Rightarrow \frac{t}{T} - \frac{x_M}{\lambda} \geq 0 \Rightarrow t \geq \frac{x_M}{\upsilon} \tag{2.11}$$

Προφανώς, για κάθε σωματίδιο μάζας m του ελαστικού μέσου που ταλαντώνεται με πλάτος Α και σταθερά επαναφοράς $D = m\omega^2$ ισχύει η **Αρχή Διατήρησης της Ενέργειας**:

$$\frac{1}{2}Dy^2 + \frac{1}{2}mv^2 = \frac{1}{2}DA^2 \tag{2.12}$$

όπου y η απομάκρυνση του σωματιδίου από την θέση ισορροπίας και v η ταχύτητα ταλάντωσης του σε μια τυχαία χρονική στιγμή.

2.3.2 Γραφική παράσταση του αρμονικού κύματος

Από τη μορφή της εξίσωσης του αρμονικού κύματος προκύπτει ότι η απομάκρυνση y από την θέση ισορροπίας είναι μια συνάρτηση δύο μεταβλητών. Εξαρτάται από τον χρόνο t και από την θέση x του σωματιδίου.Κατά συνέπεια η γραφική παράσταση αυτής της εξίσωσης να μπορεί να πραγματοποιηθεί αν θεωρήσουμε τη μια από τις δύο μεταβλητές σταθερή. Έτσι διακρίνουμε 2 περιπτώσεις γραφικών παραστάσεων.

α) **Ταλάντωση σωματιδίου του μέσου**

Για ένα δεδομένο σωματίδιο του μέσου που βρίσκεται σε ένα σημείο του άξονα Ox, δηλαδή για $x = x_1$ η εξίσωση του αρμονικού κύματος παριστάνει την εξίσωση ταλάντωσης του σωματιδίου και γράφεται:

$$y = A\eta\mu 2\pi\left(\frac{t}{T} - \frac{x_1}{\lambda}\right) = f(t), \quad t \geq \frac{x_1}{v}$$

και δείχνει ότι η απομάκρυνση y στο θεωρούμενο σημείο είναι μια ημιτονοειδής συνάρτηση του χρόνου. Επίσης είναι σαφές ότι η ταλάντωση του σωματιδίου

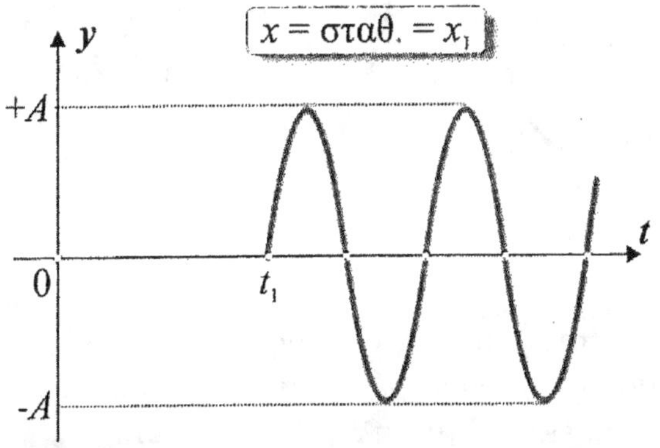

Σχήμα 2.4: Γραφική παράσταση της απομάκρυνσης ενός σωματιδίου που βρίσκεται στην θέση x_1 σε συνάρτηση με τον χρόνο.

ξεκινά μετά την χρονική στιγμή που το κύμα έχει φτάσει στο σημείο αυτό. Αντίστοιχες είναι και οι γραφικές παραστάσεις της ταχύτητας,της επιτάχυνσης, της Δύναμης επαναφοράς.

β) **Στιγμιότυπο του κύματος** Για μια δεδομένη χρονική στιγμή. δηλαδή για $t = t_1$, η εξίσωση του αρμονικού κύματος γράφεται:

$$y = A\eta\mu 2\pi\left(\frac{t_1}{T} - \frac{x}{\lambda}\right) = f(x)$$

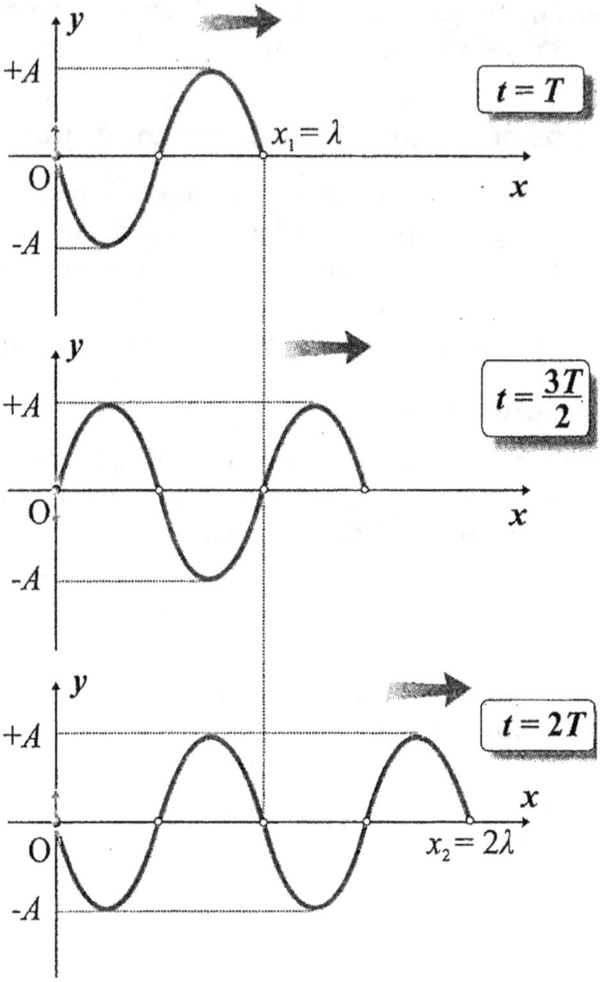

Σχήμα 2.5: Στιγμιότυπα του κύματος σε διάφορες χρονικές στιγμές. Στη διάρκεια μιας περιόδου του κύματος, αυτό διατρέχει απόσταση ίση με το μήκος κύματος λ και κάθε σωματίδιο του μέσου εκτελεί μια πλήρη ταλάντωση.

και δείχνει ότι η απομάκρυνση y στα διάφορα σημεία του άξονα Ox είναι ημιτονοειδής συνάρτηση της απόστασης x.

Η Μεθοδολογία για την σχεδίαση ενός στιγμιότυπου

1ο Βήμα: Θέτουμε στην εξίσωση του κύματος όπου $t = t_1$ για να βρούμε την εξίσωση $y = f(x)$ της οποίας την γραφική παράσταση θα σχεδιάσουμε.

2ο Βήμα: Βρίσκουμε πόσο μακριά έχει φτάσει από την αρχή Ο το κύμα ($x = vt$) και συγκρίνουμε αυτή την απόσταση με το μήκος κύματος λ (ή το $\lambda/4$).

3ο Βήμα: Βρίσκουμε την απομάκρυνση y του σημείου Ο ($x = 0$) την χρονική στιγμή t_1, θέτοντας στην εξίσωση που βρήκαμε στο 1ο βήμα $x = 0$.

4ο Βήμα: Σχεδιάζουμε το στιγμιότυπο ξεκινώντας από το πιο απομακρυσμένο σημείο από την αρχή Ο, όπου έχει φτάσει το κύμα την χρονική στιγμή t_1. Το σημείο αυτό την στιγμή t_1 βρίσκεται στην θέση ισορροπίας του με θετική ταχύτητα.

Πρόταση Μελέτης Λύσε από τον **Ά τόμο των Γ. Μαθιουδάκη & Γ.Παναγιωτακόπουλου** τις ακόλουθες ασκήσεις: 9.1 -9.27, 9.70, 9.73, 9.74, 9.76, 9.78, 9.79, 9.81, 9.82, 9.85, 9.87, 9.89, 9.90, 9.91 - 9.94, 9.96 - 9.98, 9.100 - 9.105, 9.107, 9.109

2.3.3 Φάση του Αρμονικού Κύματος

Στην εξίσωση του αρμονικού κύματος η παράσταση:

$$\phi = 2\pi\left(\frac{t}{T} \pm \frac{x}{\lambda}\right) \tag{2.13}$$

έχει διαστάσεις γωνίας (rad) και ονομάζεται **φάση του κύματος**. Από τη σχέση (2.13)προκύπτει ότι η φάση ϕ ενός κύματος εξαρτάται από την απόσταση x από το σημείο Ο και από τον χρόνο t. Αυτό σημαίνει ότι για ένα δεδομένο σημείο του άξονα Ox ($x = x_1$) η φάση θα μεταβάλλεται σε συνάρτηση με τον χρόνο t και σε μια δεδομένη χρονική στιγμή $t = t_1$ η φάση θα μεταβάλλεται σε συνάρτηση με την απόσταση x από την πηγή του κύματος.

> Κάθε σημείο του μέσου που ταλαντώνεται έχει φάση $\phi \geq 0$.Την ίδια χρονική στιγμή t κάθε τέτοιο σημείο έχει διαφορετική φάση από τα υπόλοιπα. Μεταξύ δύο σημείων, μεγαλύτερη φάση έχει το σημείο στο οποίο φτάνει πρώτα το κύμα.

Φάση ενός υλικού σημείου του ελαστικού μέσου στο οποίο διαδίδεται ένα αρμονικό κύμα. Για ένα δεδομένο σημείο Μ που βρίσκεται στην θέση $x = x_1$ η φάση γράφεται:

$$\phi_M = 2\pi\left(\frac{t}{T} - \frac{x_1}{\lambda}\right), \quad t \geq \frac{x_1}{v}$$

βέβαια παραπάνω υποθέσαμε ότι το κύμα διαδίδεται προς την θετική φορά του άξονα διάδοσης.

Η γραφική παράσταση της φάσης σε συνάρτηση με τον χρόνο t για το σωματίδιο στη θέση Μ θα είναι μια ευθεία γραμμή. Η χρονική στιγμή $\frac{d}{v}$ είναι η στιγμή που ξεκινά να ταλαντώνεται το σημείο Μ.

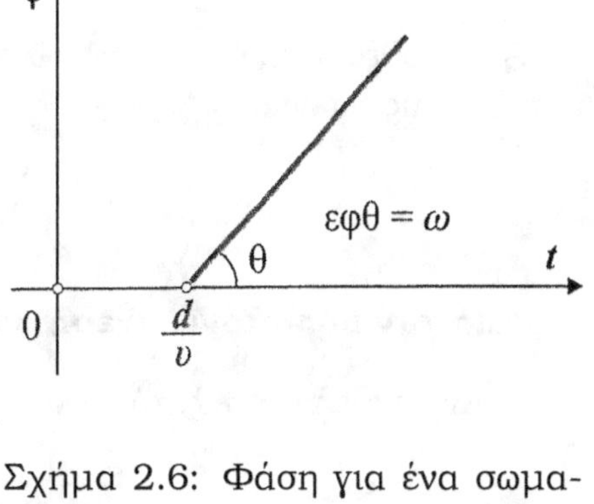

Σχήμα 2.6: Φάση για ένα σωματίδιο σε συνάρτηση με τον χρονο

Διαφορά φάσης του ίδιου υλικού σημείου σε δύο διαφορετικές χρονικές στιγμές. Για το υλικό σημείο Μ σε δύο τυχαίες χρονικές στιγμές t_1 και t_2 η διαφορά φάσης υπολογίζεται:

$$\Delta\phi = 2\pi\left(\frac{t_2}{T} - \frac{x_1}{\lambda}\right) - 2\pi\left(\frac{t_1}{T} - \frac{x_1}{\lambda}\right) \Rightarrow \Delta\phi = \frac{2\pi}{T}\Delta t$$

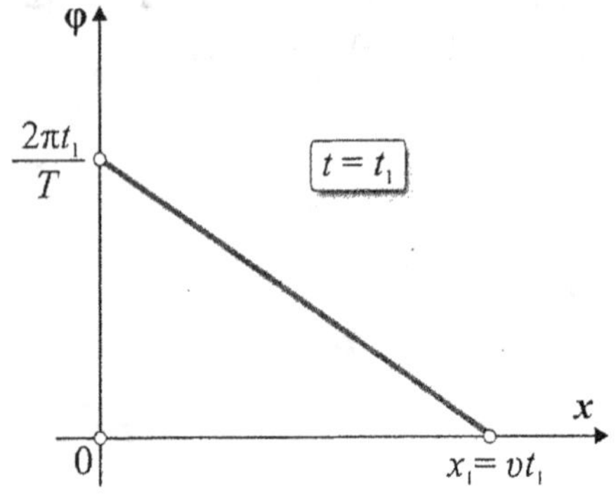

Σχήμα 2.7: Φάση σωματιδίων του μέσου σε δεδομένη χρονική στιγμή

Φάση ταλάντωσης των υλικών σημείων του μέσου για μια δεδομένη χρονική στιγμή Σε μια δεδομένη χρονική στιγμή $t - t_1$ η φάση του αρμονικού κύματος γράφεται:

$$\phi_M = 2\pi\left(\frac{t_1}{T} - \frac{x}{\lambda}\right)$$

Παρατηρούμε ότι τα υλικά σημεία του μέσου στο οποίο διαδίδεται ένα αρμονικό κύμα θα έχουν διαφορετική φάση σε μια χρονική στιγμή t_1. **Επίσης η φάση είναι φθίνουσα συνάρτηση στην διεύθυνση διάδοσης του κύματος.**

Διαφορά φάσης δύο υλικών σημείων του μέσου σε μια δεδομένη χρονική στιγμή. Θεωρούμε δυο σημεία το Α και το Β του άξονα Ox που απέχουν αποστάσεις x_A και x_B από το σημείο Ο. Οι φάσεις των ταλαντώσεων τους κατά την ίδια χρονική στιγμή t θα είναι αντίστοιχα:

$$\phi_A = 2\pi\left(\frac{t}{T} - \frac{x_A}{\lambda}\right)$$

και

$$\phi_B = 2\pi\left(\frac{t}{T} - \frac{x_B}{\lambda}\right)$$

Αν υποθέσουμε ότι $x_B > x_A$ τότε θα είναι και $\phi_A > \phi_B$. Άρα η διαφορά φάσης μεταξύ τους θα είναι:

$$\Delta\phi = 2\pi\left(\frac{t}{T} - \frac{x_A}{\lambda}\right) - 2\pi\left(\frac{t}{T} - \frac{x_B}{\lambda}\right) \Rightarrow \Delta\phi = 2\pi\frac{\Delta x}{\lambda}$$

Από την παραπάνω σχέση συμπεραίνουμε τα εξής:

α) Αν είναι $\Delta x = \kappa\lambda$, τότε θα είναι:

$$\Delta\phi = 2\kappa\pi$$

και κατά συνέπεια:

$$y_A = A\eta\mu(\phi_A) \Rightarrow y_A = A\eta\mu(\phi_B + 2\kappa\pi) = A\eta\mu(\phi_B) \Rightarrow y_A = y_B$$

Άρα: **όταν η διαφορά των αποστάσεων δύο σημείων από την πηγή του κύματος είναι ακέραιο πολλαπλάσιο του μήκους κύματος, τότε τα σημεία αυτά έχουν σε κάθε χρονική στιγμή την ίδια απομάκρυνση από την θέση ισορροπίας και την ίδια ταχύτητα ταλάντωσης και θεωρούνται ότι βρίσκονται σε συμφωνία φάσης.** Δηλαδή:

$$\Delta x = \kappa\lambda, \kappa = 1, 2, ... \Rightarrow \textbf{Συμφωνία Φάσης}$$

Από το παραπάνω προκύπτει και ένας άλλος ορισμός του μήκους κύματος: **Μήκος Κύματος λ ονομάζεται η απόσταση δύο διαδοχικών σημείων της ευθείας διάδοσης του κύματος, τα οποία βρίσκονται σε συμφωνία φάσης**

β) Αν είναι $\Delta x = (2\kappa + 1)\frac{\lambda}{2}$, τότε θα είναι:

$$\Delta\phi = (2\kappa + 1)\pi$$

και κατα συνέπεια,

$$y_A = A\eta\mu(\phi_A) \Rightarrow y_A = A\eta\mu(\phi_B + (2\kappa + 1)\pi) = -A\eta\mu(\phi_B) \Rightarrow y_A = -y_B$$

Άρα: **όταν η διαφορά των αποστάσεων δύο σημείων από την πηγή του κύματος είναι περιττό πολλαπλάσιο του μισού μήκους κύματος, τότε τα σημεία αυτά έχουν σε κάθε χρονική στιγμή αντίθετη απομάκρυνση και αντίθετη ταχύτητα ταλάντωσης και θεωρούνται ότι βρίσκονται σε αντίθεση φάσης.** Δηλαδή:

$$\Delta x = (2\kappa + 1)\frac{\lambda}{2}, \kappa = 0, 1, 2, ... \Rightarrow \textbf{Αντίθεση Φάσης}$$

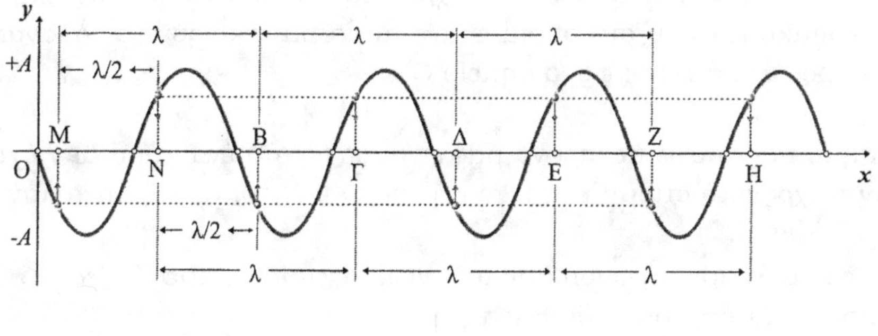

Σχήμα 2.8: Σημεία σε συμφωνία φάσης απέχουν αποστάσεις $\lambda, 2\lambda, 3\lambda, ...$, ενώ σημεία σε αντίθεση φάσης απέχουν αποστάσεις $\frac{\lambda}{2}, \frac{3\lambda}{2}, \frac{5\lambda}{2}, ...$

Πρόταση Μελέτης Λύσε από τον **Ά τόμο των Γ. Μαθιουδάκη & Γ.Παναγιωτακόπουλου** τις ακόλουθες ασκήσεις: 9.28 - 9.58, 9.122, 9.123, 9.126, 9.127, 9.128, 9.130 - 9.136, 9.139, 9.140, 9.143 - 9.150, 9.153

2.3.4 Αρμονικό Κύμα με αρχική φάση

Αν η ταλάντωση του σημείου O ($x = 0$), που το θεωρούμε ως αρχή μέτρησης των αποστάσεων, έχει αρχική φάση ϕ_0,

$$y = A\eta\mu(\frac{2\pi}{T}t + \phi_0)$$

τότε η εξίσωση του αρμονικού κύματος έχει τη μορφή:

$$y = A\eta\mu\left(\frac{2\pi}{T}t - \frac{2\pi}{\lambda}x + \phi_0\right) \Rightarrow y = A\eta\mu 2\pi\left(\frac{t}{T} - \frac{x}{\lambda} + \frac{\phi_0}{2\pi}\right) \tag{2.14}$$

η παραπάνω μορφή προκύπτει εύκολα αν θυμηθούμε την απόδειξη της εξίσωσης του αρμονικού κύματος (2.6).

Πρακτικά Αρχική φάση ϕ_0 για ένα κύμα μπορεί να σημαίνει ότι:

- είτε ότι το σημείο O έχει αρχίσει να εκτελεί ταλάντωση πριν τη χρονική στιγμή που θεωρούμε εμείς ως $t = 0$, οπότε αυτό έχει ως αποτέλεσμα τη χρονική στιγμή $t = 0$ το κύμα να έχει διαδοθεί σε κάποια απόσταση πέρα από το O. Για αν βρούμε που έχει φτάσει το κύμα την χρονική στιγμή $t = 0$ αρκεί να θέσουμε $\phi = 2\pi\left(\frac{t}{T} - \frac{x}{\lambda} + \frac{\phi_0}{2\pi}\right) = 0$,

- είτε ότι τη χρονική στιγμή $t = 0$ το κύμα δεν έχει φτάσει στο σημείο O,

- είτε το σημείο O ξεκινά να ταλαντώνεται τη χρονική στιγμή $t = 0$ με φορά προς τα κάτω και με ταχύτητα $v = -v_{max}$. Στην περίπτωση αυτή το κύμα δεν έχει διαδοθεί πέρα από το σημείο O τη χρονική στιγμή $t = 0$, αλλά όλα τα σημεία του ελαστικού μέσου στα οποία φτάνει το κύμα ξεκινούν να ταλαντώνονται με φορά προς τα κάτω (όπως το σημείο O).

Με βάση τα παραπάνω πρέπει να μας είναι σαφές ότι ένα κύμα **δεν έχει αρχική φάση** όταν τη χρονική στιγμή $t = 0$ το σημείο O ($x = 0$) ξεκινά να ταλαντώνεται με ταχύτητα $v = +v_{max}$.

Επίσης αν και η αρχική φάση στις ταλαντώσεις παίρνει τιμές $0 \leq \phi_0 \leq 2\pi rad$,στα κύματα μπορεί να πάρει οποιαδήποτε τιμή.

Πρόταση Μελέτης Λύσε από τον **Ά τόμο των Γ. Μαθιουδάκη & Γ.Παναγιωτακόπουλου** τις ακόλουθες ασκήσεις: 9.156, 9.158, 9.160, 9.162, 9.163

2.4 Συμβολή Κυμάτων

Όταν δύο ή περισσότερα κύματα διαδίδονται ταυτόχρονα στο ίδιο ελαστικό μέσο λέμε ότι **συμβάλλουν**. Έχει διαπιστωθεί ότι για την κίνηση των σωματιδίων του μέσου τα κύματα ακολουθούν την **αρχή της επαλληλίας**, η οποία διατυπώνεται ως εξής:

Όταν σε ένα ελαστικό μέσο διαδίδονται δυο ή περισσότερα κύματα η απομάκρυνση ενός σωματιδίου του μέσου από την θέση ισορροπίας του, είναι ίση με τη συνισταμένη των απομακρύνσεων που οφείλεται στα επιμέρους κύματα.

$$y = y_1 + y_2 + \ldots$$

Ουσιαστικά η αρχή της επαλληλίας μας λέει ότι:

- κάθε κύμα διαδίδεται ανεξάρτητα από τα υπόλοιπα, διατηρώντας αναλλοίωτα τα χαρακτηριστικά του, δηλαδή κάθε κύμα διαδίδεται σαν να μην υπάρχουν τα άλλα κύματα,
- τα υλικά σημεία του μέσου ταλαντώνονται εξαιτίας του κάθε κύματος με χαρακτηριστικά ανεξάρτητα της ταυτόχρονης διάδοσης των άλλων κυμάτων

Προσοχή όμως: Η αρχή της επαλληλίας παραβιάζεται όταν τα κύματα είναι τόσο ισχυρά, ώστε να μεταβάλλουν τις ιδιότητες του μέσου στο οποίο διαδίδονται.

Στο παρακάτω σχήμα φαίνεται το αποτέλεσμα της ταυτόχρονης διάδοσης δύο παλμών κατά μήκος ενός σχοινιού, στο ίδιο επίπεδο με αντίθετες κατευθύνσεις. όταν οι δύο παλμοί συναντώνται, τα μόρια του σχοινιού έχουν απομάκρυνση ίση με το αλγεβρικό άθροισμα των απομακρύνσεων που θα είχαν αν οι δύο παλμοί διαδίδονταν ξεχωριστά.

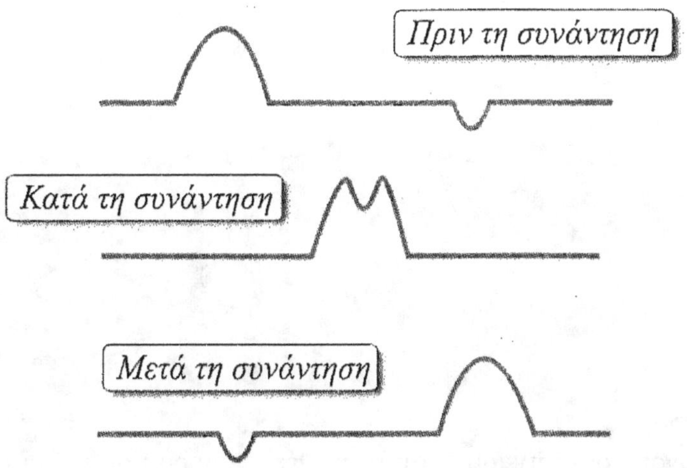

Το αποτέλεσμα της ταυτόχρονης διάδοσης δύο ή περισσοτέρων κυμάτων στην ίδια περιοχή ενός ελαστικού μέσου ονομάζεται συμβολή.

2.4.1 Σύγχρονες και Σύμφωνες πηγές κυμάτων

Δύο πηγές κυμάτων ονομάζονται **σύμφωνες πηγές**, όταν οι ταλαντώσεις τους έχουν σταθερή διαφορά φάσης. Δηλαδή:

$$\Delta\phi = \sigma\tau\alpha\theta.$$

Για να είναι η διαφορά φάσης δύο ταλαντώσεων σταθερή, πρέπει αυτές να έχουν την ίδια συχνότητα. Πράγματι ας θεωρήσουμε δύο πηγές κυμάτων με εξισώσεις:

$$y_1 = A\eta\mu(\omega_1 t), \quad y_2 = A\eta\mu(\omega_2 t + \theta)$$

Η διαφορά φάσης των ταλαντώσεων των δύο πηγών θα είναι:

$$\Delta\phi = (\omega_2 t + \theta) - \omega_1 t = (\omega_2 - \omega_1)t + \theta$$

Για να είναι οι δύο πηγές σύμφωνες, πρέπει η διαφορά φάσης να είναι σταθερή και ανεξάρτητη του χρόνου, αυτό συμβαίνει μόνο όταν είναι: $\omega_2 - \omega_1 = 0 \Rightarrow \omega_2 = \omega_1 \Rightarrow f_2 = f_1$

Όταν η σταθερή διαφορά φάσης των δύο σύμφωνων πηγών είναι ίση με μηδέν ($\Delta\phi = 0$), τότε οι δύο πηγές ονομάζονται **σύγχρονες πηγές**. Οι σύγχρονες πηγές δημιουργούν ταυτόχρονα μέγιστα και ελάχιστα.

Μόνον τα αρμονικά κύματα που προέρχονται από δυο σύμφωνες ή σύγχρονες πηγές κυμάτων παρέχουν φαινόμενα συμβολής.

Συμβολή δύο κυμάτων στην επιφάνεια υγρού για σύγχρονες πηγές

Στην ήρεμη επιφάνεια ενός υγρού πηγές Π_1 και Π_2 εκπέμπουν αρμονικά κύματα πλάτους Α, περιόδου Τ και μήκους κύματος λ. Θεωρούμε ένα σημείο Σ που απέχει αποστάσεις r_1 και r_2 από τις πηγές Π_1 και Π_2 αντίστοιχα.

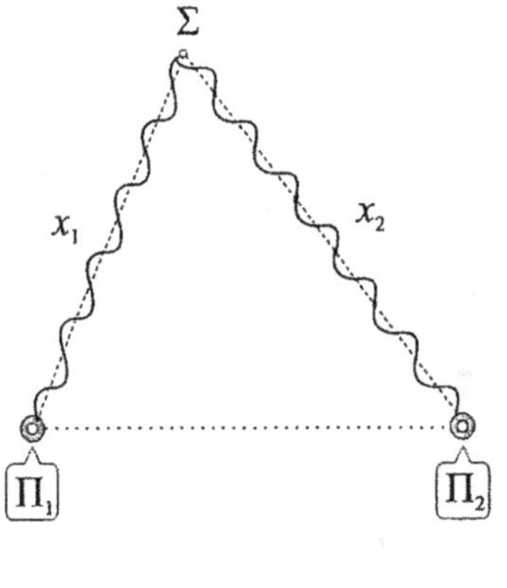

Η απομάκρυνση του σημείου Σ από την θέση ισορροπίας του, που οφείλεται σε κάθε κύμα ξεχωριστά υπολογίζεται αντίστοιχα για κάθε κύμα από τις εξισώσεις:

$$y_1 = A\eta\mu 2\pi\left(\frac{t}{T} - \frac{r_1}{\lambda}\right) \; \kappa\alpha\iota \; y_2 = A\eta\mu 2\pi\left(\frac{t}{T} - \frac{r_2}{\lambda}\right)$$

Το υλικό σημείο Σ μετά και την άφιξη του δεύτερου κύματος θα εκτελεί σύνθετη ταλάντωση Α είδους με διαφορά φάσης των επιμέρους ταλαντώσεων ίση με:

$$\Delta\phi = \frac{2\pi}{\lambda}(r_1 - r_2) \tag{2.15}$$

Σύμφωνα με την αρχή της επαλληλίας που αναπτύξαμε παραπάνω, το σημείο Σ σε κάθε χρονική στιγμή μετά την συμβολή των δύο κυμάτων θα έχει απομάκρυνση από την θέση ισορροπίας ίση με το αλγεβρικό άθροισμα των επιμέρους απομακρύνσεων $y = y_1 + y_2$. Δηλαδή:

$$y = A\eta\mu 2\pi\left(\frac{t}{T} - \frac{r_1}{\lambda}\right) + A\eta\mu 2\pi\left(\frac{t}{T} - \frac{r_2}{\lambda}\right)$$

με την βοήθεια της τριγωνομετρίας προκύπτει:

$$y = 2A\sigma\upsilon\nu\left(2\pi\cdot\frac{r_1 - r_2}{2\lambda}\right)\eta\mu 2\pi\left(\frac{t}{T} - \frac{r_1 + r_2}{2\lambda}\right) \tag{2.16}$$

Από την μορφή της εξίσωσης (2.16) προκύπτει ότι η κίνηση του σημείου Σ είναι μια απλή αρμονική ταλάντωση με πλάτος:

$$|A'| = 2A|\sigma\upsilon\nu\left(2\pi\cdot\frac{r_1 - r_2}{2\lambda}\right)| \tag{2.17}$$

και φάση

$$\phi = 2\pi\left(\frac{t}{T} - \frac{r_1 + r_2}{2\lambda}\right) \tag{2.18}$$

Από την σχέση (2.17) προκύπτει ότι το πλάτος της ταλάντωσης δεν είναι ίδιο για όλα τα υλικά σημεία της επιφάνειας του νερού αλλά εξαρτάται από τη θέση του σημείου σε σχέση με τις δύο πηγές των κυμάτων.

Κάθε υλικό σημείο του μέσου στο οποίο συμβάλουν τα δυο κύματα θα εκτελεί ταλάντωση με περίοδο ίδια με των κυματικών πηγών και με πλάτος Α' που θα παίρνει τιμές από 0 έως και 2Α.

Διερεύνηση της σχέσης του πλάτους

α. **Το πλάτος Ά' γίνεται μέγιστο**, δηλαδή Α'=2Α, όταν είναι:

$$|\sigma\upsilon\nu\left(2\pi\cdot\frac{r_1 - r_2}{2\lambda}\right)| = 1 \Rightarrow \sigma\upsilon\nu\left(2\pi\cdot\frac{r_1 - r_2}{2\lambda}\right) = \pm 1 \Rightarrow 2\pi\cdot\frac{|r_1 - r_2|}{2\lambda} = N\pi$$

Άρα προκύπτει ότι για όλα τα σημεία της επιφάνειας του υγρού που η διαφορά των αποστάσεων τους από τις πηγές των κυμάτων είναι ακέραιο πολλαπλάσιο του μήκους κύματος λ, εκτελούν ταλάντωση με μέγιστο πλάτος 2Α. **Συνθήκη ενίσχυσης**

$$|r_1 - r_2| = N\lambda, \quad N = 0, 1, 2, ... \tag{2.19}$$

Το παραπάνω αποτέλεσμα είναι προφανές αν σκεφτούμε ότι οι επιμέρους ταλαντώσεις που εκτελεί το σημείο Σ βρίσκονται σε **συμφωνία φάσης** ($\Delta\phi = 2N\pi$)

β. **Το πλάτος Α' γίνεται μηδενικό**, δηλαδή Α'=0 όταν είναι:

$$\sigma\upsilon\nu\left(2\pi \cdot \frac{r_1 - r_2}{2\lambda}\right) = 0 \Rightarrow 2\pi \cdot \frac{|r_1 - r_2|}{2\lambda} = (2N+1)\frac{\pi}{2}$$

Άρα προκύπτει ότι για όλα τα σημεία της επιφάνειας του υγρού που η διαφορά των αποστάσεων από τις δύο πηγές των κυμάτων είναι περιττό πολλαπλάσιο του μισού μήκους κύματος $\frac{\lambda}{2}$ παραμένουν συνεχώς ακίνητα. **Συνθήκη απόσβεσης**

$$|r_1 - r_2| = (2N+1)\frac{\lambda}{2}, \quad N = 0, 1, 2, \ldots \tag{2.20}$$

Το παραπάνω αποτέλεσμα είναι προφανές αν σκεφτούμε ότι οι επιμέρους ταλαντώσεις που εκτελεί το σημείο Σ βρίσκονται σε **αντίθεση φάσης** ($\Delta\phi = (2N+1)\frac{\pi}{2}$)

Ο γεωμετρικός τόπος των σημείων του υγρού για τα οποία ισχύει $r_1 - r_2$ = σταθ. είναι μια υπερβολή. Επομένως **τα σημεία στα οποία έχουμε ενίσχυση και τα σημεία στα οποία έχουμε απόσβεση βρίσκονται πάνω σε υπερβολές**. Το σύνολο των υπερβολών αυτών χαρακτηρίζεται με το όνομα **κροσσοί συμβολής**.

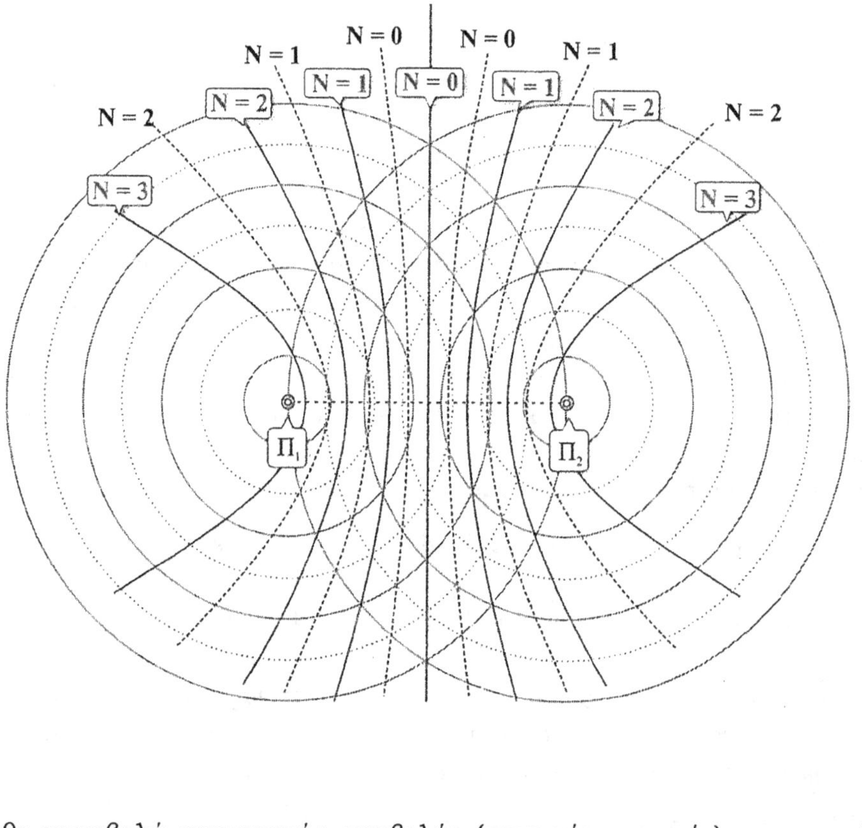

- Κάθε υπερβολή ενισχυτικής συμβολής (συνεχείς γραμμές) χαρακτηρίζεται από μια μοναδική τιμή Ν στην συνθήκη ενίσχυσης (2.19). Τα σωματίδια που βρίσκονται πάνω σε αυτές τις υπερβολές ταλαντώνονται με μέγιστο πλάτος (Α'=2Α).

- Κάθε υπερβολή αποσβεστικής συμβολής (διακεκομμένες γραμμές)χαρακτηρίζεται επίσης από μια τιμή του N. Τα υλικά σημεία που βρίσκονται πάνω σε αυτές τις υπερβολές παραμένουν συνεχώς ακίνητα (A'=0).
- Τα υλικά σημεία της επιφάνειας του υγρού που δεν βρίσκονται πάνω σε κάποια υπερβολή, έχουν πλάτος ταλάντωσης που παίρνει τιμές $0 < A' < 2A$

1η Παρατήρηση: Αν οι δύο πηγές Π_1 και Π_2, έχουν διαφορετικά πλάτη ταλάντωσης A_1 και A_2, τότε το πλάτος A' της συνισταμένης ταλάντωσης στο σημείο Σ δεν μπορεί να υπολογιστεί από την σχέση (1.64), αλλά από τη σχέση:

$$A' = \sqrt{A_1^2 + A_2^2 + 2A_1A_2\sigma\upsilon\nu\Delta\phi} \quad (2.21)$$

όπου $\Delta\phi = 2\pi\frac{|r_1-r_2|}{\lambda}$ η διαφορά φάσης των ταλαντώσεων που προκαλούνται στο σημείο M από τα δύο κύματα.

2η Παρατήρηση: *Πρέπει να σημειωθεί ότι η παραπάνω μελέτη της συμβολής αφορούσε δύο κύματα οι πήγες των οποίων έχουν κάθε στιγμή ίδια φάση. Συμβολή όμως συμβαίνει σε κάθε περίπτωση όπου δύο κύματα διαδίδονται στο ίδιο μέσο , ανεξάρτητα αν προέρχονται από συμφασικές πηγές ή όχι.*

3η Παρατήρηση: Στην περίπτωση της συμβολής για **Σύμφωνες πηγές** τα συμπεράσματα έχουν μικρές διαφοροποιήσεις αφού θα πρέπει να λάβουμε υπόψη και την διαφορά φάσης (ϕ_0) των πηγών. Οι αρχή της επαλληλίας θα γράφεται ως:

$$y = y_1 + y_2 = A\eta\mu 2\pi\left(\frac{t}{T} - \frac{r_1}{\lambda}\right) + A\eta\mu 2\pi\left(\frac{t}{T} - \frac{r_2}{\lambda} + \frac{\phi_0}{2\pi}\right) \quad (2.22)$$

Με την χρήση της κατάλληλης τριγωνομετρικής ταυτότητας εύκολα μπορούμε να εξάγουμε την σχέση για το πλάτος και τις συνθήκες ενίσχυσης και απόσβεσης.

Πρόταση Μελέτης Λύσε από τον **'Α τόμο των Γ. Μαθιουδάκη & Γ.Παναγιωτακόπουλου** τις ακόλουθες ασκήσεις: 10.1 - 10.35, 10.46, 10.48, 10.49, 10.51, 10.55, 10.57, 10.58, 10.60, 10.61, 10.62, 10.65, 10.68 - 10.75, 10.77, 10.78, 10.80, 10.82, 10.83, 10.84

2.5 Στάσιμα Κύματα

Θεωρούμε δυο κύματα της ίδιας συχνότητας και του ίδιου πλάτους, τα οποία διαδίδονται με την ίδια ταχύτητα προς αντίθετες κατευθύνσεις μέσα στο ίδιο ελαστικό μέσο, όπως φαίνεται στο παρακάτω σχήμα.

Από την συμβολή των δύο κυμάτων προκύπτει μια ταλάντωση των σωματιδίων του ελαστικού μέσου η οποία ονομάζεται ***Στάσιμο κύμα***.

Στάσιμο Κύμα ονομάζεται το αποτέλεσμα της συμβολής δύο κυμάτων της ίδιας συχνότητας και του ίδιου πλάτους, που διαδίδονται στο ίδιο μέσο με την ίδια ταχύτητα και προς αντίθετες κατευθύνσεις.

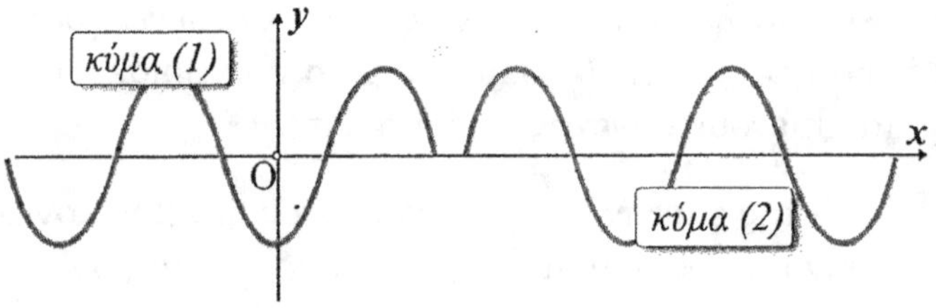

Σχήμα 2.9: Δημιουργία στάσιμου κύματος σε χορδή.

Ένα στάσιμο κύμα μπορεί να δημιουργηθεί από τη συμβολή ενός κύματος και του κύματος που προκύπτει από την ανάκλαση του πάνω σε ακίνητο εμπόδιο. Ας υποθέσουμε για παράδειγμα ότι κρατάμε στο χέρι μας το άκρο ενός σχοινιού, του οποίου το άλλο άκρο είναι στερεωμένο σε ακλόνητο σημείο. Αν κινήσουμε το άκρο του σχοινιού απότομα προς τα πάνω και το επαναφέρουμε στην αρχική θέση, τότε δημιουργείται ένας κυματικός παλμός που διαδίδεται κατά μήκος του σχοινιού. όταν ο παλμός φθάνει στο ακλόνητο άκρο του σχοινιού, ασκεί στο σημείο στήριξης μιας δύναμη, η οποία έχει φορά προς τα πάνω. Λόγω του 3ου Νόμου του Νεύτωνα, το σημείο στήριξης θα ασκήσει στο σχοινί μια ίση και αντίθετη δύναμη. Αποτέλεσμα αυτής της δύναμης θα είναι και η δημιουργία ενός κυματικού παλμού αντίστροφου του πρώτου, που θα διαδίδεται από το σημείο στήριξης προς το χέρι μας. Τα δυο κύματα που θα διαδίδονται ταυτόχρονα στο σχοινί θα συμβάλλουν δημιουργώντας ένα στάσιμο κύμα.

Παρατηρώντας το σχοινί δε διάφορες χρονικές στιγμές προκύπτει ότι:

- Υπάρχουν σημεία του σχοινιού που παραμένουν διαρκώς ακίνητα. Τα σημεία αυτά ονομάζονται ***δεσμοί του στάσιμου κύματος***
- Υπάρχουν σημεία του σχοινιού που ταλαντώνονται με μέγιστο πλάτος. Τα σημεία αυτά βρίσκονται στο μέσο της απόστασης μεταξύ δυο διαδοχικών δεσμών και ονομάζονται ***Κοιλίες του στάσιμου κύματος***.
- όλα τα σημεία του σχοινιού εκτός από τους δεσμούς εκτελούν ταλάντωση με την ίδια συχνότητα και διαφορετικό πλάτος.

2.5.1 Η εξίσωση του Στάσιμου Κύματος

Θεωρούμε δυο αρμονικά κύματα του ίδιου πλάτους και της ίδιας συχνότητας, τα οποία διαδίδονται στο ίδιο μέσο και έχουν την ίδια διεύθυνση και αντίθετη φορά. Αν $x'x$ είναι ο κοινός άξονας διάδοσης τους, ζητάμε το αποτέλεσμα της συμβολής τους και είναι προφανές ότι θα χρησιμοποιήσουμε την ***¨Αρχή της Επαλληλίας¨***.

Επιλέγουμε ως αρχή μέτρησης των αποστάσεων το σημείο Ο ($x = 0$) του άξονα, στο οποίο θεωρούμε ότι οι απομακρύνσεις που προκαλούνται από τα δύο κύματα έχουν τις ίδιες εξισώσεις απομάκρυνσης, $y_1 = y_2 = A\eta\mu\frac{2\pi}{T}t$, οπότε η συνολική απομάκρυνση στο σημείο Ο θα δίνεται από την εξίσωση:

$$y = y_1 + y_2 \Rightarrow y = 2A\eta\mu\frac{2\pi}{T}t$$

Επιλέγουμε επίσης ως χρονική στιγμή $t = 0$ την στιγμή κατά την οποία το σημείο Ο διέρχεται από την θέση ισορροπίας του με θετική ταχύτητα (δηλ $\phi = 0$.

Οι εξισώσεις των δυο επιμέρους κυμάτων που έχουν αντίθετη φορά θα είναι:

$$y_1 = A\eta\mu 2\pi\left(\frac{t}{T} + \frac{x}{\lambda}\right) \quad \kappa\alpha\iota \quad y_2 = A\eta\mu 2\pi\left(\frac{t}{T} - \frac{x}{\lambda}\right)$$

Σύμφωνα με την **Αρχή της Επαλληλίας** η απομάκρυνση ενός τυχαίου σημείου Μ που απέχει απόσταση x από το Ο την χρονική στιγμή t θα είναι:

$$y = y_1 + y_2 = A\eta\mu 2\pi\left(\frac{t}{T} + \frac{x}{\lambda}\right) + A\eta\mu 2\pi\left(\frac{t}{T} - \frac{x}{\lambda}\right)$$

ή

$$y = 2A\sigma\upsilon\nu\left(2\pi\frac{x}{\lambda}\right)\eta\mu\left(\frac{2\pi}{T}t\right) \tag{2.23}$$

Η εξίσωση (2.23) ονομάζεται ***Εξίσωση Στάσιμου Κύματος***.

Παρατηρούμε ότι ο όρος:

$$A' = 2A\sigma\upsilon\nu\left(2\pi\frac{x}{\lambda}\right) \tag{2.24}$$

εξαρτάται μόνο από την θέση x του σημείου και είναι ανεξάρτητος του χρόνου. Από τις σχέσεις (2.23), (2.24) παίρνουμε την εξίσωση:

$$y = A'\eta\mu\left(\frac{2\pi}{T}t\right) \tag{2.25}$$

από την οποία προκύπτει ότι:

- Κάθε σημείο του μέσου εκτελεί μια απλή αρμονική ταλάντωση που έχει την ίδια συχνότητα με αυτή των δύο κυμάτων
- Το πλάτος της ταλάντωσης $|A'|$ δεν είναι το ίδιο για όλα τα σημεία του μέσου, αλλά εξαρτάται από τη θέση του κάθε σημείου.
- Η ταχύτητα και η επιτάχυνση της ταλάντωσης ενός σημείου του ελαστικού μέσου, κατά μήκος του οποίου δημιουργείται στάσιμο κύμα σε συνάρτηση με τον χρόνο, θα δίνονται από τις εξισώσεις:

$$\upsilon = \omega A'\sigma\upsilon\nu\left(\frac{2\pi}{T}t\right) \quad \alpha = -\omega^2 A'\eta\mu\left(\frac{2\pi}{T}t\right)$$

Διερεύνηση της σχέσης του πλάτους:

α. Ο όρος Α' γίνεται μέγιστος, δηλαδή $A' = \pm 2A$, όταν είναι:

$$2A\sigma\upsilon\nu 2\pi\frac{x}{\lambda} = \pm A \Rightarrow \sigma\upsilon\nu 2\pi\frac{x}{\lambda} = \pm 1 \Rightarrow 2\pi\frac{x}{\lambda} = k\cdot\pi$$

$$x_\kappa = k\cdot\frac{\lambda}{2}, \quad k = 0, 1, 2, ... \qquad (2.26)$$

Άρα τα σημεία του θετικού ημιάξονα που απέχουν από το σημείο - κοιλία Ο, που λαμβάνεται ως η αρχή μέτρησης των αποστάσεων, αποστάσεις $0, \frac{\lambda}{2}, 2\frac{\lambda}{2}, ..., k\frac{\lambda}{2}$ εκτελούν ταλάντωση με μέγιστο πλάτος Α'=2Α. Τα σημεία αυτά είναι οι ***κοιλίες του στάσιμου κύματος***. Η απόσταση μεταξύ δυο διαδοχικών κοιλιών του στάσιμου κύματος στη διεύθυνση του άξονα x είναι $\frac{\lambda}{2}$.

β. Το πλάτος $|A'|$ γίνεται μηδενικό, δηλαδή Α'=0, όταν είναι:

$$2A\sigma\upsilon\nu 2\pi\frac{x}{\lambda} = 0 \Rightarrow \sigma\upsilon\nu 2\pi\frac{x}{\lambda} = 0 \Rightarrow 2\pi\frac{x}{\lambda} = (2k+1)\cdot\frac{\pi}{2}$$

$$x_\Delta = (2k+1)\cdot\frac{\lambda}{4}, \quad k = 0, 1, 2, ... \qquad (2.27)$$

Άρα τα σημεία του θετικού ημιάξονα που απέχουν από το σημείο - κοιλία Ο, που λαμβάνεται ως αρχή μέτρησης των αποστάσεων, αποστάσεις $\frac{\lambda}{4}, 3\frac{\lambda}{4}.5\frac{\lambda}{4}, (2k+1)\frac{\lambda}{4}$, παραμένουν συνεχώς ακίνητα. Τα σημεία αυτά είναι οι ***δεσμοί του στάσιμου κύματος***. Η απόσταση μεταξύ δύο διαδοχικών δεσμών του στάσιμου κύματος είναι $\frac{\lambda}{2}$.

Η **απόσταση μεταξύ ενός δεσμού και της πλησιέστερης κοιλίας** μπορεί εύκολα να υπολογιστεί από την διαφορά των θέσεων

$$d = |x_\Delta - x_\kappa| = |k\cdot\frac{\lambda}{2} - (2k+1)\cdot\frac{\lambda}{4}| = \frac{\lambda}{4}$$

Φάση και Διαφορά φάσης

Μεταξύ του σημείου 0 και του πρώτου Δεσμού του στάσιμου κύματος, όλα τα υλικά σημεία διέρχονται ταυτόχρονα από τη θέση ισορροπίας τους και φτάνουν ταυτόχρονα στις θέσεις της μέγιστης απομάκρυνσης τους. Δηλαδή έχουν την **ίδια φάση** $\phi = \omega t$ και εκτελούν ταλάντωση με εξίσωση $y = A'\eta\mu(\omega t)$.

Τα υλικά σημεία μεταξύ δύο διαδοχικών δεσμών έχουν σε κάθε χρονική στιγμή την ίδια φάση.

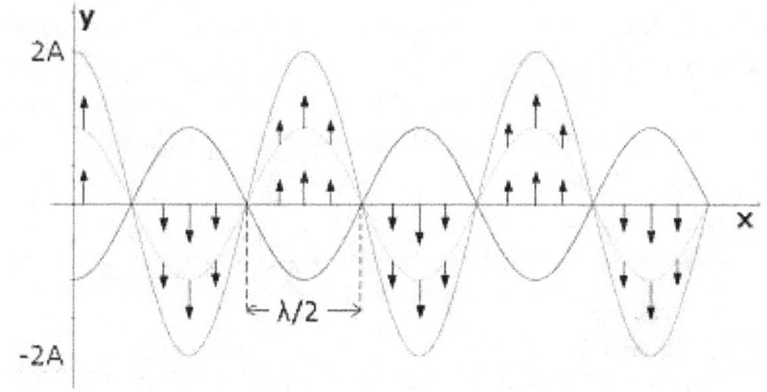

Σχήμα 2.10: Στιγμιότυπο στάσιμου κύματος σε διάφορες χρονικές στιγμές.

Τα υλικά σημεία που βρίσκονται εκατέρωθεν ενός δεσμού και σε απόσταση μικρότερη του $\frac{\lambda}{2}$, κάθε χρονική στιγμή κινούνται με αντίθετες φορές, δηλαδή, ενώ περνούν ταυτόχρονα από την θέση ισορροπίας τους, κινούνται με αντίθετης κατεύθυνσης ταχύτητες. Άρα βρίσκονται σε **αντίθεση φάσης** και έχουν διαφορά φάσης $\Delta\phi = \pi rad$. Έτσι τα σημεία που βρίσκονται δεξιά του πρώτου δεσμού έχουν φάση $\phi - = \omega t + \pi$ και εκτελούν ταλάντωση με εξίσωση $y = A'\eta\mu(\omega t + \pi)$.

Τα υλικά σημεία εκατέρωθεν ενός δεσμού βρίσκονται σε κάθε χρονική στιγμή σε αντίθεση φάσης.

Στάσιμα Κύματα σε χορδή

Στάσιμα κύματα μπορούν να δημιουργηθούν και σε ένα μέσο, του οποίου τα δύο άκρα είναι ακίνητα, όπως συμβαίνει για παράδειγμα στην χορδή μιας κιθάρας. Επειδή τα ακίνητα άκρα της χορδής είναι δεσμοί του στάσιμου κύματος, πρέπει το μήκος L της χορδής και το μήκος κύματος λ να συνδέονται με τη σχέση:

$$L = \kappa\frac{\lambda}{2}, \quad \kappa = 1, 2, ..$$

Προσοχή γιατί σε αυτή την περίπτωση δεν ισχύει η εξίσωση του στάσιμου κύματος που περιγράψαμε παραπάνω, με την υπόθεση ότι το Ο είναι κοιλία

Όταν η χορδή είναι δεμένη στο ένα άκρο της, τότε το ελεύθερο άκρο της θα είναι συνεχώς κοιλία και το δεμένο δεσμός και αντίστοιχα για το μήκος της θα πρέπει να ισχύει η συνθήκη:

$$L = \frac{\lambda}{4} + \kappa\frac{\lambda}{2}, \quad \kappa = 1, 2, ..$$

Παρατήρηση

Η διαταραχή που περιγράψαμε δεν αποτελεί κύμα, αφού η ενέργεια δεν διαδίδεται αλλά παραμένει εντοπισμένη μεταξύ των δεσμών. Για το λόγο αυτό έχει δοθεί στη διαταραχή αυτή το όνομα "στάσιμο κύμα". Επίσης, τα υλικά σημεία του μέσου δεν εκτελούν διαδοχικά την ίδια κίνηση όπως σε ένα οδεύον κύμα, αλλά ταλαντώνονται (με εξαίρεση τους δεσμούς) με την ίδια συχνότητα και διαφορετικό πλάτος. Επίσης από τα *παραπάνω είναι προφανές ότι όλα τα σημεία του ελαστικού μέσου διέρχονται από την θέση ισορροπίας τους κάθε $\Delta t = \frac{T}{2}$.*

Τρέχον κύμα	**Στάσιμο Κύμα**
Όλα τα υλικά σημεία του μέσου ταλαντώνονται με το ίδιο πλάτος	Το πλάτος ταλάντωσης των υλικών σημείων του μέσου κυμαίνεται από μηδέν μέχρι και 2A και εξαρτάται από τη θέση τους
Έχουμε μεταφορά ενέργειας	Δεν έχουμε μεταφορά ενέργειας
Έχει ορισμένη διεύθυνση διάδοσης	Δεν έχει διεύθυνση διάδοσης
Όλα τα υλικά σημεία του μέσου κάνουν ταλάντωση	Υπάρχουν σημεία του μέσου που παραμένουν συνέχεια ακίνητα
Τα υλικά σημεία του μέσου έχουν διαφορετικές φάσεις την ίδια χρονική στιγμή	Τα υλικά σημεία μεταξύ δύο διαδοχικών δεσμών έχουν την ίδια φάση. Τα υλικά σημεία εκατέρωθεν ενός δεσμού σε απόσταση μικρότερη από $\frac{\lambda}{2}$ από τον δεσμό έχουν διαφορά φάσης π
Τα υλικά σημεία του μέσου περνούν από τη θέση ισορροπίας τους σε διαφορετικές χρονικές στιγμές	Τα υλικά σημεία του μέσου περνούν ταυτόχρονα από τη θέση ισορροπίας τους.

Πρόταση Μελέτης Λύσε από τον **Ά τόμο των Γ. Μαθιουδάκη & Γ.Παναγιωτακόπουλου** τις ακόλουθες ασκήσεις: 11.1 - 11.36, 11.46 - 11.50, 11.52 - 11.59, 11.61, 11.63, 11.64, 1.66 - 11.69, 11.71, 11.72, 11.75 - 11.79, 11.81

2.6 Ηλεκτρομαγνητικά Κύματα

Ηλεκτρομαγνητικό κύμα είναι η ταυτόχρονη διάδοση ενός ηλεκτρικού και ενός μαγνητικού πεδίου. Τα ηλεκτρομαγνητικά κύματα διαδίδονται στο κενό με την ταχύτητα του φωτός. Σε όλα τα άλλα υλικά διαδίδονται με μικρότερη ταχύτητα.

Η ταχύτητα διάδοσης του ηλεκτρομαγνητικού κύματος εξαρτάται από την φύση του μέσου διάδοσης. Για το κενό η ταχύτητα του είναι $c = 3 \cdot 10^8 m/s$

Μηχανισμός παραγωγής

Τα ηλεκτρομαγνητικά κύματα δημιουργούνται από μεταβαλλόμενα ηλεκτρικά και μαγνητικά πεδία. Ένα σταθερό ηλεκτρικό πεδίο ή ένα σταθερό μαγνητικό πεδιο δεν παράγει ηλεκτρομαγνητικό κύμα. Αυτό σημαίνει ότι ούτε τα ακίνητα φορτία, ούτε τα φορτία που κινούνται με σταθερή ταχύτητα (σταθερά ρεύματα) μπορούν να δημιουργήσουν ηλεκτρομαγνητικό κύμα. Όταν, όμως, έχουμε ηλεκτρικά φορτία που επιταχύνονται, τα μεταβαλλόμενα ηλεκτρικά και μαγνητικά πεδία που δημιουργούν έχουν ως αποτέλεσμα την παραγωγή ηλεκτρομαγνητικού κύματος. Επομένως:

Η αιτία δημιουργίας ηλεκτρομαγνητικού κύματος είναι η επιταχυνόμενη κίνηση των ηλεκτρικών φορτίων.

Μια απλή συσκευή παραγωγής ηλεκτρομαγνητικών κυμάτων είναι το **ταλαντούμενο ηλεκτρικό δίπολο**. Το ταλαντούμενο ηλεκτρικό δίπολο είναι μια συσκευή που αποτελείτε από δύο μεταλλικές ράβδους, οι οποίες συνδέονται με πηγή εναλλασσόμενης τάσης, όπως φαίνεται στο σχήμα. Στην περίπτωση αυτή οι ράβδοι φορτίζονται εναλλάξ με θετικά και αρνητικά φορτία που μεταβάλλονται ημιτονοειδώς με τον χρόνο. Η κίνηση αυτή των φορτίων αποτελεί εναλλασσόμενο ρεύμα. Τα ταλαντούμενα ηλεκτρικά δίπολα αποτελούν κοινή μέθοδο παραγωγής ηλεκτρομαγνητικών κυμάτων στους ραδιοφωνικούς και τηλεοπτικούς σταθμούς.

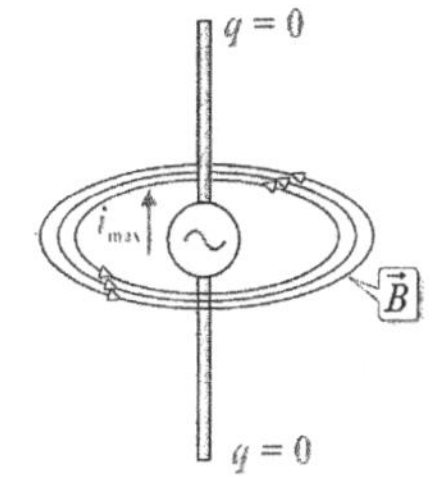

Από τις εξισώσεις του $Maxwell$ για το Ηλεκτρικό και το Μαγνητικό πεδίο προκύπτει ότι:

- **Το ηλεκτρομαγνητικό κύμα είναι εγκάρσιο, με τα διανύσματα του ηλεκτρικού και του μαγνητικού πεδίου να είναι κάθετα μεταξύ τους και κάθετα στην διεύθυνση διάδοσης του κύματος.**

- **Κάθε στιγμή ο λόγος των μέτρων των εντάσεων του ηλεκτρικού και του μαγνητικού πεδίου είναι ίσος με την ταχύτητα διάδοσης υ (για το κενό c)**

$$\frac{E}{B} = \upsilon \tag{2.28}$$

- **Τα ηλεκτρομαγνητικά κύματα, όπως και τα μηχανικά, υπακούουν στην αρχή της επαλληλίας.**

Οι εξισώσεις που περιγράφουν το ηλεκτρικό και το μαγνητικό πεδίο ενός αρμονικού ηλεκτρομαγνητικού κύματος που διαδίδεται κατά τη διεύθυνση x είναι:

$$E = E_{max}\eta\mu 2\pi\left(\frac{t}{T} - \frac{x}{\lambda}\right) \tag{2.29}$$

$$B = B_{max}\eta\mu 2\pi\left(\frac{t}{T} - \frac{x}{\lambda}\right) \tag{2.30}$$

όπου βέβαια E_{max}, B_{max} είναι οι μέγιστες τιμές της έντασης του Ηλεκτρικού και Μαγνητικού πεδίου αντίστοιχα.

Το στιγμιότυπο ενός τέτοιου αρμονικού κύματος φαίνεται στο σχήμα:

2.6.1 Το φάσμα της ηλεκτρομαγνητικής ακτινοβολίας

Ηλεκτρομαγνητικά κύματα δεν παράγονται μόνο από ταλαντούμενα ηλεκτρικά δίπολα. Σήμερα γνωρίζουμε ότι συνδέονται με ένα πλήθος φυσικών φαινομένων, όπως αποδιεγέρσεις ατόμων, πυρηνικές διασπάσεις κλπ. Τα ηλεκτρομαγνητικά κύματα

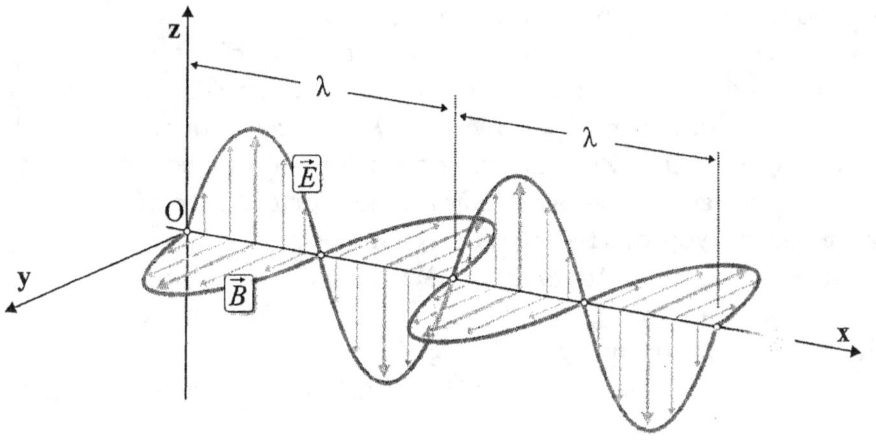

Σχήμα 2.11: Στιγμιότυπο επιπέδου ηλεκτρομαγνητικού κύματος, διαδιδόμενου κατά την διεύθυνση του άξονα x. Οι γραμμές του $\vec{B}$ είναι παράλληλες προς τον άξονα y και οι γραμμές του $\vec{E}$ είναι παράλληλες προς τον άξονα z

καλύπτουν ένα εύρος μηκών κύματος και συχνοτήτων που ανάλογα με τον μηχανισμό παραγωγής τους. Παρά τις τεράστιες διαφορές στην παραγωγή τους, όλα τα ηλεκτρομαγνητικά κύματα έχουν τα γενικά χαρακτηριστικά που περιγράψαμε.

Εφόσον όλα διαδίδονται στο κενό με την ταχύτητα c η συχνότητα τους και το μήκος κύματος συνδέονται με τη σχέση:

$$c = \lambda \cdot f$$

που είναι η γνωστή μας ¨**θεμελιώδης εξίσωση της κυματικής**¨ γραμμένη για την διάδοση ενός ηλεκτρομαγνητικού κύματος στο κενό.

Παρακάτω ακολουθεί μια σύντομη περιγραφή των διαφόρων περιοχών του φάσματος της ηλεκτρομαγνητικής ακτινοβολίας, κατά σειρά ελαττούμενου μήκους κύματος. Βέβαια δεν υπάρχει σαφής διαχωρισμός του κάθε τμήματος του φάσματος από τα υπόλοιπα.

- **Ραδιοκύματα.** Είναι τα ηλεκτρομαγνητικά κύματα με μήκος κύματος από $10^5 m$ έως μερικά εκατοστά. Δημιουργούνται από ηλεκτρονικά κυκλώματα, όπως τα κυκλώματα $L - C$ και χρησιμοποιούνται στην ραδιοφωνία και την τηλεόραση.

- **Μικροκύματα.** Το μήκος κύματος τους εκτείνεται από $30cm$ έως $1mm$ περίπου. Παράγονται από ηλεκτρονικά κυκλώματα. Μικροκύματα χρησιμοποιούν όχι μόνο οι φούρνοι, αλλά και τα ραντάρ.

- **Υπέρυθρα κύματα.** Καλύπτουν την περιοχή από 1 mm έως $7 \cdot 10^{-5} m$ περίπου. Τα κύματα αυτά εκπέμπονται από τα θερμά σώματα και απορροφώνται εύκολα από τα περισσότερα υλικά. Η υπέρυθρη ακτινοβολία που απορροφάται από ένα σώμα, αυξάνει το πλάτος της ταλάντωσης των σωματιδίων από τα οποία αποτελείται, αυξάνοντας έτσι την θερμοκρασία του.

- **Το ορατό φως.** Είναι το μέρος εκείνο της ηλεκτρομαγνητικής ακτινοβολίας που ανιχνεύει ο ανθρώπινος οφθαλμός. Το μήκος κύματος του ορατού φωτός κυμαίνεται από $400nm$ - $700nm$ ($1nm = 10^{-9}m$). Το ορατό φως παράγεται από την ανακατανομή των ηλεκτρονίων στα άτομα και στα μόρια. Κάθε υποπεριοχή του ορατού φάσματος προκαλεί στον άνθρωπο την αίσθηση κάποιου συγκεκριμένου χρώματος. Τα μήκη κύματος των διάφορων χρωμάτων είναι:

700 έως 630 nm	*Ερυθρό*
630 έως 590 nm	*Πορτοκαλί*
590 έως 560 nm	*Κίτρινο*
560 έως 480 nm	*Πράσινο*
480 έως 440 nm	*Κυανό*
440 έως 400 nm	*Ιώδες*

- **Υπεριώδης ακτινοβολία.** Η ακτινοβολία αυτή καλύπτει τα μήκη κύματος από $3,8 \cdot 10^{-7}m$ έως $6 \cdot 10^{-8}m$ περίπου. Ο ήλιος είναι ισχυρή πηγή υπεριώδους ακτινοβολίας. Οι υπεριώδεις ακτίνες είναι υπεύθυνες για το "μαύρισμα", όταν κάνουμε ηλιοθεραπεία το καλοκαίρι. Μεγάλες δόσεις βλάπτουν το ανθρώπινο οργανισμό. Το μεγαλύτερο μέρος αυτής της ακτινοβολίας απορροφάται από τα άτομα και τα μόρια της στρατόσφαιρας.

- **Οι ακτίνες X** είναι ηλεκτρομαγνητική ακτινοβολία με μήκη κύματος από $10^{-8}m$ έως $10^{-13}m$ περίπου. Η πιο κοινή αιτία παραγωγής ακτίνων X είναι η επιβράδυνση ταχέως κινούμενων ηλεκτρονίων καθώς αυτά προσκρούουν σε μεταλλικό στόχο. Οι ακτίνες X χρησιμοποιούνται στην ιατρική, αλλά και στην μελέτη κρυσταλλικών δομών.

- **Οι ακτίνες γ.** Είναι ηλεκτρομαγνητική ακτινοβολία που εκπέμπεται από ορισμένους ραδιενεργούς πυρήνες καθώς και σε αντιδράσεις πυρήνων και στοιχειωδών σωματιδίων ή ακόμα και κατά τη διάσπαση στοιχειωδών σωματιδίων. Τα μήκη κύματος τους αρχίζουν από $10^{-10}m$ έως τα $10^{-14}m$. Είναι πολύ διεισδυτικές και βλάπτουν τους οργανισμούς που τις απορροφούν.

Πρόταση Μελέτης Λύσε από τον **Ά τόμο των Γ. Μαθιουδάκη & Γ.Παναγιωτακόπουλου** τις ακόλουθες ασκήσεις: 12.1 - 12.16, 12.19 - 12.26

2.7 Ανάκλαση - Διάθλαση - Ολική Ανάκλαση

2.7.1 Ανάκλαση του φωτός

Όταν φως που διαδίδεται σε ένα μέσο συναντήσει τη διαχωριστική επιφάνεια ανάμεσα στο μέσο αυτό και σε ένα άλλο, τότε ένα μέρος του επιστρέφει στο αρχικό μέσο. Το φαινόμενο αυτό ονομάζεται ***ανάκλαση***.Το φαινόμενο της ανάκλασης διακρίνεται α) σε Διάχυση και β) σε κατοπτρική ανάκλαση.

Στη περίπτωση που οι ακτίνες της φωτεινής παράλληλης δέσμης συναντήσουν μια τραχιά επιφάνεια, τότε ανακλώνται προς διάφορες κατευθύνσεις και διασκορπίζονται στον γύρω χώρο. Η ανάκλαση αυτή, στην οποία οι ανακλώμενες ακτίνες δεν είναι παράλληλες, ονομάζεται **διάχυση**. Εξαιτίας της διάχυσης γίνονται ορατά όλα τα σώματα που βρίσκονται γύρω μας.

Αν η επιφάνεια πάνω στην οποία προσπίπτει η δέσμη είναι λεία και στιλπνή (γυαλιστερή), τότε οι ανακλώμενες ακτίνες είναι παράλληλες μεταξύ τους. Η ανάκλαση αυτή ονομάζεται **κατοπτρική ανάκλαση**. Στο εξής με τον όρο ανάκλαση θα εννοούμε την κατοπτρική ανάκλαση.

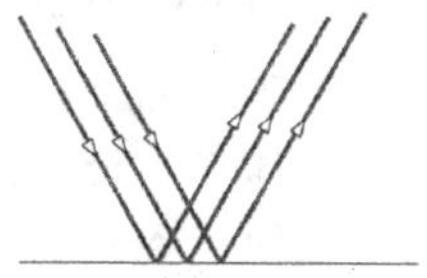

Κατοπτρική Ανάκλαση

Έστω ότι μια φωτεινή ακτίνα προσπίπτει υπό γωνία πάνω σε μια λεία επιφάνεια και ανακλάται, όπως φαίνεται στο σχήμα. Η ακτίνα αυτή ονομάζεται **προσπίπτουσα ακτίνα** και η ακτίνα που ανακλάται ονομάζεται **ανακλώμενη ακτίνα**.

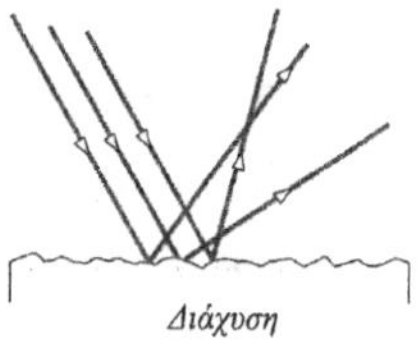

Διάχυση

Η γωνία ανάμεσα στην προσπίπτουσα ακτίνα και την κάθετο στην επιφάνεια πρόσπτωσης ονομάζεται **γωνία πρόσπτωσης** (θ_π) και η γωνία ανάμεσα στην κάθετη στην επιφάνεια και την ανακλώμενη ακτίνα ονομάζεται **γωνία ανάκλασης** (θ_α). Πειραματικά προκύπτουν οι ακόλουθοι **νόμοι της ανάκλασης**:

- ***Η προσπίπτουσα ακτίνα, η ανακλώμενη ακτίνα και η κάθετη στην επιφάνεια στο σημείο της πρόσπτωσης βρίσκονται στο ίδιο επίπεδο (επίπεδο πρόσπτωσης)***
- ***Η γωνία ανάκλασης θ_α είναι ίση με τη γωνία πρόσπτωσης θ_π***

$$\theta_\pi = \theta_\alpha \tag{2.31}$$

2.7.2 Διάθλαση του φωτός

Όταν μια ακτίνα μονοχρωματικού φωτός που διαδίδεται σε ένα διαφανές μέσο συναντήσει τη διαχωριστική επιφάνεια ανάμεσα στο μέσο αυτό και σε ένα άλλο διαφανές μέσο, στο οποίο διαδίδεται με διαφορετική ταχύτητα, τότε ένα μέρος του αρχικού φωτός ανακλάται και το υπόλοιπο μέρος περνάει στο δεύτερο μέσο, αλλάζοντας διεύθυνση. Το φαινόμενο αυτό ονομάζεται διάθλαση. Επομένως: ***Διάθλαση του φωτός ονομάζεται το φαινόμενο κατά το οποίο, όταν μια μονοχρωματική ακτίνα συναντά τη διαχωριστική επιφάνεια δύο σοβαρών μέσων, περνάει από το πρώτο στο δεύτερο μέσο και αλλάζει διεύθυνση διάδοσης.***

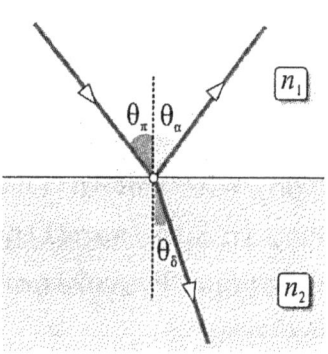

Αιτία της διάθλασης είναι η διαφορετική ταχύτητα του φωτός στα δύο διαφανή μέσα.

Η ακτίνα φωτός που περνάει στο δεύτερο μέσο διάδοσης ονομάζεται **διαθλώμενη ακτίνα.** Η γωνία που σχηματίζει η διεύθυνση της διαθλώμενης ακτίνας με την κάθετη στην επιφάνεια στο σημείο πρόσπτωσης ονομάζεται **γωνία διάθλασης** (θ_δ).

Όπως είναι γνωστό, η ταχύτητα του φωτός σε όλα τα διαφανή μέσα είναι μικρότερη από την ταχύτητα του στο κενό. ***Ο λόγος της ταχύτητας*** c ***του φωτός στο κενό προς την ταχύτητα του*** υ ***σε ένα διαφανές υλικό ονομάζεται δείκτης διάθλασης*** n ***του διαφανούς υλικού.*** Δηλαδή:

$$n = \frac{c}{\upsilon}$$

Ο δείκτης διάθλασης είναι καθαρός αριθμός και για το κενό είναι ίσος εξ ορισμού με την μονάδα ($n = 1$) αφού για το κενό $\upsilon = c$. Για όλα τα διαφανή υλικά μέσα ο δείκτης διάθλασης είναι μεγαλύτερος της μονάδας ($n > 1$) αφού $c > \upsilon$ πάντα. Πειραματικά προκύπτουν οι ακόλουθοι **νόμοι της διάθλασης**:

- ***Η προσπίπτουσα ακτίνα, η διαθλώμενη ακτίνα και η κάθετη στη διαχωριστική επιφάνεια των δύο διαφανών μέσων, στο σημείο πρόπτωσης της ακτίνας, βρίσκονται στο ίδιο επίπεδο.***

- ***Όταν το φως είναι μονοχρωματικό, ο λόγος του ημιτόνου της γωνίας πρόπτωσης προς το ημίτονο της γωνίας διάθλασης είναι ίσος με τον αντίστροφο λόγο των δεικτών διάθλασης των δύο μέσων.*** Δηλαδή:

$$\frac{\eta\mu\theta_\pi}{\eta\mu\theta_\delta} = \frac{n_2}{n_1} \Rightarrow n_1\eta\mu\theta_\pi = n_2\eta\mu\theta_\delta \qquad (2.32)$$

Η παραπάνω σχέση ονομάζεται **Νόμος του** $Snell$ **(Σνέλ)**

Συμπεράσματα από το νόμο του $Snell$

α) Όταν μια μονοχρωματική ακτίνα φωτός διέρχεται από ένα αραιό διαφανές μέσο 1 (n_1) σε ένα πυκνό διαφανές μέσο 2 ($n_2 > n_1$), στο οποίο η ταχύτητα του φωτός είναι μικρότερη, τότε η γωνία διάθλασης είναι μικρότερη από τη γωνία πρόσπτωσης ($\theta_\delta < \theta_\pi$).

Απόδειξη:

$$\frac{\eta\mu\theta_\pi}{\eta\mu\theta_\delta} = \frac{n_2}{n_1} > 1 \Rightarrow \eta\mu\theta_\pi > \eta\mu\theta_\delta \Rightarrow \theta_\pi > \theta_\delta$$

(β) Όταν μια μονοχρωματική δέσμη φωτός διέρχεται από ένα πυκνό μέσο 2 (n_2) σε ένα αραιό μέσο 1 ($n_1 < n_2$), τότε η γωνία διάθλασης είναι μεγαλύτερη από την γωνία πρόσπτωσης ($\theta_\delta > \theta_\pi$).

Απόδειξη:

$$\frac{\eta\mu\theta_\pi}{\eta\mu\theta_\delta} = \frac{n_2}{n_1} < 1 \Rightarrow \eta\mu\theta_\pi < \eta\mu\theta_\delta \Rightarrow \theta_\pi < \theta_\delta$$

(γ) Όταν μια μονοχρωματική ακτίνα προσπίπτει κάθετα στην διαχωριστική επιφάνεια δύο διαφανών μέσων, τότε η ακτίνα δεν αλλάζει διεύθυνση. **Απόδειξη**:

$$\frac{\eta\mu\theta_\pi}{\eta\mu\theta_\delta} = \frac{n_2}{n_1} \Rightarrow n_1\eta\mu\theta_\pi = n_2\eta\mu\theta_\delta \Rightarrow n_1\eta\mu\, 0 = n_2\eta\mu\theta_\delta \Rightarrow \eta\mu\theta_\delta = 0 \Rightarrow \theta_\delta = 0$$

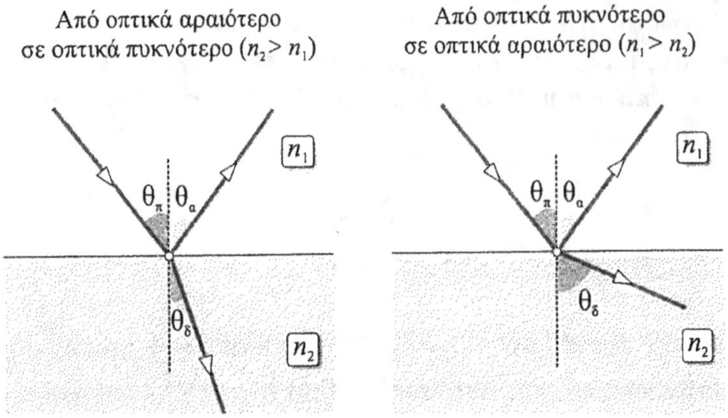

Πώς μεταβάλλονται τα μεγέθη της Θεμελιώδους εξίσωσης της Κυματικής, όταν μονοχρωματικό φως διέρχεται από ένα οπτικό μέσο σε ένα άλλο ·

Όταν μονοχρωματικό φως διέρχεται από ένα διαφανές μέσο με δείκτη διάθλασης n_1 σε κάποιο άλλο διαφανές μέσο με δείκτη διάθλασης n_2 τότε:

- Η συχνότητα του φωτός f δεν αλλάζει, γιατί το φως είναι κύμα και ο αριθμός των κυμάτων που φτάνουν στην διαχωριστική επιφάνεια στην μονάδα του χρόνου πρέπει να είναι ίσος με τον αριθμό των κυμάτων που στον ίδιο χρόνο διέρχονται από αυτή. Η πηγή καθορίζει τον αριθμό των κυμάτων που παράγονται ανά μονάδα χρόνου.

- Η ταχύτητα διάδοσης των κυμάτων v είναι διαφορετική στα δύο μέσα διάδοσης και εξαρτάται από τον δείκτη διάθλασης $v = \frac{c}{n}$. Όσο μεγαλύτερος είναι ο δείκτης διάθλασης, τόσο μικρότερη είναι η ταχύτητα διάδοσης.

- Αφού η συχνότητα f του φωτός μένει σταθερή και η ταχύτητα διάδοσης είναι διαφορετική στα δύο μέσα, από την σχέση $v = \lambda f$ προκύπτει ότι το μήκος κύματος θα είναι επίσης διαφορετικό στα δύο μέσα.

  Όταν μια μονοχρωματική ακτινοβολία μεταβαίνει από το κενό (ή τον αέρα) σε κάποιο άλλο διαφανές μέσο, το μήκος κύματος της ακτινοβολίας μειώνεται.

  Για το κενό $c = \lambda_0 f$, με το λ_0 να είναι το μήκος κύματος στο κενό.

  Για ένα διαφανές μέσο $v = \lambda f$, με το λ να είναι το μήκος κύματος στο μέσο αυτό.

  Διαιρώντας τις παραπάνω σχέσεις κατά μέλη προκύπτει.

$$\frac{c}{v} = \frac{\lambda_0}{\lambda} \Rightarrow n = \frac{\lambda_0}{\lambda} \Rightarrow \lambda = \frac{\lambda_0}{n} \qquad (2.33)$$

  Και αφού πάντα $n > 1$ τότε $\lambda_0 > \lambda$.

2.7.3 Ολική Εσωτερική Ανάκλαση

Το παρακάτω σχήμα δείχνει μερικές ακτίνες μονοχρωματικού φωτός που εκπέμπονται από μια σημειακή πηγή, η οποία βρίσκεται μέσα σε ένα διαφανές μέσο a με δείκτη διάθλασης n_a. Οι ακτίνες προσπίπτουν στην διαχωριστική επιφάνεια που χωρίζει το μέσο α με ένα δεύτερο μέσο b με δείκτη διάθλασης $n_b < n_a$.

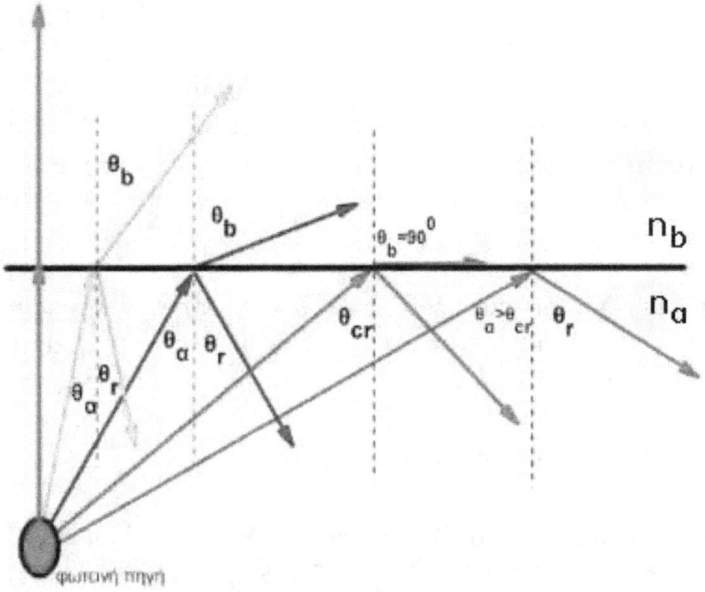

Από τον Νόμο του $Snell$ προκύπτει ότι:

$$\frac{\eta\mu\theta_a}{\eta\mu\theta_b} = \frac{n_b}{n_a}$$

Επειδή όμως $n_b < n_a$ προκύπτει ότι $\theta_b > \theta_a$.

Σε αυτή την περίπτωση η γωνία διάθλασης θ_b είναι πάντα μεγαλύτερη από την γωνία πρόσπτωσης θ_a

Η γωνία θ_a για την οποία η διαθλώμενη ακτίνα είναι παράλληλη προς την διαχωριστική επιφάνεια των δυο μέσων ονομάζεται **Κρίσιμη (ή οριακή) γωνία και συμβολίζεται με** θ_{crit}.

Για να υπολογίσουμε την Κρίσιμη γωνία χρησιμοποιούμε τον Νόμο του $Snell$ για $\theta_b = 90^o$

$$\frac{\eta\mu\theta_{crit}}{\eta\mu 90^o} = \frac{n_b}{n_a} \Rightarrow \eta\mu\theta_{crit} = \frac{n_b}{n_a}$$

Όταν η γωνία πρόσπτωσης γίνει μεγαλύτερη από την κρίσιμη γωνία, δεν υπάρχει διαθλώμενη ακτίνα και ολόκληρη η προσπίπτουσα ακτίνα ανακλάται πάνω στην διαχωριστική επιφάνεια και ¨παγιδεύεται¨ στο μέσο a. Το φαινόμενο αυτό ονομάζεται **Ολική εσωτερική ανάκλαση**.

Ολική εσωτερική ανάκλαση του φωτός ονομάζουμε το φαινόμενο κατά το οποίο, όταν μια φωτεινή ακτίνα, προερχόμενη από το μέσο με το μεγαλύτερο δείκτη διάθλασης, πέφτει πάνω σε μια διαχωριστική επιφάνεια δύο διαφανών μέσων με γωνία μεγαλύτερη της κρίσιμης γωνίας, ολόκληρη η ακτίνα ανακλάται πάνω στη διαχωριστική επιφάνεια.

Προσοχή! Το φαινόμενο της ολικής εσωτερικής ανάκλασης συμβαίνει μόνο όταν φως μεταβαίνει από ένα πυκνό διαφανές μέσο σε ένα αραιό διαφανές μέσο και μόνο όταν η γωνία πρόσπτωσης είναι μεγαλύτερη της κρίσιμης γωνίας.

Όταν το φως μεταβαίνει από ένα διαφανές μέσο a με δείκτη διάθλασης $n_a = n$ στο κενό (ή στον αέρα) $n_b = 1$ τότε η κρίσιμη γωνία για το διαφανές μέσο a θα είναι:

$$\eta\mu\theta_{crit} = \frac{1}{n} \tag{2.34}$$

Άρα προκύπτει ότι για οπτικό μέσο με μεγάλο δείκτη διάθλασης η κρίσιμη γωνία είναι γενικά μικρή. π.χ. για το γυαλί $\theta_{crit} = 41,1^o$,για το διαμάντι $\theta_{crit} = 24^o$. Η μικρή κρίσιμη γωνία είναι ο λόγος που το διαμάντι με πολλές έδρες (ακριβό κόσμημα) λαμποκοπά στο φως! Το μεγαλύτερο μέρος του φωτός που εισέρχεται στο διαμάντι εγκλωβίζεται λόγο της εσωτερικής ανάκλασης εκεί.

Πρόταση Μελέτης Λύσε από τον **Ά τόμο των Γ. Μαθιουδάκη & Γ.Παναγιωτακόπουλου** τις ακόλουθες ασκήσεις: 13.1 - 13.50, 13.55 - 13.58, 13.60, 13.61, 13.62, 13.64, 13.65, 13.67, 13.68, 13.70 - 13.77, 13.79, 13.80, 13.81, 13.83, 13.84, 13.87, 13.88, 13.89

Κεφάλαιο 3

Μηχανική Στερεού Σώματος

3.1 Η κινηματική της κυκλικής κίνησης

Κυκλική Κίνηση

Θεωρούμε ένα υλικό σημείο, το οποίο κινείται σε κυκλική τροχιά ακτίνας R, όπως φαίνεται στο σχήμα. Αν υποθέσουμε ότι σε χρονικό διάστημα dt διαγράφει μήκος τόξου ds που αντιστοιχεί σε επίκεντρη γωνία $d\theta$.

Γραμμική Ταχύτητα

Ονομάζουμε γραμμική ταχύτητα $\vec{\upsilon}$ του υλικού σημείου τη χρονική στιγμή t, ένα διάνυσμα, το οποίο έχει μέτρο ίσο με το πηλίκο του τόξου ds προς τον αντίστοιχο χρόνο dt.

$$\upsilon = \frac{ds}{dt} \tag{3.1}$$

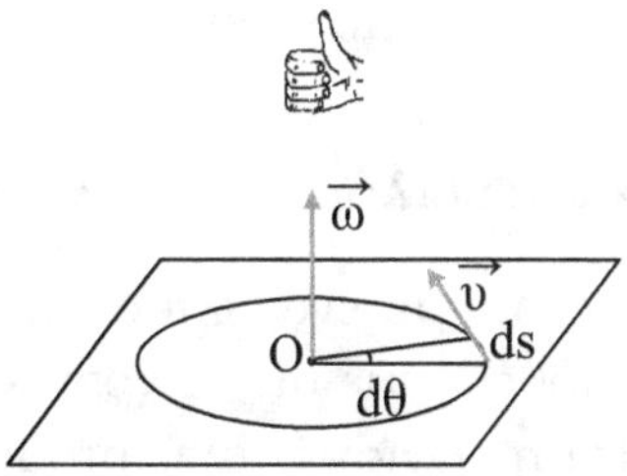

Η γραμμική ταχύτητα εφάπτεται της κυκλικής τροχιάς στη θέση που βρίσκεται κάθε φορά το υλικό σημείο και έχει τη φορά της κίνησης του. Η μονάδα μέτρησης είναι το $1m/s$.

Γωνιακή Ταχύτητα

Ονομάζουμε γωνιακή ταχύτητα $\vec{\omega}$ του υλικού σημείου τη χρονική στιγμή t ένα διάνυσμα, το οποίο έχει διεύθυνση κάθετη στο επίπεδο της κυκλικής τροχιάς του και μέτρο ίσο με το πηλίκο της γωνιάς $d\theta$ προς τον αντίστοιχο χρόνο dt.

$$\omega = \frac{d\theta}{dt} \tag{3.2}$$

Η κατεύθυνση της γωνιακής ταχύτητας $\vec{\omega}$ καθορίζεται με τον κανόνα του δεξιού χεριού. Η μονάδα μέτρησης της γωνιακής ταχύτητας είναι το $1rad/s$.

Σχέση γραμμικής και γωνιακής ταχύτητας

Η επίκεντρη γωνία ορίζεται από την σχέση $\theta = \frac{s}{R}$. Από τον ορισμό της γωνίας έχουμε:

$$d\theta = \frac{ds}{R} \Rightarrow ds = R \cdot d\theta \Rightarrow \frac{ds}{dt} = R\frac{d\theta}{dt} \Rightarrow \upsilon = \omega \cdot R$$

Κεντρομόλος επιτάχυνση

Στην κυκλική κίνηση λόγω της μεταβολής της διεύθυνσης της γραμμικής ταχύτητας του, το υλικό σημείο έχει κεντρομόλο επιτάχυνση, της οποία το μέτρο δίνεται από την σχέση:

$$\alpha_\kappa = \frac{\upsilon^2}{R} = \omega^2 \cdot R \tag{3.3}$$

Η κεντρομόλος επιτάχυνση είναι υπεύθυνη για την μεταβολή της διεύθυνσης της γραμμικής ταχύτητας. Η διεύθυνση της είναι πάντα κάθετη στην γραμμική ταχύτητα.

Ομαλή κυκλική κίνηση

Όταν το μέτρο της γραμμικής ταχύτητας παραμένει σταθερό, τότε η κίνηση του υλικού σημείου χαρακτηρίζεται ως ***Ομαλή Κυκλική Κίνηση***.

Στην κίνηση αυτή παραμένει επίσης σταθερό και το μέτρο της γωνιακής ταχύτητας, οπότε προκύπτει:

$$\omega = \frac{\Delta\theta}{\Delta t} = \frac{\theta - 0}{t - 0} \Rightarrow \theta = \omega \cdot t$$

Στην ομαλή κυκλική κίνηση το υλικό σημείο σε ίσους χρόνους διανύει ίσα τόξα.

Μεταβαλλόμενη κυκλική Κίνηση

Θεωρούμε ένα υλικό σημείο, το οποίο κινείται σε κυκλική τροχιά ακτίνας R. Αν υποθέσουμε ότι σε χρονικό διάστημα dt μεταβάλλεται η γραμμική ταχύτητα κατά $d\vec{\upsilon}$ και η γωνιακή ταχύτητα κατά $d\vec{\omega}$ τότε η κίνηση του είναι μια μεταβαλλόμενη κίνηση.

Γραμμική (ή επιτρόχια) επιτάχυνση

Λόγω της μεταβολής του μέτρου της γραμμικής ταχύτητας, το υλικό σημείο έχει γραμμική επιτάχυνση.

Ονομάζουμε γραμμική επιτάχυνση $\vec{\alpha_\epsilon}$ του υλικού σημείου τη χρονική στιγμή t ένα διάνυσμα, του οποίου το μέτρο είναι ίσο με το μέτρο του ρυθμού μεταβολής της γραμμικής ταχύτητας.

$$\alpha_\epsilon = \frac{d\upsilon}{dt} \tag{3.4}$$

Η γραμμική επιτάχυνση εφάπτεται της κυκλικής τροχιάς και έχει τη φορά της κίνησης, όταν το μέτρο της γραμμικής ταχύτητας αυξάνεται και φορά αντίθετη από τη φορά της κίνησης, όταν το μέτρο της γραμμικής ταχύτητας ελαττώνεται. Η μονάδα μέτρησης της γραμμικής επιτάχυνσης είναι το $1m/s^2$.

Το διανυσματικό άθροισμα της γραμμικής επιτάχυνσης $\vec{\alpha}_\epsilon$ και της κεντρομόλου επιτάχυνσης $\vec{\alpha}_\kappa$ δίνει την συνισταμένη επιτάχυνση $\vec{\alpha} = \vec{\alpha}_\epsilon + \vec{\alpha}_\kappa$ του υλικού σημείου σε κάθε θέση της τροχιάς του. Το μέτρο της συνολικής επιτάχυνσης είναι ίσο με $\alpha = \sqrt{\alpha_\epsilon^2 + \alpha_\kappa^2}$

Γωνιακή Επιτάχυνση

Ονομάζουμε γωνιακή επιτάχυνση $\vec{\alpha_{\gamma\omega\nu}}$ ***του υλικού σημείου τη χρονική στιγμή*** t ***ένα διάνυσμα, του οποίου το μέτρο είναι ίσο με το μέτρο του ρυθμού μεταβολής της γωνιακής ταχύτητας.***

$$\alpha_{\gamma\omega\nu} = \frac{d\omega}{dt} \tag{3.5}$$

Η γωνιακή επιτάχυνση έχει την κατεύθυνση του διανύσματος $d\vec{\omega}$. Μονάδα μέτρησης της γωνιακής επιτάχυνσης είναι το $1rad/s^2$.Γωνιακή επιτάχυνση $1rad/s^2$ σημαίνει ότι ο ρυθμός μεταβολής του μέτρου της γωνιακής ταχύτητας είναι $1rad/s$ σε κάθε $1s$.

Σχέση γραμμικής και γωνιακής ταχύτητας

Η σχέση $\upsilon = \omega \cdot R$ μπορεί να γραφτεί:

$$d\upsilon = R \cdot d\omega \Rightarrow \frac{d\upsilon}{dt} = R\frac{d\omega}{dt} \Rightarrow \alpha_\epsilon = \alpha_{\gamma\omega\nu} \cdot R$$

Ομαλά μεταβαλλόμενη κυκλική κίνηση

Όταν το μέτρο της επιτρόχιας επιτάχυνσης παραμένει σταθερό, τότε η κίνηση του υλικού σημείου χαρακτηρίζεται ως **Ομαλά μεταβαλλόμενη κυκλική κίνηση**.

Στην κίνηση αυτή παραμένει επίσης σταθερό και το μέτρο της γωνιακής επιτάχυνσης, άρα μπορούμε να γράψουμε:

$$\alpha_{\gamma\omega\nu} = \frac{\Delta\omega}{\Delta t} = \frac{\omega - \omega_0}{t - 0}$$

Από την παραπάνω σχέση προκύπτει:

$$\omega = \omega_0 + \alpha_{\gamma\omega\nu} t \tag{3.6}$$

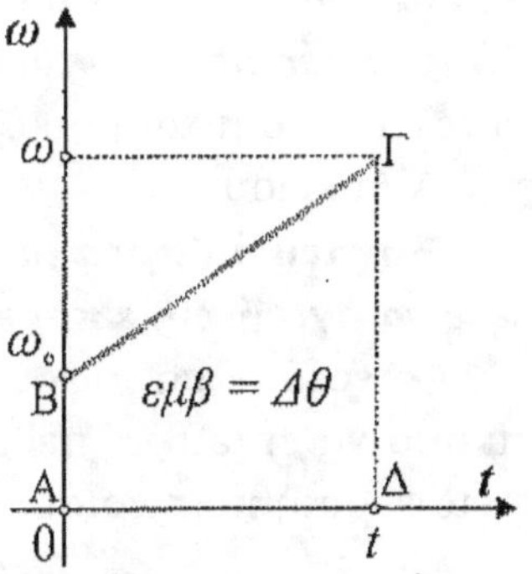

Από το διάγραμμα γωνιακής ταχύτητας (ω) - χρόνου (t) μπορούμε να υπολογίσουμε:

- την γωνιακή επιτάχυνση που είναι ίση με την κλίση της ευθείας $\alpha_{\gamma\omega\nu} = \frac{\Delta\omega}{\Delta t}$

- την γωνία θ που διαγράφει το υλικό σημείο από την χρονική στιγμή $t = 0$ μέχρι την στιγμή t με τον υπολογισμό του εμβαδού που περικλείεται κάτω από την ευθεία. Εύκολα αποδεικνύεται ότι είναι:

$$\theta = \omega_0 t + \frac{1}{2}\alpha_{\gamma\omega\nu} t^2 \tag{3.7}$$

Στην περίπτωση της ομαλά επιβραδυνόμενης στροφικής κίνησης($\alpha_{\gamma\omega\nu} < 0$) οι παραπάνω σχέσεις γράφονται: $\omega = \omega_0 - |\alpha_{\gamma\omega\nu}|t$ και $\theta = \omega_0 t - \frac{1}{2}|\alpha_{\gamma\omega\nu}|t^2$.

Παρακάτω ακολουθεί ένας πίνακας αντιστοιχιών μεταξύ γραμμικών και στροφικών μεγεθών της κυκλικής κίνησης.

Γραμμικά μεγέθη	**Γωνιακά μεγέθη**
Μήκος τόξου s	γωνία στροφής θ
γραμμική ταχύτητα υ	γωνιακή ταχύτητα ω
γραμμική επιτάχυνση $\alpha_\epsilon = \frac{d\upsilon}{dt}$	γωνιακή επιτάχυνση $\alpha_{\gamma\omega\nu} = \frac{d\omega}{dt}$
Ομαλή Κυκλική Κίνηση	
$s = \upsilon t$	$\theta = \omega t$
Ομαλά Επιταχυνόμενη Κυκλική Κίνηση	
$\upsilon = \upsilon_0 + \alpha_\epsilon t$	$\omega = \omega_0 + \alpha_{\gamma\omega\nu} t$
$s = \upsilon_0 t + \frac{1}{2}\alpha_\epsilon t^2$	$\theta = \omega_0 t + \frac{1}{2}\alpha_{\gamma\omega\nu} t^2$
Ομαλά Επιβραδυνόμενη Κυκλική Κίνηση	
$\upsilon = \upsilon_0 - \vert\alpha_\epsilon\vert t$	$\omega = \omega_0 - \vert\alpha_{\gamma\omega\nu}\vert t$
$s = \upsilon_0 t - \frac{1}{2}\vert\alpha_\epsilon\vert t^2$	$\theta = \omega_0 t - \frac{1}{2}\vert\alpha_{\gamma\omega\nu}\vert t^2$

3.2 Κινήσεις Στερών Σωμάτων

3.2.1 Υλικό σημείο και μηχανικό στερεό

Υλικά σημεία λέγονται τα σώματα που θεωρούμε ότι έχουν όλες τις άλλες ιδιότητες της ύλης, εκτός από διαστάσεις. Ένα υλικό σημείο, αφού δεν έχει διαστάσεις, μπορεί να εκτελεί μόνο μεταφορικές κινήσεις. Τέτοιες κινήσεις έχουμε περιγράψει στην Φυσική της Α Λυκείου.

Μηχανικά Στερεά λέγονται τα σώματα που έχουν διαστάσεις, τις οποίες δεν μπορούμε να αγνοήσουμε και που δεν παραμορφώνονται όταν σε αυτά ασκούνται δυνάμεις. Ένα στερεό σώμα, αφού έχει διαστάσεις, εκτός από την μεταφορική κίνηση, μπορεί ακόμα να εκτελέσει περιστροφική (στροφική) κίνηση ή ακόμα και σύνθετη κίνηση (μεταφορική και περιστροφική).

Οι κινήσεις των στερεών σωμάτων

Ένα στερεό μπορεί να κάνει μεταφορική, στροφική ή σύνθετη κίνηση.

Μεταφορική Κίνηση

Λέμε ότι ένα σώμα κάνει μεταφορική κίνηση, όταν κάθε στιγμή όλα τα σημεία του σώματος έχουν την ίδια ταχύτητα κατά μέτρο και κατεύθυνση.

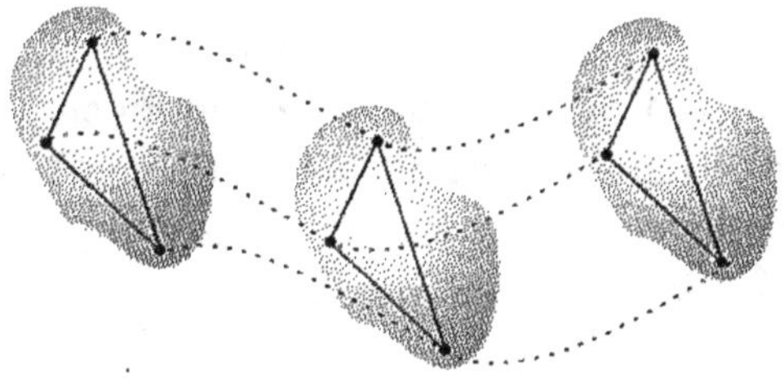

Σχήμα 3.1: Μεταφορική κίνηση στερεού

Η μεταφορική κίνηση δεν είναι κατ'ανάγκη και ευθύγραμμη κίνηση, μπορεί να είναι και καμπυλόγραμμη αρκεί βέβαια να ισχύουν τα παρακάτω:

- οι τροχιές όλων των σημείων του σώματος να είναι παράλληλες
- το ευθύγραμμο τμήμα που συνδέει δύο τυχαία σημεία του σώματος να μετατοπίζεται παράλληλα προς τον εαυτό του.

Στροφική Κίνηση

Λέμε ότι ένα σώμα κάνει στροφική κίνηση, όταν αλλάζει προσανατολισμό.

Στη στροφική κίνηση υπάρχει μια ευθεία (ο άξονας περιστροφής) που όλα τα σημεία της παραμένουν ακίνητα, ενώ τα υπόλοιπα σημεία του σώματος κάνουν κυκλική κίνηση, σε επίπεδα κάθετα στον άξονα με τα κέντρα τους πάνω στον άξονα. Ο άξονας περιστροφής δεν είναι απαραίτητο να διέρχεται από το σώμα. Η στροφική κίνηση δεν είναι κατ' ανάγκη κυκλική κίνηση. ***Αφού κάθε υλικό σημείο του στερεού εκτελεί μια κυκλική κίνηση, θα ισχύει για αυτό η κινηματική περιγραφή των παραπάνω παραγράφων.*** Άρα για την στροφική κίνηση ενός στερεού σώματος μπορούμε να χρησιμοποιήσουμε τις ίδιες ποσότητες με τις οποίες περιγράψαμε την κυκλική κίνηση ενός υλικού σημείου.

Η έννοια του κέντρου μάζας

Με στόχο την απλοποίηση της μελέτης του στερεού σώματος εισάγουμε την έννοια του κέντρου μάζας του σώματος.

Κέντρο μάζας (cm) ονομάζεται το σημείο εκείνο που κινείται όπως ένα υλικό σημείο με μάζα ίση με την μάζας του σώματος, αν σ' αυτό ασκούνται όλες οι δυνάμεις που ασκούνται στο σώμα.

Στην ουσία η μελέτη της μεταφορικής κίνησης ενός στερεού σώματος, ανάγεται στη μελέτη της κίνησης του κέντρου μάζας του.

Η κίνηση του κέντρου μάζας ενός σώματος καθορίζεται από την συνισταμένη των εξωτερικών δυνάμεων που ασκούνται στο σώμα. Σύμφωνα με τον **2ο Νόμο του Νεύτωνα** ισχύει ότι:

$$\Sigma\vec{F} = m\vec{\alpha}_{cm} \tag{3.8}$$

Στα ομογενή στερεά σώματα, τα οποία έχουν κέντρο συμμετρίας, το κέντρο μάζας τους συμπίπτει με το κέντρο συμμετρίας. Για παράδειγμα το κέντρο μάζας μιας ομογενούς σφαίρας είναι το κέντρο της σφαίρας. Βέβαια το κέντρο μάζας μπορεί να βρίσκεται και σε σημείο έξω από το σώμα. Για παράδειγμα σε ένα ομογενή δακτύλιο το κέντρο μάζας είναι στο κέντρο Κ του δακτυλίου.

Σύνθετη Κίνηση

Λέμε ότι ένα σώμα κάνει σύνθετη κίνηση, όταν μετακινείται στον χώρο και ταυτόχρονα αλλάζει ο προσανατολισμός του.

Για παράδειγμα σύνθετη κίνηση κάνει ο τροχός ενός αυτοκινήτου, όταν αυτό είναι σε κίνηση. Ο τροχός στρέφεται γύρω από τον άξονα του και ταυτόχρονα συμμετέχει στην μεταφορική κίνηση του αυτοκινήτου.

Η σύνθετη κίνηση μπορεί να περιγραφεί ως το αποτέλεσμα της Επαλληλίας (σύνθεσης) μιας μεταφορικής και μιας στροφικής κίνησης.

Το παράδειγμα της κύλισης του τροχού

Παρακάτω βλέπουμε ένα τροχό που κυλίεται σε οριζόντιο επίπεδο, χωρίς να ολισθαίνει. **Ο τροχός μπορεί να κυλίεται χωρίς ολίσθηση, όταν δεν υπάρχει σχετική κίνηση μεταξύ του σημείου επαφής του τροχού με το δάπεδο**.

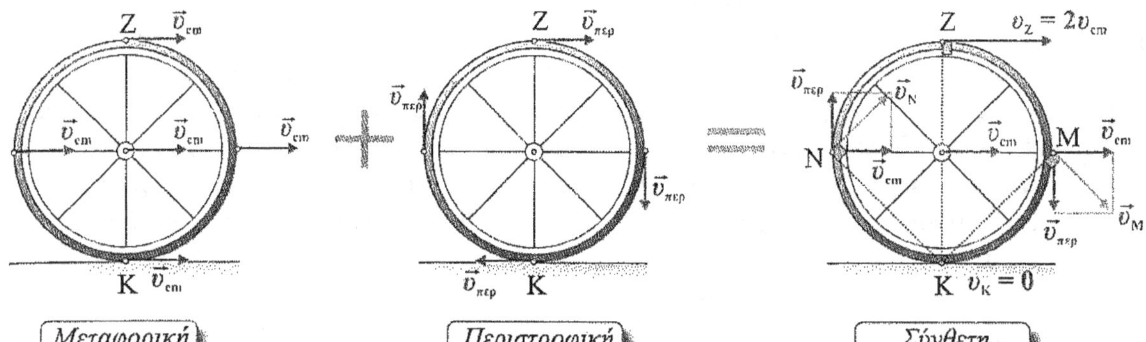

Η κίνηση του τροχού μπορεί να θεωρηθεί ως το αποτέλεσμα της επαλληλίας (σύνθεσης):

α. μιας μεταφορικής κίνησης, λόγω της οποίας τα σημεία του τροχού, κάθε στιγμή έχουν την ίδια ταχύτητα $\vec{v}_{cm}$

β. μιας στροφικής κίνησης γύρω από τον άξονα του, λόγω της οποίας όλα τα σημεία του τροχού που απέχουν το ίδιο από τον άξονα περιστροφής έχουν ταχύτητες που είναι εφαπτόμενες στην κυκλική τους τροχιά και έχουν μέτρο υ

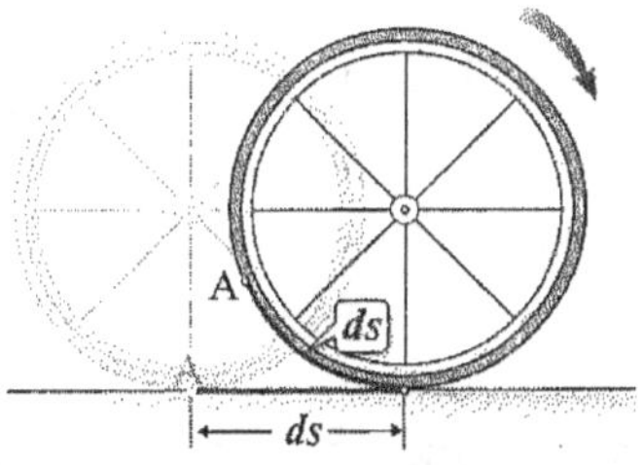

Όταν ένας τροχός ακτίνας R κυλίεται, χωρίς να ολισθαίνει,τότε κάθε σημείο της περιφέρειας του έρχεται διαδοχικά σε επαφή με το δρόμο. Έτσι αν το κέντρο μάζας του τροχού έχει μετακινηθεί κατά διάστημα dx σε ένα χρονικό διάστημα dt, ένα σημείο της περιφέρειας θα έχει στραφεί κατά επίκεντρη γωνία $d\theta$, η οποία αντιστοιχεί σε μήκος τόξου ds, στον ίδιο χρόνο. Όπως φαίνεται και στο διπλανό σχήμα, λόγω της μη ολίσθησης ($dx = ds$) και με βάση τον ορισμό της επίκεντρης γωνίας έχουμε:

$$d\theta = \frac{ds}{R} \Rightarrow ds = R \cdot d\theta \Rightarrow dx = R \cdot d\theta$$

Από τα παραπάνω προκύπτει η **1η Συνθήκη Κύλισης**, η οποία είναι αναγκαία συνθήκη, ώστε ο τροχός να κυλίεται χωρίς να ολισθαίνει.

$$x = R \cdot \theta \tag{3.9}$$

Με βάση τον ορισμό της ταχύτητας του κέντρου μάζας ($\upsilon_{cm} = \frac{dx}{dt}$) και της γωνιακής ταχύτητας ($\omega = \frac{d\theta}{dt}$) προκύπτει ότι:

$$\frac{dx}{dt} = R\frac{d\theta}{dt} \Rightarrow \upsilon_{cm} = \omega \cdot R \tag{3.10}$$

Η παραπάνω σχέση αποτελεί επίσης αναγκαία συνθήκη για την κύλιση χωρίς ολίσθηση και είναι η **2η Συνθήκη Κύλισης**. Επειδή $\upsilon = \omega \cdot R$ είναι η γραμμική ταχύτητα των σημείων της περιφέρειας του τροχού προκύπτει ότι $\upsilon_{cm} = \upsilon$. Συμπεραίνουμε ότι:

Κατά την κύλιση ενός τροχού, χωρίς ταυτόχρονη ολίσθηση, το μέτρο της ταχύτητας του κέντρου μάζας του είναι ίσο με το μέτρο της γραμμικής ταχύτητας των σημείων της περιφέρειας του.

Με βάση την 2η Συνθήκη Κύλισης μπορούμε να προχωρήσουμε στον **προσδιορισμό της ταχύτητας διαφόρων σημείων της περιφέρειας του τροχού**. Η ταχύτητα κάθε σημείου Σ της περιφέρειας προκύπτει από την ¨επαλληλία¨ των επιμέρους κινήσεων ($\vec{\upsilon}_\Sigma = \vec{\upsilon}_{cm} + \vec{\upsilon}$). Από το παραπάνω σχήμα σύνθεσης των κινήσεων προκύπτουν:

- Η ταχύτητα του κέντρου Ο του τροχού είναι:

$$\upsilon_o = \upsilon_{cm}$$

- Η ταχύτητα του σημείου Κ του τροχού είναι:

$$\upsilon_K = \upsilon_{cm} - \upsilon = 0$$

- Η ταχύτητα του σημείου Ζ του τροχού είναι:

$$\upsilon_z = \upsilon_{cm} + \upsilon = 2\upsilon_{cm}$$

- Η ταχύτητα του σημείου Μ του τροχού είναι:

$$\upsilon_M = \sqrt{\upsilon_{cm}^2 + \upsilon^2} = \sqrt{2}\upsilon_{cm}$$

Αν θεωρήσουμε ότι ο τροχός κυλίεται σε πλάγιο επίπεδο χωρίς να ολισθαίνει, είναι προφανές ότι τόσο η ταχύτητα του κέντρου μάζας, όσο και η γωνιακή ταχύτητα θα αυξάνονται. Έστω ότι σε χρόνο dt η ταχύτητα του κέντρου μάζας αυξάνεται κατά $d\upsilon_{cm}$ και η γωνιακή ταχύτητα αυξάνεται κατά $d\omega$. Με βάση τον ορισμό της επιτάχυνσης του κέντρου μάζας ($\alpha_{cm} = \frac{d\upsilon_{cm}}{dt}$) και της γωνιακής επιτάχυνσης ($\alpha_{\gamma\omega\nu} = \frac{d\omega}{dt}$) έχουμε:

$$\upsilon_{cm} = \omega \cdot R \Rightarrow d\upsilon_{cm} = R \cdot d\omega \Rightarrow \frac{d\upsilon_{cm}}{dt} = R \cdot \frac{d\omega}{dt} \Rightarrow \alpha_{cm} = \alpha_{\gamma\omega\nu} \cdot R \qquad (3.11)$$

Η παραπάνω σχέση αποτελεί επίσης αναγκαία συνθήκη, ώστε ο τροχός να κυλίεται χωρίς να ολισθαίνει και ειναι η **3η Συνθήκη Κύλισης**. Επειδή $\alpha_\epsilon = \alpha_{\gamma\omega\nu} \cdot R$ είναι η επιτρόχιος επιτάχυνση των σημείων της περιφέρειας του τροχού, προκύπτει ότι $\alpha_{cm} = \alpha_\epsilon$

Κατά την κύλιση ενός τροχού, χωρίς ταυτόχρονη ολίσθηση, το μέτρο της επιτάχυνσης του κέντρου μάζας του είναι ίσο με το μέτρο της επιτρόχιας επιτάχυνσης των σημείων της περιφέρειας του.

Η επιτάχυνση κάθε σημείου της περιφέρειας του τροχού είναι η συνισταμένη της επιτάχυνσης λόγω της μεταφορικής κίνησης ($\vec{\alpha}_{cm}$) ,της γραμμικής επιτάχυνσης λόγω της στροφικής κίνησης ($\vec{\alpha}_\epsilon$) και της κεντρομόλου επιτάχυνσης ($\vec{\alpha}_\kappa$).

Πρόταση Μελέτης Λύσε από τον **Ά τόμο των Γ. Μαθιουδάκη & Γ.Παναγιωτακόπουλου** τις ακόλουθες ασκήσεις: 1.1 - 1.50, 1.55, 1.57, 1.58, 1.60, 1.61, 1.62, 1.65, 1.66, 1.69, 1.72, 1.75, 1.77, 1.86 - 1.92, 1.94, 1.97, 1.98, 1.100, 1.101, 1.102, 1.105

3.3 Ροπή Δύναμης - Ισορροπία Στερεού Σώματος

Ροπή Δύναμης

Η ροπή δύναμης ($\vec{\tau}$) είναι το φυσικό μέγεθος που περιγράφει την ικανότητα μιας δύναμης να στρέφει ένα σώμα.

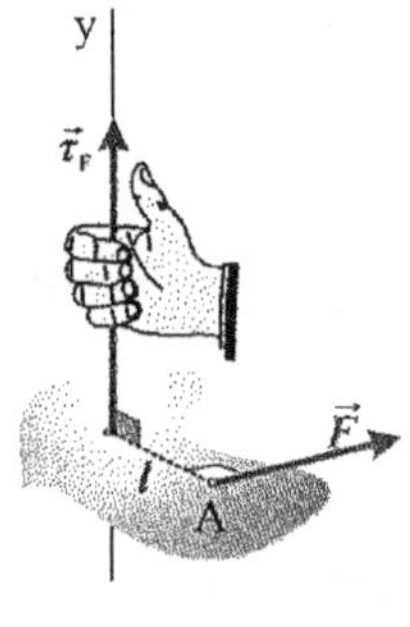

α)Ροπή Δύναμης ως προς άξονα

Θεωρούμε ένα σώμα, το οποίο έχει τη δυνατότητα να στρέφεται γύρω από τον άξονα zz'. Στο σώμα ασκείται δύναμη $\vec{F}$, η οποία βρίσκεται σε επίπεδο κάθετο στον άξονα περιστροφής και ο φορέας της απέχει από τον άξονα απόσταση l (μοχλοβραχίονας).

Ονομάζουμε ροπή δύναμης ως προς άξονα περιστροφής zz'**, το διανυσματικό μέγεθος** $\vec{\tau}$**, το οποίο έχει:**

- **διεύθυνση τη διεύθυνση του άξονα περιστροφής**
- **φορά τη φορά που καθορίζεται από τον κανόνα του δεξιού χεριού και**
- **μέτρο ίσο με το γινόμενο του μέτρου** F **της δύναμης επί την κάθετη απόσταση** l **της δύναμης από τον άξονα περιστροφής, δηλαδή:**

$$\tau = F \cdot l \tag{3.12}$$

Στο διεθνές σύστημα μονάδων η **μονάδα μέτρησης** της ροπής δύναμης είναι το $1N \cdot m$.

Αν η δύναμη δεν βρίσκεται σε επίπεδο κάθετο στον άξονα περιστροφής, αλλά σχηματίζει γωνία ϕ με αυτό, τότε την αναλύουμε σε δύο συνιστώσες, μια συνιστώσα (F_x) πάνω σε επίπεδο κάθετο στον άξονα και μια συνιστώσα (F_y) παράλληλη προς τον άξονα.Η ροπή της δύναμης έχει μέτρο:

$$\tau = F_x \cdot l = Fl\sigma\upsilon\nu\phi \tag{3.13}$$

Η ροπή μιας δύναμης ως προς άξονα είναι **ίση με μηδέν**:

- όταν η δύναμη ασκείται στον άξονα
- όταν ο φορέας της δύναμης τέμνει τον άξονα
- όταν ο φορέας της δύναμης είναι παράλληλος προς τον άξονα.

Κατά σύμβαση θεωρούμε θετική την ροπή της δύναμης που τείνει να περιστρέψει το σώμα αντίθετα από την φορά των δεικτών του ρολογιού και αρνητική τη ροπή της δύναμης που τείνει να περιστρέψει το σώμα κατά τη φορά κίνησης των δεικτών του ρολογιού.

Η **συνολική ροπή** ($\Sigma\tau$)που δέχεται ένα σώμα, στο οποίο ασκούνται πολλές ομοεπίπεδες δυνάμεις, **είναι ίση με το αλγεβρικό άθροισμα των ροπών** των δυνάμεων ως προς τον άξονα περιστροφής του σώματος.

β)Ροπή Δύναμης ως προς σημείο

Αν σ' ένα σώμα ελεύθερο να κινηθεί ασκείται δύναμη που ο φορέας της διέρχεται από το κέντρο μάζας του, το σώμα θα εκτελέσει μόνο μεταφορική κίνηση. Αν, όμως, ο φορέας της δύναμης δε διέρχεται από το κέντρο μάζας του, το σώμα θα εκτελέσει σύνθετη κίνηση: μια μεταφορική και μια περιστροφική γύρω από ένα νοητό άξονα που διέρχεται από το κέντρο μάζας του σώματος και είναι κάθετος στο επίπεδο που ορίζει ο φορέας της δύναμης και το κέντρο μάζας. Στις περιπτώσεις που δεν υπάρχει σταθερός άξονας περιστροφής χρησιμοποιείται η έννοια της ροπής δύναμης ως προς σημείο.

Ονομάζουμε ροπή δύναμης ως προς σημείο Ο, το διανυσματικό μέγεθος $\vec{\tau}$, το οποίο έχει:

- διεύθυνση κάθετη στο επίπεδο που ορίζεται από το φορέα της δύναμης και το σημείο Ο
- φορά τη φορά που καθορίζεται από τον κανόνα του δεξιού χεριού
- μέτρο ίσο με το γινόμενο του μέτρου F της δύναμης από την απόσταση l του σημείου Ο από το φορά της δύναμης. Δηλαδή:

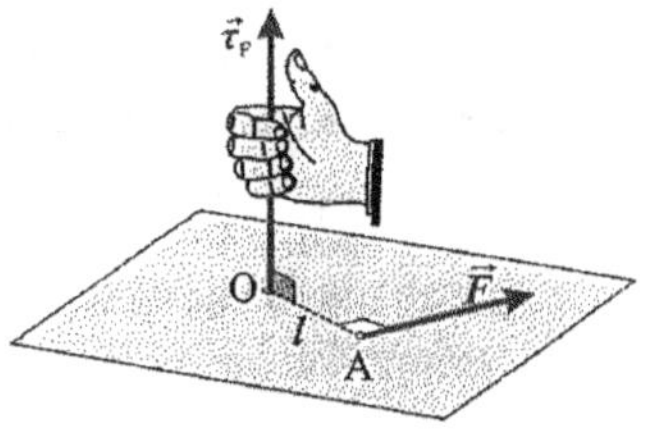

$$\tau = F \cdot l$$

Η ροπή δύναμης ως προς σημείο είναι **ίση με μηδέν**:

- όταν η δύναμη ασκείται στο σημείο αυτό ή
- όταν ο φορέας της δύναμης διέρχεται από το σημείο αυτό.

γ) Ροπή ζεύγους δυνάμεων

Ζεύγος δυνάμεων ονομάζουμε ένα σύστημα δύο δυνάμεων $\vec{F_1}$ και $\vec{F_2}$, οι οποίες ασκούνται σε δύο διαφορετικά σημεία ενός σώματος, είναι αντίρροπες και έχουν ίσα μέτρα.

Στο διπλανό σχήμα, η αλγεβρική τιμή της ροπής τους ζεύγους, ως προς κάποιο σημείο Α θα είναι το αλγεβρικό άθροισμα των επιμέρους ροπών των δύο δυνάμεων ($F_1 = F_2$):

$$\tau = F_1 x_1 + F_2 x_2 = F_1(x_1 + x_2) \Rightarrow \tau = F_1 d$$

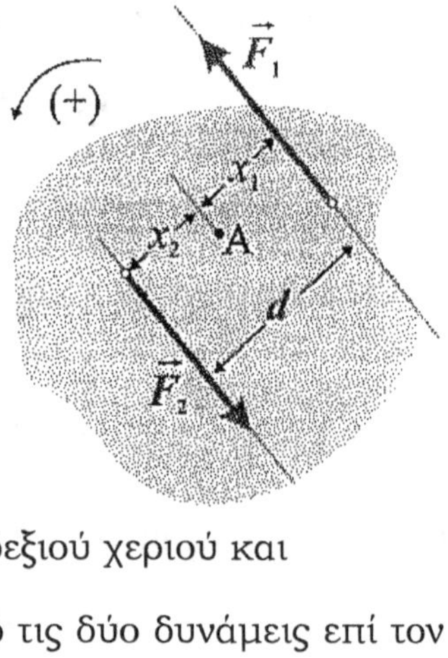

Ονομάζουμε ροπή ζεύγους δυνάμεων το διανυσματικό μέγεθος $\vec{\tau}$, το οποίο έχει:

- διεύθυνση κάθετη στο επίπεδο των δύο δυνάμεων,
- φορά την φορά που καθορίζεται από τον κανόνα του δεξιού χεριού και
- μέτρο ίσο με το γινόμενο του μέτρου $\vec{F_1}$ της μιας από τις δύο δυνάμεις επί τον βραχίονα d του ζεύγους. Δηλαδή:

$$\tau = F_1 \cdot d \tag{3.14}$$

Από τα παραπάνω είναι εύκολα κατανοητό ότι ***η ροπή του ζεύγους δυνάμεων είναι ίδια ως προς οποιοδήποτε σημείο του επιπέδου τους και ως προς οποιονδήποτε άξονα περιστροφής κάθετο στο επίπεδο του ζεύγους.***

Πρόταση Μελέτης Λύσε από τον **'Β τόμο των Γ. Μαθιουδάκη & Γ.Παναγιωτακόπουλου** τις ακόλουθες ασκήσεις: 2.1 - 2.21,2.58, 2.59, 2.60, 2.62, 2.63, 2.65, 2.67

Ισορροπία Στερεού Σώματος

Θεωρούμε ένα αρχικά ακίνητο στερεό σώμα, στο οποίο ασκούνται πολλές ομοεπίπεδες δυνάμεις. **Για να ισορροπεί θα πρέπει:**

α) Η συνισταμένη δύναμη να είναι μηδέν

$$\Sigma\vec{F} = 0 \tag{3.15}$$

'Οταν ικανοποιείται η παραπάνω συνθήκη, η επιτάχυνση του σώματος στην μεταφορική κίνηση είναι μηδέν. Επομένως για αρχικά ακίνητο σώμα ($\upsilon = 0$), η συνθήκη αυτή αποτελεί συνθήκη ισορροπίας για την μεταφορική κίνηση (Φυσική Α Λυκείου).

β) Το αλγεβρικό άθροισμα των ροπών των δυνάμεων ως προς οποιοδήποτε σημείο να είναι μηδέν

$$\Sigma\tau = 0 \tag{3.16}$$

'Οταν ικανοποιείται η παραπάνω συνθηκη, η επιτάχυνση του σώματος στην στροφική κίνηση είναι μηδέν. Επομένως για αρχικά ακίνητο σώμα($\omega = 0$), η συνθήκη αυτή αποτελεί συνθήκη ισορροπίας για την στροφική κίνηση.

Στις ασκήσεις ισορροπίας στερεού ακολουθούμε γενικά τα ακόλουθα βήματα:

Βήμα 1ο: Σχεδιάζουμε όλες τις δυνάμεις που ασκούνται στο υπο μελέτη σώμα.

Η κατεύθυνση κάθε δύναμης καθορίζεται από το είδος της (π.χ. βάρος, κάθετη αντίδραση, τάση νήματος). Για τις δυνάμεις που δεν γνωρίζουμε την κατεύθυνση τους είναι χρήσιμη η ακόλουθη πρόταση:

'Οταν ένα σώμα ισορροπεί με την επίδραση τριών μη παράλληλων ομοεπίπεδων δυνάμεων, τότε οι φορείς των δυνάμεων αυτών πρέπει να διέρχονται από το ίδιο σημείο.

Βήμα 2ο: Επιλέγουμε τους κατάλληλους ορθογώνιους άξονες x και y και αναλύουμε όσες δυνάμεις δεν είναι παράλληλες σε αυτούς.

Βήμα 3ο: Εφαρμόζουμε τις συνθήκες ισορροπίας ομοεπίπεδων δυνάμεων:

$$\Sigma F_x = 0, \Sigma F_y = 0, \Sigma\tau = 0$$

Κατάλληλο σημείο για να εφαρμόσουμε την τρίτη συνθήκη είναι συνήθως, εκείνο από το οποίο διέρχεται ο φορέας μιας άγνωστης δύναμης. Στην περίπτωση αυτή επειδή η ροπή της είναι μηδέν, εξαφανίζεται από την εξίσωση που προκύπτει.

Βήμα 4ο: Λύνουμε το σύστημα των τριών εξισώσεων που προκύπτει.Με την λύση του συστήματος μπορούμε να υπολογίσουμε μέχρι τρία άγνωστα μεγέθη.

Πρόταση Μελέτης Λύσε από τον **Ύ Β τόμο των Γ. Μαθιουδάκη & Γ.Παναγιωτακόπουλου** τις ακόλουθες ασκήσεις: 2.22 - 2.55,2.81, 2.82, 2.85, 2.87, 2.90 - 2.99, 2.102, 2.104, 2.105, 2.107, 2.108, 2.111, 2.113, 2.116, 2.118, 2.123.

3.4 Ροπή Αδράνειας

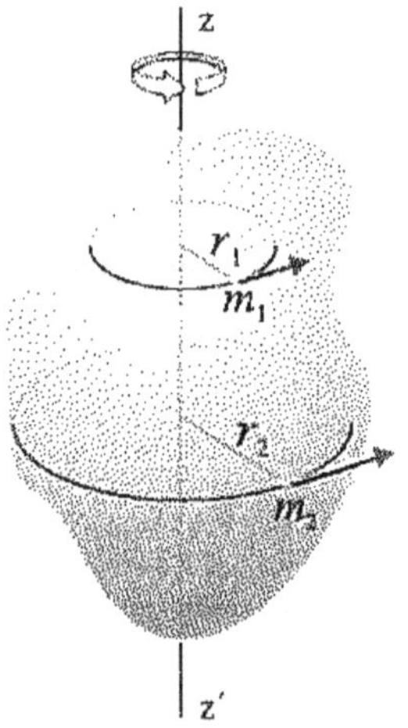

Έστω ένα στερεό σώμα, το οποίο στρέφεται γύρω από το σταθερό άξονα $z'z$, όπως φαίνεται στο διπλανό σχήμα. Χωρίζουμε το σώμα σε στοιχειώδη τμήματα με μάζες $m_1, m_2, ..., m_\nu$, τόσο μικρά ώστε καθένα από αυτά να μπορεί να θεωρηθεί υλικό σημείο. Οι μάζες $m_1, m_2, ..., m_\nu$ κινούνται κυκλικά γύρω από τον άξονα, σε κύκλους με ακτίνες $r_1, r_2, ...r_\nu$, αντίστοιχα.

Ονομάζουμε ροπή αδράνειας I ***ενός στερεού ως προς τον άξονα*** $z'z$ ***το άθροισμα των γινομένων των στοιχειωδών μαζών από τις οποίες αποτελείται το σώμα επί τα τετράγωνα των αποστάσεων τους από τον άξονα περιστροφής.*** Δηλαδή:

$$I = m_1 r_1^2 + m_2 r_2^2 + ...m_\nu r_\nu^2 \tag{3.17}$$

Η ροπή αδράνειας είναι μονόμετρο μέγεθος και στο σύστημα $S.I.$ έχει μονάδες μέτρησης το $1kg \cdot m^2$.

Από τον ορισμό της ροπής αδράνειας για ένα στερεό προκύπτει ότι η ροπή αδράνειας ενός υλικό σημείου με μάζα m,το οποίο κινείται κυκλικά σε κύκλο ακτίνας r, ως προς άξονα $z'z$ που διέρχεται από το κέντρο της κυκλικής τροχιάς και είναι κάθετος στο επίπεδο της δίνεται από τη σχέση:

$$I = mr^2 \tag{3.18}$$

Παράδειγμα:Ροπή Αδράνειας Ομογενούς δακτυλίου, ως προς άξονα που διέρχεται από το κέντρο του.

Χωρίζουμε το δακτύλιο σε στοιχειώδης μάζες $m_1, m_2, ..., m_\nu$. Είναι φανερό ότι $m_1 + m_2 + ...m_\nu = M$. Επειδή το πάχος του δακτυλίου είναι αμελητέο σε σχέση με την ακτίνα του R, όλες οι στοιχειώδεις μάζες έχουν την ίδια απόσταση R από τον άξονα περιστροφής. Σύμφωνα με τον ορισμό της ροπής αδράνειας έχουμε:

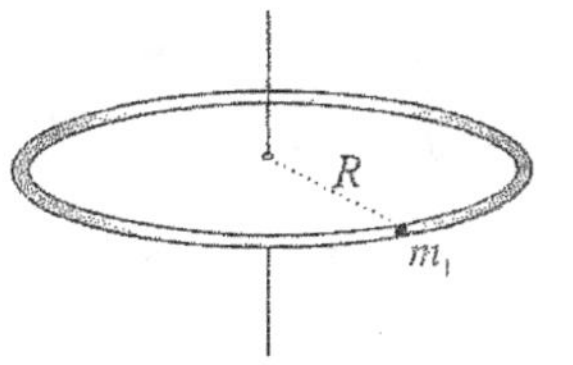

$$\begin{aligned} I &= m_1 r_1^2 + m_2 r_2^2 + ...m_\nu r_\nu^2 = m_1 R^2 + m_2 R^2 + ...m_\nu R^2 \\ &\Rightarrow I = (m_1 + m_2 + ...m_\nu) R^2 \Rightarrow I = MR^2 \end{aligned}$$

Θεώρημα Στάϊνερ ($Steiner$)

Μεταξύ της ροπής αδράνειας I_{cm} ενός σώματος ως προς άξονα που διέρχεται από το κέντρο μάζας του και της ροπής αδράνειας I_p του σώματος ως προς οποιοδήποτε άλλο άξονα p, παράλληλο με τον πρώτο και σε απόσταση d από αυτόν υπάρχει μια απλή σχέση, γνωστή ως το **θεώρημα Παραλλήλων αξόνων ή θεώρημα** $Steiner$:

Αν I_{cm} είναι η ροπή αδράνειας ενός σώματος μάζας M ως προς άξονα που διέρχεται από το κέντρο μάζας του, η ροπή αδράνειας του σώματος ως προς έναν άξονα που είναι παράλληλος και απέχει απόσταση d από τον πρώτο είναι ίση με το άθροισμα της ροπής αδράνειας ως προς άξονα που διέρχεται από το κέντρο μάζας του σώματος και του γινομένου της μάζας του σώματος επί το τετράγωνο της απόστασης d. Δηλαδή:

$$I_p = I_{cm} + Md^2 \tag{3.19}$$

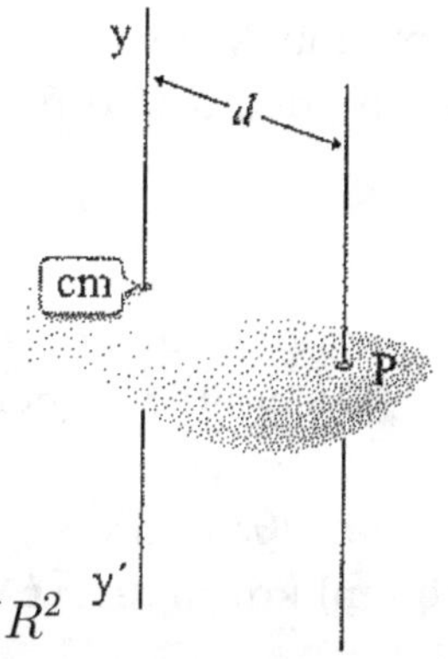

Παράδειγμα: Ροπή Αδράνειας Ομογενούς δακτυλίου, ως προς άξονα που διέρχεται κάθετα από σημείο της περιφέρειας του.

Σύμφωνα με το θεώρημα $Steiner$ έχουμε ότι:

$$I_p = I_{cm} + Md^2 \Rightarrow I_p = I_{cm} + MR^2 = MR^2 + MR^2 \Rightarrow I_p = 2MR^2$$

Από τους παραπάνω ορισμούς προκύπτει ότι **η ροπή αδράνειας ενός σώματος που στρέφεται γύρω από σταθερό άξονα εξαρτάται:**

- από την ολική μάζα του σώματος.
- από την κατανομή της μάζας του σώματος ως προς τον άξονα περιστροφής του, η οποία έχει να κάνει με το μέγεθος και το σχήμα του σώματος.
- από τη θέση του άξονα περιστροφής.

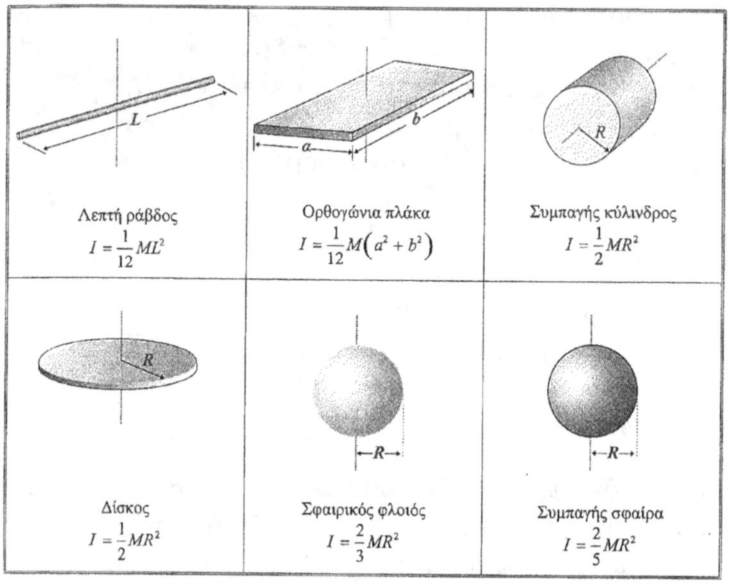

Σχήμα 3.2: οι ροπές αδράνειας μερικών σωμάτων ως προς ένα συγκεκριμένο άξονα για κάθε σώμα, ο οποίος διέρχεται από το κέντρο μάζας του.

3.5 Θεμελιώδης Νόμος της Στροφικής Κίνησης

Όπως είναι γνωστό από την Φυσική της Α Λυκείου, στην περίπτωση ενός υλικού σημείου, για να μεταβληθεί η ταχύτητα του, πρέπει να ασκηθεί σε αυτό δύναμη. Η σχέση ανάμεσα στην **αιτία** (δύναμη) και το **αποτέλεσμα** (επιτάχυνση) είναι:

$$\Sigma \vec{F} = m\vec{\alpha} \tag{3.20}$$

Η παραπάνω σχέση είναι γνωστή ως ο **θεμελιώδης νόμος της μηχανικής**.

Ένας αντίστοιχος νόμος ισχύει στη στροφική κίνηση στερεών σωμάτων. Σύμφωνα με αυτόν, για να μεταβληθεί η γωνιακή ταχύτητα ενός σώματος που στρέφεται γύρω από σταθερό άξονα, πρέπει να ασκηθεί σάυτό ροπή. Η σχέση ανάμεσα στην **αιτία** (ροπή) και το **αποτέλεσμα** (γωνιακή επιτάχυνση) είναι:

$$\Sigma \tau = I\alpha_{\gamma\omega\nu} \tag{3.21}$$

Η παραπάνω σχέση είναι γνωστή ως ο **Θεμελιώδης νόμος της στροφικής κίνησης**, ο οποίος διατυπώνεται ως εξής:

Το αλγεβρικό άθροισμα των ροπών που δρουν πάνω σε ένα στερεό σώμα, το οποίο περιστρέφεται γύρω από σταθερό άξονα, είναι ίσο με το γινόμενο της ροπής αδράνειας του σώματος ως προς τον άξονα περιστροφής και της γωνιακής επιτάχυνσης του σώματος.

Είναι προφανές ότι στην σχέση 3.21 το αλγεβρικό άθροισμα των ροπών και η ροπή αδράνειας αναφέρονται στον ίδιο άξονα περιστροφής.

Φυσική Σημασία της Ροπής Αδράνειας

Είναι προφανές ότι από τον Θεμελιώδη Νόμο της Στροφικής Κίνησης και την εξίσωση 3.21 προκύπτει ότι η ροπή αδράνειας "παίζει" σημαντικό ρόλο στην μεταβολή της γωνιακής ταχύτητας, καθώς η γωνιακή επιτάχυνση είναι αντιστρόφως ανάλογη της ροπής αδράνειας.

Η ροπή αδράνειας εκφράζει στην περιστροφική κίνηση, ό,τι εκφράζει η μάζα στην μεταφορική κίνηση. Ποιο συγκεκριμένα:

- Η μάζα m εκφράζει στην μεταφορική κίνηση την αντίσταση που προβάλλει ένα σώμα σε κάθε μεταβολή της ταχύτητας του. Είναι δηλαδή το **μέτρο της αδράνειας στην μεταφορική κίνηση**.
- Η ροπή αδράνειας I εκφράζει στην περιστροφική κίνηση την αντίδραση που προβάλλει ένα στερεό σώμα σε κάθε μεταβολή της γωνιακής του ταχύτητας. Είναι δηλαδή το **μέτρο της αδράνειας στην στροφική κίνηση.**

Αξίζει να σημειωθεί ότι, αντίθετα με την μάζα ενός σώματος που είναι ένα σταθερό μέγεθος, η ροπή αδράνειας δεν είναι μονοσήμαντα ορισμένη για ένα σώμα και εξαρτάται από την θέση του άξονα περιστροφής.**Ένα στερεό σώμα έχει μια μάζα, αλλά άπειρες ροπές αδράνειας**.

Πρόταση Μελέτης Λύσε από τον **Β τόμο των Γ. Μαθιουδάκη & Γ.Παναγιωτακόπουλου** τις ακόλουθες ασκήσεις: 3.1 - 3.25, 3.27, 3.28, 3.29, 3.32, 3.33, 3.36, 3.38

Διερεύνηση της σχέσης $\Sigma\tau = I\alpha_{\gamma\omega\nu}$

α. Θέτοντας στη σχέση αυτή $\Sigma\tau = 0$ παίρνουμε $\alpha_{\gamma\omega\nu} = 0$. Δηλαδή αν το αλγεβρικό άθροισμα των ροπών είναι μηδέν, τότε η γωνιακή επιτάχυνση του σώματος είναι μηδέν και κατά συνέπεια η γωνιακή ταχύτητα παραμένει σταθερή. Αυτό σημαίνει ότι, αν το σώμα δεν στρέφεται ($\omega = 0$), θα εξακολουθήσει να μην στρέφεται, ενώ αν στρέφεται με γωνιακή ταχύτητα $\vec{\omega}$, θα εξακολουθήσει να στρέφεται με σταθερή γωνιακή ταχύτητα $\vec{\omega}$.(**Αρχή της Αδράνειας στην στροφική κίνηση**).

β. Θέτοντας στη σχέση αυτή $\Sigma\tau$ =σταθ. , παίρνουμε $\alpha_{\gamma\omega\nu}$ =στάθ. Αυτό σημαίνει ότι, αν σε ένα σώμα που έχει την δυνατότητα να στρέφεται γύρω από σταθερό άξονα ασκείται σταθερή συνισταμένη ροπή, το σώμα στρέφεται με σταθερή γωνιακή επιτάχυνση, δηλαδή εκτελεί ομαλά μεταβαλλόμενη στροφική κίνηση.

3.5.1 Εφαρμογή των Θεμελιωδών Νόμων στην κίνηση στερεού σώματος

Τα είδη των κινήσεων που μπορεί να εκτελέσει ένα αρχικά ακίνητο στερεό σώμα που είναι ελεύθερο να κινηθεί, ανάλογα με τις συνθήκες που ισχύουν, δίνονται στον παρακάτω πίνακα:

$\Sigma\vec{F}=0, \Sigma\tau=0$	Το σώμα ισορροπεί
$\Sigma\vec{F}\neq 0, \Sigma\tau=0$	Το σώμα εκτελεί επιταχυνόμενη μεταφορική κίνηση. με την επιτάχυνση του κέντρου μάζας να είναι $\vec{\alpha}_{cm}$
$\Sigma\vec{F}=0, \Sigma\tau\neq 0$	Το σώμα εκτελεί επιταχυνόμενη στροφική κίνηση γύρω από άξονα που διέρχεται από το κέντρο μάζας του, με γωνιακή επιτάχυνση $\alpha_{\gamma\omega\nu}$
$\Sigma\vec{F}\neq 0, \Sigma\tau\neq 0$	Το σώμα εκτελεί σύνθετη κίνηση (επιταχυνόμενη μεταφορική με επιτάχυνση $\vec{\alpha}_{cm}$ και επιταχυνόμενη στροφική γύρω από άξονα που διέρχεται από το κέντρο μάζας με γωνιακή επιτάχυνση $\alpha_{\gamma\omega\nu}$)

Πρόταση Μελέτης Λύσε από τον **Ἑ τόμο των Γ. Μαθιουδάκη & Γ.Παναγιωτακόπουλου** τις ακόλουθες ασκήσεις:4.1 - 4.14,4.52, 4.53, 4.55, 4.56, 4.57, 4.60, 4.63, 4.64, 4.66, 4.68, 4.69, 4.70

Ασκήσεις, όπου ένα στερεό (τροχαλία, κύλινδρος κλπ) εκτελεί περιστροφική κίνηση γύρω από σταθερό άξονα:

(α) **με την επίδραση σταθερής εφαπτομενικής δύναμης.**

(β) **με την ταυτόχρονη μεταφορική κίνηση ενός άλλου σώματος μέσω σχοινιού.**

(γ) **με την ταυτόχρονη μεταφορική κίνηση δύο άλλων σωμάτων, μέσω σχοινιών.**

Στις ασκήσεις αυτές, θεωρώντας ότι το περιστρεφόμενο στερεό είναι μια τροχαλία εργαζόμαστε ως εξής:

- Σχεδιάζουμε προσεκτικά τις δυνάμεις που ασκούνται στο σώμα ή στα σώματα που εκτελούν μεταφορική κίνηση.
- Σχεδιάζουμε προσεκτικά τις δυνάμεις που ασκούνται στην τροχαλία.
- Για κάθε σώμα που εκτελεί μεταφορική κίνηση γράφουμε τον θεμελιώδη νόμο της μηχανικής:

$$\Sigma\vec{F}=m\alpha$$

- Αν χρειάζεται, για κάθε σώμα που εκτελεί μεταφορική κινήση γράφουμε τις εξισώσεις της κίνησης του:

$$\upsilon=\upsilon_0+\alpha t, \quad x=\upsilon_0 t+\frac{1}{2}\alpha t^2$$

- Για την τροχαλία γράφουμε τον θεμελιώδη νόμο της μηχανικής για την στροφική κίνηση ως προς τον άξονα περιστροφής της:

$$\Sigma\tau = I\alpha_{\gamma\omega\nu}$$

- Αν χρειάζεται για την τροχαλία γράφουμε τις εξισώσεις της περιστροφικής κίνησης:

$$\omega = \omega_0 + \alpha_{\gamma\omega\tau}t, \quad \theta = \omega_0 t + \frac{1}{2}\alpha_{\gamma\omega\nu}t^2$$

- Επειδή δεχόμαστε πάντα ότι το σχοινί που περιβάλλει την τροχαλία δεν ολισθαίνει πάνω σε αυτήν, γράφουμε την **συνθήκη μη ολίσθησης του σχοινιού**. Σύμφωνα με την συνθήκη αυτή υποθέτουμε ότι αν το σώμα που αναρτάται στο σχοινί διανύει διάστημα x τότε η τροχαλία στρέφεται κατά τόξο μήκους $s = R\theta = x$. Άρα με την λογική που παρουσιάσαμε στην περίπτωση της κύλισης χωρίς ολίσθηση προκύπτει ότι η γραμμική επιτάχυνση των σημείων της περιφέρειας της τροχαλίας στα οποία εφάπτεται το σχοινί ταυτίζεται με την επιτάχυνση του κέντρου μάζας του σώματος που είναι δεμένο στο άκρο του σχοινιού:

$$\alpha_{cm} = \alpha_{\gamma\omega\nu}R$$

- Λύνουμε το σύστημα των εξισώσεων που προκύπτει και βρίσκουμε τα ζητούμενα άγνωστα μεγέθη.

Πρόταση Μελέτης Λύσε από τον **Ϋ́Β τόμο των Γ. Μαθιουδάκη & Γ.Παναγιωτακόπουλου** τις ακόλουθες ασκήσεις: 4.74, 4.76 - 4.82, 4.84, 4.86 - 4.89, 4.91, 4.92, 4.93

Ασκήσεις όπου ένα στερεό εκτελεί ταυτόχρονα και μεταφορική και περιστροφική κίνηση - Κύλιση.

Στις ασκήσεις αυτές εργαζόμαστε ως εξής:

- Σχεδιάζουμε τις δυνάμεις που ασκούνται στο σώμα.
- Αγνοώντας το γεγονός ότι το σώμα περιστρέφεται, εφαρμόζουμε τον θεμελιώδη νόμο της μηχανικής για την μεταφορική κίνηση του κέντρου μάζας του σώματος:

$$\Sigma\vec{F} = m\vec{\alpha}_{cm}$$

- Αγνοώντας το γεγονός ότι το σώμα μεταφέρεται, εφαρμόζουμε το θεμελιώδη νόμο της στροφικής κίνησης:

$$\Sigma\tau = I\alpha_{\gamma\omega\nu}$$

θεωρώντας ότι το σώμα απλά στρέφεται γύρω από ένα σταθερό άξονα που διέρχεται από το κέντρο μάζας του.

- Όταν οι δύο κινήσεις σχετίζονται μεταξύ τους, όπως για παράδειγμα συμβαίνει στα σώματα που κυλίονται χωρίς να ολισθαίνουν ή στο «γιό-γιό», τότε οι επιταχύνσεις α_{cm} και $\alpha_{\gamma\omega\nu}$ συνδέονται με τη σχέση:

$$\alpha_{cm} = \alpha_{\gamma\omega\nu} R$$

Δύο χαρακτηριστικά παραδείγματα αυτής της περίπτωσης ειναι:

Α. Το «γιό -γιό»: Αποτελείται από ένα μικρό κύλινδρο, μάζας m και ακτίνας R που στο κυρτό μέρος του έχει τυλιχθεί πολλές φορές ένα σχοινί. Κρατώντας σταθερό το ελεύθερο άκρο του σχοινιού και αφήνοντας τον κύλινδρο να πέσει, το σχοινί ξετυλίγεται και ο κύλινδρος περιστρέφεται γύρω από ένα νοητό οριζόντιο άξονα. Θεωρούμε ότι το σχοινί παραμένει κατακόρυφο σε όλη τη διάρκεια της κίνησης. Η κατακόρυφη μεταφορική κίνηση του κυλίνδρου εξασφαλίζεται από τις κατακόρυφες δυνάμεις του βάρους ($\vec{w}$) και της Τάσης ($\vec{T}$) του νήματος, ενώ η περιστροφική από την ροπή της Τάσης του νήματος. Σύμφωνα με τα παραπάνω έχουμε:

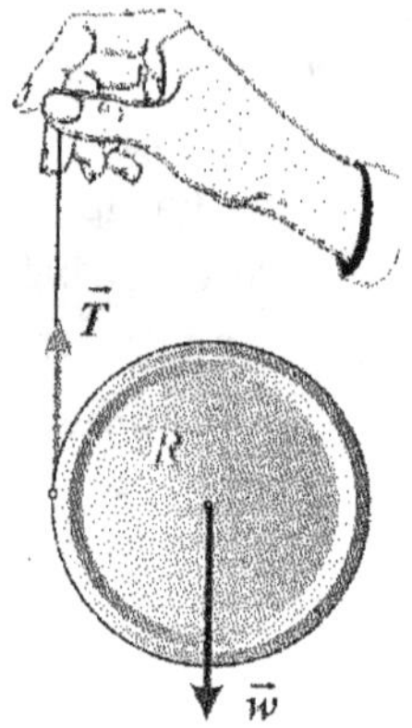

Μεταφορική Κίνηση:

$$\Sigma F = m\alpha_{cm} \Rightarrow mg - T = m\alpha_{cm}$$

Στροφική Κίνηση:

$$\Sigma\tau = I_{cm}\alpha_{\gamma\omega\nu} \Rightarrow TR = I_{cm}\alpha_{\gamma\omega\nu}$$

Συνθήκη μη ολίσθησης του σχοινιού

$$\alpha_{cm} = \alpha_{\gamma\omega\nu} R$$

Πρόταση Μελέτης Λύσε από τον **Ά τόμο των Γ. Μαθιουδάκη & Γ.Παναγιωτακόπουλου** τις ακόλουθες ασκήσεις: 4.109, 4.111, 4.113, 4.120, 4.124, 4.134, 4.138, 4.144, 4.146

Β.Κύλιση κυλίνδρου χωρίς ολίσθηση σε κεκλιμένο επίπεδο: Η μεταφορική κίνηση του κυλίνδρου στο κεκλιμένο επίπεδο εξασφαλίζεται από την συνιστώσα του βάρους ($w\eta\mu\theta$) και από την στατική τριβή ($T_{\sigma\tau}$), ενώ η περιστροφική από την ροπή της στατικής τριβής ως προς τον άξονα περιστροφής που ταυτίζεται με τον άξονα συμμετρίας του κυλίνδρου. Έχουμε:

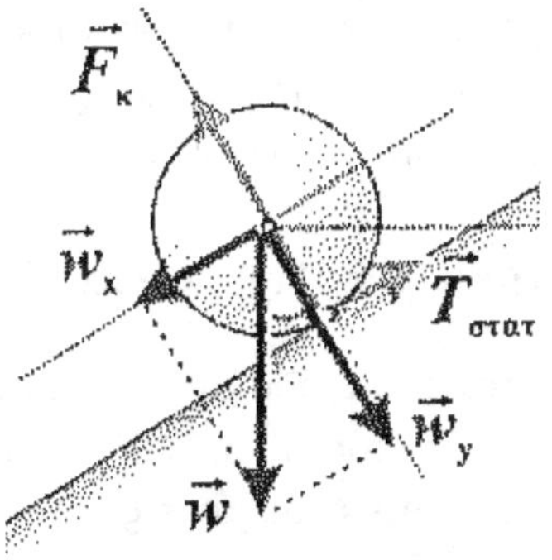

Μεταφορική Κίνηση:

$$\Sigma F_x = m\alpha_{cm} \Rightarrow mg\eta\mu\theta - T_{\sigma\tau} = m\alpha_{cm}$$

Στροφική Κίνηση:

$$\Sigma\tau = I_{cm}\alpha_{\gamma\omega\nu} \Rightarrow T_{\sigma\tau}R = I_{cm}\alpha_{\gamma\omega\nu}$$

Συνθήκη μη ολίσθησης του σχοινιού

$$\alpha_{cm} = \alpha_{\gamma\omega\nu}R$$

Ο ρόλλος της στατικής τριβής στην κύλιση

Ο ρόλος της στατικής τριβής είναι κατά κάποιο τρόπο ρυθμιστικός γιατί:

- από την μια ελαττώνει το μέτρο της επιτάχυνσης (α_{cm}) του κέντρου μάζας του κυλίνδρου που θα προκαλούσε μόνη της η συνιστώσα του βάρους, αφού είναι:

$$\alpha_{cm} = \frac{mg\eta\mu\theta - T_{\sigma\tau}}{m}$$

- από την άλλη προκαλεί, μέσω της ροπής της $T_{\sigma\tau}R$, γωνιακή επιτάχυνση $\alpha_{\gamma\omega\nu}$, την οποία δεν μπορεί να δημιουργήσει η συνιστώσα του βάρους, με αποτέλεσμα να δημιουργείται η εξισορρόπηση των μεγεθών α_{cm} και $\alpha_{\gamma\omega\nu}R$, που ειναι η αναγκαία συνθήκη $\alpha_{cm} = \alpha_{\gamma\omega\nu}R$ για την κύλιση χωρίς ολίσθηση.

Προφανώς, αν δεν υπήρχε η τριβή, τότε δεν θα υπήρχε και ροπή ως προς τον άξονα συμμετρίας του κυλίνδρου, με αποτέλεσμα ο κύλινδρος να ολισθαίνει χωρίς να κυλίεται.

Η φορά της στατικής τριβής

Η φορά της στατικής τριβής, η οποία είναι υπεύθυνη για την κύλιση, μπορεί να προσδιοριστεί, αρκεί να την σχετίσουμε με το αποτέλεσμα της, δηλαδή την αύξηση ή μείωση της γωνιακής ταχύτητας.

Όταν ο κύλινδρος κυλίεται σε πλάγιο επίπεδο προς τα κάτω, το μέτρο της v_{cm} αυξάνεται και αυξάνεται και η γωνιακή ταχύτητα. Άρα η ροπή της στατικής τριβής θα πρέπει να αυξάνει την γωνιακή ταχύτητα, άρα να τείνει να περιστρέψει τον κύλινδρο κατά την φορά περιστροφής του.

Όταν ο **κύλινδρος κυλίεται σε πλάγιο επίπεδο προς τα πάνω**, το μέτρο της v_{cm} μειώνεται και μειώνεται και η γωνιακή ταχύτητα. Άρα η ροπή της στατικής τριβής θα πρέπει να μειώνει την γωνιακή ταχύτητα, άρα να τείνει να περιστρέψει τον κύλινδρο αντίθετα από την φορά περιστροφής του.

Πότε ο κύλινδρος κυλίεται χωρίς ταυτόχρονη ολίσθηση ·

Στον κύλινδρο ασκούνται η δύναμη του βάρους ($\vec{w}$), η στατική τριβή ($\vec{T}_{στ}$) και η κάθετη αντίδραση από το δάπεδο ($\vec{N}$). Το μέτρο της στατικής τριβής καθορίζεται από τις υπόλοιπες δυνάμεις που ασκούνται στο σώμα και μπορεί να πάρει τιμές στο παρακάτω διάστημα:

$$0 \leq T_{στ} \leq \mu_s N$$

Όταν η στατική τριβή πάρει την μέγιστη τιμή της τότε αρχίζει η ολίσθηση του σώματος, άρα για να μην ολισθαίνει πρέπει να ισχύει η ακολουθεί συνθήκη:

$$T_{στ} < \mu_s N$$

Όταν $T_{στ} = \mu_s N$, τότε ο κύλινδρος είναι έτοιμος να ολισθήσει. Στην περίπτωση της κύλισης με ταυτόχρονη ολίσθηση δεν ισχύει η συνθήκη μη ολίσθησης άρα $α_{cm} \neq α_{γων}R$

Υπολογισμός του χρόνου κίνησης και του μέτρου της τελικής ταχύτητας κατά την κύλιση χωρίς ολίσθηση σε πλάγιο επίπεδο χωρίς ολίσθηση.

Όταν ένα στερεό μάζας M, ακτίνας R και ροπής αδράνειας ως προς το κέντρο μάζας του I_cm κυλίεται χωρίς να ολισθαίνει σε κεκλιμένο επίπεδο, τότε ο χρόνος που χρειάζεται για να φτάσει στην βάση του κεκλιμένου επιπέδου, όπως και η ταχύτητα του κέντρου μάζας του, υπολογίζονται εύκολα με τα ακόλουθα βήματα:

- Υπολογίζουμε την επιτάχυνση $α_c m$ του κέντρου μάζας του σώματος από τις εξισώσεις: $ΣF_x = mα_{cm}$ $Στ = I_{cm}α_{γων}$ $α_{cm} = α_{γων}R$

- Υπολογίζουμε τον χρόνο κίνησης του στερεού από την εξίσωση κίνησης για την ομαλά επιταχυνόμενη μεταφορική κίνηση: $x = \frac{1}{2}α_{cm}t^2 \Rightarrow t = \sqrt{\frac{2x}{α_{cm}}}$

- Υπολογίζουμε την τελική ταχύτητα του κυλίνδρου από την εξίσωση της ταχύτητας: $v_{cm} = α_{cm}t \Rightarrow v_{cm} = \sqrt{2α_{cm}x}$

Λύσε από τον **Β τόμο των Γ. Μαθιουδάκη & Γ.Παναγιωτακόπουλου** τις ακόλουθες ασκήσεις: 4.13 - 4.16, 4.19 - 4.44, 4.114, 4.116, 4.117, 4.119, 4.4.121, 4.122, 4.127, 4.129, 4.130, 4.131, 4.132, 4.136, 4.137, 4.141, 4.143

Γ.Σώμα που εκτελεί στροφική κίνηση με μεταβλητή επιτάχυνση

Στην περίπτωση μιας ομογενούς ράβδου μάζας M, μήκους L και ροπής αδράνειας ως προς το κέντρο μάζας $I_{cm} = \frac{1}{12}ML^2$ που περιστρέφεται σε οριζόντιο επίπεδο γύρω από το άκρο της Ο με την επίδραση του βάρους, πρέπει να είμαστε προσεκτικοί.

Η γωνιακή επιτάχυνση **δεν είναι σταθερή** γιατί η ροπή του βάρους ως προς τον άξονα περιστροφής δεν είναι σταθερή, κατά την διάρκεια της περιστροφής!

Εφαρμόζοντας το θεμελιώδη νόμο της στροφικής κίνησης σε μια τυχαία θέση που η ράβδος σχηματίζει γωνία θ με το οριζόντιο επίπεδο προκύπτει ότι:

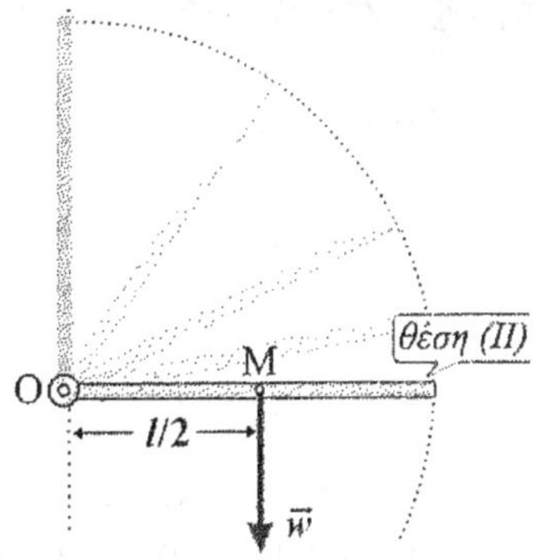

$$\Sigma\tau_{(o)} = I_{(o)}\alpha_{\gamma\omega\nu}$$

βέβαια δεν ξεχνάμε την εφαρμογή του **Θεωρήματος** *Steiner* για τον σωστό υπολογισμό της ροπής αδράνειας ως προς τον άξονα περιστροφής:

$$I_{(o)} = I_{cm} + M\left(\frac{L}{2}\right)^2 = \frac{1}{3}ML^2$$

Η ροπή του βάρους μπορεί εύκολα να υπολογιστεί από την σχέση:

$$\tau_{(o)} = Mg\frac{L}{2}\sigma\upsilon\nu\theta$$

είναι προφανές ότι στην οριζόντια θέση της ράβδου ($\theta = 0$) η ροπή του βάρους είναι απλά $Mg\frac{L}{2}$

Άρα με βάση τα παραπάνω **η γωνιακή επιτάχυνση μπορεί να υπολογιστεί μόνο σε συγκεκριμένες θέσεις και χρονικές στιγμές και όχι για όλη την διάρκεια της κίνησης** και είναι ίση με:

$$\alpha_{\gamma\omega\nu} = \frac{3}{2L}\sigma\upsilon\nu\theta$$

Προσοχή! σε αυτού του είδους την κίνηση δεν ισχύουν οι εξισώσεις της ομαλά μεταβαλλόμενης στροφικής κίνησης. Ο υπολογισμός της γωνίας στροφής και της γωνιακής ταχύτητας μπορούν να γίνουν με την Διατήρηση της Μηχανικής Ενέργειας που θα δούμε παρακάτω.

Λύσε από τον **Ὰ τόμο των Γ. Μαθιουδάκη & Γ.Παναγιωτακόπουλου** τις ακόλουθες ασκήσεις:4.150, 4.152, 4.153, 4.155, 4.156, 4.157, 4.158, 4.159, 4.161, 4.163

3.6 Στροφορμή-Διατήρηση Στροφορμής

Στην Φυσική της Α Λυκείου, μελετώντας την μεταφορική κίνηση ενός υλικού σημείου γνωρίσαμε την έννοια της ορμής ($\vec{P}$). **Το αντίστοιχο μέγεθος της ορμής για την στροφική κίνηση ενός στερεού, είναι η στροφορμή που την συμβολίζουμε με το σύμβολο** $\vec{L}$.

α) Στροφορμή Υλικού σημείου.

Θεωρούμε ένα υλικό σημείο μάζας m που κινείται στην περιφέρεια ενός κύκλου ακτίνας r, έχοντας στιγμιαία ορμή $\vec{P}$,όπως στο σχημα.

Ονομάζουμε Στροφορμή του υλικού σημείου, ως προς έναν άξονα zz' που διέρχεται από το κέντρο της κυκλικής τροχιάς και είναι κάθετος στο επίπεδο της, ένα διανυσματικό μέγεθος $\vec{L}$ που έχει:

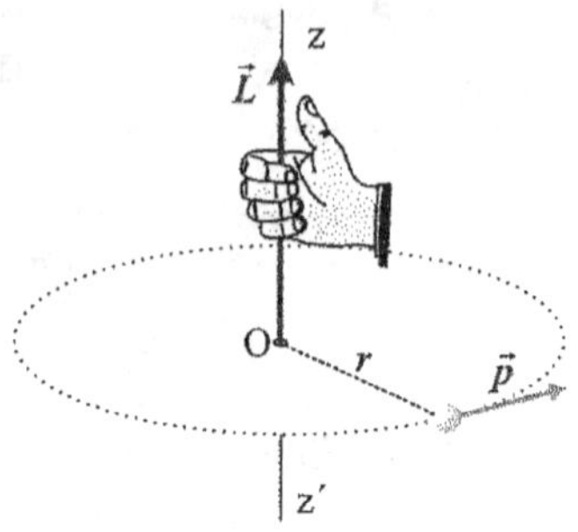

- διεύθυνση τη διεύθυνση του άξονα περιστροφής
- φορά τη φορά που καθορίζεται από τον κανόνα του δεξιού χεριού
- μέτρο ίσο με το γινόμενο του μέτρου p της ορμής του υλικού σημείου επί την ακτίνα r της κυκλικής τροχιάς. Δηλαδή:

$$L = pr \Rightarrow L = mvr \qquad (3.22)$$

Μονάδα μέτρησης της στροφορμής υλικού σημείου στο $S.I.$ είναι το $1kgm^2/s$.

Αν ω είναι το μέτρο της γωνιακής ταχύτητας του υλικού σημείου, τότε η σχέση (3.22) γράφεται:

$$L = m(\omega r)r \Rightarrow L = mr^2\omega \qquad (3.23)$$

Ο τρόπος ορισμού της στροφορμής έχει ¨πολλά κοινά¨ με τον ορισμό της ροπής ($\tau = Fr$). Τα διανύσματα της στροφορμής και της ροπής έχουν την ίδια διεύθυνση και η φορά τους προσδιορίζεται με τον ίδιο τρόπο. Άρα δεν πρέπει να ξεχνάμε ότι η απόσταση r από τον άξονα περιστροφής είναι η κάθετη στο διάνυσμα της ταχύτητας ($\vec{v}$), ακριβώς όπως και ο μοχλοβραχίονας μιας δύναμης στην περίπτωση της ροπής.

β) Στροφορμή Στερεού σώματος.

Ονομάζουμε στροφορμή ενός στερεού σώματος το οποίο περιστρέφεται γύρω από ένα άξονα περιστροφής zz', το διανυσματικό άθροισμα των στροφορμών των στοιχειωδών μαζών που το αποτελούν, ως προς τον ίδιο άξονα.

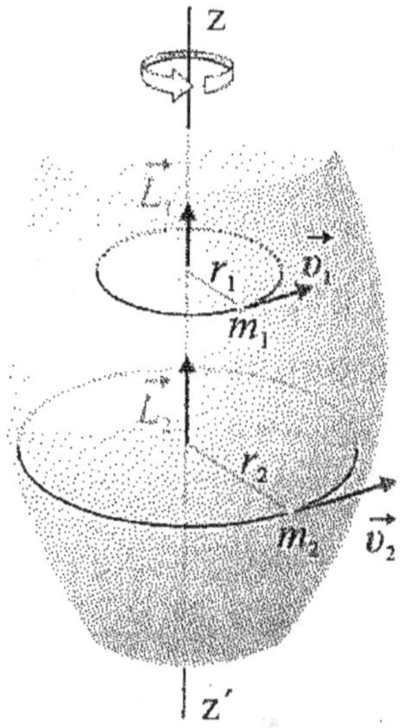

Θεωρούμε ένα στερεό που περιστρέφεται γύρω από το σταθερό άξονα zz' με γωνιακή ταχύτητα $\vec{\omega}$. Χωρίζουμε το σώμα σε στοιχειώδη τμήματα με μάζες $m_1, m_2, ..., m_\nu$, τόσο μικρά που το καθένα μπορεί να θεωρηθεί υλικό σημείο. Κατά την περιστροφή του σώματος, οι στοιχειώσεις αυτές μάζες διαγράφουν κυκλικές τροχιές γύρω από τον άξονα zz' με την ίδια γωνιακή ταχύτητα $\vec{\omega}$ και γραμμικές ταχύτητες $v_1 = \omega r_1, v_2 = \omega r_2, ..., v_\nu = \omega r_\nu$.

Οι στροφορμές των στοιχειωδών μαζών του σώματος έχουν όλες την ίδια κατεύθυνση και μέτρο:

$$L_1 = m_1\omega r_1^2, \quad L_2 = m_2\omega r_2^2, \quad \ldots \quad L_\nu = m_\nu\omega r_\nu^2$$

Η στροφορμή του σώματος είναι το άθροισμα των στροφορμών των στοιχειωδών μαζών που το αποτελούν. Δηλαδή:

$$\begin{aligned} L &= L_1 + L_2 + ... + L_\nu \Rightarrow \\ L &= m_1\omega r_1^2 + m_2\omega r_2^2 + ... + m_\nu\omega r_\nu^2 \Rightarrow \\ L &= (m_1 r_1^2 + m_2 r_2^2 + ... + m_\nu r_\nu^2)\omega \Rightarrow \\ L &= I\omega \end{aligned}$$

όπου βέβαια $I = m_1 r_1^2 + m_2 r_2^2 + ... + m_\nu r_\nu^2$ η ροπή αδράνειας του στερεού, ως προς τον άξονα περιστροφής zz'. Επομένως:

Η στροφορμή ενός στερεού σώματος που περιστρέφεται γύρω από άξονα είναι ένα διανυσματικό μέγεθος $\vec{L}$, το οποίο έχει:

- διεύθυνση τη διεύθυνση του άξονα,
- φορά τη φορά που ορίζεται από τον κανόνα του δεξιού χεριού
- μέτρο ίσο με το γινόμενο της ροπής αδράνειας I του στερεού, ως προς τον άξονα περιστροφής, επό το μέτρο ω της γωνιακής ταχύτητας του στερεού. Δηλαδή:

$$L = I\omega \tag{3.24}$$

Η σύμβαση για την αλγεβρική τιμή της στροφορμής είναι η ίδια με εκείνη της ροπής. Έτσι θεωρούμε ως θετική την αλγεβρική τιμή της στροφορμής, ενός σώματος που στρέφεται αντίθετα προς την φορά των δεικτών του ρολογιού και αρνητική όταν στρέφεται με την φορά των δεικτών του ρολογιού.

Το σπίν: Η περιστροφή που μπορεί να κάνει ένα σώμα γύρω άξονα που διέρχεται από το κέντρο μάζας του έχει στροφορμή που την ονομάζουμε ¨**σπίν**¨. Για παράδειγμα η γη έχει σπιν εξαιτίας της περιστροφής της γύρω από τον άξονα της και τροχιακή στροφορμή λόγω της περιστροφής της γύρω από τον Ήλιο. Επίσης τα στοιχειώδη σωματίδια, όπως το ηλεκτρόνιο έχουν σπιν συγκεκριμένου μέτρου που τα διακρίνει σε φερμιόνια και μποζονια (αλλά δεν μας αφορά σε αυτό το μάθημα).

γ) Στροφορμή συστήματος σωματιδίων

Ονομάζουμε στροφορμή ενός συστήματος σωμάτων το διανυσματικό άθροισμα των στροφορμών των σωμάτων που απαρτίζουν το σύστημα.

Δηλαδή αν οι στροφορμές των σωμάτων που απαρτίζουν ένα σύστημα είναι $\vec{L_1}, \vec{L_2}, ..., \vec{L_\nu}$ τότε η στροφορμή $\vec{L}$ του συστήματος είναι:

$$\vec{L} = \vec{L_1} + \vec{L_2} + ... + \vec{L_\nu}$$

Γενικότερη διατύπωση του Θεμελιώδη Νόμου της στροφικής κίνησης

Θεωρούμε ότι η ροπή αδράνειας ενός στερεού σώματος που περιστρέφεται γύρω από σταθερό άξονα είναι σταθερή και ότι σε απειροστά μικρό χρόνο dt η γωνιακή ταχύτητα μεταβάλλεται κατά $d\omega$, οπότε από την σχέση (3.24) προκύπτει:

$$L = I\omega \Rightarrow dL = Id\omega \Rightarrow \frac{dL}{dt} = I\frac{d\omega}{dt} = I\alpha_{\gamma\omega\nu} \Rightarrow \Sigma\tau = \frac{dL}{dt}$$

Άρα: *Το αλγεβρικό άθροισμα των ροπών που δρουν σε ένα στερεό, το οποίο περιστρέφεται γύρω από σταθερό άξονα, είναι ίσο με την αλγεβρική τιμή του ρυθμού μεταβολής της στροφορμής του.*

Η παραπάνω διατύπωση είναι γενικότερη της $\Sigma\tau = I\alpha_{\gamma\omega\nu}$, γιατί ισχύει ακόμα και όταν η ροπή αδράνειας δεν είναι σταθερή.

Ο νόμος της στροφικής κίνησης σε σύστημα σωμάτων

Σε ένα σύστημα σωμάτων το αλγεβρικό άθροισμα όλων των ροπών, δηλαδή εκείνων που οφείλονται σε εσωτερικές δυνάμεις καθώς και εκείνων που οφείλονται σε εσωτερικές δυνάμεις είναι ίσο με την αλγεβρική τιμή του ρυθμού μεταβολής της στροφορμής του συστήματος.

όμως η ροπή των εσωτερικών δυνάμεων είναι μηδενική. Σύμφωνα με τον 3ο νόμο του Νεύτωνα, οι εσωτερικές δυνάμεις εμφανίζονται σε ζεύγη δράσης - αντίδρασης, οπότε οι ροπές τους αλληλοαναιρούνται και έτσι σε ένα σύστημα σωμάτων ο θεμελιώδης νόμος της στροφικής κίνησης μπορεί να γραφτει:

$$\Sigma\tau_{\epsilon\xi} = \frac{dL}{dt} \qquad (3.25)$$

όπου βέβαια το $\Sigma\tau_{\epsilon\xi}$ είναι το αλγεβρικό άθροισμα των ροπών των εξωτερικών δυνάμεων, ως προς κάποιο άξονα περιστροφής και L η στροφορμή του συστήματος, ως προς τον ίδιο άξονα.

Λύσε από τον **Ά τόμο των Γ. Μαθιουδάκη & Γ.Παναγιωτακόπουλου** τις ακόλουθες ασκήσεις: 5.26 - 5.36, 5.60 - 5.63, 5.65, 5.67, 5.69, 5.70 - 5.72, 5.74, 5.76, 5.79, 5.83, 5.84, 5.86, 5.87

3.6.1 Διατήρηση της Στροφορμής

Αν στην γενικότερη διατύπωση του θεμελιώδη νόμου της στροφικής κίνησης θέσουμε $\Sigma\tau = 0$ τότε:

$$\Sigma\tau = \frac{dL}{dt} = 0 \Rightarrow L = \sigma\tau\alpha\theta.$$

Δηλαδή: **Αν το αλγεβρικό άθροισμα των ροπών των δυνάμεων που δρουν σε ένα στερεό σώμα (ως προς κάποιο άξονα) είναι μηδέν, η στροφορμή του σώματος (ως προς τον ίδιο άξονα) παραμένει σταθερή.**

Για ένα σύστημα σωμάτων είναι προφανές ότι αν $\Sigma\tau_{\epsilon\xi} = 0$ η στροφορμή του συστήματος των σωμάτων θα παραμένει σταθερή.

Μεταβολή της ροπής αδράνειας και διατήρηση της στροφορμής

Θεωρούμε ότι το αλγεβρικό άθροισμα των ροπών των εξωτερικών δυνάμεων που δρουν σε ένα περιστρεφόμενο σώμα είναι μηδέν. Αν, λόγω ανακατανομής της μάζας μεταβληθεί η ροπή αδράνειας του σώματος, ως προς τον άξονα περιστροφής του, τότε μεταβάλλεται και η γωνιακή του ταχύτητα, αλλά η στροφορμή του διατηρείται σταθερή. Δηλαδή:

$$\vec{L}_{\alpha\rho\chi} = \vec{L}_{\tau\epsilon\lambda} \tag{3.26}$$

Αν το σώμα στρέφεται γύρω από έναν ακλόνητο άξονα περιστροφής ή γύρω από ένα νοητό άξονα που διέρχεται από το κέντρο μάζας του σώματος και μετατοπίζεται παράλληλα προς τον εαυτό του τότε η παραπάνω σχέση είναι αλγεβρική.

Αν I_1 η αρχική ροπή αδράνειας και ω_1 η αρχική γωνιακή ταχύτητα του σώματος και I_2 η τελική ροπή αδράνειας και ω_2 η τελική γωνιακή ταχύτητα του σώματος τότε από την Αρχή Διατήρησης της Στροφορμής προκύπτει:

$$I_1\omega_1 = I_2\omega_2$$

Από την παραπάνω σχέση είναι προφανές ότι όταν μεταβάλλεται η ροπή αδράνειας ενός σώματος ή ενός συστήματος σωμάτων, τότε μεταβάλλεται και το μέτρο της γωνιακής ταχύτητας. Αυτό σημαίνει ότι μπορούμε να έχουμε γωνιακή επιτάχυνση ενός σώματος ακόμα και όταν το αλγεβρικό άθροισμα των ροπών των εξωτερικών δυνάμεων είναι μηδέν.

Το παράδειγμα του πατινάζ: Μια αθλήτρια του πατινάζ που στριφογυρίζει στο παγοδρόμιο, μπορεί συμπτύσσοντας τα χέρια και τα πόδια της να αύξηση την γωνιακή ταχύτητα περιστροφής της. Λογικό γιατί αν θεωρήσουμε αμελητέες τις τριβές, τότε οι ροπή της μόνης εξωτερικής δύναμης που είναι το βάρος θα είναι μηδέν και η στροφορμή θα πρέπει να διατηρείται σταθερή, άρα αφού μειώνετε η ροπή αδράνειας θα αυξάνετε η γωνιακή ταχύτητα της.

Το παράδειγμα των ¨νεκρών¨ άστρων: Τα αστέρια στο τελευταίο στάδιο της ζωής τους έχουν μάζα από 1,4 μέχρι 2,5 φορές την μάζα του ήλιου, μετατρέπονται σε αστέρες νετρονίων. Τα αστέρια αυτά, όταν εξαντλήσουν τα αποθέματα ενέργειας τους, συρρικνώνονται λόγο της βαρύτητας, με αποτέλεσμα η ακτίνα τους να είναι μόνο μερικές δεκάδες km. Επειδή η ροπή των εξωτερικών δυνάμεων κατά την διαδικασία αυτή είναι μηδέν, η στροφορμή του αστεριού θα παραμένει σταθερή. Η δραματική μείωση της ροπής αδράνειας του αστεριού έχει σαν αποτέλεσμα την αύξηση της γωνιακής του ταχύτητας. Αξίζει να σημειωθεί ότι ένας αστέρας νετρονίων έχει περίοδο περιστροφής $\frac{1}{3000}s$, με την περίοδο περιστροφής του ήλιου να είναι 25 μέρες.

Λύσε από τον **Ἠ τόμο των Γ. Μαθιουδάκη & Γ.Παναγιωτακόπουλου** τις ακόλουθες ασκήσεις: 5.1 - 5.25, 5.37 - 5.49, 5.93, 5.95 - 5.99, 5.101, 5.102, 5.105, 5.107, 5.108, 5.109, 5.111, 5.112

3.7 Κινητική Ενέργεια και Έργο στην Στροφική Κίνηση

3.7.1 Κινητική Ενέργεια λόγω μεταφορικής Κίνησης

Θεωρούμε ένα σώμα μάζας M που εκτελεί μεταφορική κίνηση με ταχύτητα $\vec{v}$. Για να υπολογίσουμε την κινητική ενέργεια του σώματος, το χωρίζουμε σε στοιχειώδης μάζες $m_1, m_2, ..., m_\nu$ που λόγω της μεταφορικής κίνησης έχουν όλες την ίδια ταχύτητα $\vec{v}$. Η κινητική ενέργεια του σώματος είναι ίση με το άθροισμα των κινητικών ενεργειών των μαζών από τις οποίες αποτελείται. Δηλαδή:

$$K = \frac{1}{2}m_1 v^2 + \frac{1}{2}m_2 v^2 + ... + \frac{1}{2}m_\nu v^2 \Rightarrow K = \frac{1}{2}Mv^2 \quad (3.27)$$

Η παραπάνω σχέση είναι προφανώς η γνωστή σχέση για την Κινητική Ενέργεια που μάθαμε στην Α Λυκείου, η οποία βέβαια αναφέρονταν στην μεταφορική κίνηση υλικού σημείου.

3.7.2 Κινητική Ενέργεια λόγω περιστροφής

Θεωρούμε ένα σώμα που στρέφεται με σταθερή γωνιακή ταχύτητα $\vec{\omega}$ γύρω από άξονα zz', όπως φαίνεται στο σχήμα.

Για να υπολογίσουμε την Κινητική Ενέργεια του σώματος, θα το χωρίσουμε σε στοιχειώδεις μάζες $m_1, m_2, ..., m_\nu$, οι οποίες απέχουν αποστάσεις $r_1, r_2, ..., r_\nu$, αντίστοιχα από τον άξονα περιστροφής. Οι μάζες αυτές έχουν την ίδια γωνιακή ταχύτητα $\vec{\omega}$ και γραμμικές ταχύτητες με μέτρα $v_1 = \omega r_1, v_2 = \omega r_2, ..., v_\nu = \omega r_\nu$.

Η κινητική ενέργεια του σώματος είναι ίση με το άθροισμα των κινητικών ενεργειών των μαζών από τις οποίες αποτελείται. Δηλαδη:

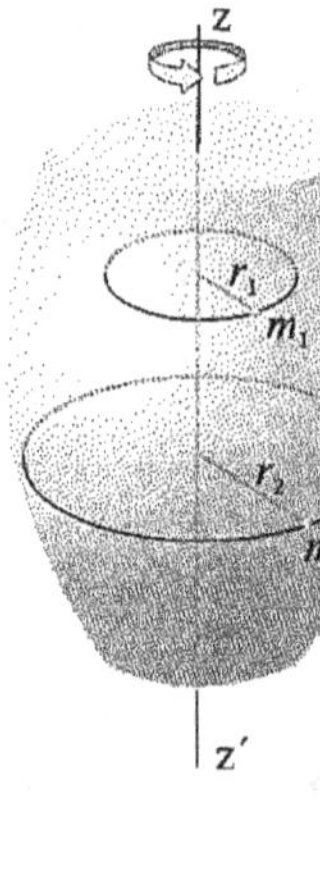

$$\begin{aligned} K &= \frac{1}{2}m_1 v^2 + \frac{1}{2}m_2 v^2 + ... + \frac{1}{2}m_\nu v^2 \Rightarrow \quad (3.28) \\ K &= \frac{1}{2}m_1\omega^2 r_1^2 + \frac{1}{2}m_2\omega^2 r_2^2 + ... + \frac{1}{2}m_\nu\omega^2 r_\nu^2 \Rightarrow \\ K &= \frac{1}{2}(m_1 r_1^2 + m_2 r_2^2 + ... + m_\nu r_\nu^2)\omega^2 \Rightarrow K = \frac{1}{2}I\omega^2 \end{aligned}$$

3.7.3 Κινητική Ενέργεια σώματος που εκτελεί σύνθετη κίνηση

Αν ένα σώμα εκτελεί ταυτόχρονα μεταφορική κίνηση με ταχύτητα $\vec{v_{cm}}$ και στροφική κίνηση με γωνιακή ταχύτητα $\vec{\omega}$. Η κινητική ενέργεια του σώματος αυτού θα είναι το άθροισμα των δύο κινητικών ενεργειών. Δηλαδή:

$$K = K_{\mu\epsilon\tau} + K_{\pi\epsilon\rho} = \frac{1}{2}Mv_{cm}^2 + \frac{1}{2}I_{cm}\omega^2 \quad (3.29)$$

όπου M η μάζα του σώματος και I_{cm} η ροπή αδράνειας του σώματος, ως προς άξονα που διέρχεται από το κέντρο μάζας του και έχει την ίδια διεύθυνση με τη γωνιακή ταχύτητα.

3.7.4 Έργο κατά την στροφική κίνηση

Στην Φυσική Α Λυκείου μάθαμε ότι το έργο μιας σταθερής δύναμης $\vec{F}$ που μετακινεί το σημείο εφαρμογής κατά Δx υπολογίζεται από την σχέση $W = \vec{F} \cdot \vec{\Delta x}$. Αντίστοιχα μπορούμε να ορίσουμε το έργο μιας δύναμης που περιστρέφει ένα σώμα ως συνάρτηση της ροπής και της γωνίας στροφής.

Αν υποθέσουμε ότι σε ένα τροχό ακτίνας R, που μπορεί να περιστρέφεται γύρω από άξονα που διέρχεται από το κέντρο του, ασκείτε μια εφαπτομενική δύναμη $\vec{F}$ σταθερού μέτρου. Όταν ο τροχός στρέφεται κατά την απειροστά μικρή γωνία $d\theta$,τότε το σημείο εφαρμογής της δύναμης μετατοπίζεται κατά το αντίστοιχο απειροστά μικρό μήκος $ds = Rd\theta$. Επειδή η δύναμη και το απειροστό τόξο ds έχουν θεωρητικά την ίδια διεύθυνση μπορούμε να υπολογίσουμε το στοιχειώδες έργο από την σχέση:

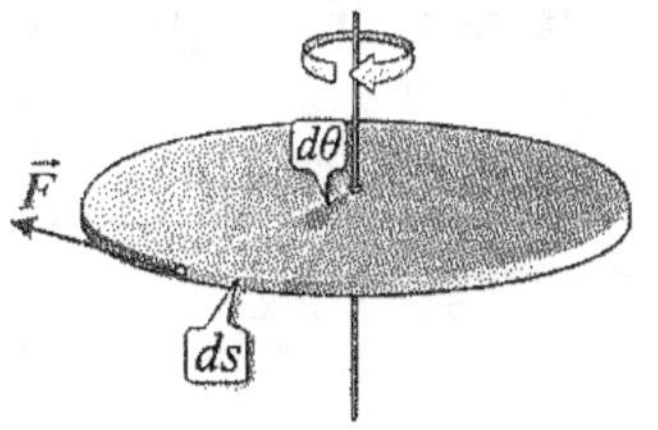

$$W = Fds \Rightarrow dW = FRd\theta$$

Επειδή όμως $\tau = FR$ είναι το μέτρο της ροπής της δύναμης ως προς τον άξονα περιστροφής η παραπάνω σχέση γράφεται:

$$dW = \tau d\theta \tag{3.30}$$

Όταν μια δύναμη περιστρέφει ένα σώμα κατά γωνία θ, τότε για να υπολογίσουμε το έργο W της δύναμης , χωρίζουμε την γωνία σε απειροστές γωνίες $d\theta$ και αθροίζουμε τα αντίστοιχα στοιχειώδη έργα dW. Αν γ ροπή της δύναμης έχει σταθερό μέτρο ίσο με τ τότε το έργο της υπολογίζεται από την σχέση:

$$W = \tau\theta \tag{3.31}$$

Το έργο W μια ροπής μπορει να είναι θετική ή αρνητικό. Θετικό είναι όταν η ροπή έχει την ίδια φορά με την φορά περιστροφής του σώματος και αρνητικό όταν η ροπή έχει φορά αντίθετη από την φορά περιστροφής.

3.7.5 Ισχύς δύναμης στη στροφική κίνηση

Έστω ότι ένα σώμα που εκτελεί στροφική κίνηση δέχεται την επίδραση μιας εξωτερικής δύναμης $\vec{F}$, της οποίας η ροπή ως προς άξονα περιστροφής του σώματος έχει μέτρο τ. Αν σε ένα απειροστά μικρό χρονικό διάστημα dt το σώμα περιστρέφεται κατά απειροστή γωνία $d\theta$, τότε η δύναμη παράγει έργο dW:

$$dW = \tau d\theta \Rightarrow \frac{dW}{dt} = \tau\frac{d\theta}{dt}$$

Είναι προφανές ότι ο ρυθμός μεταβολής του έργου $\frac{dW}{dt}$ είναι το μέγεθος της στιγμιαίας ισχύος (P) και βέβαια ο ρυθμός μεταβολής της γωνίας στροφής είναι η γωνιακή ταχύτητα. Επομένως η ισχυς μιας δύναμης σε μια χρονική στιγμή t είναι:

$$P = \tau\omega \tag{3.32}$$

Στο $S.I.$ η μονάδα μέτρησης της ισχύος είναι το $1Watt$. Αξίζει να σημειωθεί ότι στην μεταφορική κίνηση η στιγμιαία ισχύς δίνεται από την σχέση:

$$P = Fv.$$

Η μέση ισχύς $\bar{P}$ μιας δύναμης ή της ροπής μιας δύναμης ονομάζεται το πηλίκο του έργου ΔW, το οποίο παράγεται από την δύναμη ή τη ροπή της δύναμης σε χρόνο Δt, προς το χρόνο Δt.

$$\bar{P} = \frac{\Delta W}{\Delta t} \tag{3.33}$$

3.7.6 Θεώρημα Έργου- Ενέργειας στη στροφική κίνηση

Από τον θεμελιώδη νόμο της στροφικής κίνησης προκύπτει ότι, όταν σε ένα σώμα που στρέφεται γύρω από σταθερό άξονα ασκούνται εξωτερικές ροπές με $\Sigma\tau \neq 0$, τότε το σώμα αποκτά γωνιακή επιτάχυνση με αποτέλεσμα την μεταβολή της γωνιακής του ταχύτητας ω και κατά συνέπεια και της κινητικής ενέργειας περιστροφής της $K = \frac{1}{3}I\omega^2$.

Η μεταβολή της Κινητικής ενέργειας περιστροφής του σώματος ειναι ίση με το έργο των δυνάμεων που οι ροπές τους προκαλούν την μεταβολή. Έτσι για την περίπτωση ενός στερεού σώματος που στρέφεται γύρω από σταθερό άξονα το γνωστό μας από την Α Λυκείου **Θεώρημα Έργου - Ενέργειας (Θ.Μ.Κ.Ε.)** γράφεται:

$$K_2 - K_1 = \Sigma W \Rightarrow \frac{1}{2}I\omega_2^2 - \frac{1}{2}I\omega_1^2 = \Sigma W \tag{3.34}$$

Το έργο της στατικής τριβής κατά την κύλιση χωρίς ολίσθηση

Όπως έχουμε ξαναδεί παραπάνω στο πρόβλημα της κύλισης χωρίς ολίσθηση σε οριζόντιο ή κεκλιμένο επίπεδο εμφανίζεται η δύναμη της στατικής τριβής στο σημείο επαφής του στερεού με το δάπεδο. **Το έργο της στατικής τριβής κατά την σύνθετη κίνηση του στερεού είναι ίσο με μηδέν**. Η στατική τριβή δεν μετατοπίζει το σημείο εφαρμογής της, αφού κάθε στιγμή ασκείται σε διαφορετικό σημείο, έτσι έχει έργο μηδέν. Βέβαια η απάντηση δεν είναι τόσο προφανής όσο το σχολικό βιβλίο την εμφανίζει.

Αν θεωρήσουμε ότι σε χρόνο Δt το κέντρο μάζας του κυλίνδρου μετατοπίζεται κατά Δx πάνω σε κεκλιμένο επίπεδο γωνίας κλίσης ϕ και ο κύλινδρος στρέφεται γύρω από τον άξονα συμμετρίας του κατά $\Delta\theta$, χωρίς ολίσθηση τότε ισχύει:

$$\Delta x = R\Delta\theta$$

Το έργο της στατικής τριβής κατά την περιστροφή γύρω από τον άξονα περιστροφής είναι ίσο με την αντίστοιχη μεταβολή της κινητικής ενέργειας λόγω της περιστροφικής κίνησης σύμφωνα με το *Θεώρημα 'Εργου - Ενέργειας στην στροφική κίνηση.*Άρα έχουμε:

$$\Delta K_{\pi\epsilon\rho} = \Sigma W = (T_{\sigma\tau}R)\Delta\theta$$

Το έργο της στατικής τριβής μαζί με το έργο του βάρους κατά την μεταφορική κίνηση του κέντρου μάζας είναι ίσο με την μεταβολή της κινητικής ενέργειας λόγω της μεταφορικής κίνησης *Θεώρημα 'Εργου - Ενέργειας στην μεταφορική κίνηση.* Άρα έχουμε:

$$\Delta K_{\mu\epsilon\tau} = \Sigma W = W_x\Delta x - T_{\sigma\tau}\Delta x \Rightarrow \Delta K_{\mu\epsilon\tau} = \Sigma W = W_x\Delta x - T_{\sigma\tau}R\Delta\theta$$

Η μεταβολή της Κινητικής ενέργειας λόγω της σύνθετης κίνησης προκύπτει από την σχέση:

$$\Delta K_{\pi\epsilon\rho} + \Delta K_{\mu\epsilon\tau} = T_{\sigma\tau}R\Delta\theta + W_x\Delta x - T_{\sigma\tau}R\Delta\theta \Rightarrow \Delta K = W_x\Delta x$$

Από τα παραπάνω προκύπτουν τα εξής συμπεράσματα:

- Το έργο της στατικής τριβής κατά τη στροφική κίνηση είναι αντίθετο με το έργο της ίδιας δύναμης κατά την μεταφορική κίνηση, στον ίδιο χρόνο Δt. Δηλαδή το συνολικό έργο της στατικής τριβής είναι μηδέν.

- Μπορούμε να εφαρμόσουμε την **Αρχή Διατήρησης της Μηχανικής Ενέργειας (Α.Δ.Μ.Ε.)**, αφού η μόνη δύναμη που παράγει έργο είναι το βάρος που είναι μια συντηρητική δύναμη.

3.7.7 Η Διατήρηση της Μηχανικής Ενέργειας

Η Α.Δ.Μ.Ε. σε ένα σύστημα ή ένα σύστημα σωμάτων εφαρμόζεται όταν οι δυνάμεις που ασκούνται και παράγουν έργο είναι συντηρητικές δυνάμεις (π.χ. βάρος, δύναμη ελατηρίου). Στην γενική περίπτωση που ένα στερεό εκτελεί σύνθετη κίνηση πρέπει:

$$E_{\mu\eta\chi} = K_{\mu\epsilon\tau} + K_{\pi\epsilon\rho} + U_{\beta\alpha\rho} = \sigma\tau\alpha\theta\epsilon\rho o \quad (3.35)$$

Βέβαια πριν την εφαρμογή της παραπάνω σχέσης, πρέπει να επιλέξουμε ένα οριζόντιο επίπεδο ως επίπεδο αναφοράς ($U_{\beta\alpha\rho} = 0$). Συνήθως επιλέγουμε το χαμηλότερο σημείο από το οποίο διέρχεται το κέντρο μάζας κατά την κίνηση.

Λύσε από τον **Β τόμο των Γ. Μαθιουδάκη & Γ.Παναγιωτακόπουλου** τις ακόλουθες ασκήσεις: 6.1 - 6.62, 6.90, 6.92, 6.93, 6.114, 6.116, 6.117, 6.118, 6.120. 6.121, 6.122, 6.123, 6.124, 6.125, 6.127, 6.130, 6.131, 6.132, 6.133, 6.136, 6.137, 6.139, 6.141, 6.143, 6.144, 6.145, 6.148, 6.149, 6.152, 6.155, 6.161, 6.167, 6.171, 6.172, **6.146, 6.147, 6.153, 6.156, 6.159, 6.160, 6.163, 6.164, 6.165, 6.166, 6.170, 6.174**

Αντιστοίχιση μεγεθών και νόμων μεταξύ μεταφορικής και στροφικής κίνησης

Μεταφορική Κίνηση	**Στροφική Κίνηση**
Μετατόπιση: x	Γωνία στροφής: θ
Ταχύτητα: $\upsilon = \frac{dx}{dt}$	Γωνιακή ταχύτητα: $\omega = \frac{d\omega}{dt}$
Επιτάχυνση: $\alpha = \frac{d\upsilon}{dt}$	Γωνιακή επιτάχυνση: $\alpha_{\gamma\omega\nu} = \frac{d\omega}{dt}$
Δύναμη: $\vec{F}$	Ροπή Δύναμης: $\vec{\tau}$
Μάζα: m	Ροπή Αδράνειας: I
Θεμελιώδης Νόμος της Μηχανικής: $\Sigma\vec{F} = m\vec{\alpha}$	Θεμελιώδης Νόμος Στροφικής Κίνησης: $\Sigma\tau = I\alpha_{\gamma\omega\nu}$
Ορμή $\vec{P} = m\vec{\upsilon}$	Στροφορμή $L = I\omega$
$\Sigma\vec{F} = \frac{d\vec{P}}{dt}$	$\Sigma\tau = \frac{dL}{dt}$
Διατήρηση της Ορμής: Αν $\Sigma\vec{F}_{\epsilon\xi} = 0$, τότε: $\vec{P}$ =σταθ.	Διατήρηση της Στροφορμής: Αν $\Sigma\tau_{\epsilon\xi} = 0$, τότε: L =σταθ.
Έργο σταθερής δύναμης: $W = Fx$	Έργο σταθερής ροπής $W = \tau\theta$
Ισχύς δύναμης: $P = F\upsilon$	Ισχύς ροπής: $P = \tau\omega$
Κινητική Ενέργεια μεταφοράς: $K = \frac{1}{2}m\upsilon_{cm}^2$	Κινητική Ενέργεια περιστροφής: $K = \frac{1}{2}I\omega^2$
Θεώρημα Έργου - Ενέργειας στη μεταφορική κίνηση: $\Sigma W = \frac{1}{2}m\upsilon_2^2 - \frac{1}{2}m\upsilon_1^2$	Θεώρημα Έργου Ενέργειας στη στροφική κίνηση: $\Sigma W = \frac{1}{2}I\omega_2^2 - \frac{1}{2}I\omega_1^2$

Είναι προφανές από τον παραπάνω πίνακα ότι με την μηχανική στερεού σώματος "ξαναγράψαμε" την μηχανική του υλικού σημείου που μελετήσαμε στην Α Λυκείου με μια νέα γλώσσα. Οι μαθηματικές σχέσεις δείχνουν μια απόλυτα "συμμετρική" εικόνα ανάμεσα στις δύο κινήσεις. Βέβαια αυτή την φορά έχουμε όλα τα "εργαλεία" για μια περισσότερο ρεαλιστική εικόνα της κίνησης σε σχέση με την μηχανική του υλικού σημείου.

Κεφάλαιο 4

Κρούσεις

*Στην μηχανική με τον όρο κρούση εννοούμε τη σύγκρουση δύο σωμάτων που κινούνται το ένα σχετικά με το άλλο.*Το φαινόμενο της κρούσης έχει δύο χαρακτηριστικά:

- Έχει πολύ μικρή χρονική διάρκεια.
- Κατά τη διάρκεια της επαφής των δύο σωμάτων αναπτύσσονται πολύ ισχυρές δυνάμεις, ισχυρότερες από όλες τις άλλες που μπορεί να ασκούνται στα σώματα (π.χ. βαρύτητα). Οι δυνάμεις αυτές έχουν σχέση "δράσης - αντίδρασης" και το μέτρο τους μεταβάλλεται κατά την διάρκεια της κρούσης.

Στην ατομική και πυρηνική φυσική η έννοια της κρούσης επεκτείνεται, ώστε να περιλαμβάνει και την αλληλεπίδραση μεταξύ σωματιδίων τα οποία δεν έρχονται σε επαφή.
Για παράδειγμα η εκτόξευση ενός ηλεκτρονίου προς ένα φορτισμένο σωματίδιο, έχει ως αποτέλεσμα την απότομη αλλαγή της κινητικής κατάστασης των σωματιδίων, τα οποία αν και δεν έρχονται σε επαφή, εμφανίζουν τα χαρακτηριστικά της κρούσης.

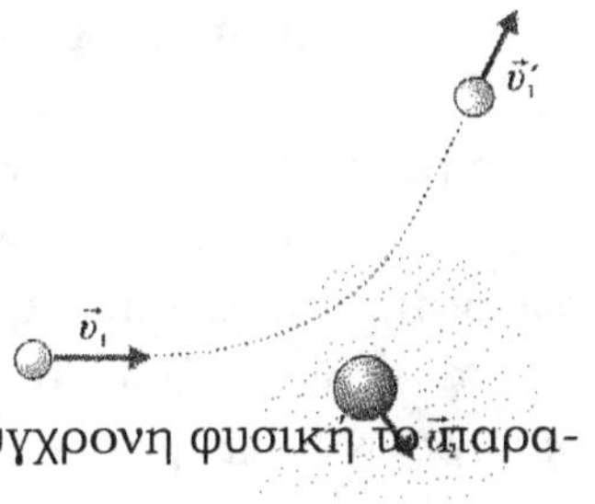

Ονομάζουμε κρούση κάθε φαινόμενο και του μικρόκοσμου, στο οποίο δύο σώματα αλληλεπιδρούν με σχετικά μεγάλες δυνάμεις για πολύ μικρό χρονικό διάστημα. Στην σύγχρονη φυσική το παραπάνω φαινόμενο ονομάζεται και **σκέδαση**.

4.1 Τα είδη της κρούσης, ανάλογα με την διεύθυνση κίνησης των σωμάτων πριν συγκρουστούν.

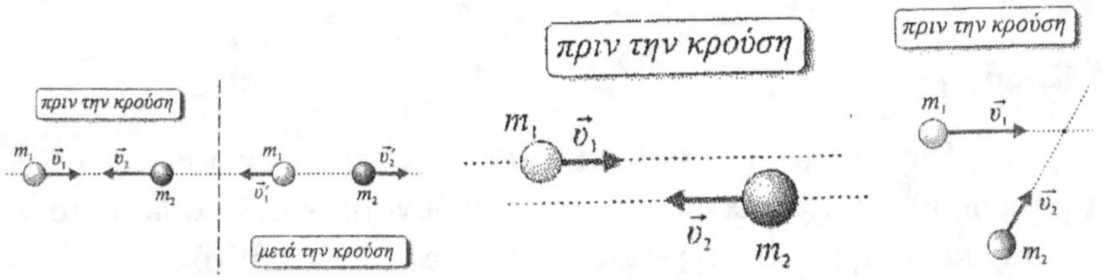

(α') Κεντρική (β') Έκκεντρη (γ') Πλάγια

- **Κεντρική ή μετωπική κρούση** ονομάζεται η κρούση, στην οποία τα διανύσματα των ταχυτήτων των κέντρων μάζας των σωμάτων που συγκρούονται βρίσκονται πάνω στην ευθεία που συνδέει τα κέντρα μάζας τους.

- **Έκκεντρη** ονομάζεται η κρούση στην οποία τα διανύσματα των ταχυτήτων των κέντρων μάζας των σωμάτων που συγκρούονται είναι παράλληλα μεταξύ τους.

- **Πλάγια** ονομάζεται η κρούση στην οποία τα διανύσματα των ταχυτήτων των κέντρων μάζας των σωμάτων που συγκρούονται δεν έχουν την ίδια διεύθυνση.

Η διατήρηση της ορμής στις κρούσεις

Επειδή κατά την διάρκεια της κρούσης δεν ασκούνται εξωτερικές δυνάμεις στα σώματα ή η συνισταμένη τους είναι μηδέν θεωρούμε το σύστημα των σωμάτων **μονωμένο**. Άρα:

$$\Sigma\vec{F}_{\epsilon\xi} = \frac{d\vec{P}_{o\lambda}}{dt} = 0 \Rightarrow \vec{P_{o\lambda}} = \sigma\tau\alpha\theta \Rightarrow \vec{P}_{o\lambda(\pi\rho\iota\nu)} = \vec{P}_{o\lambda(\mu\epsilon\tau\alpha)}$$

Η ολική ορμή ενός συστήματος σωμάτων, κατά την διάρκεια της κρούσης διατηρείται.

4.2 Τα είδη της κρούσης ανάλογα με την διατήρηση της κινητικής ενέργειας των συγκρουόμενων σωμάτων.

Σε αντίθεση με την Ορμή που παραμένει σταθερή σε όλες τις περιπτώσεις κρούσεων που θα μελετήσουμε, δεν συμβαίνει το ίδιο με την μηχανική ενέργεια του συστήματος των σωμάτων. Σε κάθε κρούση υπάρχουν δύο βασικά στάδια:

Στο πρώτο στάδιο τα σώματα έρχονται σε επαφή μεταξύ τους και αρχίζουν να παραμορφώνονται, μέχρι να αποκτήσουν κοινή στιγμιαία ταχύτητα. Η απαιτούμενη ενέργεια για την παραμόρφωση τους προέρχεται από την αρχική τους μηχανική ενέργεια. Επειδή η κρούση γίνεται σε μικρό χρονικό διάστημα, θεωρούμε ότι τα σώματα δεν αλλάζουν θέση, άρα δεν μεταβάλλεται η Βαρυτική δυναμική τους ενέργεια, παρά μόνο η κινητική τους.

Στο δεύτερο στάδιο, ανάλογα με την φύση των σωμάτων που παραμορφώνονται η κρούση διακρίνεται σε ελαστική ή σε ανελαστική.

Ελαστική Κρούση

Η παραμόρφωση εξαφανίζεται και το σύστημα αποκτά πάλι την κινητική ενέργεια που είχε πριν την κρούση. Η αιτία είναι οι φύση των δυνάμεων που ασκούνται στα σώματα κατά την διάρκεια της κρούσης, καθώς είναι ελαστικές δυνάμεις δεν προκαλούν μόνιμες παραμορφώσεις. Άρα **η κρούση στην οποία η Κινητική Ενέργεια του συστήματος των σωμάτων παραμένει σταθερή ονομάζεται ελαστική**

Η διατύπωση της Διατήρηση της Κινητικής ενέργειας κατά την ελαστική κρούση διατυπώνεται ως εξής:

$$K_{o\lambda(\pi\rho\iota\nu)} = K_{o\lambda(\mu\epsilon\tau\alpha)}$$

Η ελαστική κρούση είναι ιδανική περίπτωση, αλλά μπορούμε να θεωρήσουμε ελαστικές τις κρούσεις ανάμεσα σε σκληρά σώματα (π.χ. μπάλες μπιλιάρδου). Στην περίπτωση όμως του μικρόκοσμου οι κρούσεις (σκεδάσεις) είναι απόλυτα ελαστικές.

Ανελαστική Κρούση

Η παραμόρφωση των σωμάτων δεν εξαφανίζεται τελείως και ένα μέρος της αρχικής Κινητικής ενέργειας που δαπανήθηκε για την παραμόρφωση δεν γίνεται πάλι Κινητική ενέργεια, αλλά θερμότητα ή ενέργεια μόνιμης παραμόρφωσης. Η αιτία είναι πάλι η φύση των δυνάμεων που ασκούνται στα σώματα, καθώς είναι δυνάμεις που προκαλούν μόνιμες παραμορφώσεις. Άρα **η κρούση στην οποία μέρος της Κινητικής Ενέργειας του συστήματος των σωμάτων μετατρέπεται σε θερμότητα ονομάζεται ανελαστική κρούση**

Μια ειδική περίπτωση ανελαστικής κρούσης είναι εκείνη κατά την οποία τα σώματα μετά την κρούση γίνονται συσσωμάτωμα και κινούνται με κοινή ταχύτητα. Η κρούση αυτή λέγεται **πλαστική** και έχει μελετηθεί στην Α Λυκείου. Η διατύπωση της διατήρησης της ενέργειας κατά την ανελαστική κρούση διατυπώνεται ως εξής:

$$K_{o\lambda(\pi\rho\iota\nu)} - E_{\alpha\pi\omega\lambda} = K_{o\lambda(\mu\varepsilon\tau\alpha)} \Rightarrow K_{o\lambda(\pi\rho\iota\nu)} > K_{o\lambda(\mu\varepsilon\tau\alpha)}$$

όπου βέβαια $E_{\alpha\pi\omega\lambda}$ είναι οι ενεργειακές απώλειες σε θερμότητα και ανελαστικές παραμορφώσεις.

4.2.1 Η κεντρική Ελαστική κρούση

Θεωρούμε δύο υλικά Σώματα με μάζες m_1 και m_2, που κινούνται σε οριζόντιο λείο επίπεδο με ταχύτητας $\vec{v}_1$ και $\vec{v}_2$. Τα σώματα συγκρούονται κεντρικά και ελαστικά και μετά την κρούση αποκτούν νέες ταχύτητες $\vec{v'}_1$ και $\vec{v'}_2$, τις οποίες θέλουμε να υπολογίσουμε. Ο υπολογισμός είναι απλός αρκεί να χρησιμοποιήσουμε τις βασικές ιδέες - αρχές που αναπτύχθηκαν παραπάνω.

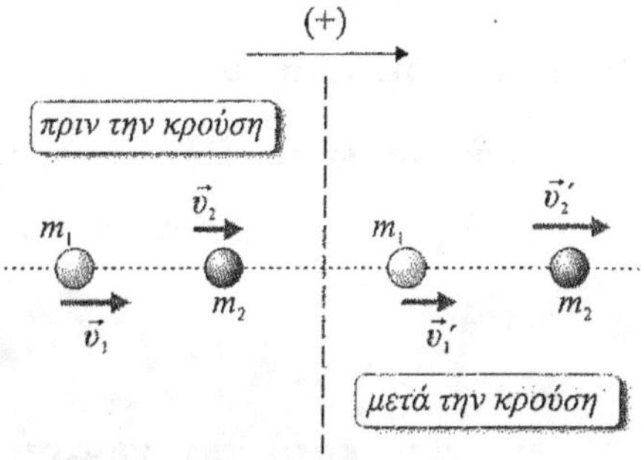

Διατήρηση της Ορμής

$$\vec{P}_{o\lambda(\pi\rho\iota\nu)} = \vec{P}_{o\lambda(\mu\varepsilon\tau\alpha)} \Rightarrow m_1 v_1 + m_2 v_2 = m_1 v_1' + m_2 v_2' \quad (4.1)$$

προσέχουμε το πρόσημο των ταχυτήτων γιατί δεν ξεχνάμε τον διανυσματικό χαρακτήρα της σχέσης μας.

Διατήρηση της Κινητικής Ενέργειας

$$K_{o\lambda(\pi\rho\iota\nu)} = K_{o\lambda(\mu\varepsilon\tau\alpha)} \Rightarrow \frac{1}{2}m_1 v_1^2 + \frac{1}{2}m_2 v_2^2 = \frac{1}{2}m_1 {v_1'}^2 + \frac{1}{2}m_2 {v_2'}^2 \quad (4.2)$$

Η εξίσωση (4.1) γράφεται:

$$m_1(v_1 - v_1') = m_2(v_2' - v_2)$$

Η εξίσωση (4.2) γράφεται:

$$m_1(v_1^2 - {v_1'}^2) = m_2({v_2'}^2 - v_2^2)$$

Διαιρούμε κατα μέλη τις παραπάνω σχέσεις:

$$\frac{v_1 - v_1'}{v_1^2 - {v_1'}^2} = \frac{v_2' - v_2}{{v_2'}^2 - v_2^2}$$

και προκύπτει εύκολα ότι $v_1 + v_1' = v_2' + v_2 \Rightarrow v_2' = v_1 + v_1' - v_2$

Αντικαθιστώντας στην (4.1) και λύνοντας ως προς v_1' βρίσκουμε τις ταχύτητες των σωμάτων μετά την κρούση.

$$v_1' = \frac{m_1 - m_2}{m_1 + m_2} v_1 + \frac{2m_1}{m_1 + m_2} v_2 \tag{4.3}$$

$$v_2' = \frac{2m_1}{m_1 + m_2} v_1 + \frac{m_2 - m_1}{m_1 + m_2} v_2 \tag{4.4}$$

Βέβαια κατά τον υπολογισμό μας υποθέσαμε μια συγκεκριμένη φορά για τις ταχύτητες πριν και μετά την κρούση, είναι προφανές ότι σε περίπτωση αντίθετης φοράς από την παραπάνω οι σχέσεις μας οδηγούν σε αρνητικές τιμές για τις ταχύτητες.**Οι παραπάνω σχέσεις δεν είναι τόσο εύκολο να απομνημονευτούν, αλλά είναι ευκολότερο να αποδειχθούν από τις βασικές αρχές!**

Ειδικές περιπτώσεις

α. **Τα δύο σώματα έχουν ίσες μάζας** $m_1 = m_2 = m$

Από τις παραπάνω σχέσεις (4.3),(4.4) με αντικατάσταση των μαζών προκύπτει:

$$v_1' = v_2 \quad \kappa\alpha\iota \quad v_2' = v_1$$

Δηλαδή, **κατά την κεντρική ελαστική κρούση δύο σωμάτων που έχουν ίσες μάζες, τα σώματα ανταλλάσσουν τις ταχύτητες τους.**

Βέβαια στο παραπάνω συμπέρασμα μπορούμε να καταλήξουμε αν ξεκινήσουμε από την Αρχή Διατήρησης της Ορμής και την Διατήρηση της Ενέργειας, όπως κάναμε παραπάνω.

β. **Το ένα σώμα είναι ακίνητο πριν την κρούση** ($v_2 = 0$) Από τις σχέσεις (4.3),(4.4) προκύπτει:

$$v_1' = \frac{m_1 - m_2}{m_1 + m_2} v_1 \tag{4.5}$$

$$\upsilon_2' = \frac{2m_1}{m_1 + m_2}\upsilon_1 \tag{4.6}$$

Βέβαια στην περίπτωση που έχουν και ίσες μάζες και το ένα σώμα είναι ακίνητο, τότε το αρχικά κινούμενο σταματάει μετά την κρούση ($\upsilon_1' = 0$) και το αρχικά ακίνητο σώμα αποκτά ταχύτητα $\upsilon_2' = \upsilon_1$

Ελαστική Κρούση σώματος με άλλο ακίνητο πολύ μεγάλης μάζας

Αν το ένα σώμα έχει πολύ μεγαλύτερη μάζα σε σχέση με το άλλο ($m_1 << m_2$) και είναι ακίνητο πριν την κρούση ($\upsilon_2 = 0$) τότε:

$m_1 << m_2$ ή $\frac{m_1}{m_2} << 1$ ή $\frac{m_1}{m_2} \cong 0$.

άρα οι παραπάνω σχέσεις μας δίνουν:

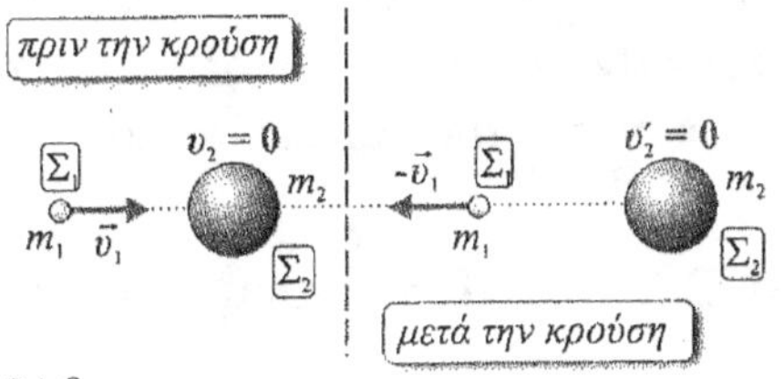

$$\upsilon_1' \cong -\upsilon_1 \quad \kappa\alpha\iota \quad \upsilon_2' \cong 0$$

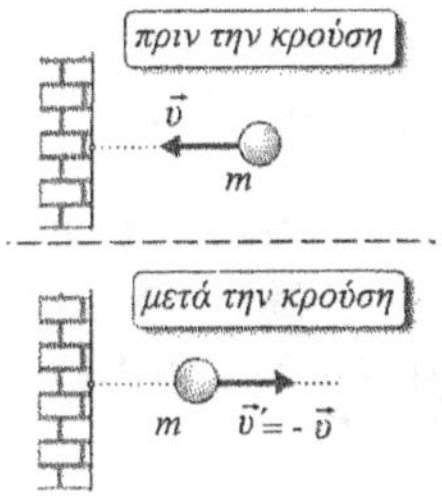

Δηλαδή: **ένα σώμα μικρής μάζας που συγκρούεται κεντρικά και ελαστικά με ακίνητο σώμα πολύ μεγαλύτερης μάζας αντανακλάται με ταχύτητα ίδιου μέτρου και αντίθετης φοράς από αυτή που είχε πριν την κρούση. Το σώμα μεγάλης μάζας μένει πρακτικά ακίνητο.**

Σύμφωνα με τα παραπάνω, όταν ένα σώμα μικρής μάζας προσκρούει ελαστικά και κάθετα στην επιφάνεια ενός τοίχου ή σε ένα δάπεδο, τότε ανακλάται με ταχύτητα ίδιου μέτρου και αντίθετης φοράς.

Άν το σώμα προσκρούει ελαστικά και πλάγια σε ένα τοίχο με ταχύτητα υ, αναλύουμε την ταχύτητα του σε δύο συνιστώσες, μια κάθετη στον τοίχο και μια παράλληλη σε αυτόν, όπως φαίνεται στο σχήμα. Σύμφωνα με τα παραπάνω η κάθετη συνιστώσα στον τοίχο θα αλλάξει φορά και θα διατηρήσει το μέτρο της ($\upsilon'_x = -\upsilon_x$). Η παράλληλη στον τοίχο συνιστώσα δεν μεταβάλλεται ($\upsilon'_y = -\upsilon_y$). Άρα το μέτρο της ταχύτητας του σώματος μετά την κρούση υ' θα είναι $\upsilon' = \sqrt{\upsilon'^2_x + \upsilon'^2_y}$.

Άρα σύμφωνα με τα παραπάνω, το μέτρο της ταχύτητας παραμένει σταθερό:

$$\upsilon' = \upsilon$$

Στο ίδιο συμπέρασμα μπορούμε να φτάσουμε βέβαια και με την Διατήρηση της Κινητικής Ενέργειας κατά την κρούση.

$$\frac{1}{2}m\upsilon^2 = \frac{1}{2}m\upsilon'^2 \Rightarrow \upsilon' = \upsilon$$

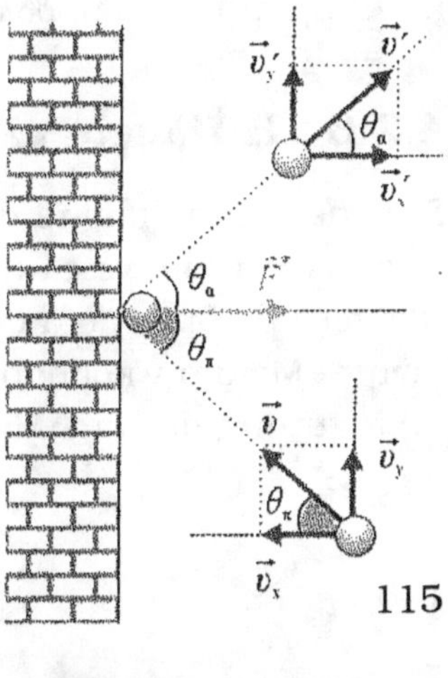

Αν θ_{pi} και θ_{α} οι γωνίες που σχηματίζουν με την κάθετη στον τοίχο οι ταχύτητες του σώματος πριν και μετά την κρούση τότε ισχύει:

$$\eta\mu\theta_{\pi} = \frac{\upsilon_y}{\upsilon} \qquad \sigma\upsilon\nu\theta_{\alpha} = \frac{\upsilon'_y}{\upsilon'}$$

επειδή $\upsilon_y = \upsilon'_y$ και $\upsilon = \upsilon'$ προκύπτει ότι η γωνία πρόσπτωσης στον τοίχο ειναι ίση με την γωνία ανάκλασης από αυτόν.

$$\theta_{\pi} = \theta_{\alpha} \tag{4.7}$$

Το αποτέλεσμα είναι παρόμοιο με την νόμο της ανάκλασης για το φως που προσπίπτει πάνω σε ένα καθρέπτη. Απόλυτα συμβατό βέβαια με την σωματιδιακή φύση του φωτός, αρκεί να φανταστούμε ότι τα φωτόνια συμπεριφέρονται ως σωματίδια και ανακλώνται όπως το παραπάνω σωματίδιο.

4.2.2 Η Κεντρική Ανελαστική κρούση

θεωρούμε τώρα δύο υλικά σώματα με μάζες m_1 και m_2 που κινούνται πάνω σε λείο οριζόντιο επίπεδο με ταχύτητες $\vec{\upsilon}_1$ και $\vec{\upsilon}_2$. Τα σώματα συγκρούονται κεντρικά και μετά την κρούση κινούνται με ταχύτητες $\vec{\upsilon'}_1$ και $\vec{\upsilon'}_2$.

Διατήρηση της Ορμής

$$\vec{P}_{o\lambda(\pi\rho\iota\nu)} = \vec{P}_{o\lambda(\mu\epsilon\tau\alpha)} \Rightarrow m_1\upsilon_1 + m_2\upsilon_2 = m_1\upsilon'_1 + m_2\upsilon'_2$$

προσέχουμε το πρόσημο των ταχυτήτων γιατί δεν ξεχνάμε τον διανυσματικό χαρακτήρα της σχέσης μας.

Διατήρηση της Ενέργειας

$$K_{o\lambda(\pi\rho\iota\nu)} - E_{\alpha\pi\omega\lambda} = K_{o\lambda(\mu\epsilon\tau\alpha)} \Rightarrow \frac{1}{2}m_1\upsilon_1^2 + \frac{1}{2}m_2\upsilon_2^2 - E_{\alpha\pi\omega\lambda} = \frac{1}{2}m_1{\upsilon'_1}^2 + \frac{1}{2}m_2{\upsilon'_2}^2$$

όπου βέβαια $E_{\alpha\pi\omega\lambda}$ είναι οι απώλειες λόγω των ανελαστικών φαινομένων. Αν μετά την κρούση τα δύο σώματα δημιουργήσουν ένα συσσωμάτωμα που έχει μια ταχύτητα $\vec{V}$,η ανελαστική κρούση ονομάζεται **Πλαστική**. Σε μια πλαστική κρούση είναι επίσης προφανές ότι έχουμε απώλειες της ενέργειας σε ενέργεια πλαστικής παραμόρφωσης και θερμότητα. Το πρόβλημα αυτό έχει μελετηθεί στην Α Λυκείου.

4.2.3 Η Πλάγια ελαστική κρούση

Στην περίπτωση που τα σώματα δεν συγκρούονται κεντρικά, αλλά έκκεντρα ή πλάγια τότε θα αποκτούν νέες ταχύτητες με διευθύνσεις πάνω στο επίπεδο. Ας θεωρήσουμε για παράδειγμα δυο υλικά σώματα με μάζες m_1 και m_2 με το δεύτερο να είναι αρχικά ακίνητο. Μετά την κρούση τα σώματα θα κινηθούν με ταχύτητες $\vec{\upsilon'}_1$ και $\vec{\upsilon'}_2$. Αναλύουμε τις ταχύτητες σε κατάλληλες συνιστώσες και προχωράμε στην εφαρμογή των βασικών αρχών.

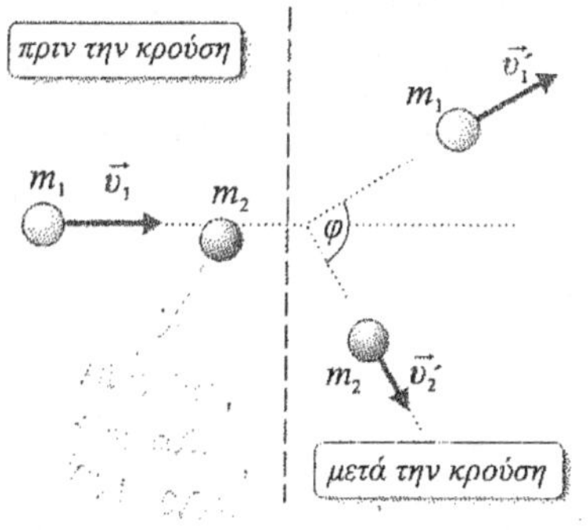

Διατήρηση της Ορμής στον άξονα $x'Ox$

$$P_{o\lambda(\pi\rho\iota\nu)(x)} = P_{o\lambda(\mu\epsilon\tau\alpha)(x)} \Rightarrow m_1 v_1 = m_1 v'_{1x} + m_2 v'_{2x}$$

Διατήρηση της Ορμής στον άξονα $y'Oy$

$$P_{o\lambda(\pi\rho\iota\nu)(y)} = P_{o\lambda(\mu\epsilon\tau\alpha)(y)} \Rightarrow m_1 v_1 = m_1 v'_{1y} - m_2 v'_{2y}$$

Διατήρηση της Κινητικής Ενέργειας

$$K_{o\lambda(\pi\rho\iota\nu)} = K_{o\lambda(\mu\epsilon\tau\alpha)} \Rightarrow \frac{1}{2}m_1 v_1^2 + \frac{1}{2}m_2 v_2^2 = \frac{1}{2}m_1 {v'_1}^2 + \frac{1}{2}m_2 {v'_2}^2$$

Σε αυτή την περίπτωση προκύπτει ένα σύστημα τριών εξισώσεων, αλλά με 4 αγνώστους καθώς είναι άγνωστη η κατεύθυνση και το μέτρο των ταχυτήτων μετά την κρούση. Μπορούμε βέβαια να λύσουμε το πρόβλημα εφόσον μας είναι γνωστό ένα ακόμα μέγεθος (για παράδειγμα μια γωνία).

Το πρόβλημα της πλάγιας πλαστικής κρούσης λύνεται πάλι με την διατήρηση της ορμής σε κάθε άξονα. Δεν ξεχνάμε βέβαια ότι σε αυτή την περίπτωση δεν διατηρείτε σταθερή η Κινητική Ενέργεια του συστήματος των σωμάτων.

4.3 Δυναμική Ενέργεια μέγιστης ελαστικής παραμόρφωσης

Όταν τα δύο σημειακά σώματα συγκρούονται κεντρικά και ελαστικά, τότε κάποια στιγμή t, κατά την διάρκεια της επαφής τους, οι ταχύτητες των δύο σφαιρών γίνονται ίσες (κατά μέτρο και κατεύθυνση) και η παραμόρφωση των σωμάτων είναι η μέγιστη δυνατή.

Αν υποθέσουμε ότι η κοινή ταχύτητα τους είναι η $\vec{V}$ τότε ονομάζουμε U_{max} την μέγιστη ενέργεια ελαστικής παραμόρφωσης τους. Για να την υπολογίσουμε αρκεί να εφαρμόσουμε την *Αρχή Διατήρησης της Ορμής* και την *Αρχή Διατήρησης της Ενέργειας* για την χρονική στιγμή αυτή.

Από την διατήρηση της ορμής προκύπτει:

$$\vec{P}_{o\lambda(\pi\rho\iota\nu)} = \vec{P}_{o\lambda(t)} \Rightarrow m_1 v_1 + m_2 v_2 = m_1 V + m_2 V \Rightarrow V = \frac{m_1 v_1 + m_2 v_2}{m_1 + m_2}$$

Από την διατήρηση της ενέργειας προκύπτει:

$$K_{o\lambda(\pi\rho\iota\nu)} = K_{o\lambda(t)} + U_{max} \Rightarrow \frac{1}{2}m_1 v_1^2 + \frac{1}{2}m_2 v_2^2 = \frac{1}{2}m_1 V^2 + \frac{1}{2}m_2 V^2 + U_{max}$$

Άρα υπολογίζω την U_{max} η οποία στην συνέχεια θα μετατραπεί πάλι σε Κινητική Ενέργεια καθώς στην ελαστική κρούση η Κινητική Ενέργεια του συστήματος παραμένει σταθερή.

Πρόταση Μελέτης Λύσε από τον **Ά τόμο των Γ. Μαθιουδάκη & Γ.Παναγιωτακόπουλου** τις ακόλουθες ασκήσεις: 8.1 - 8.76, 8.102, 8.103, 8.104, 8.106, 8.118, 8.119, 8.121, 8.126,8.127, 8.130, 8.131, 8.133, 8.134, 8.136, 8.139, 8.143, 8.144, 8.146, 8.149, 8.151, 8.154, 8.156, 8.164, 8.168, 8.170, 8.173, 8.174

Κεφάλαιο 5

Φαινόμενο Ντόμπλερ(Doppler)

Στεκόμαστε ακίνητοι στην αποβάθρα ενός σταθμού. Ένα τραίνο με ανοικτή τη σειρήνα του, κινούμενο με σταθερή ταχύτητα μας πλησιάζει και στη συνέχεια μας προσπερνά. Όλοι μας έχουμε παρατηρήσει ότι ο ήχος που αντιλαμβανόμαστε κατά την διάρκεια της κίνησης του τραίνου δεν είναι ο ίδιος.

Πιο συγκεκριμένα, καθώς το τραίνο μας πλησιάζει ο ήχος της σειρήνας είναι οξύτερος από ό,τι όταν το τραίνο απομακρύνεται από εμάς, αφού μας έχει προσπεράσει. Η οξύτητα ενός ήχου εκφράζεται ¨αντικειμενικά¨ με την συχνότητα. Όσο μεγαλύτερη η οξύτητα του ήχου τόσο μεγαλύτερη και η συχνότητα του. Αν βέβαια ρωτούσαμε τον μηχανοδηγό για το ύψος του ήχου που αντιλαμβάνεται κατά την κίνηση του τραίνου, θα μας απαντούσε ότι ακούει σταθερό ήχο.

Από τις παραπάνω εύκολα μετρήσιμες διαπιστώσεις οδηγούμαστε στην ακόλουθη διατύπωση για το φαινόμενο Doppler:

Φαινόμενο Doppler λέγεται το φαινόμενο κατά το οποίο, όταν ένας παρατηρητής και μία πηγή κυμάτων βρίσκονται σε σχετική κίνηση μεταξύ τους, τότε η συχνότητα του κύματος που ο παρατηρητής αντιλαμβάνεται δεν είναι ίδια με την συχνότητα που η πηγή εκπέμπει.

Το φαινόμενο παρατηρείται σε όλα τα αρμονικά κύματα, τόσο στα μηχανικά, όσο και στα ηλεκτρομαγνητικά.

Για την μελέτη του φαινομένου θα συμβολίζουμε με S την πηγή, f_S την συχνότητα της πηγής, $\vec{v}_S$ την ταχύτητα της πηγής. Επίσης θα συμβολίζουμε με Α τον παρατηρητή, f_A την συχνότητα που αντιλαμβάνεται ο παρατηρητής και $\vec{v}_A$ την ταχύτητα του παρατηρητή. Ως θετική φορά των ταχυτήτων $\vec{v}_S$, $\vec{v}_A$ θα θεωρούμε την φορά από την πηγή προς τον παρατηρητή.

Τέλος δεχόμαστε ότι ο αέρας, που αποτελεί το μέσον διάδοσης των ηχητικών κυμάτων, είναι ακίνητος. Οι ταχύτητες $\vec{v}_S$ και $\vec{v}_A$ είναι υπολογισμένες σε σχέση με τον αέρα. Επίσης η ταχύτητα v με την οποία διαδίδεται ο ήχος στον αέρα είναι σταθερή και η φορά της θεωρείτε πάντα θετική.

5.1 Ακίνητη πηγή - Ακίνητος παρατηρητής

Θεωρούμε μια ακίνητη ως προς το μέσο διάδοσης πηγή S που εκπέμπει προς όλες τις κατευθύνσεις ήχο συχνότητας f_S. Τα κύματα διαδίδονται με ταχύτητα v και έχουν μήκος κύματος λ, τα οποία συνδέονται με την θεμελιώδη εξίσωση της κυματικής:

$$v = \lambda f_S \Rightarrow f_S = \frac{v}{\lambda}$$

Στο σχήμα βλέπουμε ένα στιγμιότυπο του κύματος. Οι ομόκεντροι κύκλοι παριστάνουν τα διαδοχικά μέγιστα του κύματος σε μια χρονική στιγμή. Είναι σαφές ότι δύο μέγιστα απέχουν μεταξύ τους απόσταση λ.
Ένας παρατηρητής Α, ο οποίος είναι επίσης ακίνητος ως προς τον αέρα, υπολογίζει συχνότητα ήχου f_A, μετρώντας τα μέγιστα που φτάνουν σε αυτόν ανα μονάδα χρόνου. Όμως στην μονάδα του χρόνου, όσα μέγιστα παράγει η πηγή, τόσα μέγιστα φτάνουν στον παρατηρητή, άρα θα αντιλαμβάνεται την ίδια συχνότητα με εκείνη που η πηγή εκπέμπει.

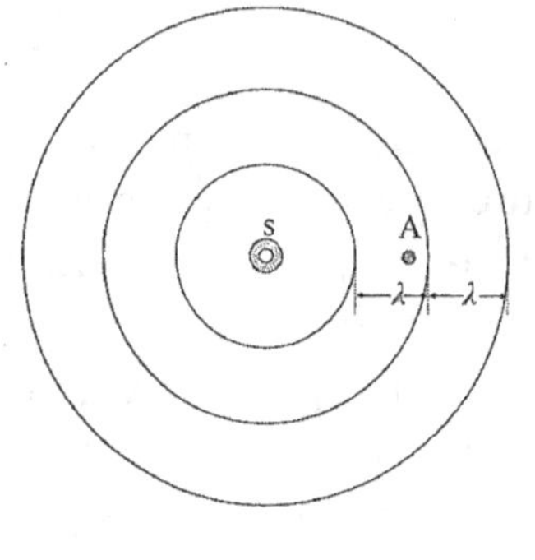

$$f_A = f_S = \frac{\upsilon}{\lambda}$$

Άρα στην περίπτωση που δεν υπάρχει σχετική κίνηση πηγής - παρατηρητή δεν παρατηρούμε αλλαγή στην συχνότητα που ο παρατηρητής αντιλαμβάνεται!

5.2 Ακίνητη πηγή - Κινούμενος παρατηρητής

Ο παρατηρητής πλησιάζει

Θεωρούμε ότι ένα παρατηρητής Α πλησιάζει προς την ακίνητη πηγή S με ταχύτητα $\vec{\upsilon}_A$, όπως φαίνεται στο σχήμα. Τώρα στην μονάδα του χρόνου φτάνουν στον παρατηρητή περισσότερα μέγιστα κύματος από αυτά που η πηγή παράγει στον ίδιο χρόνο, αφού το μέτρο της ταχύτητας με την οποία διαδίδεται ο ήχος, ως προς τον παρατηρητή είναι μεγαλύτερη λόγω της σχετικής κίνησης παρατηρητή - ήχου.

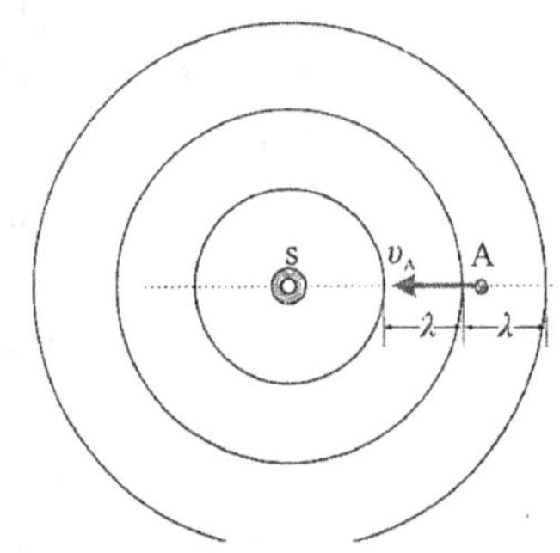

Γενικά για την σχετική ταχύτητα ενός κινούμενου σώματος Α σε σχέση με ένα κινούμενο σώμα Β μπορούμε να γράψουμε $\vec{\upsilon}_{A,B} = \vec{\upsilon}_A - \vec{\upsilon}_B$, όπου οι ταχύτητες $\vec{\upsilon}_A$, $\vec{\upsilon}_B$ είναι υπολογισμένες ως προς ένα ακίνητο παρατηρητή.

Στην δική μας περίπτωση η ταχύτητα του ήχου ως προς τον κινούμενο παρατηρητή Α θα υπολογίζετε με βάση το παραπάνω ως εξής:

$$\vec{\upsilon'} = \vec{\upsilon} - \vec{\upsilon}_A \Rightarrow \upsilon' = \upsilon - (-\upsilon_A) = \upsilon + \upsilon_A$$

Το μήκος κύματος που η πηγή εκπέμπει δίνεται πάλι από την σχέση: $\lambda = \frac{\upsilon}{f_S}$.

Ο παρατηρητής μετράει ακριβώς το ίδιο μήκος κύματος λ ως εάν ήταν ακίνητος, αλλά βλέπει τα μέγιστα να τον προσπερνούν

Η τιμή του μήκους κύματος είναι η ίδια και στα δύο συστήματα αναφοράς, στο σύστημα αναφοράς της πηγής και του κινούμενου παρατηρητή. Έτσι η συχνότητα που ο παρατηρητής αντιλαμβάνεται θα είναι:

$$f_A = \frac{\upsilon'}{\lambda} = \frac{\upsilon + \upsilon_A}{\lambda} = \frac{\upsilon + \upsilon_A}{\upsilon / f_S} \Rightarrow f_A = \frac{\upsilon + \upsilon_A}{\upsilon} f_S$$

Επειδή $\upsilon + \upsilon_A > \upsilon$ προκύπτει από την τελευταία σχέση ότι ο ήχος που αντιλαμβάνεται ο παρατηρητής είναι μεγαλύτερης συχνότητας (οξύτερος) από εκείνο που η πηγή εκπέμπει ($f_A > f_S$).

Ο παρατηρητής απομακρύνεται

Θεωρούμε ότι ένας παρατηρητής Α απομακρύνεται από την ακίνητη ως προς τον αέρα πηγή S με ταχύτητα $\vec{\upsilon}_A$. Τώρα στην μονάδα του χρόνου φτάνουν στον παρατηρητή λιγότερα μέγιστα του κύματος από αυτά που η πηγή στον ίδιο χρόνο παράγει, αφού το μέτρο της ταχύτητας με την οποία διαδίδεται ο ήχος, ως προς την παρατηρητή είναι μικρότερη λόγω της σχετικής κίνησης. Με βάση τα παραπάνω:

$$\vec{\upsilon'} = \vec{\upsilon} - \vec{\upsilon}_A \Rightarrow \upsilon' = \upsilon - \upsilon_A = \upsilon - \upsilon_A$$

Άρα σε αυτή την περίπτωση η συχνότητα που ο παρατηρητής αντιλαμβάνεται θα είναι:

$$f_A = \frac{\upsilon'}{\lambda} = \frac{\upsilon - \upsilon_A}{\lambda} = \frac{\upsilon - \upsilon_A}{\upsilon / f_S} \Rightarrow f_A = \frac{\upsilon - \upsilon_A}{\upsilon} f_S$$

Επειδή $\upsilon - \upsilon_A < \upsilon$ προκύπτει από την τελευταία σχέση ότι ο ήχος που αντιλαμβάνεται ο παρατηρητής είναι μικρότερης συχνότητας (βαρύτερος) από εκείνο που η πηγή εκπέμπει ($f_A < f_S$).

5.3 Κινούμενη πηγή - Ακίνητος παρατηρητής

Η πηγή πλησιάζει

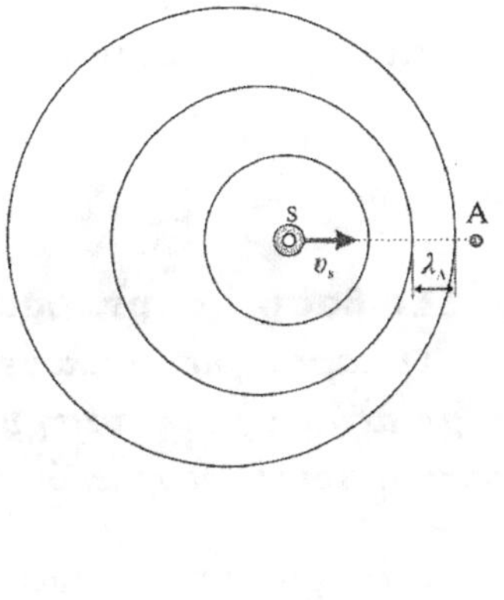

Υποθέτουμε ότι μια πηγή ήχου S κινείται με ταχύτητα $\vec{\upsilon}_S$, πλησιάζοντας έναν ακίνητο παρατηρητή Α. Η ταχύτητα διάδοσης του ήχου, ως προς τον αέρα θα είναι υ γιατί εξαρτάται μόνο από τις ιδιότητες του μέσου διάδοσης και όχι από την κίνηση της πηγής. Η θεμελιώδης εξίσωση της κυματικής για την πηγή θα είναι $\upsilon = \lambda f_S$.Από το σχήμα φαίνεται ότι καθώς η πηγή κατευθύνεται προς τον παρατηρητή "συμπιέζει" τα διαδοχικά μέγιστα του κύματος, με αποτέλεσμα ο παρατηρητής να τα ανιχνεύει με μικρότερο μήκος κύματος από εκείνο που η πηγή εκπέμπει.

Ποιο συγκεκριμένα ο παρατηρητής αντιλαμβάνεται ως μήκος κύματος λ_A την απόσταση δύο διαδοχικών μεγίστων που φτάνουν σε αυτόν. Η πηγή εκπέμπει κύματα και ταυτόχρονα κινείται. Ο χρόνος που μεσολαβεί κατά την εκπομπή δύο διαδοχικών κυμάτων είναι μια περίοδος Τ της ταλάντωσης της πηγής. Άρα μέχρι η πηγή έχει προχωρήσει κατά $x = \upsilon_S T$ μέχρι να εκπέμψει το επόμενο κύμα. Επομένως η απόσταση δύο διαδοχικών μεγίστων θα είναι $\lambda - \upsilon_S T$. Αυτή η απόσταση είναι και το μήκος κύματος λ_A που ο παρατηρητής αντιλαμβάνεται. Άρα η συχνότητα που ο παρατηρητής αντιλαμβάνεται θα είναι:

$$f_A = \frac{\upsilon}{\lambda_A} = \frac{\upsilon}{\lambda - \upsilon_S T} = \frac{\upsilon}{\frac{\upsilon}{f_S} - \frac{\upsilon_S}{f_S}} \Rightarrow f_A = \frac{\upsilon}{\upsilon - \upsilon_S} f_S$$

Επειδή $\upsilon - \upsilon_S < \upsilon$ προκύπτει από την τελευταία σχέση ότι ο ήχος που αντιλαμβάνεται ο παρατηρητής είναι μεγαλύτερης συχνότητας (οξύτερος) από εκείνο που η πηγή εκπέμπει ($f_A > f_S$).

Η πηγή απομακρύνεται

Αν υποθέσουμε ότι μία πηγή ήχου S απομακρύνεται με ταχύτητα $\vec{\upsilon}_S$ από τον παρατηρητή Α, τότε με το αντίστοιχο σκεπτικό που παραπάνω αναλύσαμε είναι σαφές ότι ο παρατηρητής Α θα αντιλαμβάνεται δύο διαδοχικά μέγιστα του κύματος σε μεγαλύτερη απόσταση μεταξύ τους, αφού η πηγή σε χρόνο μίας περιόδου θα έχει απομακρυνθεί κατά $\upsilon_S T$. Το μήκος κύματος που ο παρατηρητής θα αντιλαμβάνεται θα είναι $\lambda + \upsilon_S T$. Άρα η συχνότητα που ο παρατηρητής αντιλαμβάνεται θα είναι:

$$f_A = \frac{\upsilon}{\lambda_A} = \frac{\upsilon}{\lambda + \upsilon_S T} = \frac{\upsilon}{\frac{\upsilon}{f_S} + \frac{\upsilon_S}{f_S}} \Rightarrow f_A = \frac{\upsilon}{\upsilon + \upsilon_S} f_S$$

Επειδή $\upsilon + \upsilon_S > \upsilon$ προκύπτει από την τελευταία σχέση ότι ο ήχος που αντιλαμβάνεται ο παρατηρητής είναι μικρότερης συχνότητας (βαρύτερος) από εκείνο που η πηγή εκπέμπει ($f_A < f_S$).

5.4 Γενικές παρατηρήσεις

Αν κινούνται τόσο η πηγή όσο και ο παρατηρητής σε σχέση με τον αέρα ή γενικά το μέσο διάδοσης, τότε η σχέση που μας δίνει την συχνότητα που αντιλαμβάνεται ο παρατηρητής δίνεται από τον συνδυασμό όλων των παραπάνω περιπτώσεων.

$$f_A = \frac{\upsilon \pm \upsilon_A}{\upsilon \mp \upsilon_S} f_S \tag{5.1}$$

Το βασικό συμπέρασμα που προκύπτει είναι ότι:

Ο παρατηρητής ακούει ήχο με μεγαλύτερη συχνότητα από εκείνο της πηγής, όταν η μεταξύ τους απόσταση μειώνεται, και με συχνότητα μικρότερη από εκείνο της πηγής όταν η μεταξύ τους απόσταση αυξάνεται. **Προσοχή στα πρόσημα!**

- ο αριθμητής αναφέρεται στην κίνηση του παρατηρητή με το (+) να αντιστοιχεί στον παρατηρητή που πλησιάζει την πηγή και το (-) στον παρατηρητή που απομακρύνεται από την πηγή.

- ο παρανομαστής αναφέρεται στην κίνηση της πηγής με το (-) να αντιστοιχεί στην πηγή που πλησιάζει τον παρατηρητή και το (+) στην πηγή που απομακρύνεται από τον παρατηρητή.

Χρονική Διάρκεια εκπομπής και χρονική διάρκεια λήψης του ήχου

Στο φαινόμενο *Doppler* δεν έχουμε μόνο αλλαγή στην συχνότητα που ακούει ο παρατηρητής, αλλά και στην χρονική διάρκεια του ήχου που ακούει (Δt_A). Υποθέτουμε ότι η πηγή εκπέμπει τον ήχο για χρονική διάρκεια Δt_S. Από τον ορισμό της συχνότητας έχουμε ότι:

$$f_A = \frac{N_A}{\Delta t_A} \qquad f_S = \frac{N_S}{\Delta t_S}$$

Ο αριθμός των κυμάτων που η πηγή εκπέμπει (N_S) είναι ίσος με τον αριθμό των κυμάτων που φτάνουν στον παρατηρητή (N_A). Άρα προκύπτει:

$$f_A \Delta t_A = f_S \Delta t_S \Rightarrow \Delta t_A = \frac{f_S}{f_A} \Delta t_S$$

Προφανώς, όταν ο παρατηρητής και η πηγή δεν βρίσκονται σε σχετική κίνηση μεταξύ τους, τότε $f_A = f_S$, άρα και οι χρονικές διάρκειες θα είναι ίσες.

Πηγή και παρατηρητής που δεν κινούνται πάνω σε ευθεία που ενώνει πηγή με παρατηρητή

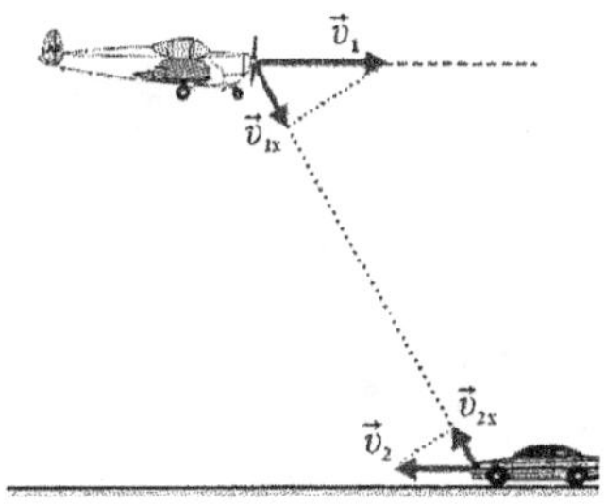

Όταν η πηγή κινείται με ταχύτητα $\vec{v}_S$ που δεν βρίσκεται πάνω στην ευθεία πηγής - παρατηρητή, τότε πρέπει να προσέξουμε τον τρόπο εφαρμογής των παραπάνω σχέσεων. Επιλέγουμε ως ταχύτητα του παρατηρητή ή ταχύτητα της πηγής την προβολή των ταχυτήτων τους πάνω στην ευθεία που ενώνει πηγή - παρατηρητή και εφαρμόζουμε την ανάλογη σχέση.

Πηγή ή παρατηρητής που εκτελούν μεταβαλλόμενη κίνηση

Όταν η κίνηση της πηγής ή του παρατηρητή δεν είναι ομαλή, τότε και η συχνότητα που αντιλαμβάνεται ο παρατηρητής θα μεταβάλλεται και αυτή με τον χρόνο.

Στην περίπτωση της κινούμενης πηγής η ταχύτητα της θα είναι μια συνάρτηση του χρόνου $\upsilon_S(t)$ ανάλογα βέβαια με το είδος της κίνησης. Αν για παράδειγμα η πηγή εκτελεί μια απλή αρμονική ταλάντωση τότε $\upsilon_S = \omega A \sigma \upsilon \nu(\omega t + \phi_0)$.

Στην περίπτωση του κινούμενου παρατηρητή η ταχύτητα του θα είναι μια συνάρτηση του χρόνου $\upsilon_A(t)$. Αν για παράδειγμα ο παρατηρητής επιταχύνεται ευθύγραμμα και ομαλά $\upsilon_S = \alpha_S t$

Πρόταση Μελέτης Λύσε από τον **'Β τόμο των Γ. Μαθιουδάκη & Γ.Παναγιωτακόπουλου** τις ακόλουθες ασκήσεις: 9.1 - 9.45, 9.50, 9.51, 9.53, 9.54, 9.56, 9.57, 9.58, 9.61, 9.62, 9.63, 9.65, 9.67, 9.68, 9.71

Μέρος Ι

Σετ Ασκήσεων 2012 - 2013

Απλή Αρμονική Ταλάντωση
1ο Σετ Ασκήσεων - Καλοκαίρι 2012

Α. Ερωτήσεις πολλαπλής επιλογής

Α.1.Σημειακό αντικείμενο εκτελεί απλή αρμονική ταλάντωση. Η απομάκρυνση x από την θέση ισορροπίας του είναι:

α. ανάλογη του χρόνου

β. αρμονική συνάρτηση του χρόνου

γ. ανάλογη του τετραγώνου του χρόνου

δ. ομόρροπή με την δύναμη επαναφοράς

Α.2. Η ταχύτητα υ σημειακού αντικειμένου το οποίο εκτελεί απλή αρμονική ταλάντωση:

α. είναι μέγιστη κατα μέτρο στην θέση $x = 0$

β. έχει την ίδια φάση με την απομάκρυνση x

γ. είναι μέγιστη στις θέσεις $x = \pm A$

δ. έχει την ίδια φάση με την δύναμη επαναφοράς

Α.3. Η επιτάχυνση α σημειακού αντικειμένου το οποίο εκτελεί απλή αρμονική ταλάντωση:

α. είναι σταθερή

β. είναι ανάλογη και αντίθετη της απομάκρυνσης x

γ. έχει την ίδια φάση με την ταχύτητα

δ. γίνεται μέγιστη στην θέση $x = 0$

Α.4. Η φάση της απλής αρμονικής ταλάντωσης:

α. αυξάνεται γραμμικά με τον χρόνο

β. είναι σταθερή

γ. ελαττώνεται γραμμικά με τον χρόνο

δ. είναι ανάλογη του τετραγώνου του χρόνου

Α.5. Η επιτάχυνση ενός απλού αρμονικού ταλαντωτή:

α. έχει πάντοτε φορά αντίθετη με την φορά της ταχύτητας

β. είναι μηδέν, όταν η ταχύτητα είναι μηδέν

γ. ελαττώνεται, όταν αυξάνεται η δυναμική ενέργεια

δ. ελαττώνεται, όταν αυξάνεται η κινητική ενέργεια.

Α.6. Όταν η συχνότητα της απλής αρμονικής ταλάντωσης διπλασιάζεται :

α. διπλασιάζεται η μέγιστη ταχύτητα και η μέγιστη επιτάχυνση της

β. μένει ίδια η μέγιστη ταχύτητα της και τετραπλασιάζεται η μέγιστη επιτάχυνση της

γ. διπλασιάζεται η μέγιστη ταχύτητα της και μένει ίδια η μέγιστη επιτάχυνση της

δ. διπλασιάζεται η μέγιστη ταχύτητα της και τετραπλασιάζεται η μέγιστη επιτάχυνση της

Α.7. Η Δύναμη επαναφοράς που επενεργεί πάνω σε ένα σώμα που εκτελεί απλή αρμονική ταλάντωση μεταβάλλεται με την απομάκρυνση σύμφωνα με τη γραφική παράσταση:

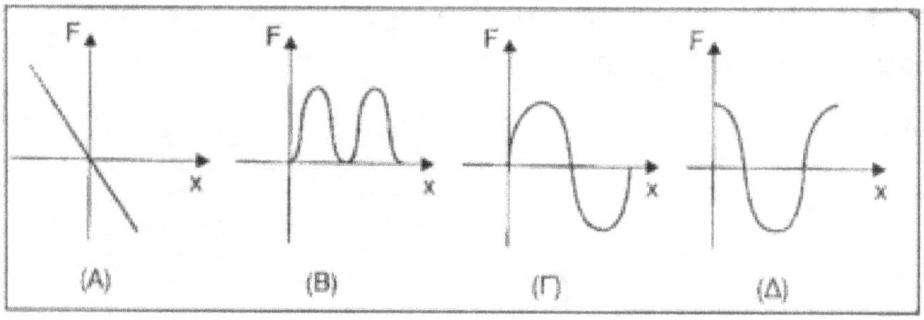

Α.8. Στην Απλή Αρμονική Ταλάντωση η διαφορά φάσης μεταξύ ταχύτητας και δύναμης επαναφοράς είναι:

α. μηδέν

β. π

γ. $\frac{\pi}{2}$

δ. $\frac{\pi}{4}$

Α.9. Η ταχύτητα ενός σώματος που εκτελεί απλή αρμονική ταλάντωση μεταβάλλεται όπως στο σχήμα,

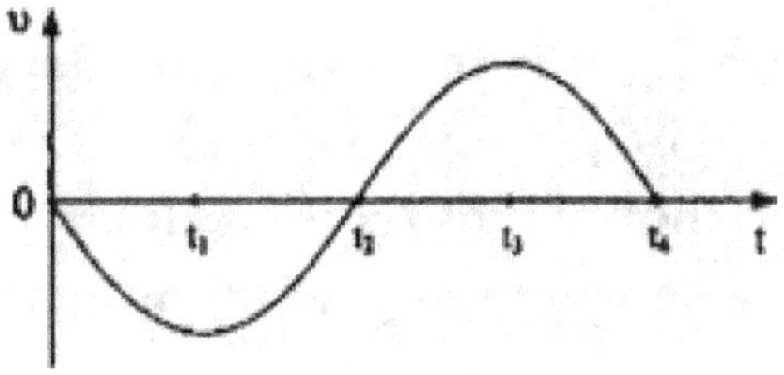

α. τη στιγμή t_1 το σώμα έχει μέγιστη απομάκρυνση.

β. τη στιγμή t_3 το σώμα έχει μέγιστη επιτάχυνση.

γ. τη στιγμή t_1, στο σώμα ασκείται η μέγιστη δύναμη επαναφοράς.

δ. τη στιγμή t_4, στο σώμα ασκείται η μέγιστη δύναμη επαναφοράς.

Α.10. Η επιτάχυνση ενός σώματος που εκτελεί απλή αρμονική ταλάντωση μεταβάλλεται όπως στο σχήμα,

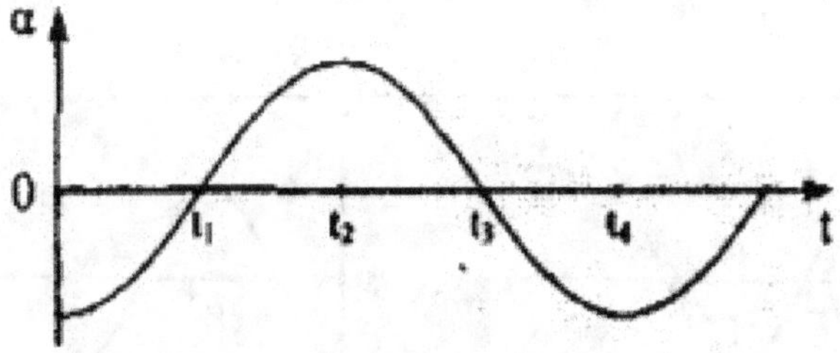

α. τη στιγμή t_1 το σώμα βρίσκεται σε μέγιστη απομάκρυνση.

β. τη στιγμή t_2 το σώμα έχει μηδενική ορμή.

γ. τη στιγμή t_3 το σώμα έχει μηδενική ταχύτητα.

δ. το χρονικό διάστημα από τη στιγμή t_2 έως τη στιγμή t_4 ειναι $\frac{T}{4}$.

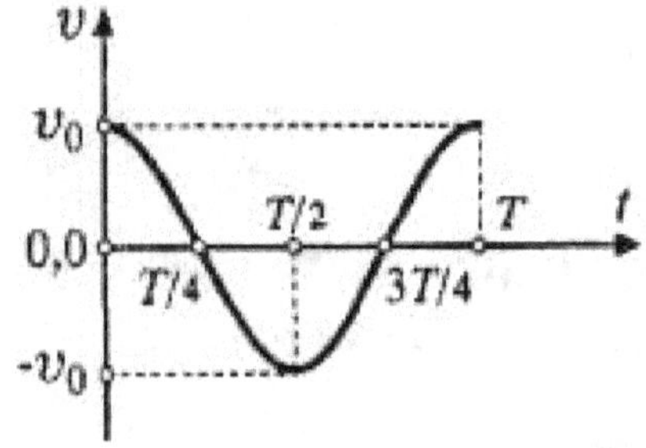

Α.11. Η γραφική παράσταση του σχήματος δείχνει πως μεταβάλλεται η ταχύτητα ενός σώματος, το οποίο εκτελεί απλή αρμονική ταλάντωση σε συνάρτηση με τον χρόνο.Ποιες από τις παρακάτω προτάσεις είναι σωστές και ποιες λανθασμένες·

α. Τη χρονική στιγμή $t = \frac{T}{4}$ η απομάκρυνση του σώματος από την θέση ισορροπίας είναι μηδέν.

β. Τη χρονική στιγμή $t = \frac{T}{4}$ η σταθερά επαναφοράς είναι μέγιστη.

γ. Τη χρονική στιγμή $t = \frac{T}{2}$ η επιτάχυνση του σώματος είναι μηδέν.

δ. Τη χρονική στιγμή $t = \frac{3T}{4}$ η δύναμη επαναφοράς είναι μηδέν.

Α.12. Ένα σώμα εκτελεί απλή αρμονική ταλάντωση και την χρονική στιγμή $t = 0$ βρίσκεται σε θέση μέγιστης θετικής απομάκρυνσης. Σε ποιο από τα διπλανά διαγράμματα απεικονίζεται η απομάκρυνση σε ποιο η ταχύτητα και σε ποιο η επιτάχυνση σε συνάρτηση με τον χρόνο.

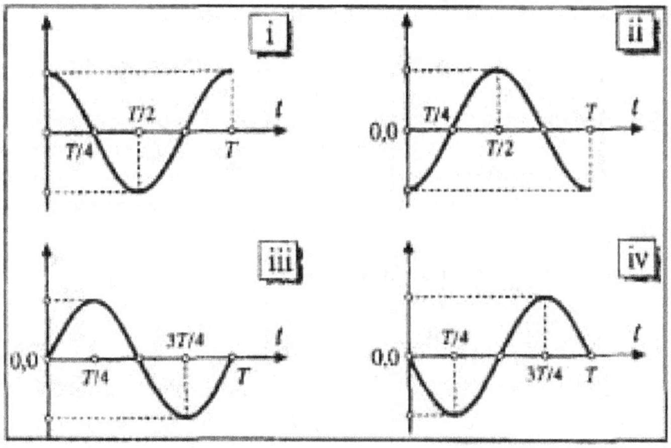

Α.13. Ένα υλικό σημείο που εκτελεί απλή αρμονική ταλάντωση διέρχεται από την θέση ισορροπίας του. Το μέγεθος που δεν αλλάζει πρόσημο είναι:

α. η απομάκρυνση του

β. η ταχύτητα του

γ. η επιτάχυνση του

δ. η δύναμη επαναφοράς

Α.14. Στην απλή αρμονική ταλάντωση τα μεγέθη που παίρνουν ταυτόχρονα την μέγιστη ή την ελάχιστη τιμή τους είναι:

α. η απομάκρυνση και η ταχύτητα

β. η απομάκρυνση και η επιτάχυνση

γ. η ταχύτητα και η δύναμη επαναφοράς

δ. η επιτάχυνση και η δύναμη επαναφοράς

Α.15. Ένα σώμα εκτελεί απλή αρμονική ταλάντωση. Η επιτάχυνση του γίνεται μέγιστη όταν:

α. η απομάκρυνση του μηδενίζεται

β. η ταχύτητα του γίνεται μέγιστη

γ. η δύναμη επαναφοράς μηδενίζεται

δ. η ταχύτητα του μηδενίζεται

Α.16. Η χρονική εξίσωση της απομάκρυνσης ενός σώματος που εκτελεί απλή αρμονική ταλάντωση είναι $x = A\eta\mu(\omega t + \frac{\pi}{2})$. Η ταχύτητα και η επιτάχυνση έχουν θετική αλγεβρική τιμή, στην διάρκεια μιας περιόδου κατά το χρονικό διάστημα:

α. $\frac{T}{2} \to \frac{3T}{4}$

β. $0 \to \frac{T}{4}$

γ. $\frac{T}{4} \to \frac{T}{2}$

δ. $\frac{3T}{4} \to T$

Α.17. Στο πρότυπο του απλού αρμονικού ταλαντωτή, η δυναμική του ενέργεια:

α. έχει την μέγιστη τιμή της στην θέση ισορροπίας.

β. είναι ίση με την ολική του ενέργεια στις θέσεις $\pm A$.

γ. έχει πάντοτε μεγαλύτερη τιμή από την κινητική του ενέργεια.

δ. έχει αρνητική τιμή στις θέσεις $-A \leq x \leq 0$.

Α.18.Στο πρότυπο του απλού αρμονικού ταλαντωτή, η κινητική του ενέργεια:

α. στη θέση $x = 0$ είναι ίση με την ολική του ενέργεια.

β. είναι πάντοτε μεγαλύτερη από την δυναμική του ενέργεια.

γ. εξαρτάται από την κατεύθυνση κίνησης της μάζας.

δ. παίρνει μηδενική τιμή μια φορά στην διάρκεια μιας περιόδου.

Α.19. Στο πρότυπο του απλού αρμονικού ταλαντωτή, η ολική του ενέργεια:

α. μεταβάλλεται αρμονικά με τον χρόνο.

β. είναι πάντοτε μικρότερη από την δυναμική του ενέργεια.

γ. είναι πάντοτε μεγαλύτερη από την κινητική του ενέργεια.

δ. καθορίζει το πλάτος της ταλάντωσης και την μέγιστη ταχύτητα υ_{max}.

Α.20. Σύστημα ελατηρίου -σώματος εκτελεί απλή αρμονική ταλάντωση πλάτους Α. Αν διπλασιάσουμε την μάζα του σώματος και το πλάτος της ταλάντωσης παραμείνει σταθερό τότε μεταβάλλεται:

α. η ενέργεια της ταλάντωσης.

β. η συχνότητα της ταλάντωσης

γ. η σταθερά επαναφοράς

δ. η μέγιστη δύναμη επαναφοράς

Α.21. Ελατήριο αμελητέας μάζας επιμηκύνεται κατά l , όταν σε αυτό αναρτάται μάζα m και μπορεί να εκτελεί απλή αρμονική ταλάντωση με συχνότητα f_0. Αν στο ελατήριο αναρτηθεί σώμα μάζας $3m$, η συχνότητα της ταλάντωσης του συστήματος γίνεται:

α. $\frac{f_0}{3}$

β. f_0

γ. $\sqrt{3}f_0$

δ. $\frac{\sqrt{3}f_0}{3}$

Α.22. Σύστημα μάζας - ελατηρίου εκτελεί αρμονική ταλάντωση σε κατακόρυφο άξονα. Για την ταλάντωση του ισχύουν τα εξής:

α. Η θέση ισορροπίας της ταλάντωσης ταυτίζεται με το φυσικό μήκος του ελατηρίου.

β. Η δύναμη επαναφοράς ταυτίζεται με την δύναμη που ασκεί το ελατήριο στο σώμα.

γ. Η μέγιστη ενέργεια της ταλάντωσης δεν είναι ίση με με την μέγιστη δυναμική ενέργεια του ελατηρίου.

δ. Το σώμα αποκτά την μέγιστη ταχύτητα του όταν διέρχεται από την θέση του φυσικού μήκους του ελατηρίου.

Α.23. Σώμα μάζας m εκτελεί απλή αρμονική ταλάντωση δεμένο στο ελεύθερο άκρο κατακόρυφου ελατηρίου. Η ενέργεια ταλάντωσης είναι ίση με:

α. τη δυναμική ενέργεια του ελατηρίου.

β. την κινητική ενέργεια του σώματος στην ακραία θέση της ταλάντωσης.

γ. το άθροισμα της κινητικής και δυναμικής ενέργειας του ελατηρίου σε μια θέση.

δ. το έργο της εξωτερικής δύναμης που ασκήσαμε στο σώμα για να το θέσουμε σε ταλάντωση.

Α.24. Στην απλή αρμονική ταλάντωση στην διάρκεια μιας περιόδου:

α. η δυναμική ενέργεια γίνεται μέγιστη μόνο μια φορά.

β. η δυναμική ενέργεια γίνεται ίση με την κινητική μόνο μια φορά.

γ. η κινητική ενέργεια γίνεται ίση με την ολική δύο φορές.

δ. η κινητική ενέργεια παίρνει αρνητικές τιμές όταν $-\upsilon_{max} \leq \upsilon \leq 0$.

Α.25. Σύστημα μάζας ελατηρίου εκτελεί απλή αρμονική ταλάντωση σε λείο οριζόντιο επίπεδο πλάτους Α. Διπλασιάζουμε την μάζα του σώματος διατηρώντας το ίδιο πλάτος ταλάντωσης. Για την νέα ταλάντωση ισχύει:

α. Η περίοδος διπλασιάζεται.

β. Η μέγιστη ταχύτητα υποδιπλασιάζεται.

γ. Η μέγιστη ενέργεια της ταλάντωσης μένει ίδια.

δ. Η μέγιστη κινητική ενέργεια υποδιπλασιάζεται.

Α.26.Στο διάγραμμα του σχήματος φαίνεται η γραφική παράσταση της δύναμης επαναφοράς σε συνάρτηση με την θέση για ένα σώμα μάζας $m = 1kg$ που εκτελεί απλή αρμονική ταλάντωση.

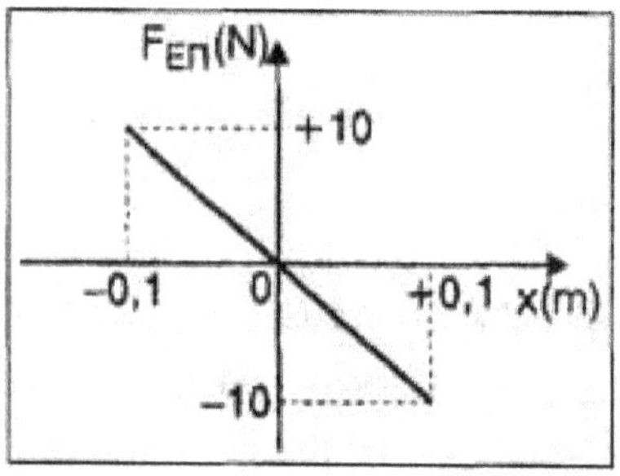

α. Η περίοδος της ταλάντωση είναι $5s$

β. Η σταθερά επαναφοράς είναι $100N/m$

γ. Το μέτρο της μέγιστης επιτάχυνσης είναι $10m/s^2$

δ. Η εξίσωση του περιγράφει την γραφική παράσταση είναι η $F = -10x$

Α.27. Η γραφική παράσταση $x = f(t)$ για ένα σώμα που εκτελεί απλή αρμονική ταλάντωση παριστάνεται στο σχήμα.

α. Τις χρονικές στιγμές $2s$ και $6s$ η ταχύτητα του σώματος μηδενίζεται.

β. Τις χρονικές στιγμές $0s, 4s$ και $8s$ η κινητική ενέργεια του σώματος γίνεται μέγιστη.

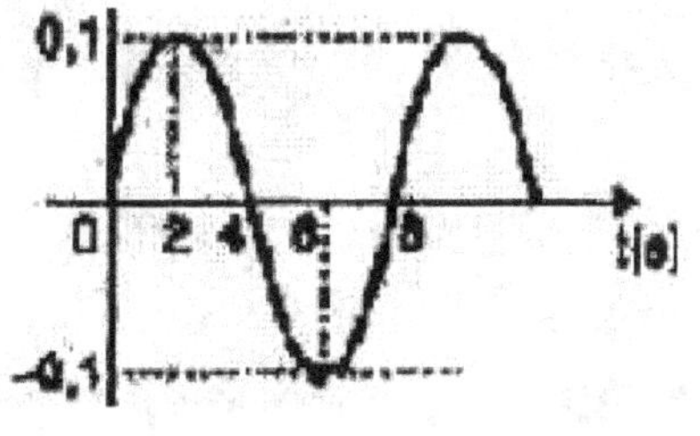

γ. Την χρονική στιγμή $t = 6s$ η επιτάχυνση είναι $a = \frac{1}{16}m/s^2(\pi^2 = 10)$.

δ. Στο χρονικό διάστημα $4s \rightarrow 6s$ η δύναμη επαναφοράς έχει θετική αλγεβρική τιμή.

Α.28.Η χρονική εξίσωση της απομάκρυνσης για σώμα που εκτελεί απλή αρμονική ταλάντωση είναι $x = A\eta\mu(\omega t + \frac{\pi}{2}$. Ποιο από τα διαγράμματα αποδίδει σωστά την σχέση $\upsilon = f(t)$·

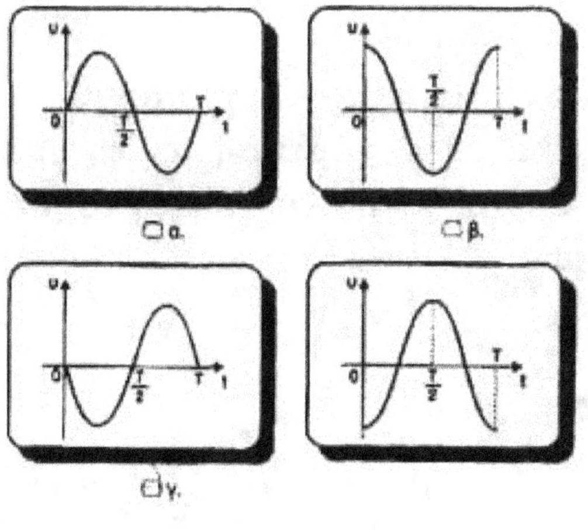

Α.29. Σύστημα μάζας ελατηρίου εκτελεί απλή αρμονική ταλάντωση πλάτους Α σε λείο οριζόντιο δάπεδο. Αν διπλασιάσουμε το πλάτος της ταλάντωσης τότε :

α. διπλασιάζεται η ενέργεια ταλάντωσης.

β. διπλασιάζεται η περίοδος.

γ. διπλασιάζεται η μέγιστη δύναμη επαναφοράς.

δ. τετραπλασιάζεται η μέγιστη επιτάχυνση.

Β. Ερωτήσεις πολλαπλής επιλογής με αιτιολόγηση

Β.1. Ένα σώμα, μάζας m, εκτελεί απλή αρμονική ταλάντωση έχοντας ολική ενέργεια Ε. Χωρίς να αλλάξουμε τα φυσικά χαρακτηριστικά του συστήματος, προσφέρουμε στο σώμα επιπλέον ενέργεια 3Ε. Τότε η μέγιστη ταχύτητα ταλάντωσης:

α. μένει σταθερή.

β. διπλασιάζεται.

γ. τετραπλασιάζεται.

Να επιλέξετε τη σωστή απάντηση και να αιτιολογήσετε την επιλογή σας.

Β.2. Η γραφική παράσταση της κινητικής ενέργειας ενός απλού αρμονικού ταλαντωτή σε συνάρτηση με το χρόνο φαίνεται στο παρακάτω σχήμα. Τη χρονική στιγμή t_1 η ταχύτητα του σώματος έχει θετικό πρόσημο.

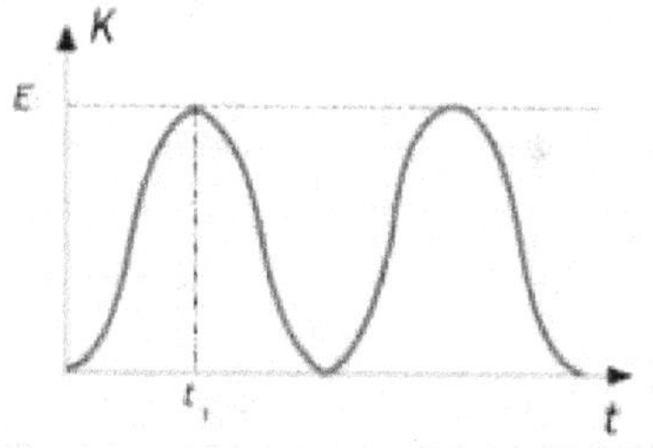

Η γραφική παράσταση της απομάκρυνσης σε συνάρτηση με το χρόνο είναι η:

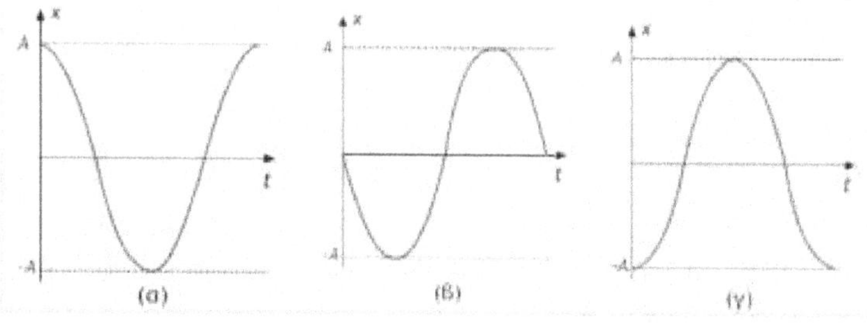

Να επιλέξετε τη σωστή απάντηση και να αιτιολογήσετε την επιλογή σας.

Β.3. Σώμα Α είναι δεμένο σε κατακόρυφο ιδανικό ελατήριο, το άλλο άκρο του οποίου είναι στερεωμένο σε ακλόνητο σημείο στην οροφή. Εκτρέπουμε κατακόρυφα το σώμα Α από τη θέση ισορροπίας του κατά d, προσφέροντας ενέργεια E_1 και το αφήνουμε ελεύθερο να κινηθεί από τη θέση εκτροπής, οπότε αυτό εκτελεί απλή αρμονική ταλάντωση. Αντικαθιστούμε το σώμα Α με σώμα Β, που έχει μεγαλύτερη μάζα και εκτρέπουμε το σώμα Β από τη θέση ισορροπίας του κατά ίση απομάκρυνση d με τον ίδιο τρόπο. Η ενέργεια E_2 που προσφέραμε για να εκτρέψουμε το σώμα Β είναι:

α. ίση με την E_1.

β. μικρότερη από την E_1.

γ. μεγαλύτερη από την E_1.

Να επιλέξετε τη σωστή απάντηση και να αιτιολογήσετε την επιλογή σας.

Β.4. Δύο αρμονικοί ταλαντωτές (1) και (2), είναι μικρά σώματα με μάζες m_1 και m_2 ($m_1 = 4m_2$) , που είναι δεμένα σε δύο διαφορετικά ελατήρια με σταθερές k_1 και k_2 αντίστοιχα. Οι δύο ταλαντωτές έχουν ίδια ενέργεια Ε και ίδια περίοδο Τ.Με βάση τα δεδομένα αυτά, το σωστό διάγραμμα συνισταμένης δύναμης F - απομάκρυνσης x είναι το:

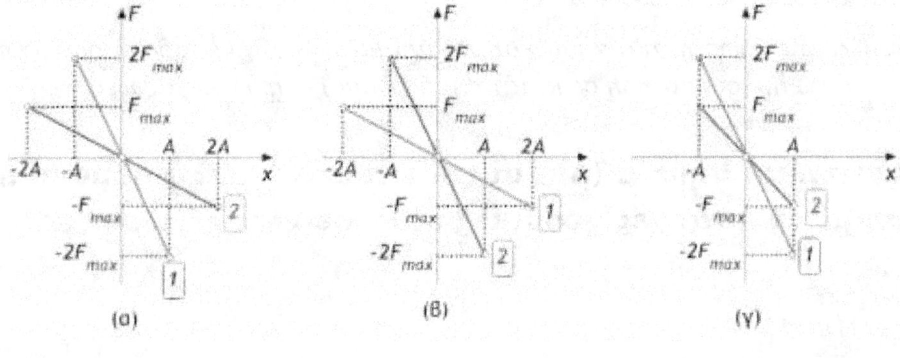

Να επιλέξετε τη σωστή απάντηση και να αιτιολογήσετε την επιλογή σας.

Β.5. Σώμα Σ_1 μάζας m είναι δεμένο σε κατακόρυφο ιδανικό ελατήριο και εκτελεί απλή αρμονική ταλάντωση πλάτους Α. Η μέγιστη δύναμη επαναφοράς, που δέχεται στη διάρκεια της ταλάντωσης είναι F_{max} και η μέγιστη επιτάχυνση α_{max}. Αντικαθιστούμε το Σ_1 με άλλο σώμα Σ_2, που έχει μεγαλύτερη μάζα m_2 από το Σ_1 και διεγείρουμε το σύστημα ώστε να εκτελέσει ταλάντωση ίδιου πλάτους Α. Τότε το σώμα Σ_2 θα ταλαντώνεται με απλή αρμονική ταλάντωση και:

Α) η μέγιστη δύναμη που θα δέχεται θα είναι :

α. μικρότερη απ' του Σ_1.

β. ίση με του Σ_1.

γ. μεγαλύτερη απ' του Σ_1.

Β) η μέγιστη επιτάχυνση του θα είναι:

α. μικρότερη απ' του Σ_1.

β. ίση με του Σ_1.

Να επιλέξετε τη σωστή απάντηση και να αιτιολογήσετε την επιλογή σας.

Β.6. Ένα σώμα μάζας $m = 1kg$ εκτελεί απλή αρμονική ταλάντωση της οποίας η απομάκρυνση περιγράφεται από τη σχέση $x = 0,02\eta\mu(4\pi t)(S.I.)$. Η δυναμική ενέργεια της ταλάντωσης σε συνάρτηση με την απομάκρυνση x περιγράφεται από την σχέση:

α. $U = 72\pi^2 x^2 (S.I.)$

β. $U = 16x^2 (S.I.)$

γ. $U = 144 - 72\pi^2 x^2 (S.I.)$

Να επιλέξετε τη σωστή απάντηση και να αιτιολογήσετε την επιλογή σας, στην συνέχεια σχεδιάστε την συνάρτηση σε κατάλληλα βαθμολογημένους άξονες.

Β.7. Δύο υλικά σημεία (Α) και (Β) εκτελούν απλή αρμονική ταλάντωση με αντίστοιχες χρονικές εξισώσεις $x_A = A\eta\mu\pi t$ και $x_B = 2A\eta\mu\frac{\pi}{2}t$.

α. $f_A = 4f_B$

β. $f_A = 2f_B$

γ. $f_A = f_B$

δ. $f_B = 4f_A$

ε. $\upsilon_{max,A} = 2\upsilon_{max,B}$

στ. $\upsilon_{max,A} = 4\upsilon_{max,B}$

ζ. $\upsilon_{max,A} = \upsilon_{max,B}$

η. $\upsilon_{max,A} = \frac{\upsilon_{max,B}}{2}$

Να επιλέξετε τη σωστή απάντηση και να αιτιολογήσετε την επιλογή σας.

Β.8.Ένα σώμα μάζας m είναι δεμένο στην ελεύθερη άκρη κατακόρυφου ελατηρίου σταθεράς k και ηρεμεί στην θέση ισορροπίας. Απομακρύνουμε το σώμα προς τα κάτω κατά Α και το αφήνουμε ελεύθερο. Το σύστημα εκτελεί απλή αρμονική ταλάντωση. Αντικαθιστούμε το ελατήριο με άλλο, σταθεράς $2k$,χωρίς να αλλάξουμε το αναρτημένο σώμα. Απομακρύνουμε το σώμα προς τα κάτω από την νέα θέση ισορροπίας κατά Α και το αφήνουμε ελεύθερο. Το σύστημα εκτελεί απλή αρμονική ταλάντωση. Ο λόγος των μέτρων των μέγιστων επιταχύνσεων $\frac{\alpha_{max,1}}{\alpha_{max,2}}$ είναι:

α. 2

β. 1

γ. $\frac{1}{2}$

Να επιλέξετε τη σωστή απάντηση και να αιτιολογήσετε την επιλογή σας.

Γ.Ασκήσεις

Γ.1. Μια σφαίρα μάζας $m = 2kg$ εκτελεί απλή αρμονική ταλάντωση γωνιακής συχνότητας $\omega = 10rad/s$.Τη χρονική στιγμή $t = 0$ βρίσκεται στη θέση όπου έχει τη μέγιστη τιμή της δύναμης επαναφοράς της ταλάντωσης $F_{max} = +20N$.

α. Να υπολογίσετε τη περίοδο και το πλάτος της ταλάντωσης.

β. Να γράψετε τη συνάρτηση απομάκρυνσης { χρόνου και να την παραστήσετε γραφικά σε κατάλληλα βαθμολογημένους άξονες. Η αρχική φάση έχει πεδίο τιμών $[0, 2\pi)$.

γ. Να βρείτε την ταχύτητα της σφαίρας τη στιγμή $t_1 = \frac{\pi}{4}$.

δ. Να βρείτε τη δυναμική και την κινητική ενέργεια ταλάντωσης της σφαίρας τη στιγμή t_1.

Γ.2. Ένα σώμα, μάζας $m = 2kg$, εκτελεί απλή αρμονική ταλάντωση. Η απόσταση των ακραίων θέσεων του υλικού σημείου είναι $d = 0,4m$ και τη χρονική στιγμή $t_0 = 0$ διέρχεται απ' τη θέση $q_1 = 0,1m$, έχοντας ταχύτητα μέτρου $v_1 = 2\sqrt{3}m/s$ με φορά προς τη θέση ισορροπίας του

α. Να υπολογίσετε το πλάτος Α και τη σταθερά επαναφοράς D της ταλάντωσης.

β. Να παραστήσετε γραφικά την Κινητική του ενέργεια σε συνάρτηση με την απομάκρυνση x από τη θέση ισορροπίας του, σε κατάλληλα βαθμολογημένους άξονες στο $S.I.$

γ. Να υπολογίσετε την γωνιακή συχνότητα ω και την αρχική φάση της ϕ_0 ταλάντωσης. Η αρχική φάση έχει πεδίο τιμών $[0, 2\pi]$).

δ. Να βρείτε ποια χρονική στιγμή περνά, για πρώτη φορά, από την ακραία θετική θέση.

Γ.3.Το διάγραμμα του σχήματος παριστάνει την ταχύτητα σε συνάρτηση με το χρόνο ενός σώματος μάζας $m = 0,5kg$, που εκτελεί απλή αρμονική ταλάντωση.

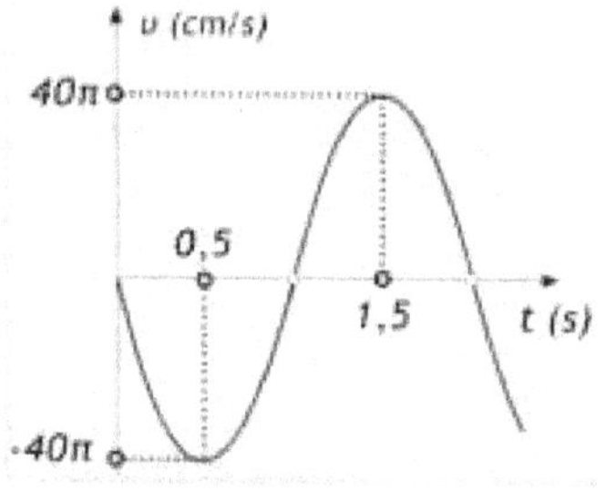

α. Να υπολογίσετε τη γωνιακή συχνότητα ω και το πλάτος Α της ταλάντωσης.

β. Να βρείτε την αρχική φάση της ταλάντωσης.

γ. Να γράψετε τη χρονική εξίσωση της συνισταμένης δύναμης, που δέχεται το σώμα. ($\pi^2 \simeq \pi^2$

δ. Να βρείτε το μέτρο της επιτάχυνσης στις θέσεις όπου η κινητική ενέργεια της ταλάντωσης είναι το 75% της ολικής ενέργειας.

Γ.4. Ένα σώμα με μάζα $m = 0,1kg$ εκτελεί απλή αρμονική ταλάντωση, μεταξύ δύο ακραίων θέσεων που απέχουν $d = 40cm$. Ο ελάχιστος χρόνος μετάβασης του σώματος από τη μια ακραία θέση στην άλλη είναι $\Delta t = 0,1\pi s$. Τη χρονική στιγμή $t_0 = 0$ το σώμα διέρχεται από τη θέση $x_0 = 0,1\sqrt{3}m$ και το μέτρο της ταχύτητάς του μειώνεται.

α. Να βρείτε το πλάτος A και τη γωνιακή συχνότητα ω της ταλάντωσης.

β. Πόση ενέργεια E προσφέραμε στο σώμα για να το θέσουμε σε ταλάντωση·

γ. Να υπολογίσετε τη δυναμική ενέργεια του σώματος, κάποια χρονική στιγμή, όταν έχει μέτρο ταχύτητας $v_1 = \sqrt{3}m/s$

δ. Να υπολογίσετε την αρχική φάση ϕ_0 ταλάντωσης.

ε. Να υπολογίσετε την απομάκρυνση και τη δυναμική ενέργεια του σώματος, τη χρονική στιγμή $t_2 = \frac{3T}{4}$

Γ.5. Ένα σώμα, μάζας $m = 0,5kg$, εκτελεί απλή αρμονική ταλάντωση με συχνότητα $f = \frac{5}{\pi}Hz$, ενώ διανύει σε κάθε περίοδο της ταλάντωσης του διάστημα $d = 2m$. Το σώμα δέχεται κατά τη διάρκεια της ταλάντωσης του, και στη διεύθυνση της κίνησής του, δύο δυνάμεις F_1 και F_2, εκ των οποίων η F_2 είναι σταθερή με μέτρο $F_2 = 10N$ και φορά αρνητική. Τη χρονική στιγμή $t = 0$ το σημείο διέρχεται επιταχυνόμενο από τη θέση $x_1 = -\frac{\sqrt{3}}{4}m$.

α. Να υπολογίσετε το πλάτος και τη σταθερά επαναφοράς D της ταλάντωσης.

β. Να υπολογίσετε την αρχική φάση ϕ_0 της ταλάντωσης.

γ. Να υπολογίσετε το ποσοστό % της κινητικής ενέργειας του σώματος ως προς την ολική ενέργεια ταλάντωσης, τη χρονική στιγμή $t = 0$.

δ. Να γράψετε την εξίσωση της δύναμης F_1 σε συνάρτηση με το χρόνο.

Γ.6. Το κάτω άκρο ενός ιδανικού ελατηρίου, σταθεράς $k = 100N/m$, είναι ακλόνητα στερεωμένο στη βάση λείου κεκλιμένου επιπέδου, γωνίας κλίσης θ=30°. Στο πάνω άκρο του ισορροπεί δεμένο σώμα, αμελητέων διαστάσεων, μάζας $m = 1kg$. Συμπιέζουμε το ελατήριο επιπλέον κατά $x_0 = 0,1m$ και τη χρονική στιγμή $t = 0$, εκτοξεύουμε το σώμα με ταχύτητα μέτρου $u_0 = 3m/s$ με φορά προς τα κάτω παράλληλη προς το κεκλιμένο επίπεδο, όπως φαίνεται στο σχήμα.

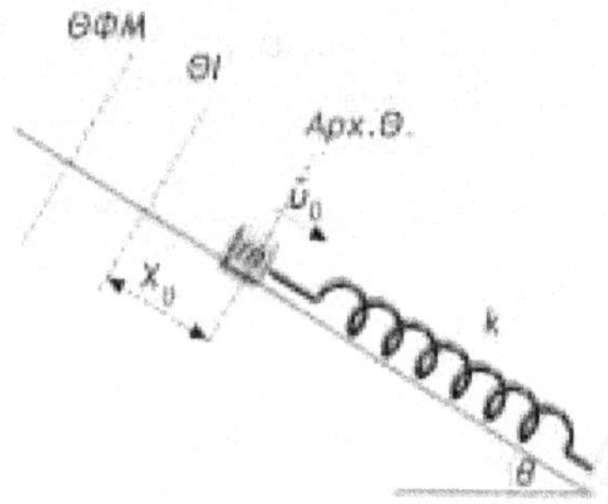

α. Να αποδείξετε ότι το σύστημα εκτελεί γραμμική αρμονική ταλάντωση και να βρείτε τη συχνότητά της.

β. Να υπολογίσετε το πλάτος ταλάντωσης Α.

γ. Να γράψετε την εξίσωση της απομάκρυνσης του σώματος σε συνάρτηση με το χρόνο. Θεωρήστε θετική φορά την προς τα κάτω.

δ. Να υπολογίσετε τη δύναμη του ελατηρίου στις θέσεις όπου μηδενίζεται η κινητική ενέργεια του σώματος.

Δίνεται ότι $g = 10m/s^2$

Γ.7. Για ένα υλικό σημείο που εκτελεί απλή αρμονική ταλάντωση ξέρουμε ότι τη χρονική στιγμή $t = 0$ βρίσκεται στο θετικό ημιάξονα ($x > 0$), κινείται προς τη θέση ισορροπίας και ισχύει $K = 3U$. Επίσης γνωρίζουμε ότι ο χρόνος μετάβασης από τη μία ακραία θέση ταλάντωσης στην άλλη είναι $\frac{\pi}{10}sec$.

α. Ποια είναι η αρχική φάση της ταλάντωσης·

β. Ποια είναι η κυκλική συχνότητα της ταλάντωσης·

γ. Όταν το υλικό σημείο βρίσκεται σε μια θέση που απέχει $x = 0,1m$ από τη Θ.Ι, έχει ταχύτητα $v = \sqrt{3}m/s$. Ποιο είναι το πλάτος της ταλάντωσης·

δ. Να γραφούν οι εξισώσεις $x = f(t), u = f(t)$ και να γίνει η γραφική παράσταση της πρώτης.

ε. Πόσος χρόνος μεσολαβεί από τη χρονική στιγμή $t = 0$ μέχρι τη στιγμή που η ταχύτητα του μηδενίζεται για πρώτη φορά·

Δ.Προβλήματα

Δ.1. Μικρή μεταλλική σφαίρα μάζας $m = 100g$ είναι δεμένη στο δεξιό ελεύθερο άκρο ενός οριζόντιου ελατηρίου σταθεράς $k = 10N/cm$, του οποίου το αριστερό άκρο είναι ακλόνητα στερεωμένο. Η σφαίρα δέχεται σταθερή δύναμη μέτρου $F = 210^2 N$, της οποίας η διεύθυνση είναι παράλληλη με τον άξονα του ελατηρίου και η φορά προς τ' αριστερά, οπότε το ελατήριο συσπειρώνεται. Εκτρέπουμε τη σφαίρα από τη θέση ισορροπίας της κατά $d = 0,1m$ προς τ' αριστερά και τη χρονική στιγμή $t = 0$ την αφήνουμε ελεύθερη να κινηθεί.

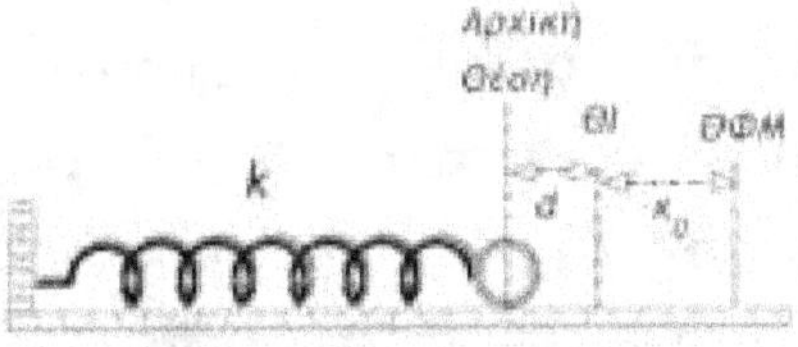

α. Να υπολογίσετε την απόσταση x_0 της θέσης ισορροπίας της σφαίρας από τη θέση φυσικού μήκους του ελατηρίου.

β. Να αποδείξετε ότι η σφαίρα θα εκτελέσει γραμμική αρμονική ταλάντωση και να

γ. Σε ποιο σημείο της τροχιάς έχει ταυτόχρονα μέγιστο μέτρο δύναμης επαναφοράς και δύναμης ελατηρίου· Βρείτε τότε το λόγο των μέτρων της μέγιστης δύναμης επαναφοράς προς τη μέγιστη δύναμη ελατηρίου.

δ. Τη στιγμή που η σφαίρα διέρχεται από τη θέση ισορροπίας της και κινείται κατά τη θετική φορά, καταργείται ακαριαία η δύναμη F. Βρείτε το λόγο της ολικής ενέργειας Ε′ της νέας ταλάντωσης προς την ολική ενέργεια Ε της αρχικής ταλάντωσης.

Δ.2. Μικρό σώμα, μάζας$m = 0,5kg$, είναι δεμένο στο ελεύθερο άκρο οριζόντιου ελατηρίου σταθεράς $k = 200N/m$ και μπορεί να κινείται σε λείο οριζόντιο επίπεδο. Το σώμα εκτελεί γραμμική αρμονική ταλάντωση δεχόμενο σταθερή οριζόντια δύναμη μέτρου $F = 50N$ προς τα δεξιά, μέσω νήματος. Όταν το σώμα βρίσκεται στη θέση, που μηδενίζεται η δυναμική ενέργεια του ελατηρίου, μεγιστοποιείται η δυναμική ενέργεια ταλάντωσης.

α. Να προσδιορίσετε τη θέση ισορροπίας του σώματος και στη συνέχεια να αποδείξετε ότι η σταθερά επαναφοράς της ταλάντωσης είναι ίση με τη σταθερά k του ελατηρίου.

β. Να υπολογίσετε την ενέργεια ταλάντωσης Ε του σώματος. Κάποια στιγμή, που τη θεωρούμε ως $t = 0$, κόβεται το νήμα, στη θέση όπου η δυναμική ενέργεια του ελατηρίου είναι μέγιστη. Το σύστημα εκτελεί νέα απλή αρμονική ταλάντωση με πλάτος A'.

γ. Θεωρώντας θετική τη φορά προς τα δεξιά, γράψτε την εξίσωση της απομάκρυνσης σε συνάρτηση με το χρόνο.

δ. Να υπολογίσετε το λόγο των ενεργειών ταλάντωσης του σώματος $\frac{E}{E'}$, πριν και μετά την κατάργηση της δύναμης F.

Δ.3. Το σύστημα των δύο σωμάτων Σ_1 και Σ_2, ίσων μαζών $m_1 = m_2 = 10kg$, ισορροπεί δεμένο στο κάτω άκρο κατακόρυφου ιδανικού ελατηρίου σταθεράς $k100N/m$.Τα σώματα έχουν αμελητέες διαστάσεις. Το Σ_1 είναι δεμένο στο ελατήριο, ενώ αβαρές νήμα μικρού μήκους συνδέει τα Σ_1 και Σ_2. Τη χρονική στιγμή $t = 0$ κόβουμε το νήμα που συνδέει τα δύο σώματα, οπότε το Σ_1 αρχίζει να εκτελεί απλή αρμονική ταλάντωση.

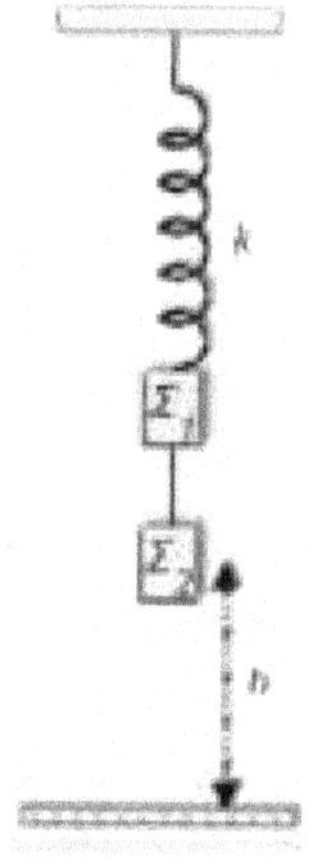

α. Να προσδιορίσετε τη θέση ισορροπίας του συστήματος των $\Sigma_1 - \Sigma_2$ και στη συνέχεια τη θέση ισορροπίας της ταλάντωσης του Σ_1 μετά το κόψιμο του νήματος.

β. Να υπολογίσετε το πλάτος ταλάντωσης A καθώς και την ολική της ενέργεια E.

γ. Θεωρώντας θετική φορά την προς τα πάνω, να γράψετε την εξίσωση απομάκρυνσης x { χρόνου t. Στη συνέχεια να την παραστήσετε γραφικά σε κατάλληλα βαθμολογημένους άξονες, στη διάρκεια της 1ης περιόδου. Θεωρήστε ότι: $\pi^2 = 10$

δ. Αν το σώμα Σ_2 έχει ως προς το δάπεδο, που βρίσκεται κάτω του, στη θέση ισορροπίας του συστήματος, βαρυτική δυναμική ενέργεια $U_{\beta\alpha\rho} = 180J$, να βρείτε ποιο απ' τα δύο θα φτάσει πρώτο: το Σ_2 στο έδαφος ή το Σ_1 στο ανώτερο σημείο της τροχιάς του. Δίνεται $g = 10m/s^2$

Δ.4. Το κάτω άκρο κατακόρυφου ιδανικού ελατηρίου σταθεράς $k = 100N/m$ είναι στερεωμένο σε οριζόντιο δάπεδο. Στο πάνω άκρο του είναι δεμένος δίσκος Σ1 μάζας $m_1 = 0,8kg$. Πάνω στο δίσκο είναι τοποθετημένος κύβος Σ_2 μάζας $m_2 = 0,2kg$. Το σύστημα αρχικά ισορροπεί. Πιέζουμε το σύστημα κατακόρυφα προς τα κάτω μεταφέροντας ενέργεια στο σύστημα ίση με $E = 2J$ και το αφήνουμε ελεύθερο.

α. Να βρείτε το πλάτος ταλάντωσης A του συστήματος, τη γωνιακή συχνότητα ω καθώς και το χρόνο Δt στον οποίο θα περάσει για 1η φορά απ' τη θέση ισορροπίας του.

β. Να γράψετε τη συνάρτηση της δύναμης επαφής N, που δέχεται ο κύβος από το δίσκο Σ_1, σε συνάρτηση με την απομάκρυνση x από τη θέση ισορροπίας του.

γ. Να υπολογίσετε την απόσταση y από τη Θέση ισορροπίας του, στην οποία ο κύβος θα χάσει την επαφή με το δίσκο.

δ. Να υπολογίσετε την ταχύτητα του κύβου τη χρονική στιγμή, που εγκαταλείπει το δίσκο και το ύψος στο οποίο θα φθάσει πάνω από τη θέση που εγκαταλείπει το δίσκο.

Η αντίσταση του αέρα θεωρείται αμελητέα και $g = 10m/s^2$.

Δ.5. Το αριστερό άκρο οριζόντιου ιδανικού ελατηρίου σταθεράς $k = 400N/m$ στερεώνεται ακλόνητα και στο δεξιό άκρο του προσδένεται σώμα Σ_1 μάζας $m_1 = 3kg$, το οποίο μπορεί να κινείται σε λείο οριζόντιο δάπεδο. Πάνω στο Σ_1 τοποθετείται δεύτερο σώμα Σ_2 μάζας $m_2 = 1kg$. Εκτοξεύουμε προς τα δεξιά το σύστημα από τη θέση ισορροπίας του, με ταχύτητα μέτρου V και παράλληλη με το οριζόντιο επίπεδο, όπως στο σχήμα, οπότε το σύστημα εκτελεί γραμμική αρμονική ταλάντωση. Τα δυο σώματα διατηρούν την επαφή στη διάρκεια της ταλάντωσης.

α. Να υπολογίσετε τη γωνιακή συχνότητα της ταλάντωσης καθώς και τις σταθερές ταλάντωσης $D_{ολ}$, D_1 και D_2 του συστήματος και των σωμάτων Σ_1 και Σ_2 αντίστοιχα.

β. Να τοποθετήσετε το σύστημα σε μια τυχαία θέση της ταλάντωσης του, να σχεδιάσετε και να περιγράψετε σε τρία κατάλληλα σχήματα τις δυνάμεις, που δέχονται: $i)$ το σύστημα Σ_1–Σ_2, $ii)$ το Σ_1 και $iii)$ το Σ_2.

γ. Να παραστήσετε γραφικά την αλγεβρική τιμή της στατικής τριβής από το Σ_1 στο Σ_2 σε συνάρτηση με την απομάκρυνση x από τη θέση ισορροπίας του, για πλάτος ταλάντωσης $A = 3cm$.

δ. Να υπολογίσετε τη μέγιστη τιμή της αρχικής ταχύτητας εκτόξευσης V_{max}, του συστήματος των Σ_1, Σ_2 ώστε το σώμα Σ_2 να μην ολισθήσει πάνω στο σώμα Σ_1. Δίνεται η επιτάχυνση της βαρύτητας $g = 10m/s^2$ και ο συντελεστής στατικής τριβής μεταξύ των δύο σωμάτων Σ_1 και Σ_2 είναι $\mu_\sigma = 0,5$.

Δ.6. Τα ιδανικά ελατήρια του σχήματος έχουν σταθερές $k_1 = 300N/m$ και $k_2 = 600N/m$ και τα σώματα Σ_1 και Σ_2, αμελητέων διαστάσεων, που είναι δεμένα στα άκρα των ελατηρίων, έχουν μάζες $m_1 = 3kg$ και $m_2 = 1kg$. Τα δύο ελατήρια βρίσκονται αρχικά στο φυσικό τους μήκος και τα σώματα σε επαφή. Εκτρέπουμε από τη θέση ισορροπίας του το σώμα Σ_1 κατά $d = 0,4m$ συμπιέζοντας το ελατήριο k_1 και το αφήνουμε ελεύθερο. Κάποια στιγμή συγκρούεται με το Σ_2 και κολλά σ' αυτό. Τα σώματα κινούνται σε λείο οριζόντιο επίπεδο και η διάρκεια της κρούσης θεωρείται αμελητέα.

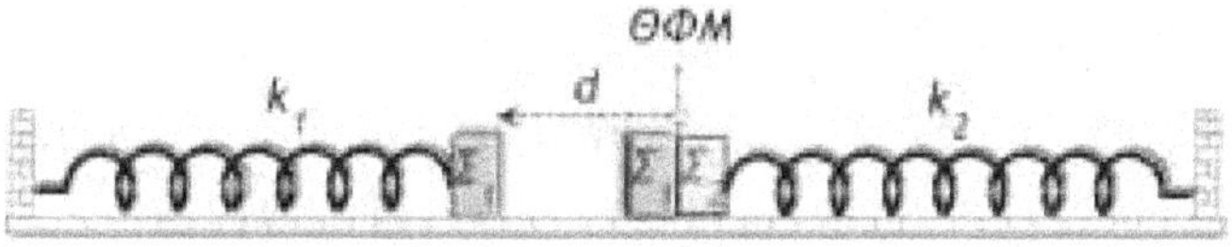

α. Να υπολογίσετε σε πόσο χρόνο και με τι ταχύτητα το σώμα Σ_1 θα συγκρουστεί με το σώμα Σ_2.

β. Να δείξετε ότι το συσσωμάτωμα Σ_1–Σ_2 θα εκτελέσει απλή αρμονική ταλάντωση και να υπολογίσετε την σταθερά της.

γ. Να υπολογίσετε το πλάτος της ταλάντωσης του συσσωματώματος.

δ. Να γράψετε την εξίσωση της απομάκρυνσης του συσσωματώματος σε συνάρτηση με το χρόνο, θεωρώντας ως αρχή του χρόνου τη στιγμή αμέσως μετά την κρούση.

ε. Σε πόσο χρόνο από τη στιγμή που αφήσαμε το σώμαm_1 θα μηδενιστεί η ταχύτητα του συσσωματώματος για 2η φορά και πόση απόσταση θα έχει διανύσει το m_1 μέχρι τότε·

Δ.7. Στο παρακάτω σχήμα το σώμα μάζας $m = 10kg$ ισορροπεί δεμένο στο κάτω άκρο του αβαρούς νήματος το πάνω άκρο του οποίου είναι δεμένο στο κάτω άκρο του κατακόρυφου ιδανικού ελατηρίου σταθεράς $k = 10N/cm$

α. Σχεδιάστε τις δυνάμεις, που ασκούνται στο σώμα και αιτιολογήστε γιατί η δύναμη ελατηρίου στο νήμα είναι ίση με την τάση του νήματος στο σώμα.

β. Υπολογίστε την επιμήκυνση $\Delta\ell$ του ελατηρίου. Θεωρήστε ότι $g = 10m/s^2$.

Τραβάμε το σώμα κατακόρυφα προς τα κάτω από τη Θ.Ι. του, μεταφέροντας ενέργεια στο σώμα $E_{\mu\epsilon\tau} = 5J$ και το αφήνουμε να ταλαντωθεί.

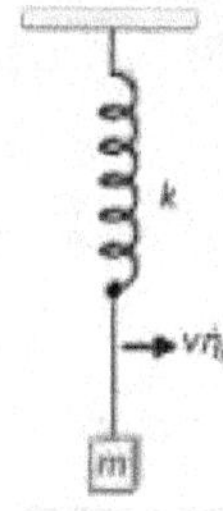

γ. Να αποδείξετε ότι θα εκτελέσει γραμμική αρμονική ταλάντωση και να βρείτε το πλάτος ταλάντωσης.

δ. Γράψτε την εξίσωση της τάσης του νήματος στο σώμα σε συνάρτηση με την απομάκρυνση x απ' τη Θέση Ισορροπίας και σχεδιάστε τη γραφική παράσταση της τάσης του νήματος Τ σε συνάρτηση με την απομάκρυνση x, σε κατάλληλα βαθμολογημένους άξονες.

ε. Να βρείτε το σημείο της ταλάντωσης στο οποίο η τάση του νήματος θα μηδενισθεί.

Δ.8. Σώμα μάζας $m = 2kg$ ισορροπεί δεμένο στο πάνω άκρο κατακόρυφου ιδανικού ελατηρίου σταθεράς $k = 200N/m$, το άλλο άκρο του οποίου είναι στερεωμένο ακλόνητα στο έδαφος. Απομακρύνουμε το σώμα από τη θέση ισορροπίας του (Θ.Ι) προς τα πάνω μέχρι το ελατήριο να αποκτήσει το φυσικό του μήκος και από τη θέση αυτή εκτοξεύουμε το σώμα με ταχύτητα μέτρου $\upsilon = \sqrt{3}m/s$ και με φορά προς τα κάτω. Η αντίσταση από τον αέρα θεωρείται αμελητέα, αρχή μέτρησης του χρόνου ($t = 0$) λαμβάνουμε τη στιγμή της εκτόξευσης, θετική φορά λαμβάνουμε προς τα πάνω (τη φορά της αρχικής εκτροπής από τη Θ.Ι) και $g = 10m/s^2$. Το σώμα αμέσως μετά την εκτόξευσή του εκτελεί απλή αρμονική ταλάντωση με σταθερά επαναφοράς ίση με τη σταθερά σκληρότητας του ελατηρίου.

α. Να βρείτε το μέτρο της μέγιστης δύναμης επαναφοράς καθώς και το μέτρο της μέγιστης δύναμης που ασκεί το ελατήριο στο σώμα κατά τη διάρκεια της ταλάντωσης.

β. Να σχεδιάσετε το διάγραμμα της φάσης της ταλάντωσης σε συνάρτηση με το χρόνο.

γ. Να σχεδιάσετε τις γραφικές παραστάσεις απομάκρυνσης, ταχύτητας, επιτάχυνσης σε σχέση με το χρόνο: χ-τ , υ-τ , α-τ.

δ. Να βρείτε το μέτρο της ταχύτητας του σώματος όταν η απομάκρυνσή του από τη Θ.Ι είναι $x_1 = -0,1\sqrt{3}m$

ε. Να βρείτε το χρονικό διάστημα που χρειάζεται το σώμα για να μεταβεί για 1η φορά μετά από τη στιγμή $t = 0$, σε ακραία θέση της ταλάντωσής του.

στ. Στο παραπάνω χρονικό διάστημα να βρείτε τη μεταβολή της ορμής του σώματος, το έργο της δύναμης επαναφοράς καθώς και το έργο της δύναμης του ελατηρίου.

ζ. Τη χρονική στιγμή t_2 κατά την οποία για πρώτη φορά, μετά τη στιγμή $t = 0$, η κινητική ενέργεια του σώματος γίνεται τριπλάσια της δυναμικής ενέργειας της ταλάντωσης, να βρείτε:

1. το ρυθμό μεταβολής της ορμής
2. το ρυθμό μεταβολής της κινητικής ενέργειας του σώματος
3. το ρυθμό μεταβολής της δυναμικής ενέργειας της ταλάντωσης

Δ.9. Το ένα άκρο κατακόρυφου ιδανικού ελατηρίου είναι στερεωμένο σε οριζόντιο επίπεδο. Στο άλλο άκρο του συνδέεται σταθερά σώμα Α μάζας $M = 3kg$. **Πάνω στο σώμα Α είναι τοποθετημένο σώμα Β μάζας** $m = 1kg$ **και το σύστημα ισορροπεί με το ελατήριο συσπειρωμένο από το φυσικό του μήκος κατά** $y_1 = 0,4m$. **Στη συνέχεια εκτρέπουμε το σύστημα κατακόρυφα προς τα κάτω κατά** $y_2 = 0,8m$ **από τη θέση ισορροπίας του και το αφήνουμε ελεύθερο τη χρονική στιγμή** $t = 0$.

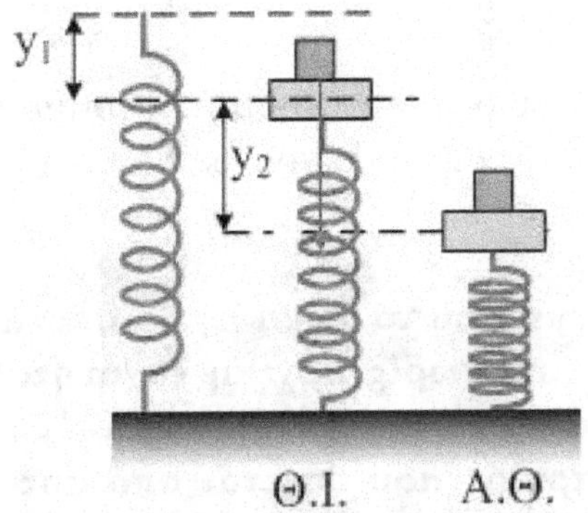

α. Να υπολογίσετε την κυκλική συχνότητα ω της ταλάντωσης του συστήματος και τη σταθερά επαναφοράς D κάθε μιας μάζας ξεχωριστά.

β. Να δείξετε ότι το σώμα Β θα εγκαταλείψει το σώμα Α και να βρείτε τη θέση και την ταχύτητα του τότε.

Δίνεται $g = 10m/s^2$.

Δ.10. Λείο κεκλιμένο επίπεδο έχει γωνία κλίσης $\phi = 30^o$. Στα σημεία Α και Β στερεώνουμε τα άκρα δύο ιδανικών ελατηρίων με σταθερές $k_1 = 60N/m$ και $k_2 = 140N/m$ αντίστοιχα. Στα ελεύθερα άκρα των ελατηρίων, δένουμε σώμα Σ_1, μάζας $m_1 = 2kg$ και το κρατάμε στη θέση όπου τα ελατήρια έχουν το φυσικό τους μήκος (όπως φαίνεται στο σχήμα). Τη χρονική στιγμή $t_0 = 0$ αφήνουμε το σώμα Σ_1 ελεύθερο.

Πανελλήνιες Εξετάσεις - Μάης 2012

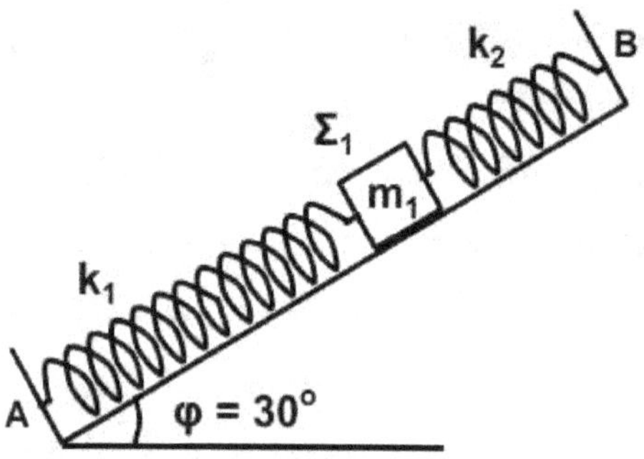

α. Να αποδείξετε ότι το σώμα Σ_1 εκτελεί απλή αρμονική ταλάντωση.

β. Να γράψετε τη σχέση που δίνει την απομάκρυνση του σώματος Σ_1 από τη θέση ισορροπίας του σε συνάρτηση με το χρόνο. Να θεωρήσετε θετική φορά τη φορά από το Α προς το Β.

Κάποια χρονική στιγμή που το σώμα Σ_1 βρίσκεται στην αρχική του θέση, τοποθετούμε πάνω του (χωρίς αρχική ταχύτητα) ένα άλλο σώμα Σ_2 μικρών διαστάσεων μάζας $m_2 = 6kg$. Το σώμα Σ_2 δεν ολισθαίνει πάνω στο σώμα Σ_1 λόγω της τριβής που δέχεται από αυτό. Το σύστημα των δύο σωμάτων κάνει απλή αρμονική ταλάντωση.

γ. Να βρείτε τη σταθερά επαναφοράς της ταλάντωσης του σώματος Σ_2.

δ. Να βρείτε τον ελάχιστο συντελεστή οριακής στατικής τριβής που πρέπει να υπάρχει μεταξύ των σωμάτων Σ_1 και Σ_2, ώστε το Σ_2 να μην ολισθαίνει σε σχέση με το Σ_1.

Δ.11. Στα δύο άκρα λείου επιπέδου στερεώνουμε τα άκρα δύο ιδανικών ελατηρίων με σταθερές $k_1 = 60N/m$ και $k_2 = 140N/m$ αντίστοιχα. Στα ελεύθερα άκρα των ελατηρίων, δένουμε ένα σώμα Σ μάζας $m = 2kg$ ώστε τα ελατήρια να έχουν το φυσικό τους μήκος (όπως φαίνεται στο σχήμα). Εκτρέπουμε το σώμα Σ κατά $A = 0,2m$ προς τα δεξιά και τη χρονική στιγμή $t_o = 0$ αφήνουμε το σώμα ελεύθερο.

Πανελλήνιες Εσπερινών Λυκείων - Μάης 2012

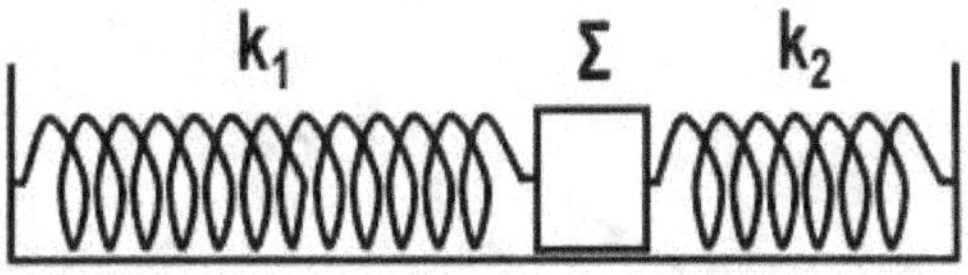

α. Να αποδείξετε ότι το σώμα Σ εκτελεί απλή αρμονική ταλάντωση.

β. Να γράψετε τη σχέση που δίνει την απομάκρυνση του σώματος Σ από τη θέση ισορροπίας σε συνάρτηση με το χρόνο. Να θεωρήσετε θετική την φορά προς τα δεξιά.

γ. Να εκφράσετε το λόγο της δυναμικής ενέργειας της ταλάντωσης προς τη μέγιστη κινητική ενέργεια σε συνάρτηση με την απομάκρυνση x.

δ. Τη στιγμή που το ελατήριο βρίσκεται στη θέση $x = \frac{A}{2}$ αφαιρείται ακαριαία το ελατήριο k_2. Να υπολογίσετε το πλάτος της νέας ταλάντωσης.

Δ.12.Σώμα Σ_1 μάζας $m_1 = 1kg$ ισορροπεί πάνω σε λείο κεκλιμένο επίπεδο που σχηματίζει με τον ορίζοντα γωνία $\phi = 30^o$. Το σώμα Σ_1 είναι δεμένο στην άκρη ιδανικού ελατηρίου σταθεράς $k = 100N/m$ το άλλο άκρο του οποίου στερεώνεται στη βάση του κεκλιμένου επιπέδου, όπως φαίνεται στο σχήμα.

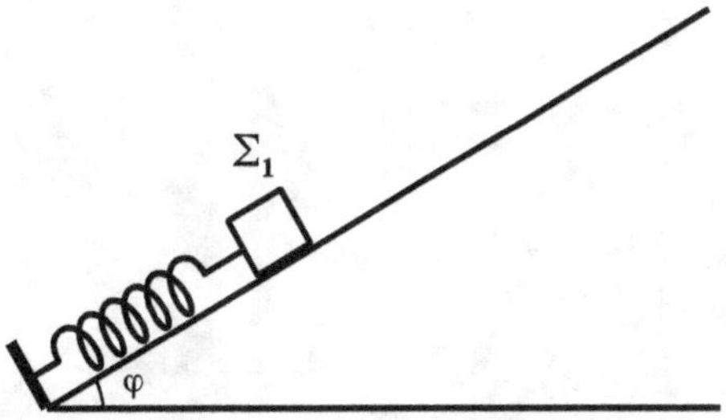

Εκτρέπουμε το σώμα Σ_1 κατά $d_1 = 0,1m$ από τη θέση ισορροπίας του κατά μήκος του κεκλιμένου επιπέδου και το αφήνουμε ελεύθερο.
Επαναληπτικές Πανελλήνιες - Ιούλης 2010

(α) Να αποδείξετε ότι το σώμα Σ_1 εκτελεί απλή αρμονική ταλάντωση.

(β) Να υπολογίσετε τη μέγιστη τιμή του μέτρου του ρυθμού μεταβολής της ορμής του σώματος Σ_1.

Μετακινούμε το σώμα Σ_1 προς τα κάτω κατά μήκος του κεκλιμένου επιπέδου μέχρι το ελατήριο να συμπιεστεί από το φυσικό του μήκος κατά $\Delta\ell = 0,3m$. Τοποθετούμε ένα δεύτερο σώμα Σ_2 μάζας $m_2 = 1kg$ στο κεκλιμένο επίπεδο, ώστε να είναι σε επαφή με το σώμα Σ_1, και ύστερα αφήνουμε τα σώματα ελεύθερα.

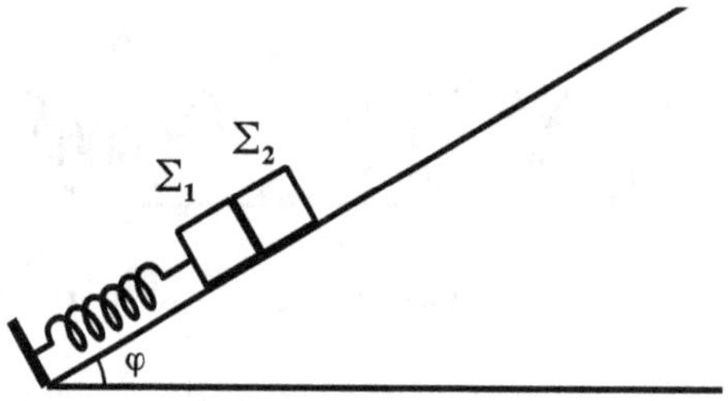

(γ) Να υπολογίσετε τη σταθερά επαναφοράς του σώματος Σ_2 κατά τη διάρκεια της ταλάντωσής του.

(δ) Να υπολογίσετε σε πόση απόσταση από τη θέση που αφήσαμε ελεύθερα τα σώματα χάνεται η επαφή μεταξύ τους.

Ηλεκτρικές Ταλαντώσεις
2ο Σετ Ασκήσεων - Φθινόπωρο 2012

Α. Ερωτήσεις πολλαπλής επιλογής

Α.1. Ποια μεταβολή θα έχουμε στην περίοδο ηλεκτρικών ταλαντώσεων κυκλώματος $L - C$, αν διπλασιάσουμε τον συντελεστή αυτεπαγωγής του πηνίου·

α. θα διπλασιαστεί

β. θα τετραπλασιαστεί

γ. θα υποδιπλασιαστεί

δ. θα υποτετραπλασιαστεί

γ. θα αυξηθεί κατά $41,4\%$

δ. θα μειωθεί κατά $41,4\%$

Α.2. Η περίοδος της ηλεκτρικής ταλάντωσης σ'ένα κύκλωμα $L-C$ διπλασιάζεται:

α. αν διπλασιαστεί η χωρητικότητα του πυκνωτή

β. αν διπλασιαστεί ο συντελεστής αυτεπαγωγής του πηνίου

γ. αν διπλασιαστεί το αρχικό φορτίο του πυκνωτή

δ. αν τετραπλασιαστεί η χωρητικότητα του πυκνωτή

Α.3. Ένα κύκλωμα $L - C$ εκτελεί ηλεκτρικές ταλαντώσεις. Στην διάρκεια της μιας περιόδου η ενέργεια του ηλεκτρικού πεδίου που είναι αποθηκευμένη στον πυκνωτή μεγιστοποιείται

α. μια φορά

β. δύο φορές

γ. τρεις φορές

δ. τέσσερις φορές

Α.4. Ένα κύκλωμα $L-C$ εκτελεί ηλεκτρικές ταλαντώσεις. Στην διάρκεια της μιας περιόδου η ενέργεια του ηλεκτρικού πεδίου που είναι αποθηκευμένη στον πυκνωτή γίνεται ίση με την ενέργεια του μαγνητικού πεδίου στο πηνίο

α. μια φορά

β. οκτώ φορές

γ. δύο φορές

δ. τέσσερις φορές

Α.5.Κατά την διάρκεια μιας ηλεκτρικής ταλάντωσης σε ένα ιδανικό κύκλωμα $L-C$, ποια από τα παρακάτω μεγέθη μεταβάλλονται·

α. το φορτίο του πυκνωτή

β. η χωρητικότητα του πυκνωτή

γ. η ένταση του ρεύματος που διαρρέει το πηνίο

δ. ο συντελεστής αυτεπαγωγής του πηνίου

γ. η ενέργεια του ηλεκτρικού πεδίου στον πυκνωτή

δ. η ενέργεια του μαγνητικού πεδίου στο πηνίο

ε. η ενέργεια της ταλάντωσης

Α.6.Κάποια χρονική στιγμή η πολικότητα του πυκνωτή και η φορά του ρεύματος σε ένα κύκλωμα $L-C$ είναι όπως στο επόμενο σχήμα. Ποιες από τις παρακάτω προτάσεις, που αναφέρονται σε αυτή την χρονική στιγμή είναι σωστές·

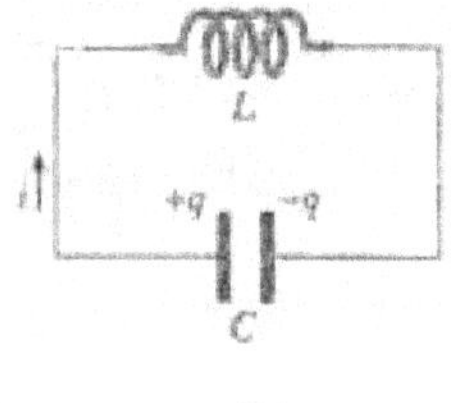

α. Η τιμή της έντασης του ρεύματος αυξάνεται, το ίδιο και η τιμή του φορτίου του πυκνωτή.

β. Η τιμή της έντασης του ρεύματος μειώνεται και η ενέργεια του ηλεκτρικού πεδίου αυξάνεται.

γ. Η τιμή της έντασης του ρεύματος αυξάνεται, η ενέργεια του μαγνητικού πεδίου αυξάνεται και η τιμή του ηλεκτρικού φορτίου μειώνεται.

δ. Η ενέργεια του μαγνητικού πεδίου αυξάνεται και η ενέργεια του μαγνητικού πεδίου μειώνεται

γ. Η ενέργεια του ηλεκτρικού πεδίου και η ενέργεια του μαγνητικού πεδίου αυξάνονται.

Α.7.Σε ένα ιδανικό κύκλωμα $L - C$ κάποια χρονική στιγμή η πολικότητα η πολικότητα του πυκνωτή και η φορά του ηλεκτρικού ρεύματος είναι αυτή του σχήματος. Εκείνη την στιγμή συμβαίνει μετατροπή ενέργειας:

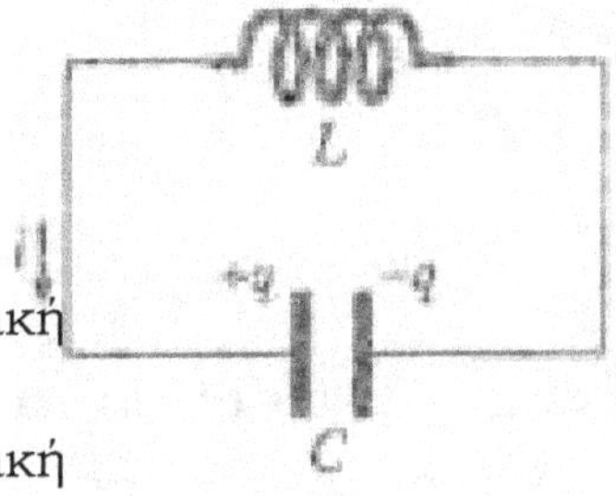

α. μαγνητικής σε ηλεκτρική

β. ηλεκτρικής σε μαγνητική

γ. ηλεκτρικής και μαγνητικής σε θερμική

Α.8. Στο κύκλωμα $L - C$ του σχήματος, την χρονική στιγμή $t = 0$ κλείνουμε τον διακόπτη. Ποιες από τις παρακάτω προτάσεις είναι σωστές·

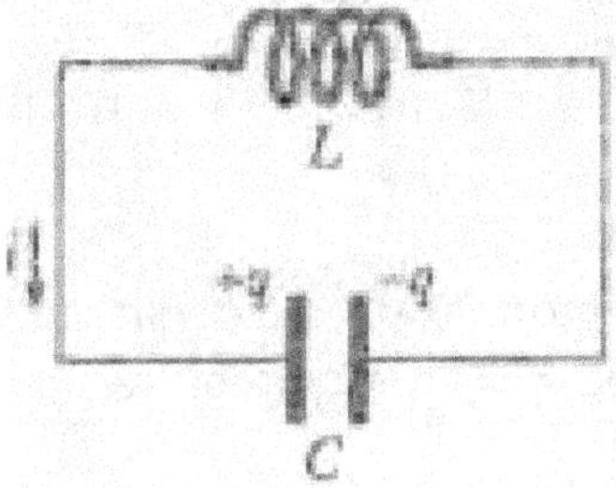

α. $T = 2\pi\sqrt{\frac{L}{C}}$

β. $\omega = \frac{1}{\sqrt{LC}}$

γ. $f = 2\pi\sqrt{LC}$

δ. $T = 2\pi\sqrt{LC}$

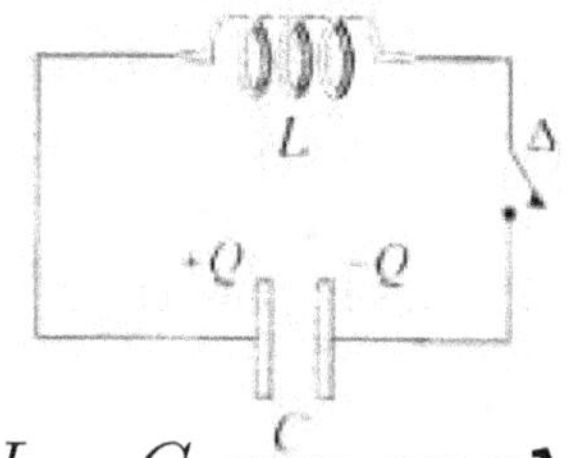

Α.9. Σε ένα κύκλωμα $L - C$ που εκτελεί αμείωτες ηλεκτρικές ταλαντώσεις την χρονική στιγμή $t = 0$ κλείνουμε τον διακόπτη. Ποιες από τις παρακάτω προτάσεις είναι σωστές και ποιες λανθασμένες;

α. Το φορτίο του πυκνωτή δίνεται από την σχέση $q = Q\eta\mu(\omega t + \frac{\pi}{2})$

β. Η ένταση του ρεύματος δίνεται από την σχέση $i = -I\eta\mu(\omega t)$

γ. Η μέγιστη τιμή της έντασης του ρεύματος δίνεται από την σχέση $I = 2\pi f Q$, όπου f η συχνότητα των ταλαντώσεων

δ. Όταν $q = \frac{Q}{2}$, τότε $i = \pm\frac{Q}{2}\sqrt{\frac{3}{LC}}$

Α.10. Στο διπλανό κύκλωμα την χρονική στιγμή $t = 0$ κλεινουμε τον διακόπτη. Ποιες από τις προτάσεις που ακολουθούν είναι σωστές και ποιες λανθασμένες;

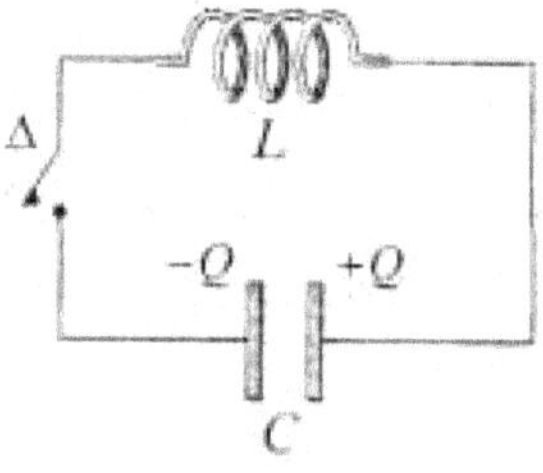

α. Την χρονική στιγμή $t = 0$ η ενέργεια του μαγνητικού πεδίου στο πηνίο είναι μέγιστη.

β. Όσο χρόνο διαρκεί η εκφόρτιση του πυκνωτή η αποθηκευμένη σε αυτόν ηλεκτρική ενέργεια ελαττώνεται και μετατρέπεται σε ενέργεια του μαγνητικού πεδίου στο πηνίο.

γ. Τη χρονική στιγμή που το φορτίο στον πυκνωτή είναι μηδέν η ένταση του ρεύματος στο πηνίο γίνεται μέγιστη.

δ. Η ενέργεια του κυκλώματος μειώνεται εκθετικά με τον χρόνο.

Α.11. Ιδανικό κύκλωμα $L - C$ εκτελεί αμείωτες ηλεκτρικές ταλαντώσεις. Τη χρονική στιγμή $t = 0$ το φορτίο του πυκνωτή είναι μέγιστο και το ρεύμα του κυκλώματος μηδέν. Να επιλέξετε τις σωστές από τις παρακάτω προτάσεις.

α. Το πλάτος I της έντασης του ρεύματος και το πλάτος Q του φορτίου του πυκνωτή ικανοποιούν τη σχέση: $I = \frac{Q}{2\pi\sqrt{LC}}$

β. Θετική θεωρείται η φορά του ρεύματος όταν αυτό κατευθύνεται προς τον οπλισμό του πυκνωτή ο οποίος τη χρονική στιγμή $t = 0$ ήταν θετικά φορτισμένος.

γ. Για την ενέργεια U_E του πυκνωτή και την ενέργεια U_B του πηνίου ισχύει κάθε στιγμή η σχέση: $U_B + U_E = \frac{L}{2}I^2$

δ. Η ενέργεια του πυκνωτή γίνεται ίση με την ενέργεια του πηνίου 4 φορές σε μία περίοδο ταλάντωσης του κυκλώματος.

γ. Η ολική ενέργεια της ταλάντωσης είναι κάθε στιγμή ίση με το μισό της αρχικής ενέργειας του ηλεκτρικού πεδίου του πυκνωτή.

Α.12.Η περίοδος με την οποία ταλαντώνεται ένα κύκλωμα $L - C$ είναι . Τη στιγμή μηδέν η ενέργεια του ηλεκτρικού πεδίου του πυκνωτή είναι μηδέν. Η ενέργεια του μαγνητικού πεδίου του πηνίου θα γίνει για πρώτη φορά ίση με μηδέν μετά από χρόνο:

α. $\frac{T}{8}$ β. $\frac{T}{4}$ γ. $\frac{3T}{8}$ δ. $\frac{3T}{4}$

Β. Ερωτήσεις πολλαπλής επιλογής με αιτιολόγηση

Β.1. Ιδανικό κύκλωμα $L - C$ εκτελεί αμείωτες ηλεκτρικές ταλαντώσεις. Να αποδείξετε ότι η στιγμιαία τιμή της έντασης του ρεύματος στο κύκλωμα δίνεται σε συνάρτηση με το στιγμιαίο φορτίο του πυκνωτή από τη σχέση: $i = \pm\omega\sqrt{Q^2 - q^2}$

Β.2. Το ιδανικό κύκλωμα $L - C$ του σχήματος εκτελεί αμείωτες ηλεκτρικές ταλαντώσεις, με περίοδο T.Τη χρονική στιγμή $t = 0$ ο πυκνωτής είναι αφόρτιστος και το κύκλωμα διαρρέεται από ρεύμα με τη φορά που έχει σχεδιαστεί στο σχήμα. Το φορτίο του οπλισμού Λ του πυκνωτή, τη χρονική στιγμή $t_1 = t_0 + \frac{3T}{4}$, θα είναι:

α. μέγιστο θετικό

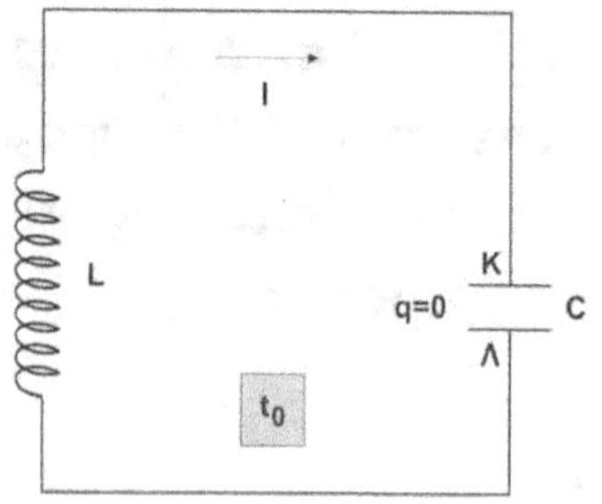

β. μηδέν

γ. μέγιστο αρνητικό

Να επιλέξετε τη σωστή απάντηση και να αιτιολογήσετε την επιλογή σας.

Β.3. Στο σχήμα φαίνονται οι γραφικές παραστάσεις των χρονικών εξισώσεων φορτίου $q - t$, στη χρονική διάρκεια 0 έως t_0 , για δύο ιδανικά κυκλώματα $L - C$. Οι συντελεστές αυτεπαγωγής των πηνίων στα δύο κυκλώματα συνδέονται με τη σχέση $L_2 = 4L_1$. Η σχέση που συνδέει τις χωρητικότητες των δύο πυκνωτών είναι:

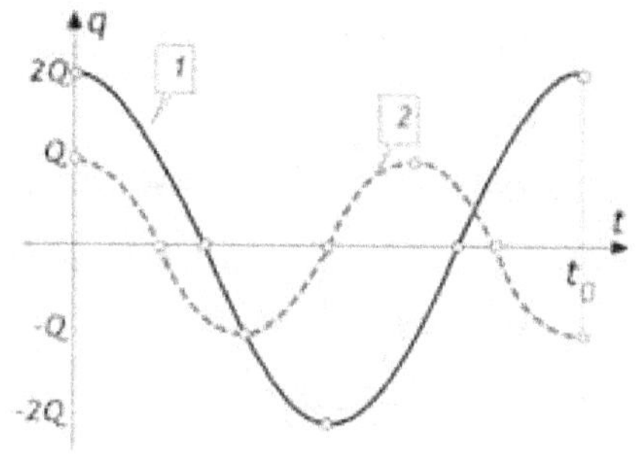

α. $C_2 = \frac{C}{9}$

β. $C_2 = \frac{C}{4}$

γ. $C_2 = \frac{C}{3}$

Να επιλέξετε τη σωστή απάντηση και να αιτιολογήσετε την επιλογή σας.

Β.4. Διαθέτουμε δύο κυκλώματα ηλεκτρικών ταλαντώσεων, τα Α και Β. Οι χωρητικότητες των πυκνωτών στα δύο κυκλώματα είναι ίσες. Στο σχήμα παριστάνεται η ένταση του ρεύματος στα κυκλώματα Α και Β, σε συνάρτηση με το χρόνο. Αν η ολική ενέργεια του κυκλώματος Α είναι Ε , η ολική ενέργεια του κυκλώματος Β είναι:

α. $\frac{4E}{9}$

β. $\frac{2E}{3}$

γ. $\frac{9E}{4}$

Να επιλέξετε τη σωστή απάντηση και να αιτιολογήσετε την επιλογή σας.

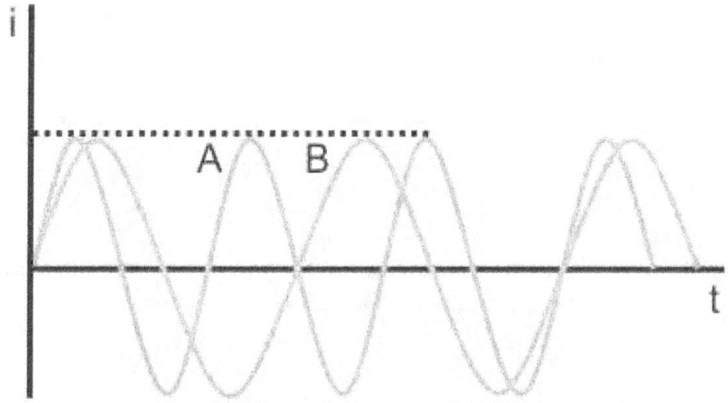

B.5. Στο κύκλωμα του σχήματος, αρχικά ο διακόπτης Δ είναι κλειστός, ο πυκνωτής είναι αφόρτιστος και το κύκλωμα διαρρέεται από σταθερό ρεύμα. Όταν ανοίξουμε το διακόπτη, ο πυκνωτής:

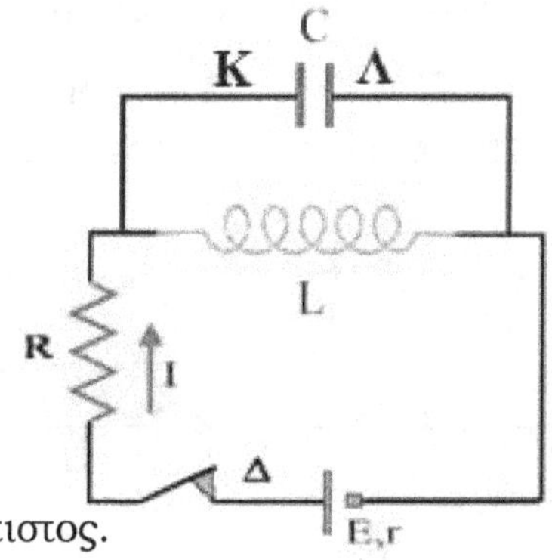

α. θα παραμείνει αφόρτιστος.

β. θα φορτιστεί, με τον οπλισμό Κ να αποκτά πρώτος θετικό φορτίο.

γ. θα φορτιστεί, με τον οπλισμό Λ να αποκτά πρώτος θετικό φορτίο.

Να επιλέξετε τη σωστή απάντηση και να αιτιολογήσετε την επιλογή σας.

B.6. Ένα ιδανικό κύκλωμα $L-C$ (1) έχει πυκνωτή με χωρητικότητα C και πηνίο με συντελεστή αυτεπαγωγής L , ενώ ένα άλλο ιδανικό κύκλωμα $L-C$ (2) έχει τον ίδιο πυκνωτή, αλλά πηνίο με συντελεστή αυτεπαγωγής $4L$. Φορτίζουμε τον πυκνωτή του κυκλώματος (1) με πηγή τάσης V και τον πυκνωτή του κυκλώματος (2) με πηγή τάσης $2V$ και τα διεγείρουμε ώστε να εκτελούν αμείωτες ηλεκτρικές ταλαντώσεις. Ο λόγος των ενεργειών στα δυο κυκλώματα $\frac{E_2}{E_1}$ θα είναι:

α. 1

β. 2

γ. 4

Να επιλέξετε τη σωστή απάντηση και να αιτιολογήσετε την επιλογή σας.

Β.7. Όταν σε ένα κύκλωμα έχουμε δύο πυκνωτές συνδεδεμένους όπως στο διπλανό σχήμα, το σύστημα αυτό ισοδυναμεί με ένα πυκνωτή χωρητικότητας $C = C_1 + C_2$ και συνολικό φορτίο $q = q_1 + q_2$ (παράλληλη σύνδεση πυκνωτών). Το παρακάτω κύκλωμα, όπου $C_2 = 3C_1$, εκτελεί αμείωτη ηλεκτρική ταλάντωση με ενέργεια Ε και περίοδο Τ οπότε διαρρέεται από ρεύμα έντασης της μορφής $i = I\sigma\upsilon\nu(\omega t)$, με το διακόπτη δ κλειστό. Τη χρονική στιγμή $t_1 = \frac{T}{3}$, όπου Τ η περίοδος της ταλάντωσης ανοίγουμε το διακόπτη δ.

(πηγή :*ylikonet.gr*)

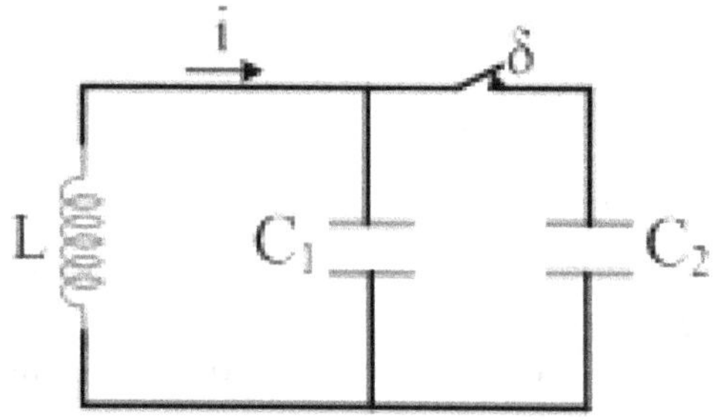

ι. **Το πηνίο θα συνεχίσει να διαρρέεται από εναλλασσόμενο ρεύμα με περίοδο:**
α)$T_1 = T$, β) $T_1 = \frac{T}{2}$, γ)$T_1 = \frac{T}{3}$.
Να επιλέξετε τη σωστή απάντηση και να αιτιολογήσετε την επιλογή σας.

ιι. **Η ενέργεια της νέας ηλεκτρικής ταλάντωσης είναι ίση με:**
α) $E_1 = E$, β) $E_1 = \frac{9}{16}E$, γ) $E_1 = \frac{7}{16}E$, δ) $E_1 = \frac{4}{16}E$

Να επιλέξετε τη σωστή απάντηση και να αιτιολογήσετε την επιλογή σας.

Γ.Ασκήσεις

Γ.1. Ιδανικό κύκλωμα περιλαμβάνει πυκνωτή χωρητικότητας C , ιδανικό πηνίο με συντελεστή αυτεπαγωγής L και διακόπτη, που είναι αρχικά ανοικτός. Φορτίζουμε τον πυκνωτή με φορτίο $Q = 100\mu C$ και κλείνουμε το διακόπτη, οπότε το κύκλωμα εκτελεί αμείωτες ηλεκτρικές ταλαντώσεις. Κάποια χρονική στιγμή t το φορτίο του αρχικά θετικά φορτισμένου οπλισμού του πυκνωτή είναι $q = 60\mu C$ και συνεχίζει να αυξάνεται. Την ίδια στιγμή η ένταση του ρεύματος στο κύκλωμα είναι $i = 80mA$. Να υπολογίσετε:

α. τη γωνιακή συχνότητα της ηλεκτρικής ταλάντωσης.

β. το ρυθμό με τον οποίο το φορτίο αποθηκεύεται στον θετικό οπλισμό του πυκνωτή τη χρονική στιγμή t.

γ. το ρυθμό μεταβολής της έντασης του ρεύματος στο κύκλωμα τη χρονική στιγμή t.

Γ.2. Πυκνωτής χωρητικότητας C φορτίζεται από ηλεκτρική πηγή συνεχούς τάσης. Στη συνέχεια αποσυνδέουμε την πηγή φόρτισης και συνδέουμε τα άκρα του με αγωγούς μηδενικής αντίστασης σε ιδανικό πηνίο, που έχει συντελεστή αντεπαγωγής $L = 0,4H$, μέσω διακόπτη. Τη χρονική στιγμή $t = 0$ κλείνουμε το διακόπτη, οπότε το κύκλωμα αρχίζει να εκτελεί ηλεκτρικές ταλαντώσεις. Η εξίσωση του φορτίου του πυκνωτή δίνεται από τη σχέση $q = 0,4\sigma\upsilon\nu(1000t)\mu C$.

α. Να υπολογίσετε την χωρητικότητα του πυκνωτή.

β. Να γράψετε την εξίσωση της έντασης του ρεύματος που διαρρέει το κύκλωμα σε συνάρτηση με το χρόνο.

γ. Να υπολογίσετε την τιμή της ενέργειας του ηλεκτρικού πεδίου του πυκνωτή όταν η τιμή της έντασης του ρεύματος είναι $0,210^{-3}A$.

Γ.3. Ιδανικό κύκλωμα περιλαμβάνει πυκνωτή χωρητικότητας $C = 40\mu C$, ιδανικό πηνίο με συντελεστή αυτεπαγωγής $L = 4mH$ και διακόπτη, που είναι αρχικά ανοικτός. Φορτίζουμε τον πυκνωτή σε τάση $V = 100volt$ και τη χρονική στιγμή κλείνουμε το διακόπτη, οπότε το κύκλωμα εκτελεί αμείωτες ηλεκτρικές ταλαντώσεις.

α. Να υπολογίσετε τη γωνιακή συχνότητα της ταλάντωσης.

β. Να υπολογίσετε τη μέγιστη τιμή της έντασης του ρεύματος που διαρρέει το πηνίο.

γ. Να γράψετε τις χρονικές εξισώσεις του φορτίου και της έντασης του ρεύματος.

δ. Να υπολογίσετε την (ολική) ενέργεια της ταλάντωσης.

Γ.4. Σε ένα ιδανικό ηλεκτρικό κύκλωμα το πηνίο έχει συντελεστή αυτεπαγωγής $L = 4mH$, ενώ ο πυκνωτής έχει χωρητικότητα $C = 160\mu F$. Στο κύκλωμα υπάρχει διακόπτης Δ, ο οποίος αρχικά είναι ανοικτός. Ο πυκνωτής φορτίζεται πλήρως και τη χρονική στιγμή $t = 0$ ο διακόπτης κλείνει, οπότε το κύκλωμα κάνει αμείωτη ηλεκτρική ταλάντωση. Η ολική ενέργεια του κυκλώματος είναι $E = 2 \cdot 10^{-5} J$. Να υπολογίσετε:

α. Την περίοδο Τ της ταλάντωσης.

β. Τη μέγιστη τιμή της έντασης του ρεύματος στο κύκλωμα.

γ. Το φορτίο του πυκνωτή τη χρονική στιγμή t_1 , κατά την οποία η ενέργεια του ηλεκτρικού πεδίου του πυκνωτή γίνεται για δεύτερη φορά ίση με την ενέργεια του μαγνητικού πεδίου στο πηνίο.

δ. Την παραπάνω χρονική στιγμή t_1.

Γ.5. Στο κύκλωμα του σχήματος δίνονται: πηγή ηλεκτρεγερτικής δύναμης $E = 5V$ μηδενικής εσωτερικής αντίστασης, πυκνωτής χωρητικότητας $C = 8 \cdot 10^{-6} F$, πηνίο με συντελεστή αυτεπαγωγής $L = 2 \cdot 10^{-2} H$. Αρχικά ο διακόπτης $\Delta 1$ είναι κλειστός και ο διακόπτης $\Delta 2$ ανοιχτός

(*Πανελλήνιες Εξετάσεις - Μάης 2010*)

α. Να υπολογίσετε το φορτίο Q του πυκνωτή.

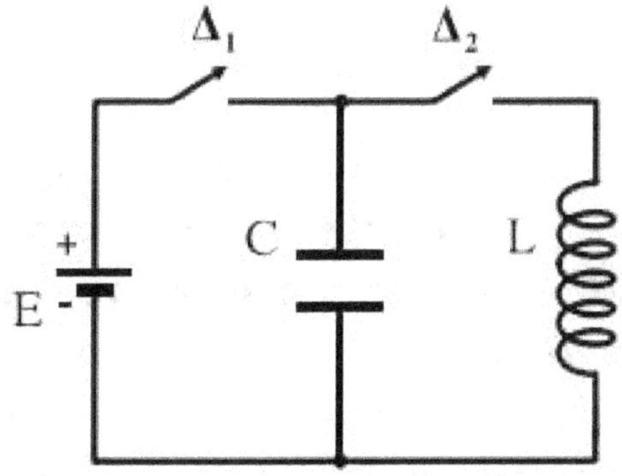

Ανοίγουμε το διακόπτη $\Delta 1$ και τη χρονική στιγμή τ=0 κλείνουμε το διακόπτη $\Delta 2$. Το κύκλωμα LC αρχίζει να εκτελεί αμείωτες ηλεκτρικές ταλαντώσεις.

β. Να υπολογίσετε την περίοδο των ηλεκτρικών ταλαντώσεων.

γ. Να γράψετε την εξίσωση σε συνάρτηση με το χρόνο για την ένταση του ηλεκτρικού ρεύματος που διαρρέει το πηνίο.

δ. Να υπολογίσετε το ηλεκτρικό φορτίο του πυκνωτή τη χρονική στιγμή κατά την οποία η ενέργεια του μαγνητικού πεδίου στο πηνίο είναι τριπλάσια από την ενέργεια του ηλεκτρικού πεδίου στον πυκνωτή.

Γ.5. Πυκνωτής φορτίζεται από πηγή με ΗΕΔ $E = 100Volt$. Ο πυκνωτής φορτίζεται και η μέγιστη τιμή της ηλεκτρικής ενέργειας που αποθηκεύεται σε αυτόν ισούται με $U_{Emax} = 5 \cdot 10^{-3} J$. Να υπολογίσετε:

α. την χωρητικότητα του πυκνωτή

Αποσυνδέουμε τον πυκνωτή από την πηγή και τον συνδέουμε με πηνίο αυτεπαγωγής $L = 10mH$, οπότε το κύκλωμα αρχίζει να εκτελεί αμείωτες ηλεκτρικές ταλαντώσεις. Να υπολογίσετε:

β. την συχνότητα των ηλεκτρικών ταλαντώσεων

γ. την απόλυτη τιμή της τάσης στα άκρα του πυκνωτή την χρονική στιγμή που η ένταση του ρεύματος ισούται με $i_1 = 0,5\sqrt{3}A$.

δ. το πηλίκο της ενέργειας του μαγνητικού πεδίου προς την ενέργεια του ηλεκτρικού πεδίου του πυκνωτή την στιγμή κατά την οποία η ένταση του ρεύματος που διαρρέει το κύκλωμα ισούται με το μισό της μέγιστης τιμής της.

Δ. Προβλήματα

Δ.1. Στο κύκλωμα του παρακάτω σχήματος η ηλεκτρική πηγή έχει ΗΕΔ $E = 20volt$ **και εσωτερική αντίσταση** $r = 1\Omega$, **ο αντιστάτης έχει αντίσταση** $R = 9\Omega$, **ο πυκνωτής έχει χωρητικότητα** $C = 10\mu F$ **και το πηνίο έχει συντελεστή αυτεπαγωγής** $L = 16mH$. **Ο μεταγωγός διακόπτης είναι αρχικά στη θέση (1) και το πηνίο διαρρέεται από ηλεκτρικό ρεύμα σταθερής έντασης. Τη χρονική στιγμή** $t = 0$, **μεταφέρουμε απότομα το διακόπτη στη θέση (2) χωρίς να δημιουργηθεί σπινθήρας, οπότε στο ιδανικό κύκλωμα** $L - C$ **διεγείρεται αμείωτη ηλεκτρική ταλάντωση.**

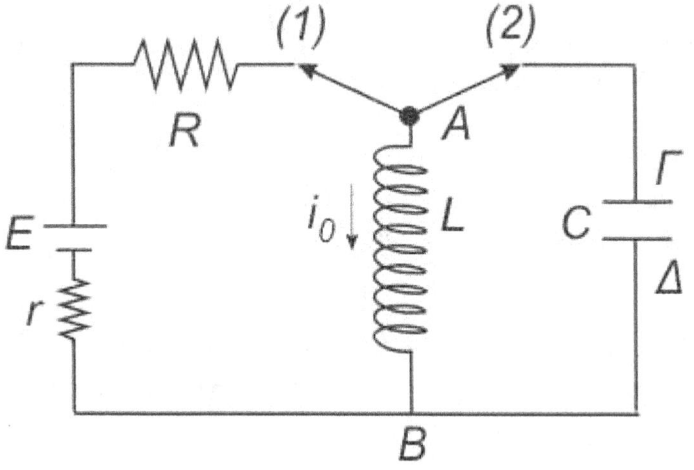

α. Να βρείτε τη σταθερή ένταση του ρεύματος που διαρρέει το πηνίο καθώς και την αποθηκευμένη ενέργεια μαγνητικού πεδίου όταν ο διακόπτης βρίσκεται στη θέση (1).

β. Ποιος οπλισμός του πυκνωτή θα φορτιστεί πρώτος θετικά και γιατί· Ποιά χρονική στιγμή ο οπλισμός Δ του πυκνωτή θα αποκτήσει για πρώτη φορά μέγιστο φορτίο με αρνητική πολικότητα· Ποια χρονική στιγμή το πηνίο για πρώτη φορά θα διαρρέεται από ρεύμα μέγιστης τιμής και φοράς από το B προς το A·

γ. Να γράψετε τις εξισώσεις που περιγράφουν πως μεταβάλλονται σε σχέση με το χρόνο στο Σ.Ι. το φορτίο του οπλισμού Δ του πυκνωτή και η ένταση του ρεύματος.

δ. Να βρείτε το μέτρο του ρυθμού μεταβολής της έντασης του ρεύματος τη στιγμή που η ένταση του ρεύματος στο κύκλωμα είναι μηδέν.

Δ.2. Στο κύκλωμα του σχήματος, ο πυκνωτής (1) έχει χωρητικότητα $C_1 = 16\mu F$ και είναι φορτισμένος από πηγή με ΗΕΔ $E = 50volt$, και πολικότητα όπως στο σχήμα. Το πηνίο έχει συντελεστή αυτεπαγωγής $L = 10mH$, ενώ ο πυκνωτής (2) , με χωρητικότητα $C_2 = 4\mu F$, είναι αρχικά αφόρτιστος.

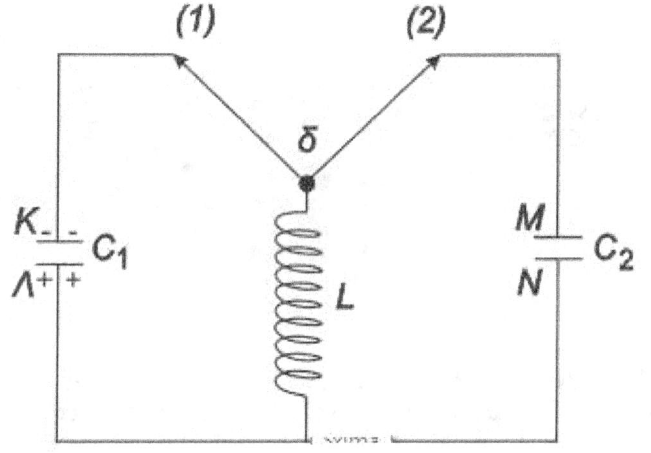

1) **Τη χρονική στιγμή ο διακόπτης μεταφέρεται στη θέση (1) και το κύκλωμα $L - C_1$ αρχίζει να εκτελεί αμείωτη ηλεκτρική ταλάντωση.**

   α. Να γράψετε την εξίσωση του φορτίου του πυκνωτή σε συνάρτηση με τον χρόνο για το κύκλωμα $L - C_1$.

   β. Να βρείτε τη χρονική στιγμή $t_1 = 3\pi \cdot 10^{-4} s$, την ένταση του ρεύματος στο κύκλωμα $L - C_1$καθώς και την ενέργεια του μαγνητικού πεδίου του πηνίου.

2) **Τη χρονική στιγμή ο διακόπτης μεταφέρεται ακαριαία στη θέση (2) χωρίς να ξεσπάσει σπινθήρας και ταυτόχρονα μηδενίζουμε το χρονόμετρο. Το κύκλωμα $L - C_2$ αρχίζει να εκτελεί αμείωτη ηλεκτρική ταλάντωση. Θεωρώντας πάλι ως $t = 0$ τη χρονική στιγμή που αλλάζει θέση ο διακόπτης:**

   α. να βρείτε σε πόσο χρονικό διάστημα θα φορτιστεί πλήρως ο πυκνωτής (2) καθώς και ποιος οπλισμός του, ο Μ ή ο Ν, θα αποκτήσει πρώτος θετικό φορτίο.

   β. για το κύκλωμα $L - C_2$, να γράψετε τις εξισώσεις που δίνουν σε σχέση με το χρόνο το φορτίο του οπλισμού Μ καθώς και την ενέργεια ηλεκτρικού πεδίου του πυκνωτή (2).

Δ.3. Στο κύκλωμα του σχήματος, ο πυκνωτής έχει χωρητικότητα $C = 20\mu F$ και είναι φορτισμένος από πηγή με ΗΕΔ $E = 10volt$, και πολικότητα όπως στο σχήμα. Τα πηνία έχουν συντελεστή αυτεπαγωγής $L_1 = 8mH$ και $L_2 = 2mH$.

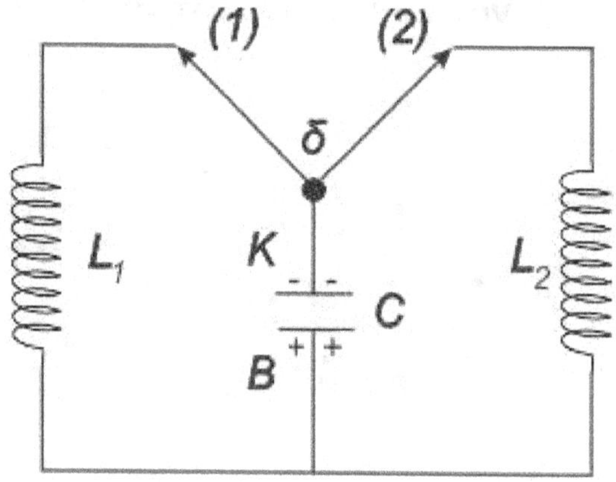

1) **Τη χρονική στιγμή ο μεταγωγός διακόπτης δ μεταβαίνει στη θέση (1) και το κύκλωμα $L_1 - C$ αρχίζει να εκτελεί αμείωτη ηλεκτρική ταλάντωση.**

   α. Να γράψετε τις χρονικές εξισώσεις, που δίνουν το φορτίο του πυκνωτή και την ένταση του ρεύματος, στο $(S.I.)$. Πόση είναι η ολική ενέργεια της ηλεκτρικής ταλάντωσης του κυκλώματος$L_1 - C$ ·

   β. Να υπολογίσετε το φορτίο και την ένταση του ρεύματος τη χρονική στιγμή $t_1 = \frac{16\pi}{3} \cdot 10^{-4}s$

2) **Τη χρονική στιγμή t_1 ο διακόπτης μεταβαίνει ακαριαία στη θέση (2), χωρίς να ξεσπάσει ηλεκτρικός σπινθήρας.**

   α. Θεωρώντας πάλι ως $t = 0$ τη χρονική στιγμή που αλλάζει θέση ο διακόπτης, να γράψετε τη σχέση έντασης ρεύματος-χρόνου για το κύκλωμα . Πόση είναι τώρα η ολική ενέργεια E_2 του κυκλώματος $L - C_2$ ·

   β. Να υπολογίσετε τον ρυθμό μεταβολής της ενέργειας μαγνητικού πεδίου του πηνίου L_2 , τη χρονική στιγμή $t_2 = \frac{5\pi}{4} \cdot 10^{-4}s$.

Δ.4. Στο παρακάτω κύκλωμα η ηλεκτρική πηγή έχει ΗΕΔ $E = 50volt$ και εσωτερική αντίσταση $r = 1\Omega$, οι αντιστάτες έχουν αντίσταση $R_1 = 4\Omega$ και $R_2 = 5\Omega$, ο πυκνωτής έχει χωρητικότητα $C = 10\mu F$ και το πηνίο έχει συντελεστή αυτεπαγωγής $L = 4mH$. Αρχικά ο μεταγωγός διακόπτης δ είναι στη θέση (1) και οι αντιστάτες διαρρέονται από ρεύμα σταθερής έντασης.

Τη χρονική στιγμή $t = 0$ μετακινούμε το διακόπτη στη θέση (2), χωρίς να δημιουργηθεί σπινθήρας, οπότε το ιδανικό κύκλωμα $L - C$ αρχίζει να εκτελεί αμείωτες ηλεκτρικές

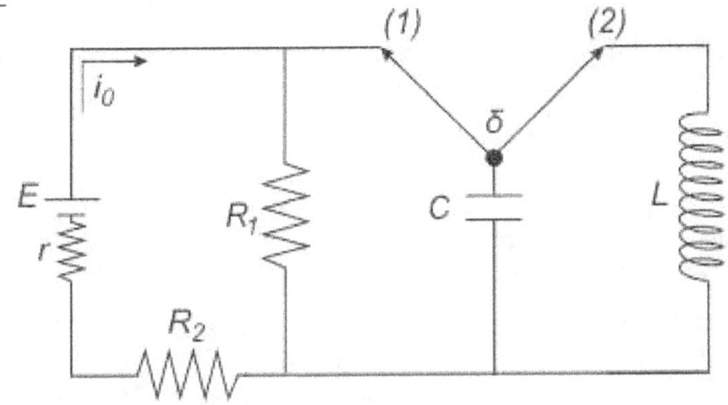

ταλαντώσεις.

α. Να βρείτε την ένταση του ρεύματος, που διαρρέει την πηγή καθώς και το φορτίο, που έχει αποθηκευτεί στον πυκνωτή όταν οι αντιστάτες διαρρέονται από σταθερό ρεύμα.

β. Να βρείτε το λόγο της έντασης του ρεύματος , που διέρρεε αρχικά την πηγή προς τη μέγιστη ένταση του ρεύματος, που διαρρέει το κύκλωμα της ηλεκτρικής ταλάντωσης.

γ. Να γράψετε τις εξισώσεις, που δίνουν τις ενέργειες του ηλεκτρικού πεδίου του πυκνωτή και του μαγνητικού πεδίου του πηνίου σε συνάρτηση με το χρόνο.

δ. Να βρείτε τις χρονικές στιγμές στις οποίες οι ενέργειες ηλεκτρικού και μαγνητικού πεδίου είναι ίσες στη διάρκεια της πρώτης περιόδου της ταλάντωσης.

Δ.5. Για το κύκλωμα του σχήματος δίνεται: $C_1 = 10^{-4}F, C_2 = 4{\cdot}10^{-4}F$ **και** $L = 1H$. **Οι διακόπτες (δ1), (δ2) είναι αρχικά ανοικτοί και οι πυκνωτές είναι φορτισμένοι με φορτία** $Q_1 = 10^{-2}C$ **και** $Q_2 = \sqrt{2}10^{-2}C$ **Δίνεται ότι οι πάνω οπλισμοί είναι αρχικά θετικά φορτισμένοι.**

(πηγή :$ylikonet.gr$)

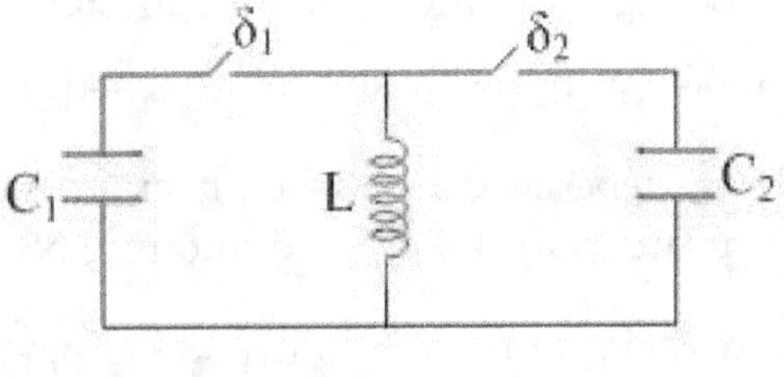

α. Να βρεθεί ο λόγος των τάσεων των δύο πυκνωτών.

β. Κάποια στιγμή που θεωρούμε $t = 0$ κλείνει ο (δ1) ενώ ο (δ2) παραμένει ανοικτός. Να υπολογίσετε το ρυθμό μεταβολής της τάσης του πηνίου, το ρυθμό μεταβολής της έντασης του ρεύματος και το ρυθμό μεταβολής της ενέργειας του μαγνητικού πεδίου του πηνίου τη χρονική στιγμή όπου η ενέργεια του ηλεκτρικού πεδίου του πυκνωτή είναι τριπλάσια από την ενέργεια του μαγνητικού πεδίου του πηνίου για πρώτη φορά.

γ. Τη χρονική στιγμή $t_1 = 1,75\pi \cdot 10^{-2}s$ ανοίγει ο (δ1) και ταυτόχρονα κλείνει ο (δ2), χωρίς απώλειες ενέργειας. Πόση ενέργεια παραμένει αποθηκευμένη στον πυκνωτή C_1· Να γραφούν οι χρονικές εξισώσεις της έντασης του ρεύματος $i_2 = f(t)$ και του φορτίου του πυκνωτή $q_2 = f(t)$, θεωρώντας ως θετική φορά για το ρεύμα τη φορά του ρεύματος στο πηνίο τη στιγμή t_1. Για τις εξισώσεις αυτές να θεωρήσετε ως αρχή μέτρησης του χρόνου $t = 0$ τη στιγμή που ανοίγει ο (δ1) και ταυτόχρονα κλείνει ο (δ2).

δ. Δοκιμάστε να γράψετε τις ίδιες εξισώσεις διατηρώντας την αρχή μέτρησης του χρόνου $t = 0$ ίδια με αυτή του ερωτήματος (Β)

Δ.6. Για το ηλεκτρικό κύκλωμα του σχήματος, δίνονται C_1 =4μF, $C_2 = 1$μF, ενώ το ιδανικό πηνίο έχει αυτεπαγωγή $L = 0,09H$. Φορτίζουμε τον πρώτο πυκνωτή, κλείνοντας το διακόπτη δ1 από πηγή τάσης $V = 30V$ και κατόπιν ανοίγουμε το διακόπτη. Τη χρονική στιγμή $t_0 = 0$ κλείνουμε τον διακόπτη δ2.

(πηγή :*ylikonet.gr*)

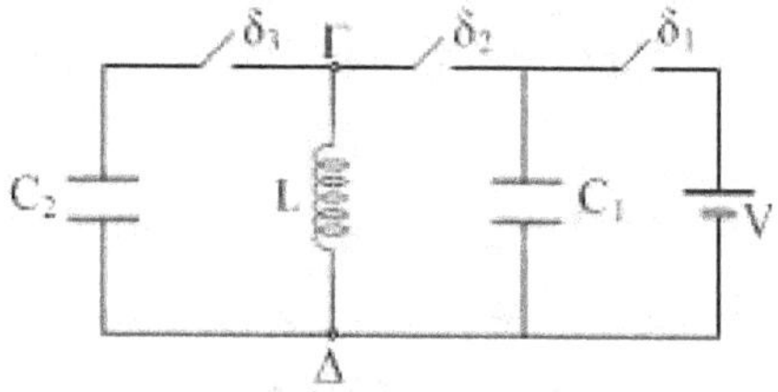

Α. Για την χρονική στιγμή $t_1 = 5\pi \cdot 10^{-4}s$, να βρεθούν:

α. Η ένταση του ρεύματος που διαρρέει το κύκλωμα και η τάση στα άκρα του πηνίου.

β. Ο ρυθμός μεταβολής της έντασης του ρεύματος.

γ. Οι ρυθμοί μεταβολής της ενέργειας του πυκνωτή και του πηνίου.

Β. Την χρονική στιγμή t_1, μέσω ενός αυτόματου ηλεκτρονικού συστήματος, ανοίγει ο διακόπτης δ2 και ταυτόχρονα κλείνει ο διακόπτης δ3.

α. Αμέσως μετά το κλείσιμο του διακόπτη δ3, να βρεθεί ο ρυθμός μεταβολής της έντασης του ρεύματος που διαρρέει το πηνίο.

β. Να γίνει το διάγραμμα $i = f(t)$ της έντασης του ρεύματος που διαρρέει το πηνίο σε συνάρτηση με το χρόνο από t_0, μέχρι τη στιγμή $t_2 = 11\pi \cdot 10^{-4}s$.

Φθίνουσες - Εξαναγκασμένες - Σύνθεση
3ο Σετ Ασκήσεων - Φθινόπωρο 2012

Α. Ερωτήσεις πολλαπλής επιλογής

Α.1.Σε έναν ταλαντούμενο σύστημα, εκτός από την ελαστική δύναμη επαναφοράς, ενεργεί και δύναμη αντίστασης $F' = -bv$. Όταν αυξάνεται η σταθερά απόσβεσης b, η περίοδος της φθίνουσας ταλάντωσης:

α. διατηρείται σταθερή.

β. αυξάνεται.

γ. μειώνεται.

δ. αρχικά αυξάνεται και στη συνέχεια μειώνεται.

Α.2.Σε μια φθίνουσα ταλάντωση, με ορισμένη σταθερά απόσβεσης b, με την πάροδο του χρόνου:

α. το πλάτος μειώνεται και η περίοδος διατηρείται σταθερή.

β. το πλάτος διατηρείται σταθερό και η περίοδος μειώνεται.

γ. το πλάτος και η περίοδος μειώνονται.

δ. το πλάτος και η περίοδος διατηρούνται σταθερά.

Α.3.Σε ένα ταλαντούμενο σύστημα, εκτός από τη δύναμη επαναφοράς, ασκείται και μια δύναμη αντίστασης της μορφής $F' = -bv$. Η ολική ενέργεια του συστήματος:

α. παραμένει σταθερή.

β. αυξάνεται με μειούμενο ρυθμό.

γ. μειώνεται γραμμικά με το χρόνο.

δ. μειώνεται εκθετικά με το χρόνο.

Α.4. Αν σε έναν αρμονικό ταλαντωτή, εκτός από τη δύναμη επαναφοράς, ενεργεί και δύναμη αντίστασης $F' = -bv$, τότε:

α. το πλάτος της ταλάντωσης ελαττώνεται γραμμικά με το χρόνο.

β. η περίοδος της ταλάντωσης, για ορισμένη τιμή της σταθεράς απόσβεσης b, διατηρείται σταθερή.

γ. ο ρυθμός με τον οποίο μειώνεται το πλάτος της ταλάντωσης αυξάνεται, όταν η σταθερά απόσβεσης b μειώνεται.

δ. για μεγάλες τιμές της σταθεράς απόσβεσης b, η κίνηση γίνεται απεριοδική.

Α.5. Το πλάτος μιας φθίνουσας ταλάντωσης μειώνεται στο μισό σε χρόνο t_1. Σε χρόνο $t_2 = 3t_1$ το πλάτος της ταλάντωσης θα έχει μειωθεί στο 1/K της αρχικής του τιμής, όπου η τιμή του K είναι:

α. $3 \cdot 2^2$

β. 2^3

γ. 2^2

δ. $2 \cdot 3$

Α.6. Το πλάτος σε μία φθίνουσα ταλάντωση δίνεται από τη σχέση $A = A_0 e^{-\Lambda t}$. Αν τη χρονική στιγμή t_1 η ολική ενέργεια της ταλάντωσης είναι $\frac{E_0}{2}$, τότε τη χρονική στιγμή $t_2 = 2t_1$ η ολική ενέργεια του συστήματος είναι:

α. E_0

β. $\frac{E_0}{4}$

γ. $\frac{E_0}{2}$

δ. $\frac{3E_0}{4}$

Α.7. Το πλάτος σε μία φθίνουσα ταλάντωση υποδιπλασιάζεται μετά από N πλήρεις ταλαντώσεις. Μετά από πόσες ακόμη ταλαντώσεις το πλάτος θα έχει γίνει ίσο με το 1/16 της αρχικής του τιμής:

α. N ταλαντώσεις

β. 2Ν ταλαντώσεις

γ. 3Ν ταλαντώσεις

δ. 4Ν ταλαντώσεις

Α.8.Σε ένα κύκλωμα ηλεκτρικών ταλαντώσεων που εκτελεί φθίνουσα ηλεκτρική ταλάντωση. Ποιες από τις παραπάνω προτάσεις είναι σωστές;

α. ο κύριος λόγος της απόσβεσης είναι η αυτεπαγωγή του πηνίου.

β. ο κύριος λόγος της απόσβεσης είναι η ωμική αντίσταση του κυκλώματος.

γ. για ορισμένη τιμή της ωμικής αντίστασης, η περίοδος παραμένει σταθερή. δ. το μέγιστο φορτίο στον πυκνωτή μειώνεται γραμμικά με το χρόνο.

Α.9.Η ιδιοσυχνότητα ενός ταλαντωτή εξαρτάται:

α. από το πλάτος της ταλάντωσης.

β. από τη σταθερά απόσβεσης.

γ. από τα φυσικά χαρακτηριστικά του συστήματος.

δ. από την αρχική φάση.

Α.10. Όταν ένα σύστημα εκτελεί εξαναγκασμένη ταλάντωση:

α. το πλάτος της ταλάντωσης μειώνεται με το χρόνο.

β. η συχνότητα της ταλάντωσης είναι ίση με την ιδιοσυχνότητα της ταλάντωσης του συστήματος.

γ. το πλάτος της ταλάντωσης εξαρτάται από τη συχνότητα του διεγέρτη.

δ. η ενέργεια που μετατρέπεται ανά περίοδο σε θερμότητα, λόγω τριβών και αντιστάσεων, αναπληρώνεται από το διεγέρτη.

Α.11.Συντονισμό ονομάζουμε την κατάσταση της εξαναγκασμένης ταλάντωσης του αρμονικού ταλαντωτή στην οποία:

α. η δυναμική ενέργεια του συστήματος γίνεται ίση με την ολική του ενέργεια.

β. η ιδιοσυχνότητα του συστήματος γίνεται μέγιστη.

γ. η συχνότητα της διεγείρουσας δύναμης είναι περίπου ίση με την ιδιοσυχνότητα του ταλαντωτή.

δ. η συχνότητα της διεγείρουσας δύναμης γίνεται μέγιστη.

Α.12.Όταν ένα σύστημα βρίσκεται σε κατάσταση συντονιςμού:

α. η ιδιοσυχνότητα του συστήματος γίνεται μέγιστη.

β. η ενέργεια του συστήματος γίνεται ελάχιστη.

γ. το πλάτος της ταλάντωσης του συστήματος γίνεται μέγιστο.

δ. η συχνότητα της εξωτερικής περιοδικής δύναμης γίνεται μέγιστη.

Α.13. Η ιδιοσυχνότητα ενός κυκλώματος RLC μεταβάλλεται όταν μεταβληθεί:

α. η αντίσταση R

β. η συχνότητα της εναλλασσόμενης τάσης που το τροφοδοτεί,

γ. ο συντελεστής αυτεπαγωγής L,

δ. η χωρητικότητα C

Α.14. Θεωρούμε κύκλωμα RLC σε σειρά που τροφοδοτείται από τάση της μορφής $V = V_0 \eta\mu(\omega t)$, της οποίας μπορούμε να μεταβάλλουμε την κυκλική συχνότητα ω. Να αντιστοιχίσετε τις σχέσεις της αριστερής στήλης με τις εκφράσεις της δεξιάς στήλης.

Α.$0 < \omega < \omega_0$	1. Μεγιστοποίηση της έντασης του ρεύματος
Β. $\omega = \omega_0$	2. Αύξηση της ω θα οδηγήσει σε ελάττωση του Ι.
Γ. $\omega > \omega_0$	3. Αύξηση της ω θα οδηγήσει σε αύξηση του Ι.

Α.15. Ένα σύστημα με ιδιοσυχνότητα f_0 εκτελεί εξαναγκαςμένη ταλάντωση με συχνότητα $f \neq f_0$ Το πλάτος της ταλάντωσης του συστήματος εξαρτάται από:

α. την ιδιοσυχνότητα f_0

β. τη συχνότητα f

γ. τη διαφορά $|f - f_0|$

δ. τη σταθερά επαναφοράς του συστήματος.

Α.16. Ένα κύκλωμα RLC εκτελεί εξαναγκαςμένη ταλάντωση με σταθερό πλάτος έντασης ρεύματος I. Ποιες από τις επόμενες προτάσεις είναι σωστές και ποιες λανθασμένες·

α. Η ενέργεια που απορροφά το κύκλωμα από τον διεγέρτη σε κάθε περίοδο είναι ίση με $\frac{1}{2}LI^2$.

β. Η συχνότητα ταλάντωσης του κυκλώματος είναι ίση με τη συχνότητα του διεγέρτη.

γ. Εφόσον το πλάτος της ταλάντωσης δεν μειώνεται, δεν χρειάζεται να προσφέρουμε ενέργεια στο κύκλωμα για να διατηρήσουμε την ταλάντωση.

δ. Για να διατηρείται το πλάτος της ταλάντωσης σταθερό, πρέπει να προσφέρουμε στο κύκλωμα περιοδικά ενέργεια με συχνότητα απαραίτητα ίση με την ιδιοσυχνότητα του κυκλώματος.

Α.17. Ένα υλικό σημείο εκτελεί ταυτόχρονα δύο Α.Α.Τ. που έχουν ίδια διεύθυνση και περίοδο. Οι δύο ταλαντώσεις έχουν πλάτη $3cm$ και $4cm$, ενώ η συνισταμένη ταλάντωση έχει πλάτος $5cm$. Οι δύο ταλαντώσεις έχουν διαφορά φάσης:

α. Μηδέν

β. $\frac{\pi}{2}$

γ. $\frac{\pi}{4}$

δ. $\frac{\pi}{3}$

Α.18. Δύο Α.Α.Τ. έχουν απομακρύνσεις που περιγράφονται από τις εξισώσεις: $x_1 = A_1\eta\mu(\omega t - \frac{\pi}{6})$ και $x_2 = A_2\eta\mu(\omega t + \frac{\pi}{2})$

α. Η διαφορά φάσης των δύο ταλαντώσεων είναι π/6.

β. Ή διαφορά φάσης των δύο ταλαντώσεων είναι 2π/3

γ. Η απομάκρυνση x_2 προηγείται φασικά της x_1 κατά π/2 .

δ. Δεν μπορούμε να υπολογίσουμε τη διαφορά φάσης των δύο ταλαντώσεων, γιατί οι απομακρύνσεις τους περιγράφονται από διαφορετικές συναρτήσεις.

Α.19. Ένα υλικό σημείο εκτελεί ταυτόχρονα δύο Α.Α.Τ. που έχουν την ίδια διεύθυνση και περίοδο και περιγράφονται από τις εξισώσεις: $x_1 = A\eta\mu(\omega t + \frac{\pi}{3})$ και $x_2 = A\sqrt{3}\eta\mu(\omega t - \frac{\pi}{6})$ Η εξίσωση της συνισταμένης ταλάντωσης είναι:

α. $x = A\eta\mu(\omega t)$

β. $x = 2A\eta\mu(\omega t + \frac{\pi}{6})$

γ. $x = A\sqrt{2}\eta\mu(\omega t + \frac{\pi}{2})$

δ. $x = 2A\eta\mu(\omega t)$

Α.20. Ποια από τις επόμενες προτάσεις είναι λανθασμένη:

α. Το διακρότημα είναι μία ευθύγραμμη περιοδική κίνηση.

β. Η μέγιστη τιμή του πλάτους του διακροτήματος εξαρτάται από την περίοδο του.

γ. Το πλάτος του διακροτήματος είναι αρμονική συνάρτηση του χρόνου.

δ. Η περίοδος του διακροτήματος είναι το χρονικό διάστημα που μεσολαβεί μεταξύ δύο διαδοχικών μηδενισμών του πλάτους.

Α.21. Το πλάτος του διακροτήματος:

α. Είναι σταθερό με τιμή 2Α.

β. Υπολογίζεται από τη σχέση $A' = 2A\eta\mu(\frac{\omega_1+\omega_2}{2})$

γ. Μεταβάλλεται αργά συνημιτονοειδώς με το χρόνο έχοντας σαν ακραίες τιμές τις $\pm$ 2Α.

δ. Μεταβάλλεται με το χρόνο περιοδικά με περίοδο $T_\delta = \frac{1}{f_1+f_2}$ όπου f_1 και f_2 οι συχνότητες των συνιστωσών ταλαντώσεων.

Α.22. Ένα σώμα εκτελεί ταυτόχρονα τις ταλαντώσεις με εξισώσεις: $x_1 = A\eta\mu(2pf_1t)$ και $x_2 = A\eta\mu(2pf_2t)$ Οι ταλαντώσεις έχουν την ίδια διεύθυνση, την ίδια θέση ισορροπίας και συχνότητες που διαφέρουν λίγο μεταξύ τους.

α. Το σώμα εκτελεί μία περιοδική κίνηση, η οποία όμως δεν είναι απλή αρμονική ταλάντωση.

β. Το πλάτος της συνισταμένης κίνησης μεταβάλλεται αρμονικά με το χρόνο.

γ. Η μέγιστη τιμή του πλάτους της συνισταμένης κίνησης είναι 2Α.

δ. Ο χρόνος μεταξύ δύο διαδοχικών μηδενισμών του πλάτους είναι σταθερός.

Α.23. Υλικό σημείο εκτελεί ταυτόχρονα δύο αρμονικές ταλαντώσεις με την ίδια διεύθυνση, γύρω από την ίδια θέση ισορροπίας, ενώ περιγράφονται από τις εξισώσεις: $x_1 = 10\eta\mu(202\pi t)$ **και** $x_2 = 10\eta\mu(198\pi t)$ **(**x_1**,** x_2 **σε** cm **και** t **σε** s**)**

α. Η κυκλική συχνότητα της συνισταμένης κίνησης του υλικού σημείου είναι $\omega = 200 rad/s$

β. Το πλάτος του διακροτήματος είναι 20 cm

γ. Η περίοδος του διακροτήματος είναι $T_\delta = 1/2s$

δ. Σε χρόνο ίσο με την περίοδο του διακροτήματος T_δ , η περιοδική κίνηση επαναλαμβάνεται 50 φορές.

Α.24. . Στο διάγραμμα του σχήματος παριστάνονται οι γραφικές παραστάσεις των απομακρύνσεων δύο Α.Α.Τ. με πλάτη A_1 **και** A_2**, καθώς και η σύνθεση τους.**

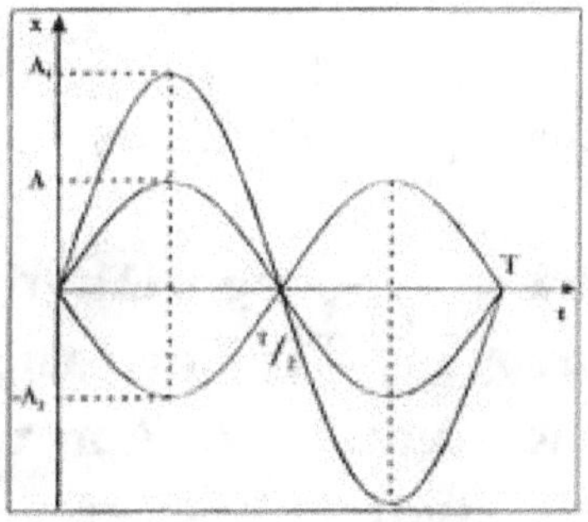

α. Οι συνιστώσες ταλαντώσεις έχουν την ίδια συχνότητα.

β. Η διαφορά φάσης ανάμεσα στις δύο συνιστώσες ταλαντώσεις είναι π.

γ. Το πλάτος της συνισταμένης ταλάντωσης είναι $A = A_1 - A_2$.

δ. Η συνισταμένη ταλάντωση είναι συμφασική της ταλάντωσης με πλάτος A_2.

Β. Ερωτήσεις πολλαπλής επιλογής με αιτιολόγηση

Β.1. Το πλάτος μιας φθίνουσας ταλάντωσης δίνεται από τη σχέση $A = A_0 e^{-\Lambda t}$**. Ο χρόνος που απαιτείται ώστε η ολική ενέργεια της ταλάντωσης να γίνει η μισή της αρχικής (**$E = \frac{E_0}{2}$**)είναι:**

α. $t = \dfrac{ln2}{\Lambda}$

β. $t = \dfrac{ln2}{2\Lambda}$

γ. $t = \dfrac{\Lambda}{ln2}$

Να επιλέξετε τη σωστή απάντηση και να αιτιολογήσετε την επιλογή σας.

Β.2.Το πλάτος μιας φθίνουσας ταλάντωσης δίνεται από τη σχέση $A = A_0 e^{-\Lambda t}$ **. Ο χρόνος που απαιτείται ώστε το πλάτος της ταλάντωσης να γίνει το μισό του αρχικού (**$A = \frac{A_0}{2}$**) είναι:**

α. $t = \dfrac{ln2}{\Lambda}$

β. $t = \dfrac{ln4}{\Lambda}$

γ. $t = \dfrac{\Lambda}{ln2}$

Να επιλέξετε τη σωστή απάντηση και να αιτιολογήσετε την επιλογή σας.

Β.3.Ένα σύστημα ξεκινά φθίνουσες ταλαντώσεις με αρχική ενέργεια E_0 **και αρχικό πλάτος** A_0 **. Το έργο της δύναμης αντίστασης μετά από Ν ταλαντώσεις είναι 84** J**. Άρα το πλάτος ταλάντωσης μετά από Ν ταλαντώσεις είναι:**

α. $\dfrac{A_0}{4}$

β. $\dfrac{A_0}{16}$

γ. $\dfrac{4A_0}{10}$

Να επιλέξετε τη σωστή απάντηση και να αιτιολογήσετε την επιλογή σας.

Β.4. Για ένα σύστημα που εκτελεί εξαναγκασμένη ταλάντωση με συχνότητα $f = 10Hz$, βρίσκεται σε κατάσταση συντονισμού και έχει πλάτος ταλάντωσης $A = 8cm$, ισχύουν τα εξής:

α. έχει σταθερά απόσβεσης $b = 0$.

β. έχει απώλειες ενέργειας ανά περίοδο λιγότερες, από αυτές που θα είχε αν η συχνότητα του διεγέρτη γίνει 6 Hz.

γ. το πλάτος ταλάντωσης μπορεί να γίνει μεγαλύτερο από αυτό που έχει, αρκεί να ελαττώσουμε τη σταθερά απόσβεσης.

Να επιλέξετε τη σωστή απάντηση και να αιτιολογήσετε την επιλογή σας.

Β.5. Ένας ραδιοφωνικός σταθμός εκπέμπει στα 100 MHz. Αν για τη λήψη αυτού του ηλεκτρομαγνητικού κύματος χρησιμοποιείται δέκτης με κύκλωμα $R - L - C$, στο οποίο το πηνίο έχει συντελεστή αυτεπαγωγής $L = 2mH$, η τιμή της χωρητικότητας του πυκνωτή για την οποία συντονίζεται ο δέκτης είναι:

α. $C = 12,5 \cdot 10^{-6}F$

β. $C = 25 \cdot 10^{-6}F$

γ. $C = 50 \cdot 10^{-6}F$

(Δίνεται $\pi^2 = 10$

Να επιλέξετε τη σωστή απάντηση και να αιτιολογήσετε την επιλογή σας.

Β.6. Ένα σύστημα εκτελεί εξαναγκασμένη ταλάντωση πλάτους Α και συχνότητας $f = 15Hz$. Η ιδιοσυχνότητα του συστήματος είναι $17Hz$. Αν η συχνότητα του διεγέρτη γίνει $16Hz$ τότε το πλάτος της εξαναγκασμένης ταλάντωσης:

α. θα γίνει μικρότερο από Α.

β. θα γίνει μεγαλύτερο από Α.

γ. θα παραμείνει Α.

Να επιλέξετε τη σωστή απάντηση και να αιτιολογήσετε την επιλογή σας.

Β.7. Ένα σύστημα εκτελεί εξαναγκασμένη ταλάντωση συχνότητας $f = 30Hz$ και πλάτους Α . Η ιδιοσυχνότητα του συστήματος είναι 25 Hz. Αν αυξήσουμε τη σταθερά απόσβεσης b του συστήματος χωρίς να μεταβάλλουμε τη συχνότητα του διεγέρτη, τότε:

α. το πλάτος της εξαναγκασμένης ταλάντωσης θα μειωθεί.

β. η συχνότητα της εξαναγκασμένης ταλάντωσης θα γίνει λίγο μικρότερη από $30Hz$.

γ. η συχνότητα της εξαναγκασμένης ταλάντωσης θα γίνει λίγο μικρότερη από 25 Hz.

Να επιλέξετε τη σωστή απάντηση και να αιτιολογήσετε την επιλογή σας.

Β.8. Ένα σώμα εκτελεί κίνηση που προέρχεται από τη σύνθεση δύο απλών αρμονικών ταλαντώσεων, ίδιας διεύθυνσης, γύρω από το ίδιο σημείο, με εξισώσεις $x_1 = 0,7\eta\mu 2\pi t$ και $x_2 = 0,4\eta\mu 2\pi t$ (όλα τα μεγέθη στο $S.I.$). Η σύνθετη ταλάντωση περιγράφεται (στο $S.I.$) από την εξίσωση:

α. $x = 0,3\eta\mu 2\pi t$

β. $x = 1,1\eta\mu 4\pi t$

γ. $x = 1,1\eta\mu 2\pi t$

Να επιλέξετε τη σωστή απάντηση και να αιτιολογήσετε την επιλογή σας.

Β.9. Ένα σώμα εκτελεί κίνηση που προέρχεται από τη σύνθεση δύο απλών αρμονικών ταλαντώσεων, ίδιας διεύθυνσης, γύρω από το ίδιο σημείο, με εξισώσεις $x_1 = 0,3\eta\mu 2\pi t$ και $x_2 = 0,8\eta\mu(2\pi t + \pi)$ (όλα τα μεγέθη στο $S.I.$) Η σύνθετη ταλάντωση περιγράφεται από την εξίσωση:

α. $x = 1,1\eta\mu(2\pi t + \pi)$

β. $x = 0,5\eta\mu 2\pi t$

γ. $x = 0,5\eta\mu(2\pi t + \pi)$

Να επιλέξετε τη σωστή απάντηση και να αιτιολογήσετε την επιλογή σας.

B.10. Ένα σώμα εκτελεί κίνηση που προέρχεται από τη σύνθεση δύο απλών αρμονικών ταλαντώσεων, γύρω από το ίδιο σημείο και έχουν ίδια ενέργεια ($E_1 = E_2$), ίδια συχνότητα και ίδια διεύθυνση. Η ολική ενέργεια της σύνθετης ταλάντωσης είναι ίση με την ενέργεια των δύο ταλαντώσεων ($E = E_1 = E_2$), όταν η διαφορά φάσης των δύο Α.Α.Τ. είναι:

α. 0°

β. 60°

γ. 120°

Να επιλέξετε τη σωστή απάντηση και να αιτιολογήσετε την επιλογή σας.

B.11. Ένα σώμα εκτελεί κίνηση που προέρχεται από τη σύνθεση δύο απλών αρμονικών ταλαντώσεων, ίδιας διεύθυνσης που γίνονται γύρω από το ίδιο σημείο. Οι εξισώσεις των δύο ταλαντώσεων είναι $x_1 = 0,4\eta\mu(1998\pi t)$ και $x_2 = 0,4\eta\mu(2002\pi t)(S.I.)$. Ο χρόνος ανάμεσα σε δύο διαδοχικούς μηδενισμούς του πλάτους της ιδιόμορφης ταλάντωσης (διακροτήματος) του σώματος είναι:

α. 0,5 s

β. 1s

γ. 2s

Να επιλέξετε τη σωστή απάντηση και να αιτιολογήσετε την επιλογή σας.

B.12. Σώμα εκτελεί κίνηση που προέρχεται από τη σύνθεση δύο απλών αρμονικών ταλαντώσεων, ίδιου πλάτους και διεύθυνσης. Οι συχνότητες f_1 και f_2 ($f_2 > f_1$) αντίστοιχα των δύο ταλαντώσεων διαφέρουν μεταξύ τους 4 Hz , με αποτέλεσμα να παρουσιάζεται διακρότημα. Αν η συχνότητα f_1 αυξηθεί κατά 8 Hz, ο χρόνος που μεσολαβεί ανάμεσα σε δύο διαδοχικούς μηδενισμούς του πλάτους θα:

α. παραμείνει ο ίδιος.

β. μειωθεί κατά 4 s.

γ. αυξηθεί κατά 4 s.

Να επιλέξετε τη σωστή απάντηση και να αιτιολογήσετε την επιλογή σας.

Β.13. Ένα σώμα εκτελεί κίνηση που προέρχεται από τη σύνθεση δύο απλών αρμονικών ταλαντώσεων, ίδιας διεύθυνσης που γίνονται γύρω από το ίδιο σημείο με το ίδιο πλάτος Α και συχνότητες που διαφέρουν πολύ λίγο. Αν T_1 και T_2 είναι αντίστοιχα οι περίοδοι των δύο ταλαντώσεων, τότε η περίοδος της περιοδικής κίνησης που προκύπτει δίνεται από τον τύπο:

α. $T = |T_2 - T_1|$

β. $T = \dfrac{T_2 + T_1}{2}$

γ. $T = \dfrac{2T_1T_2}{T_2 + T_1}$

Να επιλέξετε τη σωστή απάντηση και να αιτιολογήσετε την επιλογή σας.

Β.14. Σώμα εκτελεί ταυτόχρονα δύο Α.Α.Τ. της ίδιας συχνότητας, που γίνονται γύρω από το ίδιο σημείο και στην ίδια διεύθυνση. Αν οι εξισώσεις των επιμέρους ταλαντώσεων είναι: $x_1 = A_1 \eta\mu\omega t (S.I.)$ και $x_2 = A_2 \eta\mu(\omega t + \phi)$ $(S.I.)$ με , τότε η αρχική φάση ϕ, ώστε η σύνθετη ταλάντωση να έχει πλάτος $(A = A_1 = A_2)$ είναι:

α. $\phi = 0$

β. $\phi = \dfrac{2\pi}{3}$

γ. $\phi = \dfrac{\pi}{2}$

Να επιλέξετε τη σωστή απάντηση και να αιτιολογήσετε την επιλογή σας.

Β.15. Ένας παρατηρητής ακούει τον ήχο από δύο διαπασών που λειτουργούν ταυτόχρονα και παράγουν ήχους με συχνότητες $f_1 = 1000Hz$ και f_2 . Ο παρατηρητής αντιλαμβάνεται τα παραγόμενα διακροτήματα να έχουν περίοδο $0,25s$. Παρατηρούμε ότι αν αυξηθεί η συχνότητα f_2 του δεύτερου διαπασών κατά $2Hz$ τότε ο χρόνος μεταξύ δύο διαδοχικών μηδενισμών της έντασης του ήχου αυξάνεται. Η συχνότητα f_2 του δεύτερου διαπασών είναι:

α. $4Hz$

β. $1004Hz$

γ. $996Hz$

Να επιλέξετε τη σωστή απάντηση και να αιτιολογήσετε την επιλογή σας.

Γ.Ασκήσεις

Γ.1. ο πλάτος μιας φθίνουσας αρμονικής ταλάντωσης μειώνεται εκθετικά με το χρόνο σύμφωνα με τη σχέση $A = A_0 e^{-\Lambda t}$. Το πλάτος της ταλάντωσης τη χρονική στιγμή $t = 0$είναι $A_0 = 8cm$ και τη χρονική στιγμή $t = 20s$ είναι $A_1 = 2cm$.

α. Ποια είναι η τιμή της σταθεράς Λ της ταλάντωσης;

β. Πόσος χρόνος χρειάζεται ώστε το πλάτος της ταλάντωσης να μείνει το μισό του αρχικού;

γ. Ποιο είναι το πλάτος της ταλάντωσης τη χρονική στιγμή $t = 30s$;

δίνεται : $ln2 = 0,7$

Γ.2. Το πλάτος μιας φθίνουσας αρμονικής ταλάντωσης μειώνεται εκθετικά με το χρόνο σύμφωνα με τη σχέση $A = A_0 e^{-\Lambda t}$. Η σταθερά Λ της ταλάντωσης ισούται με$\Lambda = 0,014s^{-1}$.

α. Να βρείτε μετά από πόσο χρονικό διάστημα το σύστημα θα έχει χάσει τα 3/4 της αρχικής του ενέργειας.

β. Να υπολογιστεί ο αριθμός των ταλαντώσεων Ν που πραγματοποιεί το σύστημα μέχρι να υποτετραπλασιαστεί η αρχική του ενέργεια.

γ. Αν τη χρονική στιγμή $t = 0$ η ενέργεια της ταλάντωσης είναι E_0 και μετά από χρόνο $\Delta t = t_1$ η % ελάττωση της ενέργειας ταλάντωσης είναι 36% να βρείτε την % ελάττωση του πλάτους της ταλάντωσης.

Δίνεται ότι η περίοδος των ταλαντώσεων είναι $T = 0,5s$ και $ln2 = 0,7$.

Γ.3. Το πλάτος μιας φθίνουσας αρμονικής ταλάντωσης μειώνεται εκθετικά με το χρόνο σύμφωνα με τη σχέση $A = A_0 e^{-(ln4)t}$. Σε χρονικό διάστημα 10 Τ, όπου Τ η περίοδος της φθίνουσας ταλάντωσης, το πλάτος ελαττώνεται στο μισό της αρχικής του τιμής. Να υπολογίσετε :

α. την περίοδο Τ της φθίνουσας ταλάντωσης.

β. τον αριθμό των ταλαντώσεων N που πρέπει να πραγματοποιηθούν ώστε το πλάτος να μειωθεί από $\frac{A_0}{4}$ σε $\frac{A_0}{16}$.

γ. Το κλάσμα της αρχικής ενέργειας που έχασε ο ταλαντωτής στο χρονικό διάστημα που πέρασε για να ελαττωθεί το πλάτος της ταλάντωσης από $\frac{A_0}{4}$ σε $\frac{A_0}{16}$.

Γ.4. Σώμα μάζας $m = 2kg$ ισορροπεί δεμένο στο κάτω άκρο κατακόρυφου ελατηρίου σταθεράς $k = 200N/m$, το πάνω άκρο του οποίου είναι στερεωμένο σε ακλόνητο σημείο. Το σώμα εκτελεί φθίνουσα ταλάντωση και η δύναμη απόσβεσης που επενεργεί πάνω του είναι της μορφής $F' = -0.5v(S.I.)$. Εφαρμόζουμε στο σύστημα περιοδική δύναμη διέγερσης με συχνότητα $\frac{5}{\pi}Hz$, οπότε αποκαθίσταται ταλάντωση σταθερού πλάτους που είναι ίσο με $0,2m$. Αν η αρχική φάση της ταλάντωσης σταθερού πλάτους είναι $\phi_0 = 0$, τότε:

α. Να γράψετε τις εξισώσεις της απομάκρυνσης και της ταχύτητας της εξαναγκασμένης ταλάντωσης.

β. Να υπολογίσετε το μέγιστο ρυθμό απορρόφησης ενέργειας του ταλαντωτή από τον διεγέρτη, κατά τη διάρκεια μιας περιόδου.

γ. Αν αυξήσουμε τη συχνότητα του διεγέρτη το πλάτος της ταλάντωσης θα αυξηθεί ή θα ελαττωθεί· Να δικαιολογήσετε την απάντησή σας.

Γ.5. Ένα σώμα μάζας $250g$ εκτελεί κίνηση που προέρχεται από τη σύνθεση δύο απλών αρμονικών ταλαντώσεων, ίδιας διεύθυνσης, γύρω από το ίδιο σημείο, με εξισώσεις $x_1 = 0,08\eta\mu 4\pi t$ και $x_2 = 0,08\sqrt{3}\eta\mu(4\pi t + \frac{\pi}{2}$ (όλα τα μεγέθη στο $S.I.$).

α. Να υπολογισθεί το πλάτος A της συνισταμένης ταλάντωσης που εκτελεί το σώμα.

β. Να γραφεί η εξίσωση της απομάκρυνσης της ταλάντωσης που εκτελεί το σώμα.

γ. Να βρεθεί η δύναμη επαναφοράς τη στιγμή που το σώμα περνά από τη θέση $x = 0,1m$.

δ. Να υπολογισθεί ο λόγος της κινητικής προς τη δυναμική ενέργεια της ταλάντωσης του υλικού σημείου τη στιγμή που περνά από τη θέση $x = 0,08m$.

Δίνεται: $\pi^2 = 10$.

Γ.6. Υλικό σημείο Σ εκτελεί κίνηση που προέρχεται από τη σύνθεση δύο απλών αρμονικών ταλαντώσεων, οι οποίες γίνονται στην ίδια διεύθυνση και γύρω από την ίδια θέση ισορροπίας. Οι ταλαντώσεις περιγράφονται από τις εξισώσεις $x_1 = 2\eta\mu 10t$ και $x_2 = 2\sqrt{3}\eta\mu(10t + \frac{\pi}{3}$, (και x σε cm, t σε s).

α. Να υπολογισθεί το πλάτος της συνισταμένης απλής αρμονικής ταλάντωσης που εκτελεί το Σ.

β. Να βρεθεί η εξίσωση της απομάκρυνσης της ταλάντωσης που εκτελεί το Σ.

γ. Να γραφεί η εξίσωση της ταχύτητας ταλάντωσης του Σ.

δ. Να υπολογισθεί η αλγεβρική τιμή της ταχύτητας τη χρονική στιγμή $t = \frac{\pi}{15}s$ μετά από τη στιγμή $t = 0$.

Γ.7. Ένα σώμα μάζας $m = 0,1kg$ εκτελεί κίνηση που προέρχεται από τη σύνθεση δύο απλών αρμονικών ταλαντώσεων, ίδιας διεύθυνσης, γύρω από το ίδιο σημείο και οι απομακρύνσεις τους δίνονται από το παρακάτω διάγραμμα.

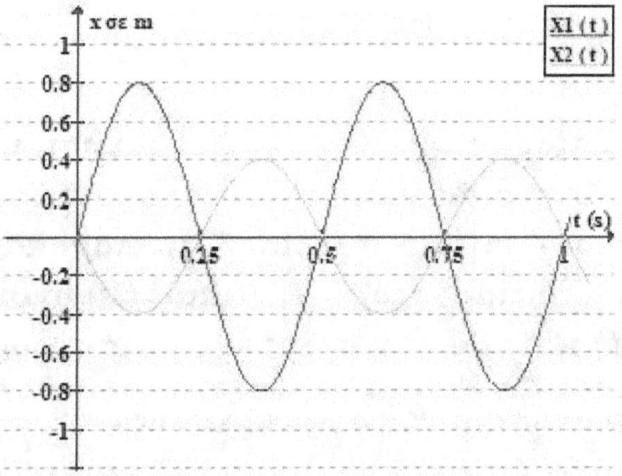

α. Να γραφεί η εξίσωση της απομάκρυνσης των δύο ταλαντώσεων.

β. Να γραφεί η εξίσωση της απομάκρυνσης της συνισταμένης ταλάντωσης και να παρασταθεί γραφικά στο ίδιο διάγραμμα με τις δύο επιμέρους ταλαντώσεις.

γ. Να υπολογισθεί η ενέργεια της συνισταμένης ταλάντωσης.

δ. Να βρεθεί η απομάκρυνση της σύνθετης ταλάντωσης, τη χρονική στιγμή που η κινητική ενέργεια γίνει τριπλάσια της δυναμικής, για πρώτη φορά.

Δίνεται: $\pi^2 = 10$.

Γ.8. Ένα διαπασών παράγει ήχο συχνότητας $f_1 = 1001Hz$. Αν φέρουμε πολύ κοντά ένα δεύτερο διαπασών, περίπου ίδιο με το πρώτο, παράγεται και ένας δεύτερος ήχος συχνότητας f_2 που είναι λίγο μικρότερη από την πρώτη. Ο σύνθετος ήχος που ακούει τότε ένας παρατηρητής έχει συχνότητα $f = 1000Hz$. Να υπολογισθεί:

α. η συχνότητα f_2 .

β. η συχνότητα μεταβολής του πλάτους της σύνθετης κίνησης.

γ. πόσες φορές μηδενίζεται η ένταση του ήχου που ακούει ο παρατηρητής σε χρόνο $\Delta t = 2s$.

δ. Ένα μόριο του αέρα ταλαντώνεται εξαιτίας του ήχου που παράγουν τα διαπασών. Να υπολογισθεί πόσες φορές περνά από τη θέση ισορροπίας του σε χρόνο ίσο με τη περίοδο των διακροτημάτων.

Γ.9. Ένα σώμα μάζας $m = 0,2kg$ εκτελεί κίνηση που προέρχεται από τη σύνθεση δύο απλών αρμονικών ταλαντώσεων, ίδιας διεύθυνσης, γύρω από το ίδιο σημείο. Στο παρακάτω διάγραμμα, φαίνεται η γραφική παράσταση της απομάκρυνσης της πρώτης ταλάντωσης $x_1(t)$ και της συνισταμένης ταλάντωσης $x(t)$.

α. Να υπολογισθεί η σταθερά της συνισταμένης ταλάντωσης.

β. Να γραφεί η εξίσωση της απομάκρυνσης της πρώτης και της συνισταμένης ταλάντωσης.

γ. Να γραφεί η εξίσωση της απομάκρυνσης της δεύτερης ταλάντωσης και να παρασταθεί γραφικά στο ίδιο διάγραμμα.

δ. Να βρεθεί η κινητική ενέργεια του σώματος τη χρονική στιγμή .

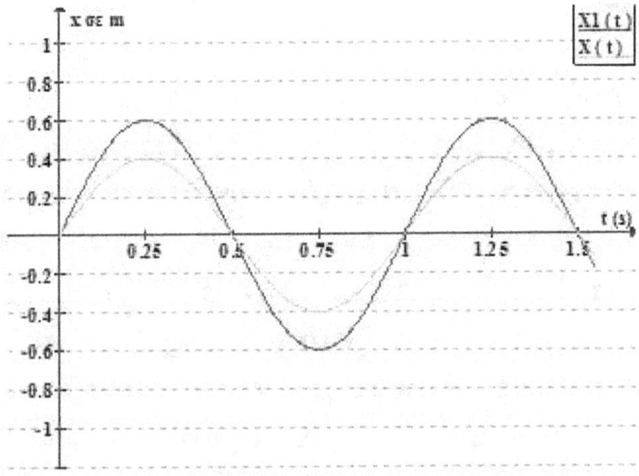

Γ.10. Σώμα μάζας $m = 0,5kg$ εκτελεί ταυτοχρόνως δύο Α.Α.Τ. της ίδιας συχνότητας που γίνονται γύρω από το ίδιο σημείο και στην ίδια διεύθυνση. Οι δύο Α.Α.Τ. περιγράφονται από τις εξισώσεις: $x_1 = 0,5\eta\mu 20\pi t(S.I.)$ **και** $x_2 = 0,7\eta\mu(20\pi t + \pi)(S.I.)$

α. Να βρεθεί η εξίσωση της απομάκρυνσης και της ταχύτητας σε σχέση με το χρόνο για τη σύνθετη ταλάντωση.

β. Να υπολογιστεί η περίοδος της σύνθετης ταλάντωσης.

γ. Να υπολογιστεί το πλάτος της δύναμης επαναφοράς για τη σύνθετη ταλάντωση.

δ. Να υπολογιστεί η ταχύτητα του σώματος όταν η απομάκρυνσή του είναι $x = 0,1m$.

Δίνεται $\pi^2 = 10$.

Γ.11. Σώμα εκτελεί ταυτόχρονα δύο Α.Α.Τ. της ίδιας διεύθυνσης, που γίνονται γύρω από το ίδιο σημείο, με το ίδιο πλάτος και συχνότητες που διαφέρουν πολύ λίγο. Οι επιμέρους ταλαντώσεις περιγράφονται από τις εξισώσεις $x_1 = 0,2\eta\mu 100\pi t(S.I.)$ **και** $x_2 = 0,7\eta\mu(102\pi t)(S.I.)$

α. Να γραφεί η εξίσωση της απομάκρυνσης σε σχέση με το χρόνο για τη σύνθετη ταλάντωση.

β. Να υπολογιστεί η χρονική στιγμή που μηδενίζεται το πλάτος για πρώτη φορά.

γ. Να υπολογιστεί ο χρόνος ανάμεσα σε δύο διαδοχικούς μηδενισμούς του πλάτους.

Δ. Προβλήματα

Δ.1. Ένα σώμα μάζας 200 g εκτελεί κίνηση που προέρχεται από τη σύνθεση δύο απλών αρμονικών ταλαντώσεων, ίδιας διεύθυνσης, ίδιας συχνότητας, ίδιου πλάτους Α και γύρω από το ίδιο σημείο. Η πρώτη ταλάντωση έχει αρχική φάση μηδέν και υστερεί φασικά από τη δεύτερη κατά ϕ, με $\phi < \pi rad$. Η συνισταμένη κίνηση που προκύπτει έχει το ίδιο πλάτος Α με κάθε μια από τις επιμέρους ταλαντώσεις. Η κάθε μια ταλάντωση έχει ενέργεια 0,1 J , ενώ η δύναμη επαναφοράς έχει μέγιστη τιμή 2 N.

α. Να υπολογισθεί η διαφορά φάσης της δεύτερης ταλάντωσης με την πρώτη και της σύνθετης ταλάντωσης με την πρώτη.

β. Να γραφούν οι εξισώσεις της απομάκρυνσης των δύο αρχικών ταλαντώσεων.

γ. Να γραφεί η εξίσωση της επιτάχυνσης { χρόνου για την συνισταμένη ταλάντωση.

δ. Να υπολογισθεί το μέτρο της ταχύτητας ταλάντωσης του σώματος τη στιγμή που η δυναμική ενέργεια του σώματος είναι τριπλάσια της κινητικής.

Δ.2. Ένα σώμα μάζας $100g$ εκτελεί κίνηση που προέρχεται από τη σύνθεση δύο απλών αρμονικών ταλαντώσεων, ίδιας διεύθυνσης, ίδιας συχνότητας και γύρω από το ίδιο σημείο. Η δεύτερη ταλάντωση έχει τριπλάσιο πλάτος από την πρώτη και η φάση της προηγείται κατά γωνία $\phi = 60^o$. Η πρώτη ταλάντωση έχει αρχική φάση μηδέν. Η συνισταμένη ταλάντωση έχει εξίσωση $x = 0,2\sqrt{13}\eta\mu(2\pi t + \theta)$: ($S.I.$).

α. Να υπολογισθεί η αρχική φάση της συνισταμένης ταλάντωσης.

β. Να γραφούν οι εξισώσεις της απομάκρυνσης των δύο αρχικών ταλαντώσεων.

γ. Να γραφεί η εξίσωση της ταχύτητας - χρόνου της συνισταμένης ταλάντωσης.

δ. Να υπολογισθεί ο ρυθμός μεταβολής της ορμής του σώματος όταν περνά από τη θέση .

Να θεωρήσετε ότι: $\pi^2 \simeq 10$ και $0,6\sqrt{3} \simeq 1$.

Δ.3. Ένα σώμα εκτελεί κίνηση που προέρχεται από τη σύνθεση δύο απλών αρμονικών ταλαντώσεων, ίδιας διεύθυνσης, γύρω από το ίδιο σημείο που περιγράφονται από τις εξισώσεις $x_1 = A\eta\mu 199\pi t$ και $x_2 = A\eta\mu 201\pi t (S.I.)$. Η εξίσωση που περιγράφει την συνισταμένη ταλάντωση είναι $x = 0,04\sigma\upsilon\nu 2\pi f_3 t \eta\mu 2\pi f_4 t$ $(S.I.)$.

α. Να υπολογισθεί το πλάτος Α και οι συχνότητες f_1 και f_2 των δύο επιμέρους Α.Α.Τ.

β. Τι εκφράζει το ημιάθροισμα των συχνοτήτων των επιμέρους Α.Α.Τ. και ποια είναι η τιμή του;

γ. Να υπολογισθεί η περίοδος των διακροτημάτων T_Δ και ο αριθμός των ταλαντώσεων που εκτελεί το σώμα στο χρόνο αυτό.

δ. Να σχεδιάσετε ποιοτικά τη γραφική παράσταση της απομάκρυνσης της σύνθετης ταλάντωσης με το χρόνο.

Δ.4. Οι ήχοι που παράγονται από δύο ακίνητα διαπασών, έχουν την ίδια ένταση, βρίσκονται πολύ κοντά το ένα με το άλλο και έχουν συχνότητες $f_1 = 499Hz$ και $f_2 = 501Hz$, αντίστοιχα. Οι ήχοι αναγκάζουν το τύμπανο ενός αυτιού να ταλαντώνεται. Οι επιμέρους ταλαντώσεις που ενεργοποιούν το τύμπανο έχουν μηδενική αρχική φάση και ίδιο πλάτος Α .

α. Να υπολογισθεί η συχνότητα:

α1. των διακροτημάτων.

α2. μεταβολής του πλάτους της σύνθετης κίνησης.

α3. της σύνθετης κίνησης.

β. Να υπολογισθεί ο αριθμός των μεγιστοποιήσεων του πλάτους των διακροτημάτων σε χρόνο 20 s.

γ. Να υπολογισθεί ο αριθμός των ταλαντώσεων που εκτελεί το τύμπανο σε χρόνο 1 s.

δ. Να υπολογισθεί, σαν συνάρτηση του χρόνου, η διαφορά φάσης των δύο επιμέρους ταλαντώσεων που ενεργοποιούν το τύμπανο και να παρασταθεί γραφικά. Στο διάγραμμα να φαίνονται οι χρονικές στιγμές $\frac{T_\Delta}{2}$ και T_Δ (όπου T_Δ η περίοδος των διακροτημάτων). Να εξηγήσετε με τη βοήθεια της διαφοράς φάσης, γιατί στις στιγμές αυτές το πλάτος είναι μηδέν και μέγιστο αντίστοιχα.

Δ.5. Ένα σώμα εκτελεί κίνηση που προέρχεται από τη σύνθεση δύο απλών αρμονικών ταλαντώσεων, ίδιας διεύθυνσης, ίδιου πλάτους , που πραγματοποιούνται γύρω από το ίδιο σημείο με παραπλήσιες συχνότητες f_1 και f_2 ($f_1 < f_2$) . Οι δύο ταλαντώσεις έχουν αρχική φάση μηδέν. Η απομάκρυνση σε συνάρτηση με το χρόνο της σύνθετης κίνησης που παρουσιάζει διακροτήματα είναι $x = 0.02\sigma\upsilon\nu(2\pi t)\eta\mu(50\pi t)$ ($S.I.$)

α. Να υπολογισθούν οι συχνότητες f_1 και f_2 και το πλάτος Α των δύο ταλαντώσεων.

β. Να γραφούν οι εξισώσεις απομάκρυνσης { χρόνου των δύο επιμέρους ταλαντώσεων.

γ. Να υπολογιστεί πότε μηδενίζεται το πλάτος του διακροτήματος στο χρονικό διάστημα από 0 έως $1s$.

δ. Να υπολογισθεί πόσες φορές μηδενίζεται η απομάκρυνση της σύνθετης κίνησης σε χρόνο ίσο με την περίοδο των διακροτημάτων.

ε. Να γίνει το διάγραμμα της συνισταμένης ταλάντωσης για χρονικό διάστημα από 0 έως 1 s .

Δ.6. Σώμα μάζας $m = 1,2kg$ εκτελεί σύνθετη γραμμική αρμονική ταλάντωση χωρίς τριβές. Οι εξισώσεις των συνιστωσών ταλαντώσεων στο $S.I.$ είναι $x_1 = \sqrt{3}\eta\mu(\omega t)$ και $x_2 = \sqrt{3}\eta\mu(\omega t + \frac{\pi}{3})$

α. Υπολογίστε το πλάτος Α και την αρχική φάση θ της ταλάντωσης του σώματος.

β. Γράψτε την εξίσωση της απομάκρυνσης του σώματος σε συνάρτηση με τον χρόνο, αν γνωρίζεται ότι το σώμα περνάει για πρώτη φορά από την θέση ισορροπίας του την χρονική στιγμή $t = 2,5s$.

γ. Υπολογίστε την κινητική ενέργεια του σώματος τη χρονική στιγμή $t = 5,5s$.

δ. Θεωρήστε ότι κάποια χρονική στιγμή $t_1 > 5,5s$ που το σώμα βρίσκεται σε ακραία θετική θέση, αρχίζει να δρα πάνω του μια δύναμη απόσβεσης της μορφής $F' = -bv$, όπου $b > 0$, οπότε μετά από χρόνο $12s$ το πλάτος υποδιπλασιάζεται. Μετά από πόσο χρόνο από την χρονική στιγμή t_1 , το πλάτος της ταλάντωσης του σώματος θα έχει γίνει $A/16$.;

Δίνεται: $\pi^2 = 10$

Δ.7. Ένα σώμα $m = 2kg$ μετέχει ταυτόχρονα σε δύο απλές αρμονικές ταλαντώσεις που γίνονται στην ίδια διεύθυνση και γύρω από την ίδια θέση ισορροπίας. Η εξίσωση της ταχύτητας του σώματος σε συνάρτηση με τον χρόνο για κάθε μια από τις επιμέρους ταλαντώσεις στο $S.I.$ είναι: $\upsilon_1 = 8\pi\sigma\upsilon\nu(\omega t + \pi)$ και $\upsilon_2 = \upsilon_{2max}\sigma\upsilon\nu(\omega t)$. Η εξίσωση της σύνθετης ταλάντωσης προκύπτει από την σχέση: $x = 4\eta\mu(100\pi t)$, (x σε cm, t σε s)

.

α. Να σχεδιαστεί η γραφική παράσταση της δυναμικής ενέργειας σε συνάρτηση με τον χρόνο για την σύνθετη κίνηση.

β. Να γραφτεί η εξίσωση της απομάκρυνσης για κάθε μια από τις συνιστώσες ταλαντώσεις.

γ. Ποια θα έπρεπε να είναι η μέγιστη επιτάχυνση του σώματος εξαιτίας της δεύτερης ταλάντωσης ώστε το σώμα να παρέμενε συνεχώς στην θέση ισορροπίας.

δ. Αν η παραπάνω σύνθετη ταλάντωση γίνεται μέσα σε ένα υλικό που ασκεί στο σώμα δύναμη της μορφής $F' = -b\upsilon$, όπου b η σταθερά απόσβεσης, οπότε το πλάτος μειώνεται εκθετικά με τον χρόνο σύμφωνα με την σχέση $A = A_0 e^{-\Lambda t}$, να βρείτε το ποσοστό της ενέργειας που χάθηκε μετά από χρόνο $t = 2T$, όπου T η περίοδος της ταλάντωσης.

Δίνεται η σταθερά Λ του υλικού $\Lambda = \frac{ln2}{T}$ και ότι $\pi^2 = 10$

Εξίσωση - Φάση Αρμονικού Κύματος
4ο Σετ Ασκήσεων - Χειμώνας 2012

Α. Ερωτήσεις πολλαπλής επιλογής

Α.1. Κατά τη διάδοση ενός κύματος σε ένα ελαστικό μέσο:

α. μεταφέρεται ύλη

β. μεταφέρεται μόνο ενέργεια

γ. όλα τα σημεία του ελαστικού μέσου έχουν, την ίδια χρονική στιγμή, την ίδια φάση.

δ. μεταφέρονται ενέργεια και ορμή με ορισμένη ταχύτητα.

Α.2.Όταν ένα κύμα αλλάζει μέσο διάδοσης, τότε μεταβάλλεται:

α. η ταχύτητα και το μήκος κύματος του

β. η συχνότητα και το μήκος κύματος του

γ. μόνο η ταχύτητα του

δ. μόνο το μήκος κύματος του.

Α.3. Κατά μήκος γραμμικού ομογενούς ελαστικού μέσου διαδίδεται εγκάρσιο αρμονικό κύμα χωρίς απώλειες ενέργειας:

α. Τα μόρια του ελαστικού μέσου ταλαντώνονται παράλληλα στη διεύθυνση διάδοσης του κύματος

β. Κατά μήκος του ελαστικού μέσου σχηματίζονται πυκνώματα και αραιώματα.

γ. Τα μόρια του ελαστικού μέσου ταλαντώνονται κάθετα στη διεύθυνση διάδοσης του κύματος.

δ. Η ταχύτητα διάδοσης του κύματος είναι $υ = ωA$.

Α.4. Αν η συχνότητα των ταλαντώσεων της πηγής παραγωγής ενός αρμονικού κύματος που διαδίδεται σε ένα ελαστικό μέσο διπλασιαστεί, τότε θα:

α. διπλασιαστεί το πλάτος του

β. διπλασιαστεί η περίοδος του

γ. υποδιπλασιαστεί η ταχύτητα του

δ. υποδιπλασιαστεί το μήκος κύματος του.

Α.5. Κατά τη διάδοση ενός αρμονικού κύματος πάνω σε ένα γραμμικό ομογενές ελαστικό μέσο:

α. Η απομάκρυνση των διαφόρων σημείων του μέσου είναι γραμμική συνάρτηση του χρόνου.

β. Όλα τα σημεία του μέσου έχουν κάθε χρονική στιγμή την ίδια φάση.

γ. Η διαφορά φάσης των ταλαντώσεων δύο ορισμένων σημείων του μέσου, την ίδια χρονική στιγμή, είναι σταθερή.

δ. Οι θέσεις των σημείων του μέσου σε μια ορισμένη χρονική στιγμή αποτελούν το στιγμιότυπο του κύματος.

Α.6. Ένα αρμονικό κύμα διαδίδεται κατά μήκος ενός γραμμικού ελαστικού μέσου, το οποίο εκτείνεται κατά τη διεύθυνση του άξονα $x'x$. Το στιγμιότυπο του κύματος παριστάνει:

α. την απομάκρυνση y των διαφόρων σημείων του μέσου, ως συνάρτηση της απόστασης τους x από την πηγή, μια ορισμένη χρονική στιγμή.

β. την απομάκρυνση y ενός σημείου του ελαστικού μέσου, ως συνάρτηση του χρόνου t.

γ. την ταχύτητα της ταλάντωσης των διαφόρων σημείων του μέσου, ως συνάρτηση της απόστασης τους x από την πηγή, μια ορισμένη χρονική στιγμή.

δ. την ταχύτητα της ταλάντωσης ενός σημείου του ελαστικού μέσου, ως συνάρτηση του χρόνου t.

Α.7. Σ' ένα γραμμικό ομογενές ελαστικό μέσο διαδίδεται αρμονικό κύμα με μήκος κύματος λ. Η διαφορά φάσης των ταλαντώσεων δύο σημείων του μέσου που απέχουν μεταξύ τους απόσταση $\frac{\lambda}{2}$ είναι:

α. $\frac{\pi}{2}$ β. $\frac{\pi}{4}$ γ. π δ. 2π

Α.8. Ένα αρμονικό κύμα περιγράφεται από την εξίσωση

$$y = 0,1\eta\mu 2\pi(2t - 0,1x)(S.I)$$

Η διαφορά φάσης της ταλάντωσης ενός σημείου του ελαστικού μέσου σε δύο χρονικές στιγμές που διαφέρουν κατά $\Delta t = 1/6s$, είναι ίση με:

α. $\frac{3\pi}{2}$ β. $\frac{2\pi}{3}$ γ. $\frac{\pi}{2}$ δ. π

Α.9. Στο διάγραμμα του σχήματος φαίνεται το στιγμιότυπο του κύματος τη χρονική στιγμή t. Η διαφορά φάσης των ταλαντώσεων των σημείων Κ και Λ του μέσου είναι:

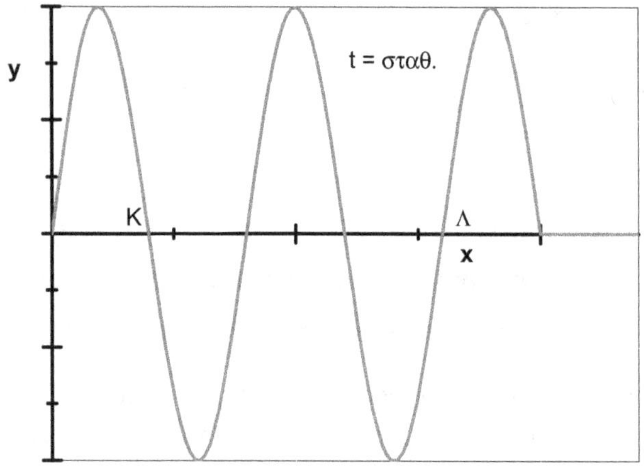

α. $\Delta\phi = \frac{3\pi}{2}$

β. $\Delta\phi = 0$

γ. $\Delta\phi = 3\pi$

δ. εξαρτώμενη από την ταχύτητα διάδοσης του κύματος.

Α.10. Η εξίσωση γραμμικού αρμονικού κύματος είναι $y = 0,1\eta\mu 2\pi(2t - 0,1x)(S.I.)$.

α. Η ταχύτητα διάδοσης του κύματος είναι 20 m/s.

β. Η απόσταση δύο σημείων, τα οποία κάποια χρονική στιγμή έχουν διαφορά φάσης $\frac{3\pi}{2}$, είναι $d = 15m$.

γ. Η διαφορά φάσης ενός σημείου μεταξύ των χρονικών στιγμών $t_1 = 20s$ και $t_2 = 25s$ είναι $5\pi rad$.

δ. Το πλησιέστερο προς την πηγή του κύματος σημείο, που ταλαντώνεται σε αντίθεση φάσης μ' αυτήν, απέχει από την πηγή $5m$.

A.11. Η εξίσωση ενός αρμονικού κύματος, που διαδίδεται κατά μήκος γραμμικού ομογενούς ελαστικού μέσου στη διεύθυνση του ημιάξονα Ox είναι

$$y = 10\eta\mu 2\pi(10t - 20x)$$

(x σε cm, y σε cm και t σε s).

α. Η περίοδος του κύματος είναι $0,5s$.

β. Το μήκος κύματος του κύματος είναι $\lambda = 20m$.

γ. Η ταχύτητα διάδοσης του κύματος είναι $\upsilon = 0,5m/s$.

δ. Ένα σημείο που απέχει από την πηγή $5cm$ καθυστερεί φασικά κατά $\frac{\pi}{4}\upsilon rad$.

A.12. Κατά μήκος του άξονα $x'x$, και κατά την αρνητική του κατεύθυνση διαδίδεται εγκάρσιο αρμονικό κύμα. Η αρχή O του άξονα αρχίζει την $t = 0$ να εκτελεί αμείωτη ταλάντωση με εξίσωση $y = A\eta\mu\omega t$.Οι φάσεις της ταλάντωσης δύο σημείων M και N του μέσου, την ίδια χρονική στιγμή, είναι $\phi_M = \frac{9\pi}{2}$ και $\phi_N = \frac{3\pi}{2}$ αντίστοιχα.

α. Η εξίσωση που περιγράφει το κύμα είναι $y = A\eta\mu 2\pi(\frac{t}{T} + \frac{x}{\lambda})$

β. Το κύμα διαδίδεται με κατεύθυνση από το σημείο M προς το σημείο N.

γ. Η απόσταση ανάμεσα στα σημεία M και N είναι περιττό πολλαπλάσιο του $\lambda/2$.

δ. Η γραφική παράσταση της εξίσωσης $y = f(t)$ για $x =$ σταθ. εκφράζει την περιοδικότητα που παρουσιάζει η κίνηση ενός σημείου του μέσου.

A.13. Στο διάγραμμα του σχήματος δίνεται η γραφική παράσταση $\phi = f(x)$ κατά τη χρονική στιγμή $t = 2s$, για ένα αρμονικό κύμα που παράγεται στη θέση $x = 0$ τη χρονική στιγμή $t = 0$. Το μήκος κύματος του κύματος είναι:

α. $1m$

β. $2m$

γ. $5m$

δ. $10m$

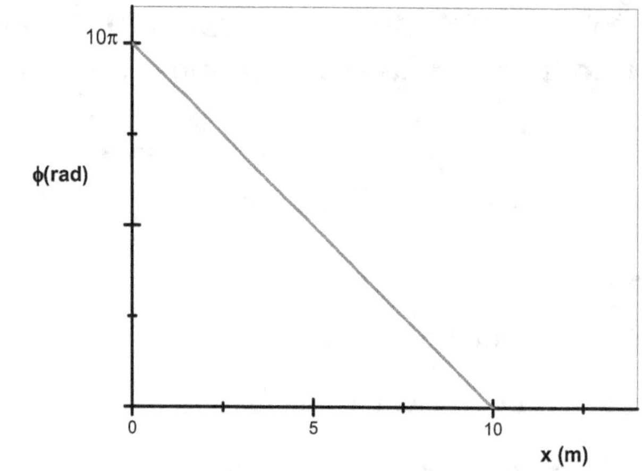

Α.14. Μια πηγή Ο που βρίσκεται στη θέση $x = 0$ του άξονα $x'x$, αρχίζει, την $t = 0$, να εκτελεί απλή αρμονική ταλάντωση με εξίσωση $y = 0,04\eta\mu 4\pi t (S.I.)$. Το παραγόμενο κύμα διαδίδεται κατά τη θετική κατεύθυνση του άξονα με ταχύτητα $\upsilon = 50m/s$,

α. Η εξίσωση του αρμονικού κύματος είναι $y = 0,04\eta\mu 2\pi(2t - \frac{x}{25})(S.I.)$.

β. Το σημείο Μ, που απέχει από την πηγή του κύματος απόσταση $x = 500m$, θα αρχίσει να ταλαντώνεται τη χρονική στιγμή $t_1 = 10s$.

γ. Το σημείο Μ, την $t_2 = 20s$, θα έχει ταχύτητα $\upsilon_M = -16\pi cm/s$.

δ. Το σημείο Μ καθυστερεί φασικά της πηγής κατά $30\pi rad$.

Α.15. Το παρακάτω σχήμα παριστάνει το στιγμιότυπο ενός εγκαρσίου αρμονικού κύματος, το οποίο διαδίδεται προς τα δεξιά την $t = 2T$. Προς ποια κατεύθυνση κινούνται τα σημεία Α και Β του ελαστικού μέσου·

α. και τα δύο σημεία κινούνται προς τα πάνω.

β. και τα δύο σημεία κινούνται προς τα κάτω.

γ. το σημείο Α κινείται προς τα πάνω και το σημείο Β προς τα κάτω.

δ. το σημείο Α κινείται προς τα κάτω και το σημείο Α προς τα πάνω.

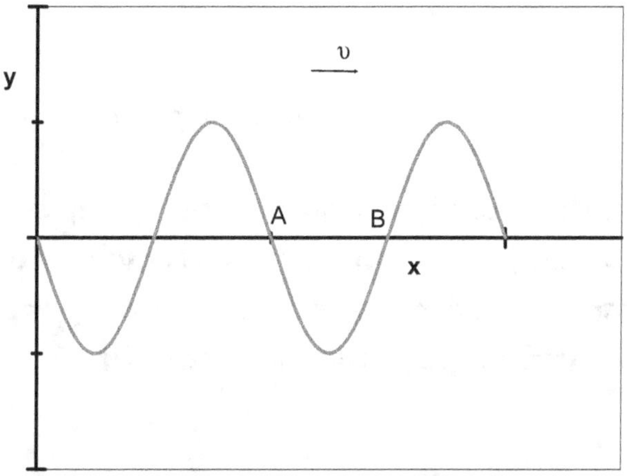

A.16. Το διάγραμμα του σχήματος παριστάνει το στιγμιότυπο ενός αρμονικού κύματος τη χρονική στιγμή $t = 10s$. Το σημείο Ο άρχισε να ταλαντώνεται τη χρονική στιγμή $t = 0$. Η ταχύτητα διάδοσης του κύματος στο ελαστικό μέσο είναι:

α. $0,2m/s$

β. $20m/s$

γ. $0,6m/s$

δ. $60m/s$

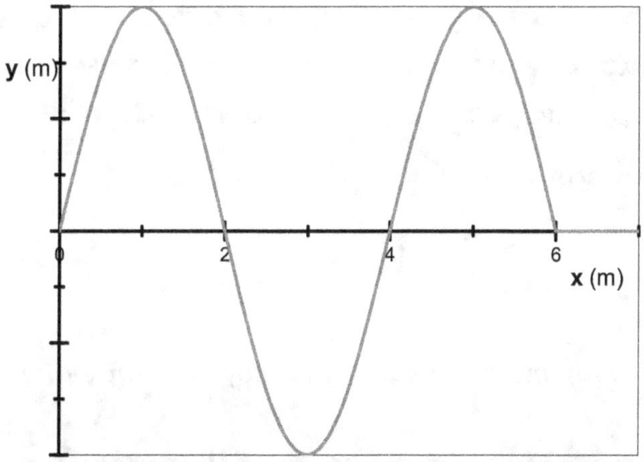

Β. Ερωτήσεις πολλαπλής επιλογής με αιτιολόγηση

Β.2. Δύο μηχανικά κύματα ίδιας συχνότητας διαδίδονται σε ελαστική χορδή. Αν λ_1 και λ_2 τα μήκη κύματος αυτών των κυμάτων ισχύει: :

α. $\lambda_1 < \lambda_2$

β. $\lambda_1 > \lambda_2$

γ. $\lambda_1 = \lambda_2$

Να επιλέξετε τη σωστή απάντηση και να αιτιολογήσετε την επιλογή σας.

Β.2. Η γραφική παράσταση της φάσης σε συνάρτηση με το χρόνο, για ένα σημείο (διαφορετικό της πηγής Ο) ενός ελαστικού γραμμικού μέσου στο οποίο διαδίδεται ένα εγκάρσιο γραμμικό αρμονικό κύμα, κατά τη θετική φορά, είναι μία ευθεία:

α. αύξουσα.

β. φθίνουσα.

γ. παράλληλη στον άξονα t.

Να επιλέξετε τη σωστή απάντηση και να αιτιολογήσετε την επιλογή σας.

Β.3. Η γραφική παράσταση της φάσης των διαφόρων σημείων ενός γραμμικού ελαστικού μέσου στο οποίο διαδίδεται, προς τη θετική κατεύθυνση του άξονα $x'x$, ένα εγκάρσιο αρμονικό κύμα, σε συνάρτηση με την απόστασή τους από την πηγή Ο, κάποια συγκεκριμένη χρονική στιγμή, είναι μία ευθεία :

α. παράλληλη στον άξονα x.

β. φθίνουσα.

γ. αύξουσα.

Να επιλέξετε τη σωστή απάντηση και να αιτιολογήσετε την επιλογή σας.

Β.4. Σε γραμμικό ελαστικό μέσο διαδίδεται αρμονικό εγκάρσιο κύμα προς τη θετική κατεύθυνση. Αν λ το μήκος κύματος και Τ η περίοδος αυτού του κύματος, τότε η διαφορά φάσης $\Delta\phi$ μεταξύ δύο χρονικών στιγμών t_1 και t_2 με $t_2 > t_1$, ενός σημείου του μέσου το οποίο ξεκινά να ταλαντώνεται τη χρονική στιγμή $t' < t_1$, δίνεται από τη σχέση:

α. $2\pi\dfrac{t_2 - t_1}{T}$

β. $\pi\dfrac{t_2 - t_1}{T}$

γ. $2\pi\frac{t_2 - t_1}{\lambda}$

Να επιλέξετε τη σωστή απάντηση και να αιτιολογήσετε την επιλογή σας.

B.5. Σε γραμμικό ελαστικό μέσο διαδίδεται αρμονικό εγκάρσιο κύμα προς τη θετική κατεύθυνση. Αν λ το μήκος κύματος και T η περίοδος αυτού του κύματος, τότε η διαφορά φάσης $\Delta\phi$ την ίδια χρονική στιγμή μεταξύ δύο σημείων του μέσου τα οποία έχουν ξεκινήσει να ταλαντώνεται τη χρονική στιγμή $t' < t_1$ και που απέχουν απόσταση Δx δίνεται από την σχέση :

α. $2\pi\frac{\Delta x}{\lambda}$

β. $\pi\frac{\Delta x}{\lambda}$

γ. $\pi\frac{\Delta x}{2T}$

Να επιλέξετε τη σωστή απάντηση και να αιτιολογήσετε την επιλογή σας.

B.6. Οι διπλανές γραφικές παραστάσεις αναφέρονται στη μεταβολή της φάσης σε συνάρτηση με το χρόνο δύο σημείων A και B ενός γραμμικού ελαστικού ομογενούς μέσου στο οποίο διαδίδεται αρμονικό εγκάρσιο κύμα. Αν τα σημεία A και B θεωρηθούν υλικά σημεία ίδιας μάζας, για την κινητική ενέργεια ταλάντωσης K την χρονική στιγμή $t = 8s$, θα ισχύει:

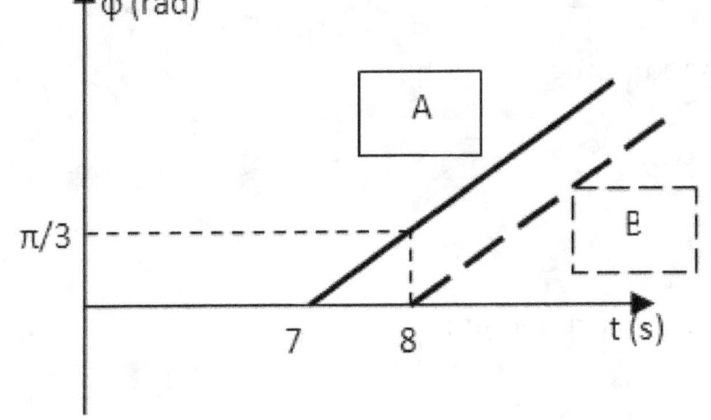

α. $K_A < K_B$

β. $K_A = K_B$

γ. $K_A > K_B$

Να επιλέξετε τη σωστή απάντηση και να αιτιολογήσετε την επιλογή σας.

B.7.Δύο αρμονικά εγκάρσια κύματα (1) και (2) διαδίδονται σε ελαστική χορδή κατά την θετική κατεύθυνση. Αν είναι γνωστό ότι το πλάτος και το μήκος του δεύτερου κύματος είναι διπλάσια του πρώτου (δηλ $A_2 = 2A_1, \lambda_2 = 2\lambda_1$), τότε για τα μέτρα των μέγιστων επιταχύνσεων ταλάντωσης των μορίων της ελαστικής χορδής θα ισχύει:

α. $\dfrac{\alpha_{max1}}{\alpha_{max2}} = 2$

β. $\dfrac{\alpha_{max1}}{\alpha_{max2}} = 4$

γ. $\dfrac{\alpha_{max1}}{\alpha_{max2}} = \dfrac{1}{2}$

Να επιλέξετε τη σωστή απάντηση και να αιτιολογήσετε την επιλογή σας.

B.8.Η παρακάτω γραφική παράσταση αναφέρεται στη μεταβολή της φάσης ϕ σε συνάρτηση με την απόσταση x από την πηγή γραμμικού αρμονικού κύματος τη χρονική στιγμή $t_1 = 14s$:

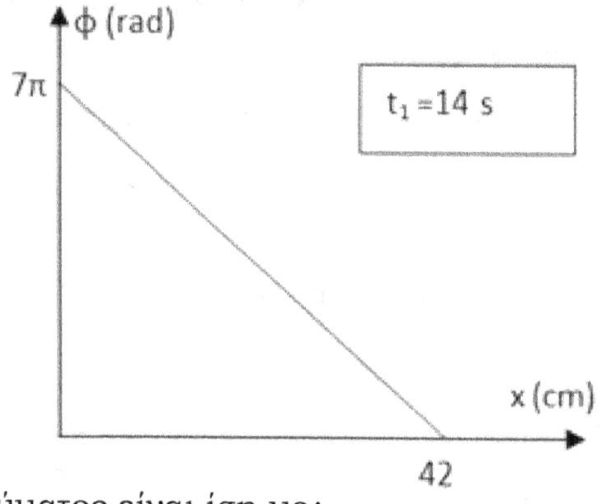

1. Η περίοδος του κύματος είναι ίση με:

   α. $1s$

   β. $2s$

   γ. $4s$

2. Το μήκος κύματος είναι ίσο με:

   α. $10\ cm$

   β. $12\ cm$

   γ. $14\ cm$

Να θεωρήσετε ότι η πηγή του κύματος βρίσκεται στη θέση Ο ($x = 0$ και τη χρονική στιγμή $t = 0$ ξεκινά να ταλαντώνεται από τη θέση ισορροπίας της με θετική ταχύτητα.

Να επιλέξετε τη σωστή απάντηση και να αιτιολογήσετε την επιλογή σας.

Γ.Ασκήσεις

Γ.1. Το σημείο Ο αρχίζει τη χρονική στιγμή $t = 0$ να εκτελεί απλή αρμονική ταλάντωση, που περιγράφεται από την εξίσωση $y = A\eta\mu\omega t$. Το κύμα που δημιουργεί, διαδίδεται κατά μήκος ομογενούς γραμμικού ελαστικού μέσου και κατά τη θετική φορά. Αν είναι γνωστό ότι:

- **το σημείο Ο περνάει από τη θέση ισορροπίας του 30 φορές το λεπτό,**
- **η ολική ενέργεια ταλάντωσης της πηγής Ο είναι $2 \cdot 10^{-4} J$,**
- **κάθε στοιχειώδες τμήμα του ελαστικού μέσου θεωρείται υλικό σημείο μάζας $m = 1g$ και**
- **το κύμα φτάνει στο σημείο Σ, που απέχει από το Ο απόσταση $4m$, τη χρονική στιγμή $t = 2s$,**

να υπολογίσετε:

α. την περίοδο του κύματος.

β. το πλάτος του κύματος.

γ. την ταχύτητα διάδοσης και το μήκος κύματος.

δ. Να γράψετε την εξίσωση αυτού του κύματος.

Δίνεται ότι : $\pi^2 \simeq 10$

Γ.2. Εγκάρσιο γραμμικό κύμα που διαδίδεται σε ένα ομογενές ελαστικό μέσον και κατά την θετική κατεύθυνση έχει εξίσωση $y = 4 \cdot 10^{-2}\eta\mu(\pi t - 5\pi x)$, ($S.I.$). Η πηγή Ο δημιουργίας αυτού του κύματος βρίσκεται στη θέση $x = 0$ του άξονα $x'Ox$. Θεωρούμε ότι ένα σημείο Σ του ελαστικού μέσου βρίσκεται σε απόσταση $d = 0,3m$ από το Ο.

α. Να υπολογισθούν το πλάτος Α , η περίοδος Τ και το μήκος λ του κύματος.

β. Αν η πηγή του κύματος αρχίζει να ταλαντώνεται τη στιγμή $t = 0$:

1. Ποια χρονική στιγμή φτάνει το κύμα στο σημείο Σ;
2. Να βρεθεί η φάση και η απομάκρυνση του Σ τη στιγμή $t_1 = 2s$.

γ. Να γραφεί η εξίσωση της απομάκρυνσης του σημείου Σ από τη θέση ισορροπίας του σε συνάρτηση με το χρόνο.

δ. Να βρεθεί η απόσταση κατά τη διεύθυνση διάδοσης του κύματος ενός ελαχίστου (κοιλάδας) και του μεθεπόμενου μεγίστου (όρους).

Γ.3. Η φάση γραμμικού αρμονικού κύματος που διαδίδεται σε ομογενές ελαστικό μέσο με πλάτος $A = 0,4m$, δίνεται από τη σχέση: $\phi = 5\pi t - \frac{5\pi x}{3}(S.I.)$. Κάποια χρονική στιγμή t_1 η φάση ενός σημείου Κ με απόσταση από την πηγή $x_\kappa = 3,9m$, είναι ίση με $2,5\pi rad$.

α. Να υπολογίσετε τη χρονική στιγμή t_1.

β. Μέχρι που θα έχει διαδοθεί το κύμα εκείνη τη στιγμή;

γ. Αν τα στοιχειώδη τμήματα του ελαστικού μέσου θεωρηθούν υλικά σημεία μάζας $m = 2 \cdot 10^{-3}kg$ το καθένα, πόση είναι η ολική ενέργεια ταλάντωσης καθενός από αυτά;

δ. Να παρασταθεί το στιγμιότυπο του κύματος τη χρονική στιγμή t_1 και να υπολογίσετε την απευθείας απόσταση μεταξύ του σημείου Κ και ενός άλλου σημείου Λ με $x_\Lambda = 3,6m$ τότε.

Γ.4. Οι παρακάτω γραφικές παραστάσεις αναφέρονται στην ταλάντωση δύο σημείων Α και Β ενός ομογενούς γραμμικού ελαστικού μέσου στο οποίο διαδίδεται εγκάρσιο αρμονικό κύμα προς τη θετική κατεύθυνση με ταχύτητα $\upsilon = 2m/s$.

α. Να υπολογίσετε το πλάτος Α του κύματος.

β. Να προσδιορίσετε τις θέσεις x_A και x_B των σημείων Α και Β.

γ. Να βρείτε το μέτρο της μέγιστης επιτάχυνσης του σημείου Α.

δ. Ποια είναι η φάση του σημείου Α την χρονική στιγμή $t_1 = 12s$;

Δίνεται: $\pi^2 \simeq 10$.Η πηγή του κύματος βρίσκεται στην θέση $x = 0$ και τη χρονική στιγμή $t = 0$ ξεκινά να ταλαντώνεται από τη θέση ισορροπίας της με θετική ταχύτητα.

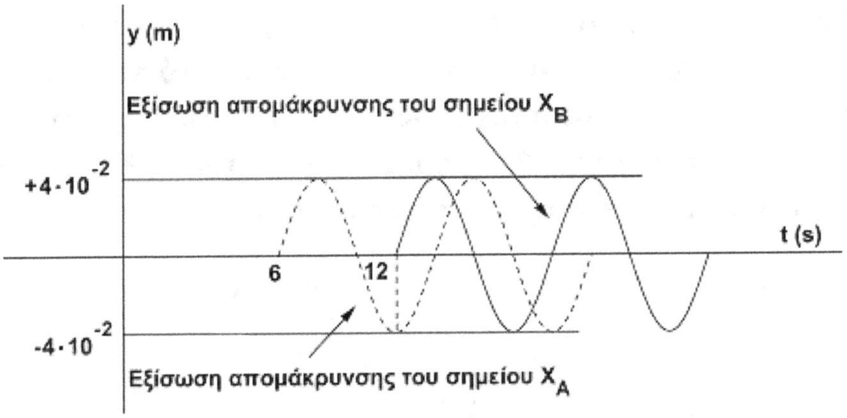

Δ.Προβλήματα

Δ.1. Εγκάρσιο γραμμικό κύμα που διαδίδεται σε ένα ελαστικό ομογενές μέσον κατά την θετική κατεύθυνση και έχει εξίσωση:

$$y = 6 \cdot 10^{-2}\eta\mu(2\pi t - 10\pi x) \quad ,(S.I.)$$

Η πηγή Ο παραγωγής αυτού του κύματος βρίσκεται στη θέση $x = 0$ του ημιάξονα Ox και τη χρονική στιγμή $t = 0$ ξεκινά να ταλαντώνεται από τη θέση ισορροπίας της με θετική ταχύτητα.

α. Να υπολογισθούν το πλάτος A , η περίοδος T , το μήκος κύματος λ και η ταχύτητα διάδοσης υ του κύματος.

β. Να γραφεί η εξίσωση της ταχύτητας ταλάντωσης και της φάσης ενός σημείου Σ που απέχει $x_\Sigma = 0,4m$ από το Ο σε συνάρτηση με το χρόνο και να γίνουν οι γραφικές τους παραστάσεις.

γ. Αν το Σ θεωρηθεί υλικό σημείο με μάζα $m = 10^{-3}kg$ να εκφραστεί η κινητική του ενέργεια σε συνάρτηση με το χρόνο.

δ. Πόσο απέχουν μεταξύ τους δύο σημεία Μ και Ν που έχουν την ίδια χρονική στιγμή φάσεις $\phi_M = \frac{2\pi}{3}rad$ και $\phi_N = \frac{\pi}{2}rad$;

ε. Να παρασταθεί το στιγμιότυπο του κύματος τη χρονική στιγμή $t = 2,75s$.

Δ.2. Μια πηγή Ο αρχίζει να εκτελεί, τη χρονική στιγμή $t = 0$, απλή αρμονική ταλάντωση. Το παραγόμενο από την πηγή γραμμικό αρμονικό κύμα, διαδίδεται σε ελαστικό ομογενές μέσο, προς τη θετική φορά του $x'Ox$. Τα σημεία του μέσου ταλαντώνονται εξαιτίας του κύματος και έχουν εξίσωση επιτάχυνσης:

$$\alpha = -\pi^2 \cdot 10^{-4} \eta\mu 2\pi(\frac{t}{2} - \frac{x}{4}) \quad (S.I.)$$

α. Να υπολογίσετε τη γωνιακή συχνότητα του κύματος.

β. Να βρείτε την μέγιστη ταχύτητα ταλάντωσης των μορίων του ελαστικού μέσου και την ταχύτητα διάδοσης αυτού του κύματος.

γ. Πότε θα βρίσκεται για 1η φορά στην ανώτερη θέση της ταλάντωσης του ένα σημείο Κ που βρίσκεται σε απόσταση $x_\kappa = 10m$ από την πηγή Ο·

δ. Να υπολογίσετε την ταχύτητα ταλάντωσης ενός άλλου σημείου Λ που βρίσκεται σε απόσταση x_Λ από την πηγή Ο, κάποια στιγμή που το Κ θα βρίσκεται στην ανώτερη θέση της ταλάντωσης του.

Δ.3. Η διπλανή γραφική παράσταση αναφέρεται στη μεταβολή της φάσης ϕ σε συνάρτηση με το χρόνο ενός σημείου Μ ελαστικού μέσου στο οποίο διαδίδεται εγκάρσιο αρμονικό κύμα πλάτους $A = 10cm$ προς τη θετική κατεύθυνση. Το σημείο Μ απέχει από την πηγή Ο παραγωγής κυμάτων απόσταση $x_M = 18cm$ και μπορεί να θεωρηθεί υλικό σημείο μάζας $m = 2 \cdot 10^{-3}kg$. Η πηγή του κύματος βρίσκεται στη θέση $x = 0$ και ξεκινά να ταλαντώνεται από τη θέση ισορροπίας τη χρονική στιγμή $t = 0$ με $V > 0$.

α. Να υπολογίσετε την περίοδο και το μήκος του κύματος.

β. Να γραφεί η εξίσωση του κύματος.

γ. Να παρασταθεί γραφικά η εξίσωση της απομάκρυνσης του σημείου Μ καθώς και ενός άλλου σημείου Ν, που βρίσκεται δεξιά του Μ και απέχει από αυτό απόσταση $d = \frac{\lambda}{2}$, από τη θέση ισορροπίας τους σε συνάρτηση με το χρόνο σε κοινό διάγραμμα.

δ. Να υπολογίσετε τη δυναμική ενέργεια ταλάντωσης του σημείου Μ τη χρονική στιγμή $t = 8s$.

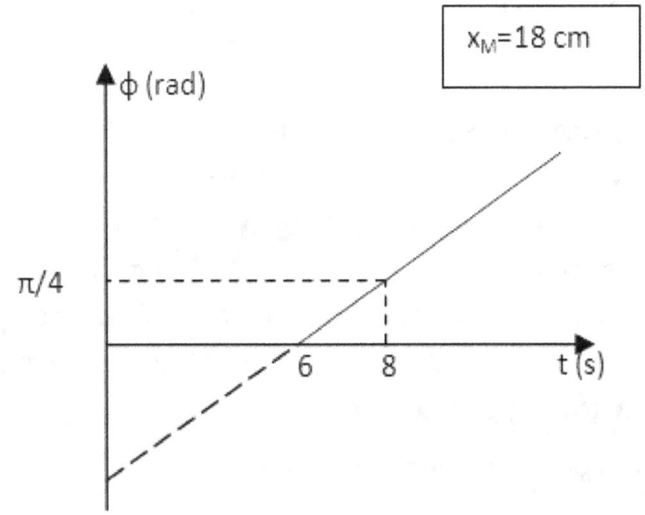

Δ.4. Η παρακάτω γραφική παράσταση αναφέρεται στη μεταβολή της φάσης ϕ σε συνάρτηση με την απόσταση x από την πηγή γραμμικού αρμονικού κύματος, που διαδίδεται σε ομογενές ελαστικό μέσο κατά τη θετική κατεύθυνση , πλάτους $A = 2cm$ κάποια χρονική στιγμή t_1. Η ταχύτητα διάδοσης του κύματος είναι $v = 0,5cm/s$.

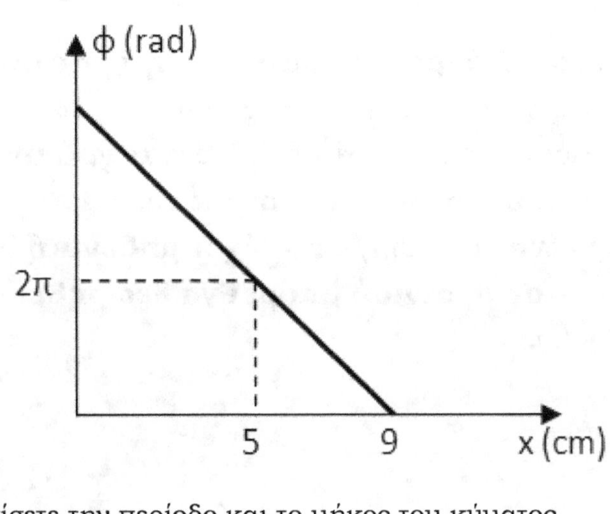

α. Να υπολογίσετε την περίοδο και το μήκος του κύματος.

β. Να γραφεί η εξίσωση του κύματος.

γ. Να προσδιοριστεί η χρονική στιγμή t_1 .

δ. Να γίνει η γραφική παράσταση 1) της ταχύτητας ταλάντωσης των διαφόρων σημείων του ελαστικού μέσου σε συνάρτηση με τη θέση τους x τη χρονική στιγμή t_1 και 2) της φάσης σε συνάρτηση με το χρόνο για το σημείο Μ με $x_M = 5cm$

Σημείωση: Η πηγή του κύματος βρίσκεται στη θέση $x = 0$ και τη χρονική στιγμή $t = 0$, ξεκινά να ταλαντώνεται από τη θέση ισορροπίας της με θετική ταχύτητα.

Δ.5.Γραμμικό αρμονικό εγκάρσιο κύμα με πλάτος $A = 4 \cdot 10^{-3}m$ και περίοδο $T = 2s$, διαδίδεται σε ομογενές ελαστικό μέσο με ταχύτητα $v = 2cm/s$. Η πηγή παραγωγής αυτού του κύματος βρίσκεται στη θέση $x = 0$,αρχή του ημιάξονα Ox και τη χρονική στιγμή $t = 0$ ξεκινά να ταλαντώνεται από τη θέση ισορροπίας της με σταθερή ταχύτητα. Κάθε μόριο του ελαστικού μέσου μπορεί να θεωρηθεί υλικό σημείο μάζας $m = 1gr$.

α. Να γράψετε την εξίσωση αυτού του κύματος.

β. Να υπολογίσετε τη φάση του σημείου Σ που βρίσκεται στη θέση $x_\Sigma = 3cm$ την στιγμή $t_1 = 4,5s$.

γ. Να σχεδιάσετε το στιγμιότυπο του κύματος την χρονική στιγμή t_1 καθώς και τη χρονική στιγμή $t_2 = t_1 + \frac{T}{4}$.

δ. Να σχεδιάσετε τη γραφική παράσταση της κινητικής ενέργειας των διαφόρων σημείων του ελαστικού μέσου τη χρονική στιγμή t_1 σε συνάρτηση με την απόστασή τους x από το σημείο O τη χρονική στιγμή t_1.

Δ.6. Στο παρακάτω διάγραμμα φαίνεται η γραφική παράσταση της δυναμικής ενέργειας ταλάντωσης ενός μορίου Κ ενός ομογενούς ελαστικού μέσου στο οποίο διαδίδεται γραμμικό αρμονικό εγκάρσιο κύμα σε συνάρτηση με το χρόνο. Η ταχύτητα διάδοσης του κύματος είναι $v = 2m/s$ και έχει μηδενική αρχική φάση. Κάθε μικρό τμήμα του σχοινιού μπορεί να θεωρηθεί υλικό σημείο μάζας $m = 2 \cdot 10^{-3}kg$.

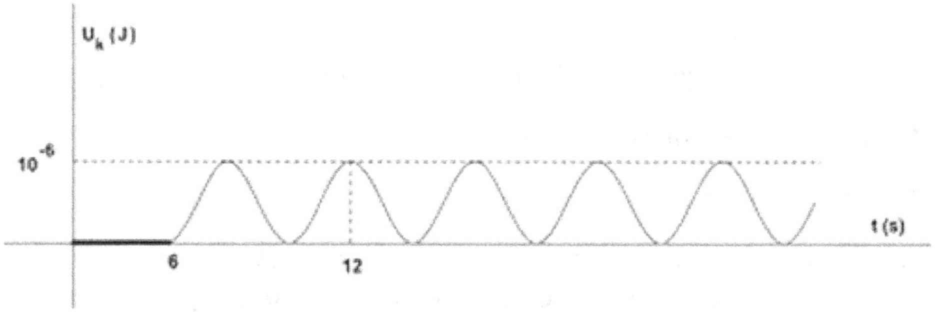

α. Πόσο απέχει από την πηγή του κύματος το σημείο Κ στο οποίο αναφέρεται η παραπάνω γραφική παράσταση·

β. Να βρείτε το πλάτος και το μήκος κύματος αυτού του κύματος.

γ. Να γράψετε την εξίσωση του κύματος.

δ. Να κάνετε τη γραφική παράσταση της δυναμικής ενέργειας ταλάντωσης σε συνάρτηση με το χρόνο και για ένα άλλο μόριο Μ του ελαστικού μέσου που βρίσκεται στη θέση $x = 16m$.

Να θεωρήσετε: $\pi^2 \simeq 10$.

Επαλληλία Αρμονικών Κυμάτων
5ο Σετ Ασκήσεων - Δεκέμβρης 2012

Α. Ερωτήσεις πολλαπλής επιλογής

Α.1. Δύο σύγχρονες κυματικές πηγές Α και Β ταλαντώνονται κάθετα στην επιφάνεια ενός υγρού με το ίδιο πλάτος Α. Τα σημεία της μεσοκαθέτου του τμήματος ΑΒ της επιφάνειας του υγρού, μετά τη συμβολή των κυμάτων σε αυτά, θα ταλαντώνονται με πλάτος:

α. 0

β. $\frac{A}{2}$

γ. Α

δ. 2Α

Α.2. Όταν δύο κύματα διαδίδονται ταυτόχρονα στην ίδια περιοχή ενός ελαστικού μέσου, η αρχή της επαλληλίας των κυμάτων:

α. ισχύει μόνο αν έχουν το ίδιο πλάτος.

β. δεν ισχύει στις περιπτώσεις που η ισχύς των κυμάτων μεταβάλλει τις ιδιότητες του μέσου.

γ. καθορίζει το ποσοστό συνεισφοράς του κάθε κύματος, ανάλογα με την ταχύτητα διάδοσης.

δ. ορίζει ότι τα υλικά σημεία του μέσου ακολουθούν τη συχνότητα του κύματος με το μεγαλύτερο πλάτος.

Α.3. Δύο σύγχρονες κυματικές πηγές Π_1, Π_2 ταλαντώνονται κάθετα στην ελαστική επιφάνεια ενός υγρού με το ίδιο πλάτος Α, παράγοντας κύματα με μήκος κύματος λ. Τα κύματα συμβάλλουν στη επιφάνεια του υγρού. Σημείο (Σ) της επιφάνειας του υγρού:

α. θα παραμείνει ακίνητο μετά τη συμβολή των κυμάτων σε αυτό, εάν ισαπέχει από τις πηγές Π_1 και Π_2 .

β. θα είναι σημείο ενίσχυσης αν οι αποστάσεις του (Σ) από τις πηγές Π_1 και Π_2 διαφέρουν κατά $1{,}5\lambda$.

γ. θα είναι σημείο απόσβεσης αν οι αποστάσεις του (Σ) από τις πηγές Π_1 και Π_2 διαφέρουν κατά $1{,}5\lambda$.

δ. θα ταλαντώνεται με πλάτος Α, μετά τη συμβολή των κυμάτων, αν οι αποστάσεις του (Σ) από τις πηγές Π_1, Π_2 διαφέρουν κατά $0{,}5\lambda$.

Α.4. Δύο σύγχρονες κυματικές πηγές Π_1, Π_2 ταλαντώνονται κάθετα στην επιφάνεια ενός υγρού με το ίδιο πλάτος Α. Σημείο (Σ) της επιφάνειας απέχει κατά $r_1 = \dfrac{35\lambda}{6}$ από την πηγή Π_1 και κατά $r_2 = \dfrac{11\lambda}{6}$ από την πηγή Π_2, όπου λ το μήκος κύματος των κυμάτων.

α. Το (Σ) είναι σημείο ενίσχυσης.

β. Το (Σ) μετά τη συμβολή των κυμάτων σε αυτό ταλαντώνεται με πλάτος $\sqrt{3}A$.

γ. Τα κύματα φτάνουν στο (Σ) με χρονική διαφορά $\dfrac{T}{2}$.

δ. Το (Σ) είναι σημείο απόσβεσης.

Α.5. Δύο σύγχρονες κυματικές πηγές Π_1, Π_2 ταλαντώνονται κάθετα στην ελαστική επιφάνεια ενός υγρού με το ίδιο πλάτος Α, παράγοντας κύματα με μήκος κύματος λ. Τα κύματα συμβάλλουν στη επιφάνεια του υγρού.

α. Αν r_1, r_2 οι αποστάσεις ενός σημείου της επιφάνειας από τις κυματικές πηγές, τότε το πλάτος ταλάντωσης του σημείου μετά τη συμβολή των κυμάτων ισούται με $|2A\sigma\upsilon\nu(2\pi\dfrac{r_1 - r_2}{2\lambda})|$.

β. Τα υλικά σημεία που ταλαντώνονται έχουν την ίδια συχνότητα.

γ. Δύο οποιαδήποτε σημεία της επιφάνειας, αν κινούνται μετά τη συμβολή των κυμάτων σε αυτά, τότε ταλαντώνονται είτε σε αντίθεση είτε σε συμφωνία φάσης.

δ. Τα υλικά σημεία όπου τα κύματα συμβάλλουν ενισχυτικά ταλαντώνονται με ενέργεια ταλάντωσης διπλάσια από την ενέργεια ταλάντωσης των πηγών.

Α.6.Δύο σύγχρονες κυματικές πηγές Π_1, Π_2 ταλαντώνονται κάθετα στην επιφάνεια ενός υγρού με το ίδιο πλάτος Α, παράγοντας κύματα με μήκος κύματος λ. Τα κύματα συμβάλλουν στη επιφάνεια του υγρού. Ποιες από τις παρακάτω προτάσεις είναι σωστές και ποιες λανθασμένες·

α. Όλα τα σημεία που ταλαντώνονται με πλάτος 2Α ισαπέχουν από τις πηγές.

β. Αν η διαφορά των αποστάσεων ενός σημείου της επιφάνειας από τις κυματικές πηγές ισούται με ακέραιο πολλαπλάσιο του $\frac{\lambda}{2}$, τότε το σημείο είναι σημείο απόσβεσης.

γ. Αν τα κύματα φτάνουν σε ένα σημείο της επιφάνειας με χρονική διαφορά $\frac{3T}{2}$, όπου Τ περίοδος των κυμάτων, τότε το σημείο είναι σημείο ενίσχυσης.

δ. Αν τα κύματα φτάνουν σε ένα σημείο της επιφάνειας με διαφορά φάσης 12π τότε το σημείο είναι σημείο ενίσχυσης.

Α.7. Σε ένα γραμμικό ελαστικό μέσο διαδίδονται προς αντίθετες κατευθύνσεις τα εγκάρσια αρμονικά κύματα: $y_1 = A\eta\mu 2\pi(\frac{t}{T} - \frac{x}{\lambda})$ και $y_2 = A\eta\mu 2\pi(\frac{t}{T} + \frac{x}{\lambda})$ δημιουργώντας στάσιμο κύμα. Όλα τα σημεία του μέσου που ταλαντώνονται:

α. έχουν ίσα πλάτη.

β. βρίσκονται σε συμφωνία φάσης.

γ. διέρχονται ταυτόχρονα από τη θέση ισορροπίας.

δ. έχουν την ίδια ενέργεια ταλάντωσης.

Α.8. Σε ένα γραμμικό ελαστικό μέσο διαδίδονται προς αντίθετες κατευθύνσεις τα εγκάρσια αρμονικά κύματα: $y_1 = A\eta\mu 2\pi(\frac{t}{T} - \frac{x}{\lambda})$ και $y_2 = A\eta\mu 2\pi(\frac{t}{T} + \frac{x}{\lambda})$ δημιουργώντας στάσιμο κύμα. Το πλάτος ταλάντωσης των σημείων του μέσου:

α. εξαρτάται από τη θέση του υλικού σημείου.

β. εξαρτάται από τη θέση του σημείου και τη χρονική στιγμή.

γ. εξαρτάται από τη χρονική στιγμή.

δ. είναι το ίδιο για όλα τα σημεία του μέσου

Α.9. Σε ένα γραμμικό ελαστικό μέσο διαδίδονται προς αντίθετες κατευθύνσεις τα εγκάρσια αρμονικά κύματα: $y_1 = A\eta\mu 2\pi(\frac{t}{T} - \frac{x}{\lambda})$ **και** $y_2 = A\eta\mu 2\pi(\frac{t}{T} + \frac{x}{\lambda})$ **δημιουργώντας στάσιμο κύμα. Ποιες από τις παρακάτω προτάσεις είναι σωστές και ποιες λανθασμένες;**

α. Η συχνότητα ταλάντωσης των σημείων της χορδής εξαρτάται από τη θέση τους.

β. Η χορδή ευθυγραμμίζεται ανά $\frac{T}{2}$ όπου Τ η περίοδος των κυμάτων.

γ. Η ελάχιστη απόσταση μεταξύ δύο δεσμών ισούται με $\frac{\lambda}{2}$.

δ. Δύο διαδοχικές κοιλίες ταλαντώνονται εν φάση.

Α.10. Σε ένα γραμμικό ελαστικό μέσο διαδίδονται προς αντίθετες κατευθύνσεις τα εγκάρσια αρμονικά κύματα: $y_1 = A\eta\mu 2\pi(\frac{t}{T} - \frac{x}{\lambda})$ **και** $y_2 = A\eta\mu 2\pi(\frac{t}{T} + \frac{x}{\lambda})$ **δημιουργώντας στάσιμο κύμα. Ποιες από τις παρακάτω προτάσεις είναι σωστές και ποιες λανθασμένες;**

α. Η διαφορά φάσης δύο σημείων που βρίσκονται μεταξύ δύο διαδοχικών δεσμών είναι μηδενική.

β. Το πλάτος των σημείων που ταλαντώνονται μεταβάλλεται περιοδικά με το χρόνο.

γ. Η ενέργεια δεν διαδίδεται στη χορδή αλλά παραμένει εντοπισμένη.

δ. Η απόσταση μίας κοιλίας από τον πλησιέστερο δεσμό ισούται με $\frac{\lambda}{4}$, όπου λ το μήκος κύματος των κυμάτων.

Α.11. Στη χορδή μιας κιθάρας, της οποίας τα άκρα είναι σταθερά στερεωμένα, δημιουργείται στάσιμο κύμα. Το μήκος της χορδής είναι ίσο με L. Τέσσερα (4) συνολικά σημεία (μαζί με τα άκρα) παραμένουν συνεχώς ακίνητα. Αν λ είναι το μήκος κύματος των κυμάτων από τη συμβολή των οποίων προήλθε το στάσιμο κύμα, τότε:

α. $L = 3\lambda$

β. $L = 2\lambda$

γ. $L = \frac{3\lambda}{2}$

δ. $L = \lambda$

Β. Ερωτήσεις πολλαπλής επιλογής με αιτιολόγηση

Β.1.Δύο σύγχρονες κυματικές πηγές Π_1 , Π_2 ταλαντώνονται κάθετα στην επιφάνεια ενός υγρού με το ίδιο πλάτος A , παράγοντας κύματα συχνότητας f και μήκους κύματος λ . Σημείο (Σ) της επιφάνειας του υγρού απέχει κατά $r_1 = 4\lambda$ από την πηγή Π_1 και κατά $r_2 = \frac{17\lambda}{6}$ από την πηγή Π_2. Η μέγιστη ταχύτητα ταλάντωσης του σημείου (Σ) αφού συμβάλλουν σε αυτό τα κύματα ισούται με:

α. $2\sqrt{3}\pi f A$

β. $4\pi f A$

γ. $\pi f A$

Να επιλέξετε τη σωστή απάντηση και να αιτιολογήσετε την επιλογή σας.

Β.2. Κατά μήκος μίας ελαστικής χορδής που ταυτίζεται με τον άξονα $x'Ox$ έχει δημιουργηθεί στάσιμο κύμα, ως αποτέλεσμα της συμβολής δύο αντίθετα διαδιδόμενων αρμονικών κυμάτων με το ίδιο πλάτος A και το ίδιο μήκος κύματος $\lambda = 0,8m$. Στο σημείο O ($x = 0$) έχει δημιουργηθεί κοιλία. Τα σημεία A ($x_A = 0,4m$) και B ($x_B = 1,6m$) παρουσιάζουν διαφορά φάσης:

α. πrad

β. $\frac{\pi}{2} rad$

γ. $0 rad$

Να επιλέξετε τη σωστή απάντηση και να αιτιολογήσετε την επιλογή σας.

Β.3. Δύο σύγχρονες κυματικές πηγές Α και Β ταλαντώνονται κάθετα στην επιφάνεια ενός υγρού με το ίδιο πλάτος, παράγοντας κύματα με μήκος κύματος $\lambda = 0,8m$. Σημείο Σ της επιφάνειας του υγρού απέχει $r_1 = 2,6m$ από την πηγή Α και μετά τη συμβολή των κυμάτων σε αυτό παραμένει ακίνητο. Η απόσταση r_2 του Σ από την πηγή Β μπορεί να είναι ίση με:

α. $1,8m$

β. $0,6m$

γ. $2m$

Να επιλέξετε τη σωστή απάντηση και να αιτιολογήσετε την επιλογή σας.

Β.4. Δύο σύγχρονες κυματικές πηγές Α και Β ταλαντώνονται κάθετα στην επιφάνεια ενός υγρού με το ίδιο πλάτος, παράγοντας κύματα με μήκος κύματος λ. Αν η απόσταση των πηγών ισούται με λ , τότε μεταξύ των πηγών διέρχονται:

α. δύο υπερβολές ενίσχυσης και δύο υπερβολές απόσβεσης.

β. μία υπερβολή ενίσχυσης και δύο υπερβολές απόσβεσης.

γ. μία υπερβολή ενίσχυσης και καμία υπερβολή απόσβεσης.

Να επιλέξετε τη σωστή απάντηση και να αιτιολογήσετε την επιλογή σας.

Β.5. Δύο σύγχρονες κυματικές πηγές Π_1 ,Π_2 ταλαντώνονται κάθετα στην επιφάνεια ενός υγρού με το ίδιο πλάτος $A = 0,4m$ και περίοδο $T = 0,1s$. Τα παραγόμενα κύματα έχουν μήκος κύματος λ . Σημείο (Σ) της επιφάνειας απέχει r_1 από την πηγή Π_1 και r_2 από την πηγή Π_2 , με $r_1 - r_2 = \frac{31\lambda}{6}$. Το σημείο (Σ), μετά τη συμβολή των κυμάτων σε αυτό, έχει μέγιστη ταχύτητα ταλάντωσης μέτρου

α. $16\pi m/s$

β. $8\pi\sqrt{3}m/s$

γ. $2\pi m/s$

Να επιλέξετε τη σωστή απάντηση και να αιτιολογήσετε την επιλογή σας.

B.6. Δύο σύγχρονες κυματικές πηγές Π_1 ,Π_2 ταλαντώνονται κάθετα στην ελαστική επιφάνεια ενός υγρού με το ίδιο πλάτος A , παράγοντας κύματα με μήκος κύματος λ. Τα κύματα συμβάλλουν στη επιφάνεια του υγρού. Το πλήθος των υπερβολών ενίσχυσης που τέμνουν το τμήμα που συνδέει τις πηγές:

α. είναι άρτιο.

β. είναι περιττό.

γ. είναι άρτιο αν οι πηγές απέχουν κατά ακέραιο πολλαπλάσιο του και περιττό αν οι πηγές απέχουν περιττό πολλαπλάσιο του $\frac{\lambda}{2}$.

Να επιλέξετε τη σωστή απάντηση και να αιτιολογήσετε την επιλογή σας.

B.7. Σε ένα γραμμικό ελαστικό μέσο διαδίδονται προς αντίθετες κατευθύνσεις δύο εγκάρσια αρμονικά κύματα με το ίδιο πλάτος A και το ίδιο μήκος κύματος λ , με αποτέλεσμα στη χορδή να έχει δημιουργηθεί στάσιμο κύμα. Τα σημεία A και B του μέσου είναι κοιλίες ενώ (AB)=3λ. Μεταξύ των A και B εμφανίζονται:

α. 6 κοιλίες.

β. 6 δεσμοί.

γ. 5 δεσμοί.

Να επιλέξετε τη σωστή απάντηση και να αιτιολογήσετε την επιλογή σας.

B.8. Σε ένα γραμμικό ελαστικό μέσο διαδίδονται προς αντίθετες κατευθύνσεις δύο εγκάρσια αρμονικά κύματα με πλάτος $A = 0,2m$ και συχνότητα $f = 5Hz$. Τα κύματα διαδίδονται με ταχύτητα $\upsilon = 2m/s$ και δημιουργούν στάσιμο κύμα, με κοιλία στο σημείο O($x = 0$) , για το οποίο γνωρίζουμε ότι τη χρονική στιγμή $t = 0$ διέρχεται από τη θέση ισορροπίας του με θετική ταχύτητα. Το στάσιμο κύμα έχει εξίσωση:

α. $y = 0,4\sigma\upsilon\nu(5\pi x)\eta\mu(10\pi t)$ $(S.I.)$

β. $y = 0,4\sigma\upsilon\nu(10\pi x)\eta\mu(5\pi t)$ $(S.I.)$

γ. $y = 0,4\sigma\upsilon\nu(5\pi x)\eta\mu(5\pi t)$ $(S.I.)$

Να επιλέξετε τη σωστή απάντηση και να αιτιολογήσετε την επιλογή σας.

Β.9. Κατά μήκος μίας ελαστικής χορδής που ταυτίζεται με τον άξονα $x'Ox$ έχει δημιουργηθεί στάσιμο κύμα, ως αποτέλεσμα της συμβολής δύο αντίθετα διαδιδόμενων αρμονικών κυμάτων με το ίδιο πλάτος και την ίδια συχνότητα. Τα σημεία Α και Β της χορδής είναι διαδοχικά σημεία στα οποία εμφανίζονται κοιλίες σε συμφωνία φάσης. Μεταξύ των Α και Β υπάρχουν:

α. δύο δεσμοί.

β. ένας δεσμός.

γ. τρεις δεσμοί.

Να επιλέξετε τη σωστή απάντηση και να αιτιολογήσετε την επιλογή σας.

Β.10. Σε ένα γραμμικό ελαστικό μέσο διαδίδονται προς αντίθετες κατευθύνσεις δύο εγκάρσια αρμονικά κύματα με ίσα πλάτη και ίσες συχνότητες. Τα κύματα συμβάλλουν και δημιουργούν στάσιμο κύμα. Δύο υλικά σημεία Κ, Λ του μέσου απέχουν μεταξύ τους απόσταση $\frac{\lambda}{4}$. Η διαφορά φάσης με την οποία ταλαντώνονται τα σημεία Κ και Λ μπορεί να είναι ίση με:

α. 0

β. $\frac{\pi}{4}$

γ. $\frac{\pi}{2}$

Να επιλέξετε τη σωστή απάντηση και να αιτιολογήσετε την επιλογή σας.

Β.11. Σε ένα γραμμικό ελαστικό μέσο διαδίδονται προς αντίθετες κατευθύνσεις δύο εγκάρσια αρμονικά κύματα με πλάτος Α και μήκος κύματος $\lambda = 1,2m$. Τα κύματα συμβάλλουν και δημιουργούν στάσιμο κύμα, με κοιλία στο σημείο . Τα υλικά σημεία Ο ($x = 0$) και Α($x_A > 0$) είναι διαδοχικά σημεία με μέγιστο πλάτος ταλάντωσης που βρίσκονται σε συμφωνία φάσης. Η συντεταγμένη της θέσης του σημείου Α είναι:

α. $x_A = 0,3m$

β. $x_A = 0,6m$

γ. $x_A = 1,2m$

Να επιλέξετε τη σωστή απάντηση και να αιτιολογήσετε την επιλογή σας.

Β.12. Σε ένα γραμμικό ελαστικό μέσο διαδίδονται προς αντίθετες κατευθύνσεις δύο εγκάρσια αρμονικά κύματα με πλάτος Α και μήκος κύματος λ. Το σημείο Α του μέσου είναι δεσμός ενώ το σημείο Β είναι κοιλία. Μεταξύ των Α και Β εμφανίζονται τρεις κοιλίες.Η απόσταση μεταξύ των Α και Β ισούται με:

α. $\frac{5\lambda}{4}$

β. $\frac{7\lambda}{4}$

γ. $\frac{7\lambda}{2}$

Να επιλέξετε τη σωστή απάντηση και να αιτιολογήσετε την επιλογή σας.

Β.13. Δύο σύγχρονες κυματικές πηγές Π_1,Π_2 βρίσκονται στα σημεία (Α) και (Β) αντίστοιχα της ελαστικής επιφάνειας ενός υγρού. Οι πηγές ταλαντώνονται κάθετα στην επιφάνεια του υγρού με το ίδιο πλάτος Α, παράγοντας κύματα με μήκος κύματος λ. Αν (ΑΒ) = $2,4\lambda$, τότε μεταξύ των (Α) και (Β) και επί του (ΑΒ) το πλήθος των σημείων απόσβεσης είναι:

α. 4.

β. 5.

γ. 6.

Να επιλέξετε τη σωστή απάντηση και να αιτιολογήσετε την επιλογή σας.

Β.14.Δύο σύγχρονες κυματικές πηγές Π_1,Π_2 βρίσκονται στα σημεία (Α) και (Β) αντίστοιχα της ελαστικής επιφάνειας ενός υγρού. Οι πηγές ταλαντώνονται κάθετα στην επιφάνεια του υγρού με το ίδιο πλάτος Α , παράγοντας κύματα με μήκος κύματος λ. Τα κύματα των πηγών συμβάλλουν σε σημείο (Σ) της επιφάνειας με χρονική διαφορά $\Delta t = T$. Η μέγιστη ταχύτητα του υλικού σημείου (Σ) μετά τη συμβολή των κυμάτων είναι:

α. ίση με τη μέγιστη ταχύτητα της ταλάντωσης των πηγών.

β. διπλάσια από τη μέγιστη ταχύτητα της ταλάντωσης των πηγών.

γ. τριπλάσια από τη μέγιστη ταχύτητα της ταλάντωσης των πηγών.

Β.15. Δύο σύγχρονες κυματικές πηγές Π_1,Π_2 βρίσκονται στα σημεία (Α) και (Β) αντίστοιχα της ήρεμης επιφάνειας ενός υγρού. Οι πηγές ταλαντώνονται κάθετα στην επιφάνεια του υγρού με το ίδιο πλάτος Α , παράγοντας κύματα με μήκος κύματος λ . Η απόσταση μεταξύ δύο διαδοχικών σημείων απόσβεσης που ανήκουν στο τμήμα (ΑΒ) ισούται με:

α. λ

β. $\frac{\lambda}{2}$

γ. $\frac{\lambda}{4}$

Να επιλέξετε τη σωστή απάντηση και να αιτιολογήσετε την επιλογή σας.

Β.16. Κατά μήκος μιας οριζόντιας ελαστικής χορδής μήκους L της οποίας τα άκρα είναι ακλόνητα στερεωμένα σε ακίνητα εμπόδια, έχει δημιουργηθεί στάσιμο κύμα ως αποτέλεσμα της συμβολής δύο αντίθετα διαδιδόμενων αρμονικών κυμάτων με το ίδιο πλάτος και την ίδια συχνότητα f. Τα κύματα διαδίδονται με ταχύτητα $7,2m/s$. Αν μεταξύ των άκρων της χορδής εμφανίζονται 4 δεσμοί, τότε η συχνότητα των κυμάτων είναι:

α. $2,5Hz$

β. $5Hz$

γ. $7,5Hz$

Να επιλέξετε τη σωστή απάντηση και να αιτιολογήσετε την επιλογή σας.

Β.17. Κατά μήκος μίας ελαστικής χορδής που ταυτίζεται με τον άξονα $x'Ox$ έχει δημιουργηθεί στάσιμο κύμα, ως αποτέλεσμα της συμβολής δύο αντίθετα διαδιδόμενων αρμονικών κυμάτων με το ίδιο πλάτος Α και το ίδιο μήκος κύματος λ. Το στάσιμο κύμα έχει εξίσωση $y = 2A\sigma\upsilon\nu(\frac{2\pi x}{\lambda})\eta\mu(\frac{2\pi t}{T})$. Η απομάκρυνση του σημείου Α($x_A = \frac{\lambda}{3}$) τη χρονική στιγμή που το σημείο Β($x_B = \frac{6\lambda}{5}$) βρίσκεται σε μέγιστη θετική απομάκρυνση ισούται με:

α. $0,4m$

β. $-0,4m$

γ. $0,2m$

Να επιλέξετε τη σωστή απάντηση και να αιτιολογήσετε την επιλογή σας.

Β.18. Κατά μήκος μίας ελαστικής χορδής που ταυτίζεται με τον άξονα $x'Ox$ έχει δημιουργηθεί στάσιμο κύμα, ως αποτέλεσμα της συμβολής δύο αντίθετα διαδιδόμενων αρμονικών κυμάτων ίδιας συχνότητας και ίδιου πλάτους, έτσι ώστε στο σημείο Ο($x = 0$) να δημιουργείται κοιλία. Τα σημεία Α($x_A = 4,5\lambda$) και Β($x_B = 6\lambda$) :

α. ταλαντώνονται σε αντίθεση φάσης.

β. ταλαντώνονται σε συμφωνία φάσης.

γ. είναι ακίνητα.

Να επιλέξετε τη σωστή απάντηση και να αιτιολογήσετε την επιλογή σας.

Γ.Ασκήσεις

Γ.1. Δύο σύγχρονες κυματικές πηγές Π_1 **,** Π_2 **ταλαντώνονται με το ίδιο πλάτος** $A = 0,2m$ **, κάθετα στην ελαστική επιφάνεια ενός υγρού, παράγοντας κύματα με μήκος κύματος** $\lambda = 0,6m$**. Οι πηγές ξεκινούν να ταλαντώνονται τη χρονική στιγμή** $t = 0$ **με θετική ταχύτητα. Σημείο (Σ) της επιφάνειας απέχει κατά** $r_1 = 7,6m$ **από την πηγή** Π_1 **και κατά** $r_2 = 4,8m$ **από την πηγή** Π_2**. Το (Σ) ξεκινά να ταλαντώνεται τη χρονική στιγμή** $t = 12s$ **.**

α. Να υπολογίσετε το πλάτος της ταλάντωσης του (Σ) μετά τη συμβολή των κυμάτων σε αυτό.

β. Να γράψετε την εξίσωση της απομάκρυνσης του (Σ) σε συνάρτηση με το χρόνο, αφού συμβάλλουν σε αυτό τα κύματα.

γ. Να υπολογίσετε την επιτάχυνση του (Σ) τη χρονική στιγμή $t' = \frac{770}{16}s$.

δ. δ) Να υπολογίσετε το πηλίκο της κινητικής ενέργειας του σημείου Σ προς την ενέργεια ταλάντωσής του, τη χρονική στιγμή t' .

(Θεωρήστε ότι $\pi^2 \simeq 10$)

Γ.2.Δύο σύγχρονες κυματικές πηγές Π_1 **και** Π_2 **βρίσκονται στα σημεία Α και Β αντίστοιχα, της ήρεμης επιφάνειας ενός υγρού και απέχουν κατά** $d = 4m$**. Οι πηγές ταλαντώνονται κάθετα στην επιφάνεια του υγρού χωρίς αρχική φάση, δημιουργώντας κύματα μήκους** $\lambda = 0,8m$ **τα οποία διαδίδονται με ταχύτητα** $v = 2m/s$ **. Η πηγή ισαπέχει από το σημείο (Σ) της επιφάνειας και από το μέσο Μ του ΑΒ. Στο (Σ) τα κύματα φτάνουν με χρονική διαφορά** $\Delta t = 0,8s$ **. Το σημείο Μ ταλαντώνεται με πλάτος** $0,8m$**.**

α. Να εξετάσετε το είδος της συμβολής που συμβαίνει στο (Σ).

β. Να υπολογίσετε τις αποστάσεις r_1 και r_2 .

γ. Να προσδιορίσετε τις θέσεις των σημείων απόσβεσης μεταξύ των Α και Β.

Γ.3. Δύο σύγχρονες κυματικές πηγές Π_1 και Π_2 βρίσκονται στα σημεία Α και Β αντίστοιχα, της επιφάνειας ενός υγρού. Τη χρονική στιγμή $t = 0$ οι πηγές ξεκινούν να ταλαντώνονται κάθετα στην επιφάνεια του υγρού, με την απομάκρυνση τους να περιγράφεται από την εξίσωση $y = A\eta\mu\omega t$. Τα κύματα που δημιουργούν διαδίδονται με ταχύτητα $2m/s$. Σημείο (Σ) της επιφάνειας απέχει κατά r_1 από την πηγή Π_1 και κατά $r_2 = 2m(r_2 > r_1$ από την πηγή Π_2. Εξαιτίας του κύματος που προέρχεται από την πηγή το (Σ) εκτελεί απλή αρμονική ταλάντωση με εξίσωση $y_{1\Sigma} = 0,4\eta\mu 2\pi(2t - 1,75)$ $(S.I.)$.

α. Να υπολογίσετε την απόσταση r_1 .

β. Να γράψετε την εξίσωση της ταχύτητας του σημείου (Σ).

γ. Να υπολογίσετε την ελάχιστη συχνότητα ταλάντωσης των πηγών, ώστε το (Σ) να είναι σημείο απόσβεσης.

Γ.4. Δύο σύγχρονες κυματικές πηγές Π_1 και Π_2 βρίσκονται στα σημεία Α και Β αντίστοιχα, της επιφάνειας ενός υγρού. Τη χρονική στιγμή $t = 0$ οι πηγές ξεκινούν να ταλαντώνονται κάθετα στην επιφάνεια του υγρού, με την απομάκρυνση τους να περιγράφεται από την εξίσωση $y = A\eta\mu\omega t$. Τα κύματα που δημιουργούν έχουν μήκος κύματος $\lambda = 0,4m$. Σημείο (Σ) της επιφάνειας απέχει κατά $r_1 = 2,5m$ από την πηγή Π_1 και κατά $r_2 = 4m$ από την πηγή Π_2. Αφού τα κύματα συμβάλλουν στο (Σ), αυτό εκτελεί απλή αρμονική ταλάντωση με συχνότητα $5Hz$ και πλάτος $1m$.

α. Να υπολογίσετε τη χρονική διαφορά άφιξης των κυμάτων στο (Σ) καθώς και τη διαφορά φάσης με την οποία φτάνουν.

β. Να υπολογίσετε το πλάτος των κυμάτων.

γ. Να γράψετε την εξίσωση απομάκρυνσης του Σ σε συνάρτηση με το χρόνο, μετά τη συμβολή των κυμάτων σε αυτό.

δ. Να υπολογίσετε την ελάχιστη συχνότητα ταλάντωσης των πηγών, ώστε το (Σ) να είναι ακίνητο μετά τη συμβολή των κυμάτων.

Γ.5. Δύο σύγχρονες κυματικές πηγές Π_1 και Π_2 βρίσκονται στα σημεία Α και Β αντίστοιχα, της επιφάνειας ενός υγρού. Τη χρονική στιγμή $t = 0$ οι πηγές ξεκινούν να ταλαντώνονται κάθετα στην επιφάνεια του υγρού, με την απομάκρυνση τους να περιγράφεται από την εξίσωση $y = 0,2\eta\mu(10\pi t)$. Τα κύματα που δημιουργούν έχουν μήκος κύματος $\lambda = 0,4m$. Σημείο (Σ) της επιφάνειας απέχει κατά $r_1 = 2,5m$ από την πηγή Π_1 και κατά $r_2 > r_1$ από την πηγή Π_2. Τα δύο κύματα φτάνουν στο (Σ) με χρονική διαφορά $0,3s$.

α. Να υπολογίσετε την ταχύτητα διάδοσης των κυμάτων.

β. Να υπολογίσετε την απόσταση r_2 .

γ. Να εξετάσετε το είδος της συμβολής που συμβαίνει στο σημείο (Σ).

δ. Να γράψετε τη χρονική εξίσωση της δύναμης επαναφοράς που δέχεται ένα σημειακό κομμάτι ξύλου μάζας $m = 5g$ που αρχικά ισορροπούσε στο σημείο (Σ).

(Θεωρήστε ότι $\pi^2 \simeq 10$)

Γ.6.Δύο σύγχρονες κυματικές πηγές Π_1 και Π_2 βρίσκονται στα σημεία Α και Β αντίστοιχα, της επιφάνειας ενός υγρού και απέχουν κατά $d = 2m$. Οι πηγές ταλαντώνονται κάθετα στην επιφάνεια του υγρού χωρίς αρχική φάση, δημιουργώντας κύματα μήκους κύματος $\lambda = 1,2m$ και πλάτους $A = 1m$. Σημείο (Λ) του ΑΒ ξεκινά να ταλαντώνεται τη χρονική στιγμή $t' = 0,2s$ και είναι το πλησιέστερο σημείο στην πηγή Π_2 το οποίο μετά τη συμβολή των κυμάτων σε αυτό ταλαντώνεται με μέγιστο πλάτος.

α. Να υπολογίσετε τις αποστάσεις του (Λ) από τις κυματικές πηγές.

β. Να υπολογίσετε την ταχύτητα ταλάντωσης του (Λ) τη στιγμή που τα κύματα συμβάλλουν στο μέσο Μ του ΑΒ.

γ. Να υπολογίσετε την απόσταση (ΚΛ) όπου (Κ) το πλησιέστερο στην Π_1 ακίνητο σημείο του ΑΒ.

δ. Σημείο (Ζ) της επιφάνειας ανήκει στην ίδια υπερβολή απόσβεσης με το (Κ). Αν αυξήσουμε κατά 20% τη συχνότητα των πηγών, να υπολογίσετε το νέο πλάτος ταλάντωσης του σημείου (Ζ).

Δίνεται $\sigma\upsilon\nu\frac{4\pi}{5} \approx -0,81$.

Γ.7.Οριζόντια ελαστική χορδή μήκους L έχει τα άκρα της στερεωμένα σε ακλόνητα εμπόδια. Στη χορδή έχει δημιουργηθεί στάσιμο κύμα, ως αποτέλεσμα της ταυτόχρονης διάδοσης στη χορδή δύο αντίρροπα διαδιδόμενων κυμάτων, με το ίδιο πλάτος $A = 0,2m$ και το ίδιο μήκος κύματος $\lambda = 0,4m$.

α. Πόσες κοιλίες εμφανίζονται στη χορδή ;

β. Να σχεδιάσετε το στιγμιότυπο της χορδής τη χρονική στιγμή κατά την οποία η πλησιέστερη κοιλία στο αριστερό άκρο της χορδής βρίσκεται σε μέγιστη θετική απομάκρυνση.

γ. Να υπολογίσετε το ποσοστό μεταβολής της συχνότητας των κυμάτων που πρέπει να επιφέρουμε, ώστε στη χορδή να εμφανίζονται 5 κοιλίες.

Γ.8. Δύο εγκάρσια αρμονικά κύματα με το ίδιο πλάτος και την ίδια συχνότητα διαδίδονται με αντίθετες κατευθύνσεις σε γραμμικό ελαστικό μέσο το οποίο ταυτίζεται με τον οριζόντιο άξονα $x'Ox$. Τα κύματα συμβάλλουν και δημιουργούν στάσιμο κύμα με κοιλία στο σημείο Ο ($x = 0$).Η εξίσωση του στάσιμου κύματος είναι:

$$y = 0,4\sigma\upsilon\nu(2,5\pi x)\eta\mu(20\pi t)\ (S.I.)$$

α. Να υπολογίσετε την ταχύτητα διάδοσης των οδεύοντων κυμάτων.

β. Να γράψετε τις εξισώσεις των οδεύοντων κυμάτων.

γ. Να υπολογίσετε την οριζόντια απόσταση μεταξύ του 3ου δεσμού του θετικού ημιάξονα και της 2ης κοιλίας του θετικού ημιάξονα η οποία βρίσκεται σε συμφωνία φάσης με την κοιλία που σχηματίζεται στο σημείο Ο($x = 0$) .

δ. Να υπολογίσετε τη μέγιστη ταχύτητα ταλάντωσης του σημείου Ζ ($x_Z > 0$) του οποίου η απόσταση από το Ο($x = 0$) είναι μεγαλύτερη από την απόσταση του 2ου δεσμού του θετικού ημιάξονα από το Ο($x = 0$) κατά $d = \frac{1}{3}m$.

Γ.9.Δύο εγκάρσια αρμονικά κύματα με πλάτος Α,μήκος κύματος $\lambda = 0,4m$ και συχνότητα $f = 1Hz$ διαδίδονται με αντίθετες κατευθύνσεις σε χορδή η οποία ταυτίζεται με τον οριζόντιο άξονα $x'Ox$. Τα κύματα συμβάλλουν δημιουργώντας στάσιμο κύμα το οποίο στη θέση $O(x = 0)$ της χορδής εμφανίζει κοιλία. Το μέγιστο πλάτος ταλάντωσης των σημείων του μέσου ισούται με $1,6cm$.

α. Να γράψετε την εξίσωση του δημιουργούμενου στάσιμου κύματος.

β. Αν Δ ($x_\Delta = \frac{8}{15}m$) υλικό σημείο της χορδής με μάζα $m = 2gr$, να υπολογίσετε τη μέγιστη δύναμη επαναφοράς που δέχεται το Δ κατά την ταλάντωσή του.

γ. Να υπολογίσετε την ταχύτητα του σημείου Α ($x_A = 4,25m$)τη στιγμή που το σημείο Β($x_B = 4,65m$) διέρχεται από τη θέση ισορροπίας του με θετική ταχύτητα.

(Δίνεται $\pi^2 \simeq 10$)

Γ.10. Δύο εγκάρσια αρμονικά κύματα με πλάτος $A = 0,4m$, μήκος κύματος $\lambda = 0,4m$ και συχνότητα $f = 4Hz$ διαδίδονται με αντίθετες κατευθύνσεις σε ελαστική χορδή η οποία ταυτίζεται με τον οριζόντιο άξονα $x'Ox$. Τα κύματα συμβάλλουν και δημιουργούν στάσιμο κύμα το οποίο στη θέση $O(x = 0)$ εμφανίζει κοιλία. Τα σημεία Α και Β της χορδής ταλαντώνονται με πλάτος $A' = 0,8m$ και μεταξύ τους παρεμβάλλονται 3 δεσμοί.

α. Να γράψετε την εξίσωση του στάσιμου κύματος.

β. Να υπολογίσετε την απόσταση ΑΒ.

γ. Να υπολογίσετε την απομάκρυνση και την ταχύτητα του σημείου Α όταν η απομάκρυνση του σημείου Β είναι $y_B = 0,2\sqrt{7}m$ και η ταχύτητα του θετική.

δ. Να σχεδιάσετε το στιγμιότυπο του τμήματος ΑΒ τη χρονική στιγμή $t_2 = t_1 + \frac{T}{4}$, όπου t_1 χρονική στιγμή κατά την οποία το σημείο Α διέρχεται από τη θέση ισορροπίας με θετική ταχύτητα.

Γ.11.Δύο εγκάρσια αρμονικά κύματα με το ίδιο πλάτος και την ίδια συχνότητα διαδίδονται με αντίθετες κατευθύνσεις σε γραμμικό ελαστικό μέσο το οποίο ταυτίζεται με τον οριζόντιο άξονα ξ'Οξ. Τα κύματα συμβάλλουν και δημιουργούν στάσιμο κύμα το οποίο στη θέση $O(x=0)$ εμφανίζει κοιλία. Η εξίσωση του στάσιμου κύματος είναι:

$$y = 0,4\sigma\upsilon\nu(2,5\pi x)\eta\mu(20\pi t)$$

α. Να προσδιορίσετε τη θέση του δεσμού Α(x_A) του θετικού ημιάξονα μεταξύ του οποίου και του $O(x=0)$ παρεμβάλλονται 2 ακόμα δεσμοί.

β. Να γράψετε την εξίσωση ταλάντωσης του σημείου Β ($x_B = 3,2m$).

γ. Να υπολογίσετε το πλήθος των δεσμών μεταξύ των Α και Β.

Γ.12. Δύο εγκάρσια αρμονικά κύματα με πλάτος $0,8m$ και συχνότητα $5Hz$ διαδίδονται με αντίθετες κατευθύνσεις σε γραμμικό ελαστικό μέσο το οποίο ταυτίζεται με τον οριζόντιο άξονα $x'Ox$. Το κάθε κύμα εξαναγκάζει το σημείο $O(x=0)$ σε ταλάντωση της μορφής $y = A\eta\mu(\omega t)$. Τα κύματα συμβάλλουν και δημιουργούν στάσιμο κύμα όπου δύο διαδοχικές κοιλίες απέχουν κατά $0,2m$.

α. Να υπολογίσετε την ταχύτητα διάδοσης των οδεύοντων κυμάτων.

β. Να γράψετε την εξίσωση του στάσιμου κύματος.

γ. Να υπολογίσετε το πλήθος των ακίνητων σημείων του τμήματος ΟΔ, όπου Δ ($x_\Delta = 0,8m$).

δ. Να σχεδιάσετε το στιγμιότυπο του τμήματος ΟΔ της χορδής τη χρονική στιγμή $t_1 = 0,35s$.

Γ.13. Σε ένα γραμμικό ελαστικό μέσο το οποίο ταυτίζεται με τον οριζόντιο άξονα $x'Ox$, διαδίδονται τα:

$$\begin{cases} y_1 = -0,2\eta\mu 2\pi(t - 2,5x) \\ y_2 = 0,2\eta\mu 2\pi(t + 2,5x) \end{cases} \quad (S.I.)$$

Τα κύματα συμβάλλουν και δημιουργούν στάσιμο κύμα.

α. Να γράψετε την εξίσωση του στάσιμου κύματος.

β. Να γράψετε τη συνθήκη κοιλιών και τη συνθήκη δεσμών.

γ. Να υπολογίσετε το πλήθος των δεσμών μεταξύ του σημείου $O(x = 0)$ και του σημείου $A(x_A = 5m)$.

Δ.Προβλήματα

Δ.1. Δύο σύγχρονες κυματικές πηγές Π_1 και Π_2 βρίσκονται στα σημεία Α και Β αντίστοιχα, της επιφάνειας ενός υγρού. Τη χρονική στιγμή $t = 0$ οι πηγές ξεκινούν να ταλαντώνονται κάθετα στην επιφάνεια του υγρού, με την απομάκρυνση τους να περιγράφεται από την εξίσωση $y = 0,2\eta\mu(4\pi t)(S.I.)$. Τα παραγόμενα κύματα έχουν μήκος κύματος $\lambda = 0,1m$. Σημείο (Σ) της επιφάνειας απέχει κατά $r_1 = 0,3m$ από την πηγή Π_1 και κατά $r_2 = 0,8m$ από την πηγή Π_2 .

α. Να γράψετε τις εξισώσεις των επιμέρους ταλαντώσεων που υποχρεώνεται να εκτελέσει το σημείο (Σ), εξαιτίας των δύο κυμάτων που φτάνουν σε αυτό από κάθε πηγή.

β. Να υπολογίσετε το πλάτος ταλάντωσης του σημείου (Σ), μετά τη συμβολή των κυμάτων σε αυτό.

γ. Να γράψετε την εξίσωση επιτάχυνσης του υλικού σημείου (Σ) σε συνάρτηση με το χρόνο για $t \geq 0$.

(Θεωρήστε ότι $\pi^2 \simeq 10$)

Δ.2. Δύο σύγχρονες κυματικές πηγές Π_1 και Π_2 βρίσκονται στα σημεία Α και Β αντίστοιχα, της επιφάνειας ενός υγρού. Τη χρονική στιγμή $t = 0$ οι πηγές ξεκινούν να ταλαντώνονται κάθετα στην επιφάνεια του υγρού, με την απομάκρυνση τους να περιγράφεται από την εξίσωση $y = 0,2\eta\mu(10\pi t)(S.I.)$. Σημείο (Σ) της επιφάνειας απέχει κατά $r_1 = 4,2m$ από την πηγή Π_1 και κατά $r_2 > r_1$ από την πηγή Π_2 . Το (Σ) ξεκινά να ταλαντώνεται τη χρονική στιγμή $t_1 = 1,05s$ ενώ από τη χρονική στιγμή $t_2 = 1,55s$ και έπειτα σταματά να κινείται.

α. Να υπολογίσετε την ταχύτητα των κυμάτων και την απόσταση r_2 .

β. Να γράψετε την εξίσωση της απομάκρυνσης του (Σ) σε συνάρτηση με το χρόνο και της ταχύτητας ταλάντωσης του σε συνάρτηση με το χρόνο.

γ. Να κάνετε τη γραφική παράσταση της αλγεβρικής τιμής της επιτάχυνσης του (Σ) ως συνάρτηση του χρόνου σε κατάλληλα βαθμολογημένο σύστημα αξόνων.

δ. Να υπολογίσετε την ελάχιστη συχνότητα των κυμάτων που μπορούμε να προκαλέσουμε ώστε στο σημείο (Σ) να υπάρχει ενίσχυση των κυμάτων.

(Θεωρήστε ότι $\pi^2 \simeq 10$)

Δ.3.Δύο σύγχρονες ηχητικές πηγές Π_1 και Π_2 βρίσκονται στα σημεία Α και Β αντίστοιχα, της ελαστικής επιφάνειας ενός υγρού και απέχουν κατά $d = 5m$. Οι πηγές ταλαντώνονται κάθετα στην επιφάνεια του υγρού χωρίς αρχική φάση με συχνότητα $f = 5Hz$ δημιουργώντας κύματα, τα οποία συμβάλλουν στην επιφάνεια του υγρού. Σημείο (Σ) απέχει κατά $r_{1(\Sigma)} = 3m$ από την πηγή Π_1 και κατά $r_{2(\Sigma)} > r_{1(\Sigma)}$ από την πηγή Π_2. Μετά τη συμβολή των κυμάτων σε αυτό, το (Σ) ταλαντώνεται σύμφωνα με την εξίσωση:

$$y_\Sigma = 0,1\eta\mu\pi(10t - \frac{35}{3}), (S.I)$$

Η ταχύτητα διάδοσης των κυμάτων στην επιφάνεια του υγρού είναι $v = 3m/s$.

α. Να υπολογίσετε την απόσταση του (Σ) από την Π_2 .

β. β) Να υπολογίσετε το πλήθος των σημείων ενίσχυσης που βρίσκονται πάνω στο τμήμα ΑΒ.

γ. Να προσδιορίσετε τη θέση του σημείου (Κ) το οποίο βρίσκεται επί του ΑΒ και ανήκει στην ίδια υπερβολή σταθερής απόσβεσης με το (Σ). Η υπερβολή αυτή βρίσκεται στο επίπεδο που ορίζουν τα σημεία Α, Β και Σ.

δ. Να γράψετε την εξίσωση απομάκρυνσης του σημείου (Κ) σε συνάρτηση με το χρόνο.

Δ.4. Δύο σύγχρονες κυματικές πηγές Π_1 και Π_2 βρίσκονται στα σημεία Α και Β αντίστοιχα, της επιφάνειας υγρού και απέχουν κατά $d = 4,8m$. Οι πηγές ταλαντώνονται κάθετα στην επιφάνεια του υγρού χωρίς αρχική φάση, δημιουργώντας κύματα μήκους κύματος $\lambda = 0,8m$ και πλάτους $A = 0,5m$, τα οποία και συμβάλλουν στην επιφάνεια του υγρού. Σημείο (Σ) της επιφάνειας απέχει κατά $r_{1(\Sigma)}$ από την πηγή Π_1 και κατά $r_{2(\Sigma)} > r_{1(\Sigma)}$ από την πηγή Π_2. Το (Σ) ξεκινά να ταλαντώνεται τη χρονική στιγμή $t_1 = 1,1s$ και τη χρονική στιγμή $t_2 =$ αφού εκτελέσει 2,5 ταλαντώσεις ακινητοποιείται. Το κύμα από την Π_2 φτάνει στην Π_1 επίσης τη χρονική στιγμή t_2.

α. Να υπολογίσετε τις αποστάσεις $r_{1(\Sigma)}$ και $r_{2(\Sigma)}$.

β. Να υπολογίσετε το πλήθος των σημείων του τμήματος ΑΣ που είναι ακίνητα τη χρονική στιγμή t_1.

γ. Να γράψετε την εξίσωση απομάκρυνσης του σημείου (Σ) σε συνάρτηση με το χρόνο.

δ. Να υπολογίσετε το πλήθος των υπερβολών ενίσχυσης που τέμνουν το τμήμα ΑΣ μετά τη συμβολή των κυμάτων στο (Σ).

Δ.5. Δύο σύγχρονες κυματικές πηγές Π_1 και Π_2 βρίσκονται στα σημεία Α και Β αντίστοιχα, της ελαστικής επιφάνειας ενός υγρού και ταλαντώνονται κάθετα στην επιφάνεια του υγρού, σύμφωνα με τις:

$$\begin{cases} y_1 = 0,2\eta\mu(10\pi t + \dfrac{\pi}{3}) \\ y_2 = 0,2\eta\mu(10\pi t) \end{cases} \quad (S.I.)$$

Τα δημιουργούμενα κύματα διαδίδονται με ταχύτητα $v = 2m/s$

α. Να γράψετε την εξίσωση της απομάκρυνσης ενός σημείου (Σ) της επιφάνειας το οποίο απέχει κατά r_1 από την πηγή Π_1 και κατά r_2 από την πηγή Π_2, αφού συμβάλλουν τα κύματα σε αυτό.

β. Να γράψετε τη συνθήκη ενίσχυσης για το (Σ).

γ. Αν $r_1 = r_2$ ποιο είναι το πλάτος ταλάντωσης του (Σ) μετά τη συμβολή ;

δ. Αν $r_1 = r_2$ ποιά θα έπρεπε να είναι η αρχική φάση της y_1 , ώστε το (Σ) να είναι σημείο απόσβεσης;

Δ.6. Δύο εγκάρσια αρμονικά κύματα με εξισώσεις:

$$\begin{cases} y_1 = 0,2\eta\mu 2\pi(\frac{t}{T} + \frac{x}{\lambda}) \\ y_2 = 0,2\eta\mu 2\pi(\frac{t}{T} - \frac{x}{\lambda}) \end{cases} \quad (S.I.)$$

διαδίδονται με αντίθετες κατευθύνσεις σε γραμμικό ελαστικό μέσο το οποίο ταυτίζεται με τον οριζόντιο άξονα $x'Ox$. Τα κύματα συμβάλλουν και δημιουργούν στάσιμο κύμα το οποίο στη θέση $O(x=0)$ εμφανίζει κοιλία. Στο σημείο Α ($x_A = 0,45m$) είναι ο πέμπτος δεσμός του θετικού ημιάξονα. Το σημείο Β ($x_B = 1,025m$) διέρχεται από τη θέση ισορροπίας του ανά $0,2s$.

α. Να υπολογίσετε την ταχύτητα διάδοσης των κυμάτων.

β. Να γράψετε την εξίσωση του στάσιμου κύματος.

γ. Να υπολογίσετε την απομάκρυνση του σημείου Γ ($x_\Gamma = \frac{13}{30}$) τη χρονική στιγμή που το σημείο Δ ($x_\Delta = 0,2m$) βρίσκεται σε ακραία θετική απομάκρυνση.

δ. Να σχεδιάσετε το στιγμιότυπο του τμήματος ΑΒ της χορδής τη χρονική στιγμή που η απομάκρυνση του Ο ισούται με $y_o = 0,4m$.

Δ.7. Οριζόντια ελαστική χορδή μήκους $L = 1m$ έχει το δεξί άκρο της Α ($x_A = 1m$) στερεωμένο σε ακλόνητο εμπόδιο. Το αριστερό άκρο Ο ($x_o = 0$) είναι ελεύθερο να κινηθεί. Στη χορδή έχει δημιουργηθεί στάσιμο κύμα, με το Ο να είναι κοιλία, η οποία ταλαντώνεται με πλάτος $A_o = 1,6m$. Η μέγιστη ταχύτητα ταλάντωσης του Ο ισούται με $\upsilon_{max(o)} = 16\pi m/s$, ενώ μεταξύ των Ο και Α εμφανίζονται δύο δεσμοί.

α. Να υπολογίσετε το μήκος κύματος των κυμάτων των οποίων η συμβολή παρήγαγε το στάσιμο.

β. Να γράψετε την εξίσωση του στάσιμου κύματος.

γ. Να σχεδιάσετε το στιγμιότυπο της χορδής τη χρονική στιγμή $t_1 = 0,325s$.

δ. Να υπολογίσετε την απομάκρυνση του υλικού σημείου Β($x_B = 0,9m$) τη στιγμή που το υλικό σημείο Ο βρίσκεται σε ακραία αρνητική απομάκρυνση.

Δ.8. Δύο εγκάρσια αρμονικά κύματα με το ίδιο πλάτος και την ίδια συχνότητα διαδίδονται με αντίθετες κατευθύνσεις σε γραμμικό ελαστικό μέσο το οποίο ταυτίζεται με τον οριζόντιο άξονα $x'Ox$. Το κάθε κύμα εξαναγκάζει το σημείο $O(x=0)$ σε ταλάντωση της μορφής $y_o = A\eta\mu(\omega t)$. Τα κύματα συμβάλλουν και δημιουργούν στάσιμο κύμα με εξίσωση:

$$y = 2A\sigma\upsilon\nu(5\pi x)\eta\mu(8\pi t)(S.I.)$$

Το υλικό σημείο Γ $(x_\Gamma = \frac{7}{15}m)$ εκτελεί απλή αρμονική ταλάντωση πλάτους $A_\Gamma = 0,5m$.

α. Να γράψετε τις εξισώσεις των οδεύοντων κυμάτων.

β. Να υπολογίσετε την ταχύτητα του υλικού σημείου Γ, τη στιγμή που το $O(x=0)$ βρίσκεται στη μέγιστη θετική του απομάκρυνση.

γ. Υλικό σημείο Δ του θετικού ημιάξονα έχει εξίσωση ταχύτητας $y_\Delta = -4\sqrt{2}\pi\sigma\upsilon\nu(8\pi t)$. Αν το σημείο Δ βρίσκεται μεταξύ της 6ης κοιλίας και του 6ου δεσμού του θετικού ημιάξονα, να προσδιορίσετε τη συντεταγμένη της θέσης του Δ.

δ. Να υπολογίσετε το πλήθος των σημείων του τμήματος ΟΔ της χορδής, τα οποία κάθε χρονική στιγμή έχουν ίση απομάκρυνση και ίση ταχύτητα με το Δ.

Η / Μ Κύμα - Διάδοση του Φωτός
6ο Σετ Ασκήσεων - Δεκέμβρης 2012

Α. Ερωτήσεις πολλαπλής επιλογής

Α.1. Τα ηλεκτρομαγνητικά κύματα:

α. διαδίδονται σε όλα τα υλικά με ταχύτητα $c = 3 \cdot 10^8 m/s$.

β. είναι διαμήκη κύματα.

γ. μπορούν να δημιουργηθούν κατά την επιβράδυνση νετρονίων όταν αυτά συγκρούονται με μεταλλικό στόχο.

δ. μεταφέρουν ενέργεια ηλεκτρικού και μαγνητικού πεδίου.

Α.2.Ηλεκτρομαγνητικό κύμα συχνότητας f και μήκους κύματος λ_0 διαδίδεται στο κενό. Αν το κύμα διαδιδόταν σε ένα υλικό μέσο, τότε το μήκος κύματος λ που θα είχε κατά τη διάδοση του στο υλικό μέσο θα ήταν:

α. μικρότερο του λ_0

β. μεγαλύτερο του λ_0

γ. ίσο με το λ_0

δ. διπλάσιο του λ_0

Α.3. Να επιλέξετε ποιες από τις παρακάτω προτάσεις είναι σωστές. Τα ηλεκτρομαγνητικά κύματα:

α. είναι εγκάρσια.

β. διαδίδονται στη διεύθυνση του διανύσματος $\vec{E}$ της έντασης του ηλεκτρικού πεδίου.

γ. διαδίδονται σε διεύθυνση που είναι κάθετη στη διεύθυνση του διανύσματος $\vec{B}$ της έντασης του μαγνητικού πεδίου.

δ. δεν ικανοποιούν τη θεμελιώδη κυματική εξίσωση.

Α.4. Να επιλέξετε ποιες από τις παρακάτω προτάσεις είναι σωστες.

α. Το ορατό φάσμα εκτείνεται μεταξύ μερικών mm και 700 nm.

β. Η ακτινοβολία γ χρησιμοποιείται στις τηλεπικοινωνίες.

γ. Η ακτινοβολία Röntgen παράγεται κατά την επιβράδυνση ταχέως κινούμενων ηλεκτρονίων, όταν προσκρούουν σε μεταλλικό στόχο.

δ. Το φάσμα της ηλεκτρομαγνητικής ακτινοβολίας εκτείνεται μεταξύ 400nm και 700nm.

Α.5. Να επιλέξετε ποιες από τις παρακάτω προτάσεις είναι σωστές. Ένα ηλεκτρομαγνητικό κύμα παράγεται από ταλαντούμενο ηλεκτρικό δίπολο και διαδίδεται στο κενό. Μακριά από το δίπολο:

α. τα διανύσματα των εντάσεων του ηλεκτρικού και μαγνητικού πεδίου είναι παράλληλα στη διεύθυνση διάδοσης του κύματος.

β. η ένταση του ηλεκτρικού πεδίου παρουσιάζει διαφορά φάσης π/2 ραδ με την ένταση του μαγνητικού πεδίου.

γ. το πηλίκο $\frac{E_{max}}{B_{max}}$ ισούται με $3 \cdot 10^8 m/s$.

δ. η ένταση του ηλεκτρικού πεδίου σχηματίζει γωνία $\frac{\pi}{2} rad$ με την ένταση του μαγνητικού πεδίου.

Α.6. Να επιλέξετε ποιες από τις παρακάτω προτάσεις είναι σωστές.

α. Τα ηλεκτρομαγνητικά κύματα δεν υπακούουν στην αρχή της επαλληλίας.

β. Μονοχρωματική ονομάζεται η ακτινοβολία που ανήκει στο ορατό φάσμα.

γ. Τα ραδιοκύματα έχουν μικρότερη συχνότητα από την υπεριώδη ακτινοβολία.

δ. Οι ακτίνες Röntgen έχουν γενικά μήκος κύματος μεγαλύτερο από αυτό των ακτίνων γ.

Α.7. Η ταχύτητα διάδοσης των ηλεκτρομαγνητικών κυμάτων:

α. ισούται πάντα με $3 \cdot 10^8 m/s$.

β. είναι ανάλογη της συχνότητας του κύματος.

γ. εξαρτάται από τις ιδιότητες του μέσου διάδοσης.

δ. είναι παράλληλη στην ένταση του ηλεκτρικού πεδίου.

Α.8.Ηλεκτρομαγνητικό κύμα μπορεί να δημιουργηθεί όταν:

α. τα ηλεκτρόνια μίας δέσμης ηλεκτρονίων κινούνται ευθύγραμμα ομαλά.

β. τα νετρόνια μίας δέσμης νετρονίων επιβραδύνονται.

γ. τα πρωτόνια μιας δέσμης πρωτονίων επιταχύνονται.

δ. τα νετρόνια μιας δέσμης νετρονίων κινούνται ισοταχώς.

Α.9. Φωτεινή ακτίνα διαδίδεται σε ένα οπτικό μέσο και συναντά τη λεία διαχωριστική επιφάνεια με δεύτερο οπτικό μέσο.Να επιλέξετε τις σωστές προτάσεις.

α. Η ανακλώμενη ακτίνα διαδίδεται ταχύτερα σε σχέση με την προσπίπτουσα.

β. Η γωνία ανάκλασης εξαρτάται από το δείκτη διαθλάσεως του υλικού της διαχωριστικής επιφάνειας των μέσων.

γ. Η γωνία ανάκλασης και η γωνία πρόσπτωσης είναι ίσες μεταξύ τους.

δ. Η ανακλώμενη ακτίνα έχει το ίδιο μήκος κύματος με την προσπίπτουσα.

Α.10. Όταν μία φωτεινή ακτίνα ανακλάται τότε η ανακλώμενη ακτίνα σε σχέση με την προσπίπτουσα έχει:

α. διαφορετική διεύθυνση.

β. διαφορετική ταχύτητα διάδοσης.

γ. διαφορετική συχνότητα.

δ. διαφορετικό μέσο διάδοσης.

Α.11. Όταν μια δέσμη παράλληλων φωτεινών ακτίνων προσπίπτουν σε μία ανακλώσα επιφάνεια, τότε:

α. αν η ανακλώσα επιφάνεια είναι τραχιά, συμβαίνει κατοπτρική ανάκλαση.

β. αν η ανακλώσα επιφάνεια είναι λεία, οι ανακλώμενες ακτίνες παραμένουν παράλληλες μεταξύ τους.

γ. το μήκος κύματος της ανακλώμενης δέσμης είναι διαφορετικό από αυτό της προσπίπτουσας.

δ. η ανακλώμενη δέσμη εκτρέπεται σε σχέση με την προσπίπτουσα κατά γωνία ίση με την κρίσιμη γωνία του οπτικού μέσου.

Α.12. Μονοχρωματική φωτεινή ακτίνα διαδίδεται σε οπτικό μέσο με δείκτη διαθλάσεως n και προσπίπτει στη διαχωριστική επιφάνεια του υλικού με τον περιβάλλοντα αέρα υπό γωνία πρόσπτωσης θ_π τέτοια ώστε $\eta\mu\theta_\pi > \frac{1}{n}$.

α. Στο σημείο πρόσπτωσης συμβαίνει ανάκλαση και διάθλαση.

β. Η φωτεινή ακτίνα υφίσταται ολική ανάκλαση.

γ. Η φωτεινή ακτίνα εξέρχεται στον αέρα παράλληλα στη διαχωριστική επιφάνεια.

δ. Η γωνία διάθλασης είναι μικρότερη από τη γωνία πρόσπτωσης.

Α.13.Να επιλέξετε ποιες από τις παρακάτω προτάσεις είναι σωστές.

α. Η λειτουργία του περισκοπίου βασίζεται στην ολική ανάκλαση του φωτός.

β. Η ολική ανάκλαση μπορεί να συμβεί ακόμα και αν το φως προσπίπτει κάθετα στη διαχωριστική επιφάνεια δύο οπτικών μέσων, αρκεί το φως να προέρχεται από το οπτικά αραιότερο και να κατευθύνεται σε οπτικά πυκνότερο μέσο.

γ. Η κρίσιμη γωνία είναι η μεγαλύτερη δυνατή γωνία πρόσπτωσης μιας φωτεινής ακτίνας που διέρχεται από οπτικά πυκνότερο μέσο προς οπτικά αραιότερο, ώστε να συμβεί ανάκλαση και διάθλαση.

δ. Αν μια φωτεινή ακτίνα υποστεί ολική ανάκλαση, τότε μεταβάλλεται το μήκος κύματος της χωρίς να μεταβληθεί η ταχύτητα διάδοσης, αφού παραμένει στο ίδιο οπτικό μέσο.

Α.14.Μονοχρωματική φωτεινή ακτινοβολία διέρχεται πλάγια από τον αέρα σε οπτικό μέσο. Να επιλέξετε ποιες από τις παρακάτω προτάσεις είναι σωστές.

α. Το μήκος κύματος της ακτινοβολίας στο υλικό μέσο είναι μεγαλύτερο από το μήκος κύματος της ακτινοβολίας στον αέρα.

β. Η γωνία πρόσπτωσης είναι μεγαλύτερη από τη γωνία διάθλασης.

γ. Η ταχύτητα διάδοσης υ της ακτινοβολίας εντός του υλικού μέσου υπολογίζεται από τη σχέση $\upsilon = \frac{c}{n}$ όπου n ο δείκτης διάθλασης και c η ταχύτητα διάδοσης στο κενό.

δ. Η ακτινοβολία δεν είναι δυνατόν να ανακλαστεί ολικά.

Α.15. Μονοχρωματική δέσμη φωτός εισέρχεται (από το κενό) σε γυάλινη πλάκα με δείκτη διάθλασης 1,5. Για την δέσμη μέσα στο γυαλί

α. το μήκος κύματος θα αυξηθεί.

β. η συχνότητα θα αυξηθεί.

γ. η συχνότητα θα μειωθεί.

δ. το μήκος κύματος θα μειωθεί.

Β. Ερωτήσεις πολλαπλής επιλογής με αιτιολόγηση

Β.1. Δίνεται η εξίσωση της έντασης του ηλεκτρικού πεδίου $E = 4 \cdot 10^{-2} \eta\mu 4 \cdot 10^{6} \pi (3 \cdot 10^{8} t - x)$ **ενός ηλεκτρομαγνητικού κύματος το οποίο διαδίδεται στο κενό, με ταχύτητα** $c = 3 \cdot 10^{8} m/s$ **. Η ακτινοβολία ανήκει:**

α. στο ορατό φάσμα.

β. στο υπεριώδες φάσμα.

γ. στο υπέρυθρο φάσμα.

Να επιλέξετε τη σωστή απάντηση και να αιτιολογήσετε την επιλογή σας.

B.2.Ηλεκτρομαγνητικό κύμα διαδίδεται σε υλικό με ταχύτητα $\upsilon = 2 \cdot 10^8 m/s$ **. Ποιο από τα παρακάτω ζεύγη εξισώσεων μπορεί να περιγράφει το κύμα στο S.I. ;**

α. $\begin{cases} E = 8 \cdot 10^{-4} \eta\mu 2\pi(6 \cdot 10^{14}t - 6 \cdot 10^6 x) \\ B = 4 \cdot 10^{-12} \eta\mu 2\pi(6 \cdot 10^{14}t - 6 \cdot 10^6 x) \end{cases}$

β. $\begin{cases} E = 8 \cdot 10^{-4} \eta\mu 2\pi(24 \cdot 10^{14}t - 12 \cdot 10^6 x) \\ B = 4 \cdot 10^{-12} \eta\mu 2\pi(24 \cdot 10^{14}t - 12 \cdot 10^6 x) \end{cases}$

γ. $\begin{cases} E = 4 \cdot 10^{-4} \eta\mu 2\pi(12 \cdot 10^{14}t - 6 \cdot 10^6 x) \\ B = 4 \cdot 10^{-12} \eta\mu 2\pi(12 \cdot 10^{14}t - 6 \cdot 10^6 x) \end{cases}$

Να επιλέξετε τη σωστή απάντηση και να αιτιολογήσετε την επιλογή σας.

B.3. Δύο διαφορετικά ηλεκτρομαγνητικά κύματα, συχνοτήτων f_1 **και** f_2 **, ώστε** $f_1 = 4f_2$ **, διαδίδονται σε διαφορετικά υλικά με ταχύτητες** υ_1 **και** $\upsilon_2 = 2\upsilon_1$ **αντίστοιχα. Τα μήκη κύματος των ακτινοβολιών στα υλικά που διαδίδονται θα ικανοποιούν τη σχέση:**

α. $\lambda_1 = \lambda_2$

β. $4\lambda_1 = \lambda_2$

γ. $8\lambda_1 = \lambda_2$

Να επιλέξετε τη σωστή απάντηση και να αιτιολογήσετε την επιλογή σας.

B.4. Μονοχρωματική ακτινοβολία με μήκος κύματος $\lambda = 9 \cdot 10^{-7} m$ **διαδίδεται σε υλικό, με ταχύτητα** $\upsilon = 2,7 \cdot 10^8 m/s$**. Αν η ίδια ακτινοβολία διαδιδόταν στο κενό (**$c = 3 \cdot 10^8 m/s$**), τότε το μήκος κύματος** λ_0 **θα ήταν:**

α. $2,7 \cdot 10^8 m$

β. $9 \cdot 10^{-7} m$

γ. $10 \cdot 10^{-7} m$

Να επιλέξετε τη σωστή απάντηση και να αιτιολογήσετε την επιλογή σας.

Β.5. Ηλεκτρομαγνητικό κύμα διαδίδεται σε υλικό μέσο με ταχύτητα μέτρου $2 \cdot 10^8 m/s$. Ποια από τις παρακάτω εξισώσεις μπορεί να περιγράφει την εξίσωση της έντασης του ηλεκτρικού πεδίου κατά τη διάδοση του στον οριζόντιο άξονα;

α. $E = E_{max} \eta\mu 2\pi(10^{14}t - \frac{10^6}{3}x)$

β. $E = E_{max} \eta\mu \pi(2 \cdot 10^{14}t - 5 \cdot 10^5 x)$

γ. $E = E_{max} \eta\mu 2\pi(\cdot 10^{14}t - 5 \cdot 10^5 x)$

Να επιλέξετε τη σωστή απάντηση και να αιτιολογήσετε την επιλογή σας.

Β.6. Η εξίσωση η οποία περιγράφει την ένταση του ηλεκτρικού πεδίου κατά τη διάδοση του στον οριζόντιο άξονα ενός υλικού μέσου είναι: $E = 5 \cdot 10^{-2} \eta\mu 2\pi(10^{14}t - 5 \cdot 10^5 x)\ (S.I.)$ **. Το πλάτος της έντασης του διαδιδόμενου μαγνητικού πεδίου ισούται με:**

α. $B_{max} = 10^{-10} T$

β. $B_{max} = \frac{2}{3} 10^{-10} T$

γ. $B_{max} = 1,5 \cdot 10^{-10} T$

Να επιλέξετε τη σωστή απάντηση και να αιτιολογήσετε την επιλογή σας.

Β.7. Μονοχρωματική ακτίνα φωτός προσπίπτει σε ανακλαστική επιφάνεια, έτσι ώστε η προσπίπτουσα ακτίνα να είναι κάθετη στην ανακλώμενη. Η γωνία ανάκλασης ισούται με:

α. 30°

β. 45°

γ. 60°

Να επιλέξετε τη σωστή απάντηση και να αιτιολογήσετε την επιλογή σας.

Β.8. Μονοχρωματική ακτίνα φωτός διαδίδεται σε οπτικό μέσο (Α) και διέρχεται σε οπτικό μέσο (Β). Το πηλίκο του πλάτους της έντασης του ηλεκτρικού πεδίου προς το πλάτος της έντασης του μαγνητικού πεδίου όταν το φως διαδίδεται στο μέσο (Α) είναι μεγαλύτερο από το αντίστοιχο όταν διαδίδεται στο μέσο (Β). Ο δείκτης διαθλάσεως του μέσου (Α) σε σχέση με τον αντίστοιχο του μέσου (Β) είναι:

α. μεγαλύτερος.

β. μικρότερος.

γ. ίσος.

Να επιλέξετε τη σωστή απάντηση και να αιτιολογήσετε την επιλογή σας.

Β.9. Μία ακτίνα μονοχρωματικού φωτός περνά διαδοχικά από 3 στρώματα διαφορετικών οπτικών μέσων όπως φαίνεται στο σχήμα. Ο δείκτης διάθλασης του μέσου 3 είναι:

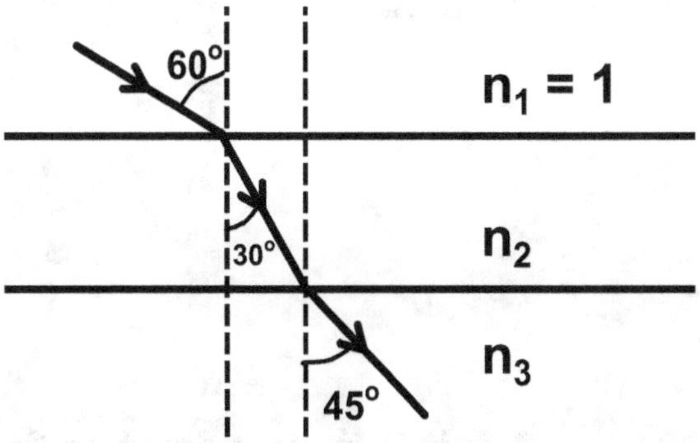

α. $n_3 = \frac{\sqrt{6}}{2}$

β. $n_3 = \sqrt{2}$

γ. $n_3 = 2$

Να επιλέξετε τη σωστή απάντηση και να αιτιολογήσετε την επιλογή σας.

B.10.Μονοχρωματική ακτίνα φωτός που διαδίδεται σε οπτικό μέσο (A) προσπίπτει στη διαχωριστική επιφάνεια με οπτικό μέσο (B). Η προσπίπτουσα με την ανακλώμενη ακτίνα σχηματίζουν γωνία 120° ενώ η διαθλώμενη εκτρέπεται κατά 30° σε σχέση με την προσπίπτουσα. Αν $n_b > n_a$ τότε ο λόγος $\frac{n_a}{n_b}$ ισούται με:

α. $\frac{\sqrt{2}}{2}$

β. $\frac{\sqrt{3}}{3}$

γ. $\frac{1}{2}$

Να επιλέξετε τη σωστή απάντηση και να αιτιολογήσετε την επιλογή σας.

B.11. Μονοχρωματική ακτίνα φωτός προσπίπτει κάθετα σε διαφανές πλακίδιο πάχους d και δείκτη διαθλάσεως n_a . Εξερχόμενη από το πλακίδιο προσπίπτει ομοίως κάθετα σε δεύτερο διαφανές πλακίδιο πάχους 2d και δείκτη διαθλάσεως n_b . Ο χρόνος διάδοσης της ακτίνας στο πρώτο πλακίδιο είναι ίσος με τον αντίστοιχο στο δεύτερο πλακίδιο. Ο λόγος $\frac{n_a}{n_b}$ ισούται με:

α. $\frac{1}{4}$

β. 4

γ. 2

B.12. Δύο παράλληλα πλακίδια έχουν δείκτες διαθλάσεως n_a και n_b αντίστοιχα. Μονοχρωματική ακτίνα φωτός προσπίπτει στην επιφάνεια του ενός και ακολουθεί την πορεία του σχήματος. Για τις γωνίες θ_a και θ_b ισχύει:

α. $\theta_a = \theta_d$

β. $\theta_a < \theta_d$

γ. $\theta_a > \theta_d$

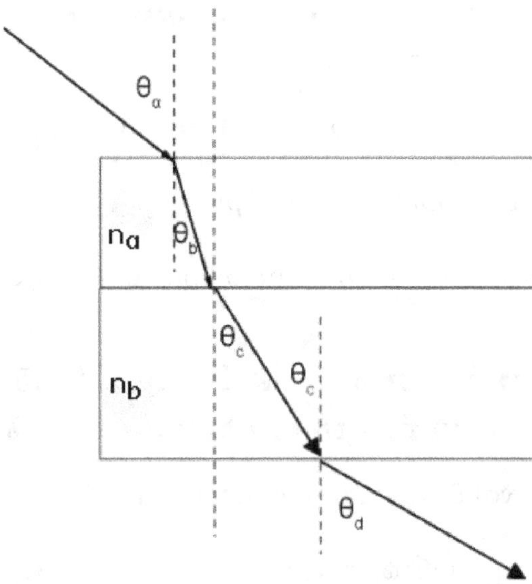

Β.13. Μονοχρωματική ακτίνα φωτός προσπίπτει σε πρίσμα του οποίου η τομή είναι ορθογώνιο ισοσκελές τρίγωνο. Το φως προσπίπτει κάθετα στη μία κάθετη πλευρά του πρίσματος και διαθλάται κατά την έξοδό της από το πρίσμα. Η κρίσιμη γωνία της ακτινοβολίας για το συγκεκριμένο πρίσμα ισούται με 40° . Η εξερχόμενη ακτίνα σε σχέση με την προσπίπτουσα σχηματίζει γωνία:

α. 90°

β. 180°

γ. 90°

Β.14.Μονοχρωματική φωτεινή ακτίνα μεταβαίνει από τον αέρα σε οπτικό μέσο με δείκτη διαθλάσεως $n > 1$. Η διαθλώμενη ακτίνα:

α. εκτρέπεται σε σχέση με την προσπίπτουσα ώστε η γωνία διάθλασης να είναι μεγαλύτερη της γωνίας πρόσπτωσης.

β. έχει μήκος κύματος μικρότερο από το αντίστοιχο της προσπίπτουσας.

γ. ενδέχεται να είναι παράλληλη στη διαχωριστική επιφάνεια των δύο οπτικών μέσων.

Β.15. Ένας μαθητής παρατηρεί ένα ψάρι που κολυμπά στη γυάλα του. Ο μαθητής βλέπει το ψάρι:

α. σε μικρότερο βάθος από αυτό στο οποίο βρίσκεται το ψάρι.

β. στη θέση που πράγματι βρίσκεται το ψάρι.

γ. σε μεγαλύτερο βάθος από αυτό στο οποίο βρίσκεται το ψάρι.

Β.16. Μονοχρωματική φωτεινή ακτίνα που διαδίδεται στον αέρα προσπίπτει πλάγια στην ήρεμη επιφάνεια μιας λίμνης.

α. Η φωτεινή ακτίνα είναι δυνατό να υποστεί ολική ανάκλαση.

β. Το μήκος κύματος της διαθλώμενης ακτίνας είναι μεγαλύτερο από το αντίστοιχο της προσπίπτουσας.

γ. Η γωνία διάθλασης θα είναι μικρότερη από τη γωνία πρόσπτωσης.

Β.17. Μονοχρωματική ακτίνα φωτός διαδίδεται στο νερό και προσπίπτει στην ελεύθερη επιφάνειά του με γωνία 30°. Η ακτίνα εξέρχεται στον αέρα, όπως φαίνεται στο σχήμα. Αν υ είναι η ταχύτητα του φωτός στο νερό και c στον αέρα, τότε ισχύει:

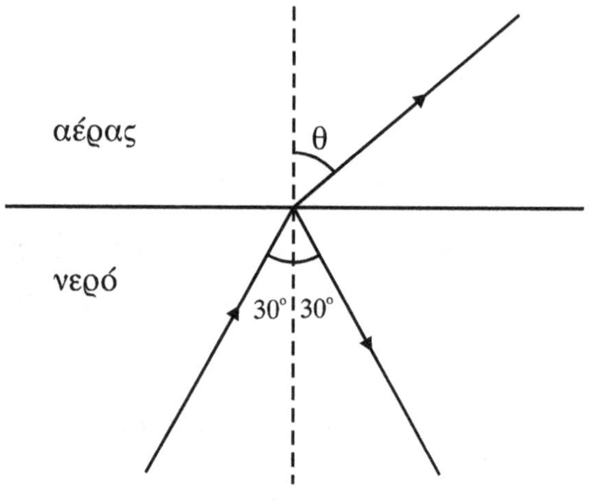

α. $\upsilon < \frac{c}{2}$

β. $\upsilon = \frac{c}{2}$

γ. $\upsilon > \frac{c}{2}$

Β.18. Μονοχρωματική ακτίνα φωτός πέφτει στη διαχωριστική επιφάνεια υγρού και αέρα, όπως φαίνεται στο σχήμα. Η γωνία πρόσπτωσης είναι π, η γωνία διάθλασης είναι δ, το μήκος στην προέκταση της προσπίπτουσας ακτίνας μέχρι το κατακόρυφο τοίχωμα του δοχείου είναι (ΟΑ) και το μήκος στη διεύθυνση της διαθλώμενης ακτίνας μέχρι το τοίχωμα του δοχείου είναι (ΟΒ). Αν η γωνία πρόσπτωσης π αυξάνεται, τότε ο λόγος $\frac{(OA)}{(OB)}$**:**

α. αυξάνεται.

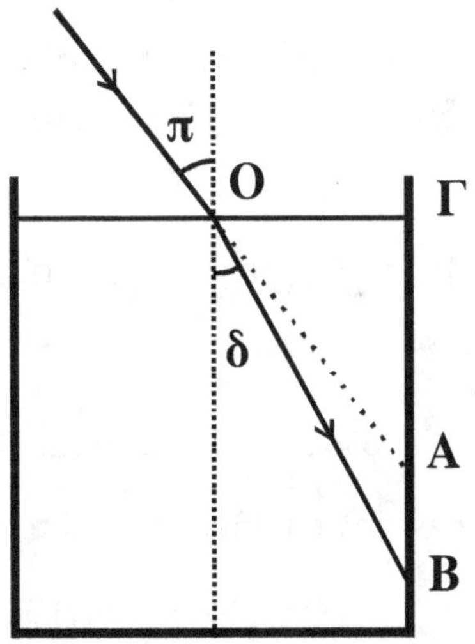

β. μειώνεται.

γ. παραμένει σταθερός.

Β.19. Πρίσμα με δείκτη διάθλασης n_1 **βρίσκεται μέσα σε υλικό με δείκτη διάθλασης** n_2**. Ακτίνα μονοχρωματικού φωτός ακολουθεί την πορεία που φαίνεται στο σχήμα. Αν** λ_1 **και** λ_2 **είναι τα μήκη κύματος στο πρίσμα και στο υλικό αντίστοιχα, ισχύει ότι:**

α. $\lambda_1 = \lambda_2$

β. $\lambda_1 > \lambda_2$

γ. $\lambda_1 < \lambda_2$

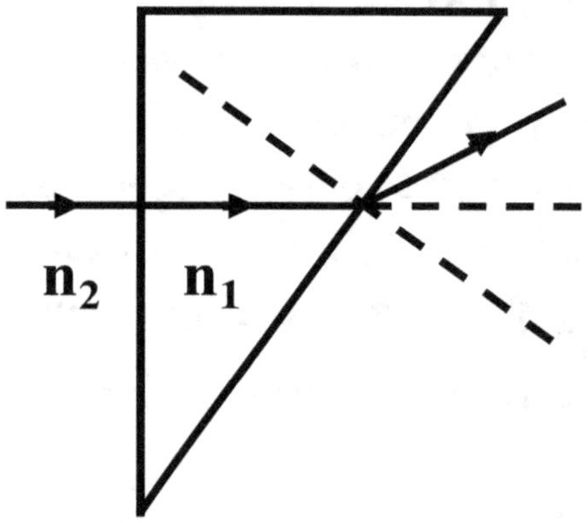

Γ.Ασκήσεις

Γ.1.Μονοχρωματική ακτινοβολία διαδίδεται κατά τη διεύθυνση του άξονα ξ και η εξίσωση της έντασης του ηλεκτρικού πεδίου είναι:

$$E = 5 \cdot 10^{-2} \eta\mu\pi(10^{15}t - 4 \cdot 10^{6}x)\ (S.I.)$$

α. Να αποδείξετε ότι η ακτινοβολία δεν διαδίδεται στο κενό.

β. Να εξετάσετε αν η ακτινοβολία ανήκει στο ορατό φάσμα.

γ. Να γράψετε την εξίσωση της έντασης του μαγνητικού πεδίου.

δ. Να υπολογίσετε το μέτρο της έντασης του ηλεκτρικού πεδίου τις χρονικές στιγμές που η ένταση του μαγνητικού πεδίου έχει μέτρο $10^{-10}m$.

Δίνεται η ταχύτητα διάδοσης στο κενό $c = 3 \cdot 10^{8} m/s$.

Γ.2. Η εξίσωση της έντασης του ηλεκτρικού πεδίου μονοχρωματικής ακτινοβολίας κατά τη διάδοση της στον οριζόντιο άξονα είναι:

$$E = 6 \cdot 10^{-3} \eta\mu 2\pi(6 \cdot 10^{14}t - 2 \cdot 10^{6}x)\ (S.I.)$$

α. Να εξετάσετε αν η ακτινοβολία είναι ορατή και να υπολογίστε την ταχύτητα διάδοσης του κύματος. Να θεωρήσετε γνωστό ότι το ορατό φάσμα αφορά την ηλεκτρομαγνητική ακτινοβολία της οποίας το μήκος κύματος στο κενό κυμαίνεται περίπου από τα $400nm$ έως τα $700nm$.

β. Να γράψετε την εξίσωση της έντασης του διαδιδόμενου μαγνητικού πεδίου.

γ. Να υπολογίσετε το μέτρο της έντασης του μαγνητικού πεδίου τις χρονικές στιγμές που το μέτρο της έντασης του ηλεκτρικού πεδίου ισούται με $3\sqrt{3} \cdot 10^{-3}\frac{V}{m}$.

Δίνεται η ταχύτητα διάδοσης στο κενό $c = 3 \cdot 10^{8} m/s$.

Γ.3. Ηλεκτρομαγνητικό κύμα διαδίδεται σε υλικό μέσο. Η εξίσωση της έντασης του ηλεκτρικού πεδίου κατά τη διάδοση του κύματος στον οριζόντιο άξονα είναι:

$$E = 5 \cdot 10^{-5} \eta\mu(4\pi \cdot 10^{10} t - kx) \; (S.I.)$$

, όπου k θετική σταθερά (σε m^{-1}). Σε χρονικό διάστημα $10^{-10}s$ το κύμα διαδίδεται κατά $5mm$.

α. Να υπολογίσετε την ταχύτητα διάδοσης του κύματος.

β. Να υπολογίστε τη σταθερά k .

γ. Να γράψετε την εξίσωση της έντασης του διαδιδόμενου μαγνητικού πεδίου στην οριζόντια διεύθυνση, εντός του υλικού μέσου.

δ. Να γράψετε την εξίσωση της έντασης του διαδιδόμενου ηλεκτρικού πεδίου στην οριζόντια διεύθυνση, όταν το κύμα διαδίδεται στον αέρα, αν γνωρίζουμε ότι σε αυτή την περίπτωση το πλάτος της έντασης του διαδιδόμενου μαγνητικού πεδίου ισούται με $B'_{max} = 0,8 \cdot 10^{-12}T$

Δίνεται η ταχύτητα διάδοσης στο κενό $c = 3 \cdot 10^{8} m/s$.

Γ.4. Ένας ραδιοφωνικός σταθμός εκπέμπει ραδιοκύματα που έχουν μήκος κύματος $3m$, ενώ το πλάτος της έντασης του διαδιδόμενου μαγνητικού πεδίου είναι $B_{max} = 0,5 \cdot 10^{-10}T$.

α. Να υπολογίσετε τη συχνότητα των εκπεμπόμενων κυμάτων.

β. Να υπολογίσετε το πλάτος της έντασης του ηλεκτρικού πεδίου.

γ. Να γράψετε την εξίσωση της έντασης του ηλεκτρικού πεδίου του κύματος κατά τη διάδοση του στην οριζόντια διεύθυνση.

δ. Για τη λήψη του ραδιοφωνικού σήματος, ένας δέκτης χρησιμοποιεί κύκλωμα ΛΣ στο οποίο ο συντελεστής αυτεπαγωγής έχει τιμή $L = 1\mu H$. Να υπολογίσετε τη χωρητικότητα C του πυκνωτή, έτσι ώστε ο δέκτης να συντονιστεί με το εκπεμπόμενα ραδιοκύματα.

Δίνεται η ταχύτητα διάδοσης στο κενό $c = 3 \cdot 10^{8} m/s$ και $\pi^2 \simeq 10$

Γ.5. Μονοχρωματική ακτινοβολία διαδίδεται εντός υλικού μέσου κατά τη διεύθυνση του οριζόντιου άξονα και η εξίσωση της έντασης του ηλεκτρικού πεδίου του είναι:

$$E = 4 \cdot 10^{-2} \eta\mu \frac{2\pi}{3} \cdot 10^{7}(2 \cdot 10^{8} t - x)\ (S.I.)$$

α. Να υπολογίστε την ταχύτητα διάδοσης του κύματος.

β. Να γράψετε την εξίσωση της έντασης του διαδιδόμενου μαγνητικού πεδίου.

γ. Να βρείτε το μήκος κύματος της ακτινοβολίας στο κενό και να εξετάσετε αν η ακτινοβολία είναι ορατή. Να θεωρήσετε γνωστό ότι το ορατό φάσμα αφορά την ηλεκτρομαγνητική ακτινοβολία της οποίας το μήκος κύματος στο κενό κυμαίνεται περίπου από τα $400nm$ έως τα $700nm$.

δ. Αν το κύμα διέλθει από το υλικό μέσο στον αέρα, τότε το πλάτος της έντασης του μαγνητικού πεδίου αυξάνεται κατά 2%. Να γράψετε την εξίσωση της έντασης του ηλεκτρικού πεδίου όταν το κύμα διαδίδεται στο κενό.

Δίνεται η ταχύτητα διάδοσης στο κενό $c = 3 \cdot 10^{8} m/s$.

Γ.6. Μονοχρωματική φωτεινή ακτίνα διαδίδεται σε οπτικό μέσο (1) δείκτη διαθλάσεως n_1 . Η ακτίνα συναντά τη διαχωριστική επιφάνεια του μέσου με οπτικό μέσο (2) δείκτη διαθλάσεως $n_2 (n_1 > n_2)$ υπό γωνία πρόσπτωσης 30° . Μέρος της ακτινοβολίας ανακλάται και η υπόλοιπη διαθλάται, έτσι ώστε η ανακλώμενη ακτίνα να σχηματίζει με τη διαθλώμενη γωνία $\phi = 105^o$.

α. Να σχεδιάσετε την προσπίπτουσα, την ανακλώμενη και τη διαθλώμενη ακτίνα στο σημείο πρόσπτωσης.

β. Να υπολογίσετε τη γωνία κατά την οποία εκτρέπεται η διαθλώμενη ακτίνα σε σχέση με την προσπίπτουσα ακτίνα.

γ. Να υπολογίσετε το λόγο των δεικτών διαθλάσεως $\frac{n_1}{n_2}$.

δ. Να υπολογίσετε το λόγο του μήκους κύματος της ακτινοβολίας στο μέσο (1) προς το μήκος κύματος της ακτινοβολίας στο μέσο (2), $\frac{\lambda_1}{\lambda_2}$.

Γ.7. Μονοχρωματική ακτινοβολία συχνότητας $f = 12 \cdot 10^{14} Hz$ διαδίδεται σε οπτικό μέσο (1) με δείκτη διαθλάσεως n_1 . Η ακτίνα συναντά τη διαχωριστική επιφάνεια του μέσου με οπτικό μέσο (2) που έχει δείκτη διαθλάσεως n_2 . Το μήκος κύματος της ακτινοβολίας στο μέσο (2) είναι κατά 20 % μικρότερο από το αντίστοιχο στο μέσο (1).

α. Να υπολογίσετε το λόγο των δεικτών διαθλάσεως $\frac{n_1}{n_2}$.

β. Να υπολογίσετε το ποσοστό μεταβολής της ταχύτητας διάδοσης της ακτινοβολίας κατά την αλλαγή μέσου διάδοσης.

γ. Αν η ακτινοβολία διαδίδεται αντίστροφα, δηλαδή από το μέσο (2) προς το μέσο (1) και συναντά την διαχωριστική επιφάνεια των δύο μέσων υπό γωνία πρόσπτωσης $\theta_1 = 60^o$, να υπολογίσετε τη γωνία κατά την οποία εκτρέπεται.

δ. Να εξετάσετε αν η ακτινοβολία είναι ορατή, αν θεωρήσετε γνωστό ότι το ορατό φάσμα αφορά την ηλεκτρομαγνητική ακτινοβολία της οποίας το μήκος κύματος στο κενό κυμαίνεται περίπου από τα $400nm$ έως τα $700nm$.

Δίνεται η ταχύτητα διάδοσης του φωτός στον αέρα $c = 3 \cdot 10^8 m/s$ και $\eta\mu 60^0 = 0,87$

.

Γ.8. Μονοχρωματική ακτίνα συχνότητας $f = 6 \cdot 10^{14} Hz$ προσπίπτει στη διαχωριστική επιφάνεια μεταξύ του αέρα και ενός οπτικού μέσου με δείκτη διαθλάσεως $n = \sqrt{3}$, χωρίς να γνωρίζουμε από ποιο μέσο προέρχεται. Η διαθλώμενη ακτίνα εκτρέπεται σε σχέση με τη διεύθυνση της προσπίπτουσας κατά γωνία $\theta_\epsilon = 30^o$, ενώ η γωνία διάθλασης είναι μικρότερη της γωνίας πρόσπτωσης.

α. Να εξετάσετε αν η ακτινοβολία διέρχεται από τον αέρα στο μέσο ή αντίστροφα και να σχεδιάσετε την πορεία των ακτίνων.

β. Να υπολογίσετε τη γωνία πρόσπτωσης και τη γωνία διάθλασης.

γ. Να υπολογίσετε το μήκος κύματος της ακτινοβολίας όταν διαδίδεται στον αέρα και όταν διαδίδεται στο οπτικό μέσο.

Δίνεται η ταχύτητα διάδοσης του φωτός στον αέρα $c = 3 \cdot 10^8 m/s$
και $\eta\mu(A + B) = \eta\mu A \sigma\upsilon\nu B + \eta\mu B \sigma\upsilon\nu A$.

Γ.9.Μονοχρωματική φωτεινή ακτίνα διαδίδεται στο κενό με μήκος κύματος λ_0 και προσπίπτει στη λεία επιφάνεια ενός υαλότουβλου, με δείκτη διαθλάσεως $n = \sqrt{2}$. Η ανακλώμενη δέσμη είναι κάθετη με την προσπίπτουσα. Να υπολογίσετε :

α. την ταχύτητα διάδοσης της φωτεινής ακτίνας εντός του υαλότουβλου.

β. τη γωνία διάθλασης.

γ. την επί τοις εκατό μεταβολή του μήκους κύματος της ακτινοβολίας κατά την είσοδο της στο υαλότουβλο.

δ. την επί τοις εκατό μεταβολή της μέγιστης έντασης του διαδιδόμενου ηλεκτρικού πεδίου κατά την είσοδο της ακτινοβολίας στο υαλότουβλο, αν το πλάτος της έντασης του μαγνητικού πεδίου μειώθηκε κατά 5% σε σχέση με το κενό.

Δίνεται η ταχύτητα διάδοσης του φωτός στον αέρα $c = 3 \cdot 10^8 m/s$. Για τις πράξεις να θεωρήσετε ότι $\sqrt{2} \simeq 1,44$.

Γ.10. Μονοχρωματική φωτεινή ακτίνα διαδίδεται στο κενό όπου έχει μήκος κύματος $\lambda_0 = 700nm$. Η ακτίνα προσπίπτει κάθετα στην έδρα ενός πρίσματος όπως φαίνεται στο σχήμα. Εντός του πρίσματος, το μήκος κύματος της ακτινοβολίας ισούται με $500nm$.

Α. α. τη συχνότητα της ακτινοβολίας.

β. το δείκτη διαθλάσεως του πρίσματος.

γ. την ταχύτητα διάδοσης της ακτινοβολίας εντός του πρίσματος.

Β. Να σχεδιάσετε την πορεία της φωτεινής ακτίνας και να υπολογίσετε την γωνία κατά την οποία εκτρέπεται τελικά η φωτεινή ακτίνα σε σχέση με την ακτίνα που εισέρχεται στο πρίσμα.

Δίνεται η ταχύτητα διάδοσης του φωτός στον αέρα $c = 3 \cdot 10^8 m/s$. Για τις πράξεις να θεωρήσετε ότι $\sqrt{2} \simeq 1,44$.

Γ.11.Μονοχρωματική φωτεινή ακτινοβολία διαδίδεται σε γυάλινο σώμα, όπου το μήκος κύματος της ακτινοβολίας ισούται με $\lambda = 500nm$. Η ακτινοβολία προσπίπτει στη διαχωριστική επιφάνεια του σώματος με τον αέρα με γωνία πρόσπτωσης $\theta_\pi = 30^o$ και ένα μέρος της διαθλάται. Η διαθλώμενη ακτινοβολία διαδίδεται με ταχύτητα κατά 40% μεγαλύτερη από την αντίστοιχη εντός του γυάλινου σώματος. Να υπολογίσετε :

α. το δείκτη διαθλάσεως του γυάλινου σώματος.

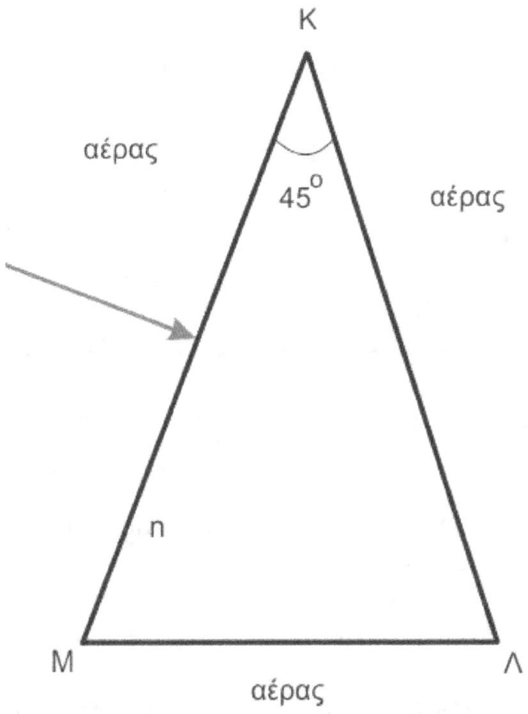

β. το μήκος κύματος της ακτινοβολίας όταν αυτή διαδίδεται στον αέρα.

γ. τη γωνία διάθλασης.

δ. την τιμή που θα έπρεπε να έχει η γωνία πρόσπτωσης, ώστε η ακτίνα να διαθλαστεί εφαπτόμενα της διαχωριστικής επιφάνειας.

Δίνεται η ταχύτητα διάδοσης του φωτός στον αέρα $c = 3 \cdot 10^8 m/s$. Για τις πράξεις να θεωρήσετε ότι $\sqrt{2} \simeq 1,44$.

Γ.12. Μονοχρωματική φωτεινή ακτινοβολία διαδίδεται στον αέρα και συναντά υπό γωνία πρόσπτωσης 45° την έδρα ΚΛ ενός γυάλινου πλακιδίου πάχους $d = 27\sqrt{6}mm$. Εντός του πλακιδίου το φως διαδίδεται με ταχύτητα $v = \dfrac{3\sqrt{2}}{2} \cdot 10^8 m/s$. Να υπολογίσετε:

α. το λόγο του μήκους κύματος της ακτινοβολίας όταν διαδίδεται στον αέρα, προς το αντίστοιχο μήκος κύματος όταν διαδίδεται στο πλακίδιο.

β. τη γωνία διαθλάσεως θ_b κατά την είσοδο της ακτινοβολίας από τον αέρα στο πλακίδιο.

γ. το απαιτούμενο χρονικό διάστημα για να διασχίσει η ακτινοβολία το πλακίδιο.

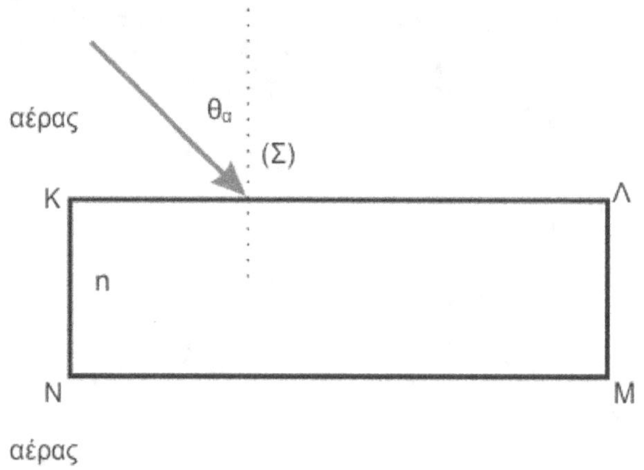

δ. τη γωνία που σχηματίζεται μεταξύ της ακτίνας που εισέρχεται στο πλακίδιο και της ακτίνας που εξέρχεται από αυτό.

Δίνεται η ταχύτητα διάδοσης του φωτός στον αέρα $c = 3 \cdot 10^8 m/s$.

Γ.13.Δύο πρίσματα με ίσες ορθογώνιες τριγωνικές τομές εφάπτονται όπως φαίνεται στο σχήμα, σχηματίζοντας ένα «διπλό» πρίσμα με τομή ισόπλευρου τριγώνου. Το πρίσμα (1) έχει δείκτη διαθλάσεως $n_1 = 3$ ενώ το πρίσμα (2) έχει δείκτη διαθλάσεως n_2 . Βυθίζουμε το διπλό πρίσμα σε δοχείο το οποίο περιέχει υγρό με δείκτη διαθλάσεως $n = n_1$. Μονοχρωματική ακτινοβολία συχνότητας $f = 6 \cdot 10^{14} Hz$ που διαδίδεται στο υγρό, προσπίπτει κάθετα στην έδρα ΑΒ του πρίσματος (1) και ακολουθεί την πορεία που φαίνεται στο σχήμα.

Α. Να υπολογίσετε το δείκτη διαθλάσεως n_2 .

Β. Αλλάζουμε το πρίσμα με δείκτη διαθλάσεως n_2 με άλλο πρίσμα που έχει δείκτη διαθλάσεως $n_3 (n_3 < n)$ έτσι ώστε η ακτινοβολία να διέρχεται σε αυτό και συναντώντας την έδρα ΜΓ να διαθλάται στο υγρό με γωνία διαθλάσεως $\theta'_b = 45^o$.

α. Να υπολογίσετε το δείκτη διαθλάσεως n_3 .

β. Να υπολογίσετε το ποσοστό μεταβολής του μήκους κύματος της ακτινοβολίας κατά τη διέλευση της από το πρίσμα (1) στο πρίσμα (3) (Για τις πράξεις να θεωρήσετε ότι $\sqrt{3} \simeq= 1,725$).

γ. Να εξετάσετε αν και σε ποιο οπτικό μέσο η ακτινοβολία είναι ορατή αν θεωρήσετε γνωστό ότι το ορατό φάσμα αφορά την ηλεκτρομαγνητική ακτι-

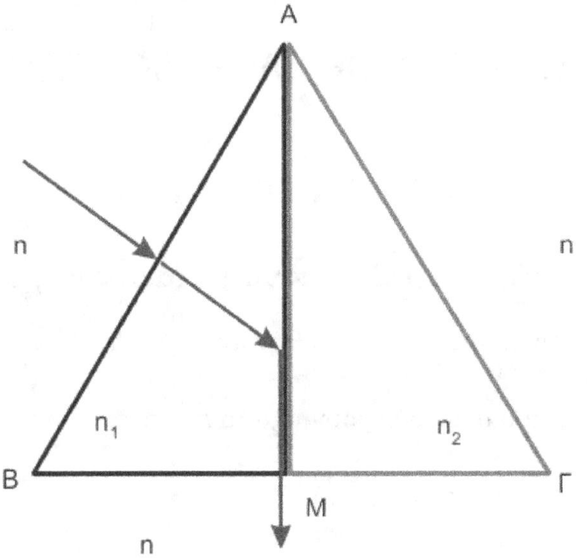

νοβολία της οποίας το μήκος κύματος στο κενό κυμαίνεται περίπου από τα $400nm$ έως τα $700nm$.

Δίνονται η ταχύτητα διάδοσης του φωτός στον αέρα $c = 3{\cdot}10^8 m/s$ και η τριγωνομετρική ιδιότητα $\eta\mu^2 x = \dfrac{\epsilon\phi^2 x}{1+\epsilon\phi x}$

Μηχανική Στερεού Σώματος
7ο Σετ Ασκήσεων - Μάρτης 2013

Α. Ερωτήσεις πολλαπλής επιλογής

Α.1. Αν στερεό σώμα εκτελεί μόνο μεταφορική κίνηση τότε:

(α) Η κίνηση του είναι οπωσδήποτε ευθύγραμμη.

(β) Όλα τα σημεία του στερεού έχουν ίδια ταχύτητα.

(γ) Το σώμα αλλάζει προσανατολισμό.

(δ) Το τμήμα που ενώνει 2 τυχαία σημεία του στερεού περιστρέφεται.

Α.2. Σώμα εκτελεί στροφική κίνηση γύρω από σταθερό άξονα περιστροφής που διέρχεται από το σώμα. Η γωνιακή του ταχύτητα:

(α) Είναι διανυσματικό μέγεθος που σχηματίζει τυχαία γωνία φ με τον άξονα περιστροφής.

(β) Έχει μονάδα μέτρησης το $1 rad/sec^2$.

(γ) Έχει μέτρο που ισούται με τον ρυθμό μεταβολής της γωνίας που διαγράφει μια τυχαία ακτίνα του στερεού.

(δ) Αν η κίνηση είναι ομαλή στροφική τότε έχει μέτρο που συνεχώς αυξάνεται.

Α.2. Ένα στερεό εκτελεί μόνο στροφική κίνηση γύρω από σταθερό άξονα περιστροφής που διέρχεται από το σώμα:

(α) Όσο απομακρυνόμαστε από τον άξονα περιστροφής το μέτρο της ταχύτητας των διαφόρων σημείων μειώνεται.

(β) Όλα τα σημεία του στερεού εκτελούν κυκλική κίνηση.

(γ) Υπάρχουν σημεία του στερεού που είναι διαρκώς ακίνητα.

(δ) Όλα τα σημεία του στερεού έχουν την ίδια ταχύτητα.

Α.3. Ένας τροχός εκτελεί στροφική κίνηση γύρω από άξονα που διέρχεται από το κέντρο του , ξεκινώντας από την ηρεμία και επιταχύνεται με γωνιακή επιτάχυνση που συνεχώς αυξάνεται:

(α) η γραμμική ταχύτητα του στερεού αυξάνεται γραμμικά με τον χρόνο.

(β) Η γωνιακή ταχύτητα ω του τροχού δίνεται από την σχέση $\omega = \alpha_{\gamma\omega\nu} \cdot t$.

(γ) Η στιγμιαία γραμμική ταχύτητα ενός σημείου της περιφέρειας του τροχού συνδέεται με την στιγμιαία γωνιακή του ταχύτητα ω με την σχέση $\upsilon = \omega \cdot R$.

(δ) Η γωνία που διαγράφει ο τροχός υπολογίζεται από την σχέση $\theta = \frac{1}{2}\alpha_{\gamma\omega\nu}t^2$.

Α.4. Η ροπή αδράνειας ενός στερεού, ως προς κάποιο άξονα περιστροφής, δεν εξαρτάται από:

(α) την κατανομή της μάζας του σώματος.

(β) το μέγεθος του σώματος.

(γ) τη ροπή των δυνάμεων που δέχεται το σώμα.

(δ) τη θέση του άξονα περιστροφής.

Α.5. Η ροπή αδράνειας ενός σώματος, ως προς ένα άξονα εκφράζει:

(α) την ικανότητα του σώματος να περιστρέφεται γύρω από έναν άξονα.

(β) το πόσο γρήγορα περιστρέφεται το στερεό σώμα.

(γ) την αδράνεια του σώματος στη μεταφορική κίνηση.

(δ) την αδράνεια του σώματος στη στροφική κίνηση.

Α.6. Μια οριζόντια ράβδος έχει τη δυνατότητα να στρέφεται γύρω από κατακόρυφο άξονα Ρ, που διέρχεται από το άκρο της. Η ράβδος είναι ακίνητη και κάποια στιγμή δέχεται σταθερή ροπή ως προς τον άξονα Ρ. Τότε:

(α) η γωνιακή της μετατόπιση είναι ανάλογη του χρόνου.

(β) η γωνιακή της ταχύτητα μεταβάλλεται ανάλογα με το τετράγωνο του χρόνου.

(γ) η γωνιακή της ταχύτητα μεταβάλλεται με σταθερό ρυθμό.

(δ) η γωνιακή της επιτάχυνση είναι μηδενική.

Α.7. Για να διατηρεί ένα σώμα την περιστροφική του κατάσταση σταθερή πρέπει το αλγεβρικό άθροισμα των ροπών να:

(α) είναι σταθερό και διάφορο του μηδενός.

(β) είναι μηδέν.

(γ) αυξάνεται με σταθερό ρυθμό.

(δ) μειώνεται με σταθερό ρυθμό.

Α.8. Μια σφαίρα κυλίεται χωρίς ολίσθηση κατά μήκος κεκλιμένου επιπέδου υπό την επίδραση μόνο του βάρους της και της δύναμης που δέχεται από το επίπεδο. Αρχικά η σφαίρα ανεβαίνει και στη συνέχεια κατεβαίνει.

(α) Η φορά του διανύσματος της στατικής τριβής παραμένει σταθερή.

(β) Η γωνιακή επιτάχυνση της σφαίρας μεταβάλλεται με σταθερό ρυθμό.

(γ) ο ρυθμός μεταβολής της στροφορμής της ως προς άξονα που διέρχεται από το κέντρο μάζας της μεταβάλλεται.

(δ) Όταν η σφαίρα ανεβαίνει, το διάνυσμα της γωνιακής επιτάχυνσης έχει αντίθετη φορά από την φορά όταν κατεβαινει.

Α.9. Δύο στερεά σώματα εκτελούν στροφική κίνηση με ίδια στροφορμή. Το σώμα με την μεγαλύτερη ροπή αδράνειας:

(α) έχει μεγαλύτερη κινητική ενέργεια και μικρότερη γωνιακή ταχύτητα.

(β) έχει μικρότερη κινητική ενέργεια και μεγαλύτερη γωνιακή ταχύτητα.

(γ) έχει μικρότερη κινητική ενέργεια και μικρότερη γωνιακή ταχύτητα.

(δ) έχει μεγαλύτερη κινητική ενέργεια και μεγαλύτερη γωνιακή ταχύτητα.

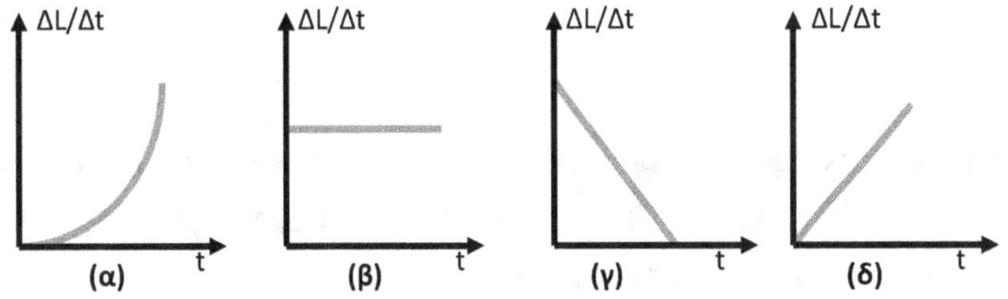

Α.10. Οριζόντιος δίσκος μπορεί να στρέφεται σε οριζόντιο επίπεδο, γύρω από κατακόρυφο άξονα που διέρχεται από το κέντρο του. Ασκούμε στην περιφέρεια του δίσκου οριζόντια δύναμη σταθερού μέτρου που είναι συνεχώς εφαπτόμενη σε αυτόν. Ποιο από τα παρακάτω διαγράμματα παριστάνει το ρυθμό μεταβολής της στροφορμής του δίσκου σε συνάρτηση με τον χρόνο ;

Α.11. Άνθρωπος βρίσκεται πάνω στην επιφάνεια και κοντά στο κέντρο οριζόντιου δίσκου που περιστρέφεται με γωνιακή ταχύτητα ω_1 γύρω από άξονα κάθετο στο κέντρο του. Αν ο άνθρωπος μετακινηθεί στην περιφέρεια του δίσκου, τότε η γωνιακή ταχύτητα του δίσκου ω_2 θα είναι:

(α) $\omega_2 = \omega_1$

(β) $\omega_2 > \omega_1$

(γ) $\omega_2 < \omega_1$

(δ) $\omega_2 = 0$

Α.12. Μια σφαίρα μάζας Μ και ακτίνας R κυλίεται χωρίς να ολισθαίνει σε οριζόντιο δάπεδο με γωνιακή ταχύτητα μέτρου ω. Η ροπή αδράνειας της σφαίρας ως προς άξονα που διέρχεται από το κέντρο της υπολογίζεται από τον τύπο: $I_{cm} = \frac{2}{5}MR^2$. Το ποσοστό της κινητικής ενέργειας της σφαίρας που εμφανίζεται με την μορφή κινητικής ενέργειας λόγω περιστροφής ισούται με:

(α) 40 %

(β) $\frac{400}{3}$ %

(γ) $\frac{200}{7}$ %

(δ) $\frac{500}{3}\%$

Α.13. Ένα στερεό σώμα περιστρέφεται γύρω από σταθερό άξονα, με γωνιακή ταχύτητα ω . Αν διπλασιαστεί η γωνιακή του ταχύτητα, τότε η κινητική του ενέργεια:

(α) υποτετραπλασιάζεται.

(β) υποδιπλασιάζεται.

(γ) διπλασιάζεται.

(δ) τετραπλασιάζεται.

Α.14. Όταν οι ακροβάτες θέλουν να κάνουν πολλές στροφές στον αέρα, συμπτύσσουν τα χέρια και τα πόδια τους. Με αυτό τον τρόπο:

(α) αυξάνουν τη στροφορμή τους.

(β) μειώνουν την κινητική τους ενέργεια.

(γ) μειώνουν τη ροπή αδράνειάς τους.

(δ) αυξάνουν τη μάζα τους.

Α.15. Ένας κύβος και μία σφαίρα έχουν την ίδια μάζα και αφήνονται να κινηθούν από το ίδιο ύψος δύο κεκλιμένων επιπέδων. Ο κύβος ολισθαίνει χωρίς τριβές στο ένα και η σφαίρα κυλίεται χωρίς να ολισθαίνει στο άλλο. Στη βάση των κεκλιμένων επιπέδων έχουν κινητικές ενέργειες $K_{\text{κύβ}}$ και $K_{\text{σφ}}$ αντίστοιχα. Για το λόγο των ενεργειών ισχύει:

(α) $\frac{K_{\text{κύβ}}}{K_{\text{σφ}}} > 1$

(β) $\frac{K_{\text{κύβ}}}{K_{\text{σφ}}} < 1$

(γ) $\frac{K_{\text{κύβ}}}{K_{\text{σφ}}} = 1$

(δ) $\frac{K_{\text{κύβ}}}{K_{\text{σφ}}} < 0$

Β. Ερωτήσεις πολλαπλής επιλογής με αιτιολόγηση

Β.1. Μία οριζόντια ράβδος ΑΒ μήκους L εκτελεί στροφική κίνηση με σταθερή γωνιακή ταχύτητα ίση με ω γύρω από σταθερό κατακόρυφο άξονα περιστροφής που διέρχεται από το άκρο της Α. Το μέσο Μ της ράβδου έχει κεντρομόλο επιτάχυνση ίση με:

(α) $\alpha_k = \omega^2 L$

(β) $\alpha_k = \omega^2 \frac{L}{2}$

(γ) $\alpha_k = \omega^2 \frac{L}{4}$

Να επιλέξετε τη σωστή απάντηση και να αιτιολογήσετε την επιλογή σας.

Β.2. Τροχός κυλίεται χωρίς να ολισθαίνει σε οριζόντιο επίπεδο. Κάποια χρονική στιγμή το σημείο Δ βρίσκεται στην κατακόρυφη διάμετρο και απέχει από το κέντρο Κ απόσταση $\frac{R}{2}$ (βρίσκεται πάνω από το Κ). Εάν η ταχύτητα του Δ είναι υ_Δ , η ταχύτητα του κέντρου μάζας είναι:

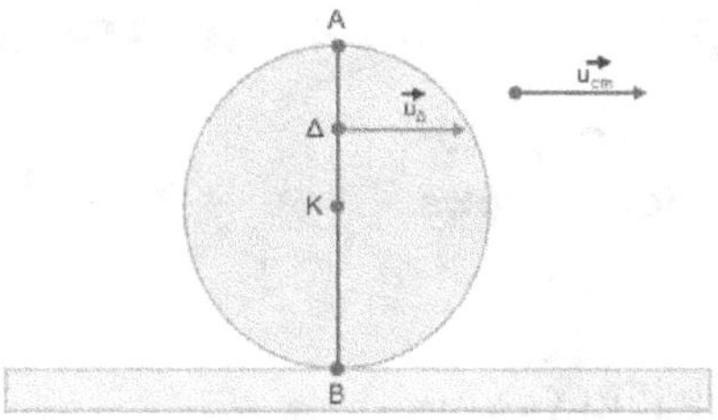

(α) $\upsilon_{cm} = \frac{3}{2}\upsilon_\Delta$

(β) $\upsilon_{cm} = \frac{2}{3}\upsilon_\Delta$

(γ) $\upsilon_{cm} = \frac{1}{2}\upsilon_\Delta$

Να επιλέξετε τη σωστή απάντηση και να αιτιολογήσετε την επιλογή σας.

Β.3. Δίσκος ακτίνας $R = 0,3m$ κυλίεται χωρίς να ολισθαίνει και η γωνιακή του ταχύτητα μεταβάλλεται με το χρόνο όπως φαίνεται στο διάγραμμα.

Α. η ταχύτητα του κέντρου μάζας την χρονική στιγμή $t_1 = 2s$ είναι:

(α) $\upsilon_{cm} = 50m/s$

(β) $\upsilon_{cm} = 2m/s$

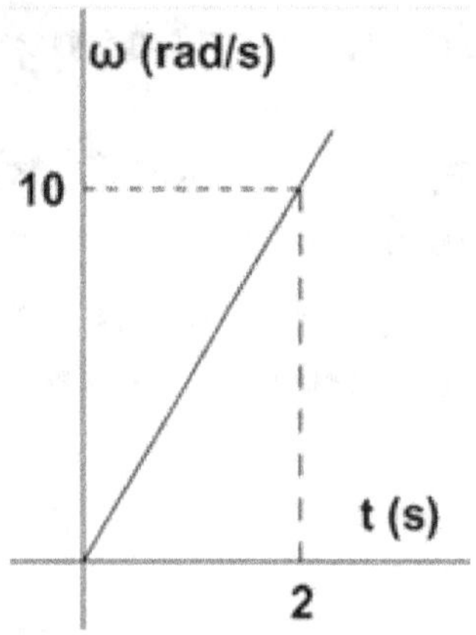

(γ) $\upsilon_{cm} = 5m/s$

Β. Το διάστημα που έχει διανύσει ο δίσκος μέχρι την χρονική στιγμή $t = 2s$ είναι:

(α) $S = 2m$

(β) $S = 4m$

(γ) $S = 50m$

Να επιλέξετε τη σωστή απάντηση και να αιτιολογήσετε την επιλογή σας.

Β.4. Δυο ομογενείς δίσκοι στρέφονται γύρω από σταθερό άξονα περιστροφής που περνά από το κέντρο τους.

Στο διάγραμμα φαίνεται πως μεταβάλλεται η γωνία που διαγράφει κάθε δίσκος σε συνάρτηση με τον χρόνο.

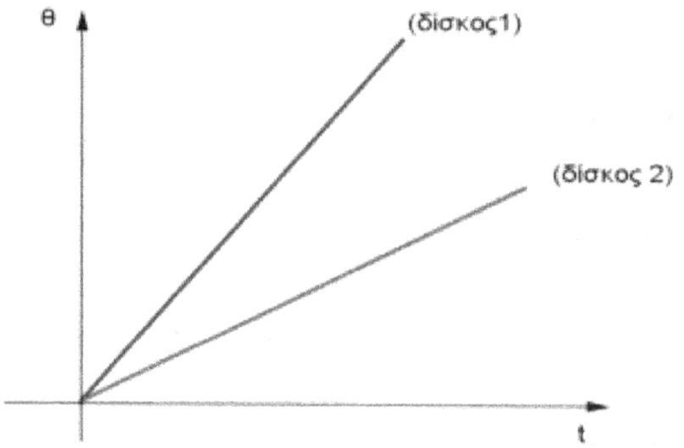

(α) οι δυο δίσκοι έχουν την ίδια γωνιακή επιτάχυνση (μη μηδενική).

(β) οι δίσκοι εκτελούν επιταχυνόμενη κίνηση με διαφορετικές γωνιακές επιταχύνσεις.

(γ) οι δυο δίσκοι εκτελούν ομαλή στροφική κίνηση και η γωνιακή ταχύτητα του πρώτου κάθε χρονική στιγμή είναι μεγαλύτερη από την γωνιακή ταχύτητα του δευτέρου την ίδια χρονική στιγμή.

(δ) σε ίσους χρόνους ο δίσκος 2 θα εκτελέσει περισσότερες περιστροφές από τον δίσκο 1.

Να χαρακτηριστεί κάθε πρόταση σαν σωστή η λανθασμένη και να δικαιολογηθεί ο χαρακτηρισμός της κάθε πρότασης.

B.5. Τροχός κυλίεται χωρίς να ολισθαίνει σε οριζόντιο δάπεδο με ταχύτητα υ_{cm}. Το B βρίσκεται στην περιφέρεια του τροχού και η επιβατική του ακτίνα σχηματίζει με την κατακόρυφη διάμετρο γωνία 60° (όπως στο σχήμα). Το μέτρο της ταχύτητας του B είναι:

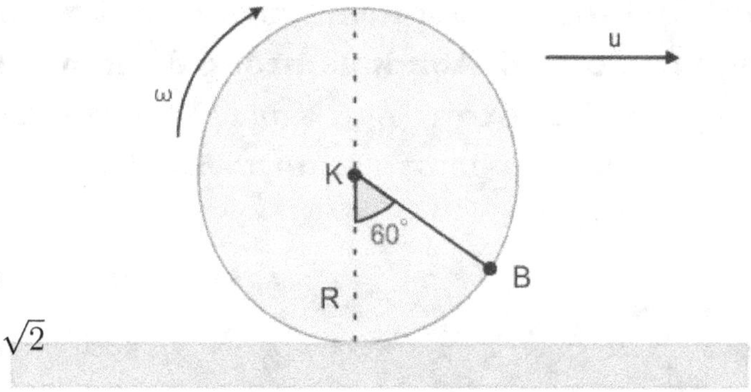

(α) $\upsilon_B = \upsilon_{cm}$

((β) $\upsilon_B = \upsilon_{cm}\sqrt{2}$

(γ) $\upsilon_B = \dfrac{\upsilon_{cm}}{2}$

(δ) $\upsilon_B = \dfrac{3\upsilon_{cm}}{2}$

Να επιλέξετε τη σωστή απάντηση και να αιτιολογήσετε την επιλογή σας.

B.6. Η ράβδος AB είναι ομογενής, έχει βάρος w και ισορροπεί όπως φαίνεται στο σχήμα.

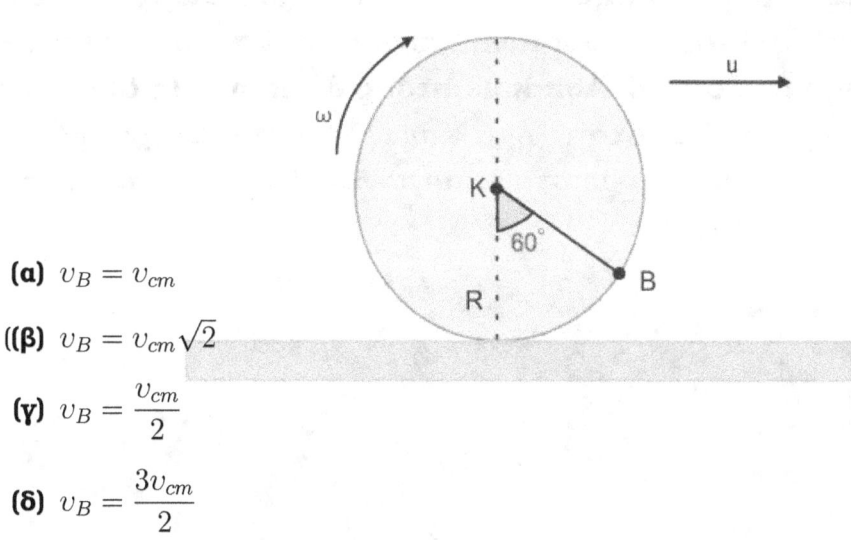

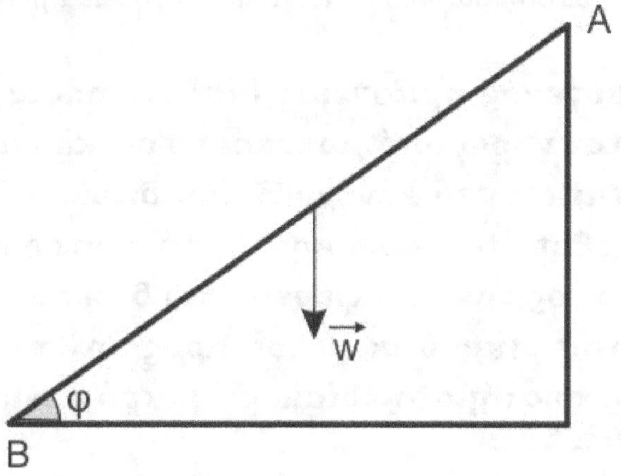

(α) Για να ισορροπεί η ράβδος θα πρέπει ο τοίχος και το δάπεδο να είναι λεία.

(β) Για να ισορροπεί η ράβδος θα πρέπει να είναι λείος ο τοίχος και το δάπεδο να έχει τριβή.

(γ) Για να ισορροπεί η ράβδος θα πρέπει να είναι λείο το δάπεδο και ο τοίχος να έχει τριβή.

Να χαρακτηριστεί κάθε πρόταση σαν σωστή η λανθασμένη δικαιολογώντας την επιλογή σας.

B.7. Οι δύο ομόκεντροι δίσκοι του διπλανού σχήματος μπορούν να περιστρέφονται γύρω από σταθερό άξονα που διέρχεται από το κέντρο τους. Οι δίσκοι είναι κολλημένοι και μπορούν να περιστρέφονται σαν ένα σώμα. Ασκούμε στους δίσκους τις δυνάμεις F_1 και F_2 που φαίνονται στο σχήμα και τελικά παρατηρούμε ότι το σύστημα περιστρέφεται με σταθερή γωνιακή ταχύτητα. Για τις δυνάμεις F_1 και F_2 ισχύει:

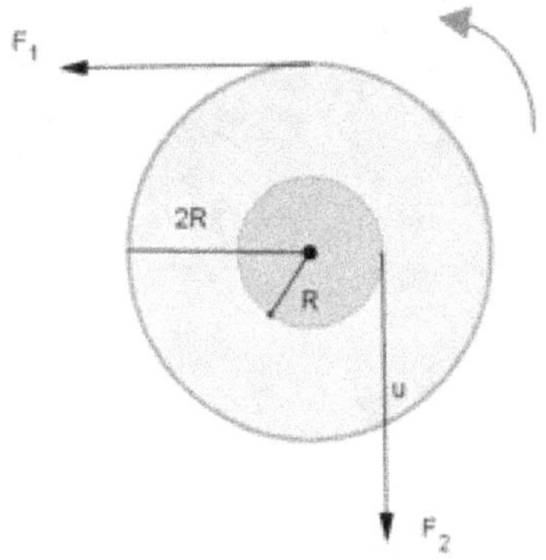

(α) $F_1 = 2F_2$

(β) $F_2 = 2F_1$

(γ) $F_1 = F_2$

Να επιλέξετε τη σωστή απάντηση και να αιτιολογήσετε την επιλογή σας.

B.8. Ένας ομογενής οριζόντιος δίσκος, μάζας M και ακτίνας R , περιστρέφεται γύρω από κατακόρυφο ακλόνητο άξονα z , ο οποίος διέρχεται από το κέντρο K του δίσκου. Ένα μικρό σώμα, μάζας m , τοποθετείται πολύ κοντά στο κέντρο και αρχίζει να ολισθαίνει αργά προς την περιφέρεια του δίσκου. Κατά τη διάρκεια της κίνησης του μικρού σώματος προς την περιφέρεια, η ροπή αδράνειας του συστήματος δίσκος - μικρό σώμα:

(α) μειώνεται.

(β) μένει σταθερή.

(γ) αυξάνεται.

Να επιλέξετε τη σωστή απάντηση και να αιτιολογήσετε την επιλογή σας.

B.9. Ένας ομογενής ξύλινος δίσκος (1) και ένας ομογενής μεταλλικός δακτύλιος (2) έχουν την ίδια μάζα και την ίδια ακτίνα. Αν I_1 και I_2 είναι αντίστοιχα η ροπή αδράνειας του δίσκου και του δακτυλίου ως προς άξονα κάθετο στο επίπεδό τους, που διέρχεται από το κέντρο μάζας τους, τότε ισχύει η σχέση:

(α) $I_1 < I_2$

β) $I_1 = I_2$

(γ) $I_1 > I_2$

Να επιλέξετε τη σωστή απάντηση και να αιτιολογήσετε την επιλογή σας.

B.10. Δύο οριζόντιοι τροχοί A και B, με ακτίνες αμελητέας μάζας, έχουν την ίδια μάζα και όλη η μάζα τους είναι ομοιόμορφα κατανεμημένη στην περιφέρειά τους. Ο τροχός A έχει τη διπλάσια ακτίνα από τον τροχό B. Οι δύο τροχοί μπορούν να περιστρέφονται γύρω από κατακόρυφο άξονα, που διέρχεται από το κέντρο μάζας τους.

Δίνεται η ροπή αδράνειας ενός τροχού ως προς άξονα, που διέρχεται από το κέντρο μάζας του: $I_{cm} = mR^2$. Ασκούμε εφαπτομενικά στην περιφέρεια κάθε τροχού δύναμη $\vec{F}$ ίδιου μέτρου. Για τα μέτρα των γωνιακών επιταχύνσεων που θα αποκτήσουν οι δύο τροχοί, ισχύει ότι:

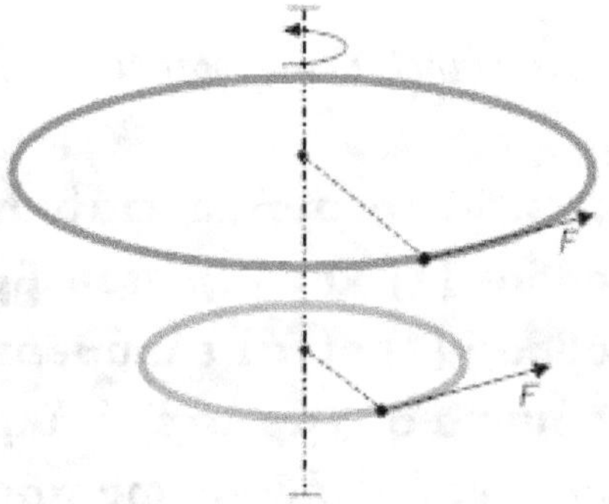

(α) $\alpha_A < \alpha_B$

(β) $\alpha_A = \alpha_B$

(γ) $\alpha_A > \alpha_B$

Να επιλέξετε τη σωστή απάντηση και να αιτιολογήσετε την επιλογή σας.

Β.11. Ένας κατακόρυφος ομογενής κύλινδρος, στρέφεται αριστερόστροφα με γωνιακή ταχύτητα μέτρου ω_0 γύρω από σταθερό άξονα, που διέρχεται από τον άξονά του.

Στον κύλινδρο ασκείται κατάλληλη ροπή δύναμης μέτρου τ_F,

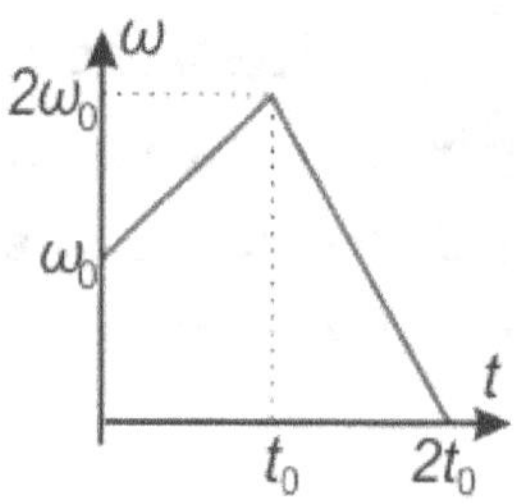

οπότε η γωνιακή ταχύτητα περιστροφής του μεταβάλλεται με το χρόνο όπως φαίνεται στο διάγραμμα του σχήματος. Η σωστή γραφική παράσταση της ροπής τ_F σε συνάρτηση με το χρόνο t είναι το:

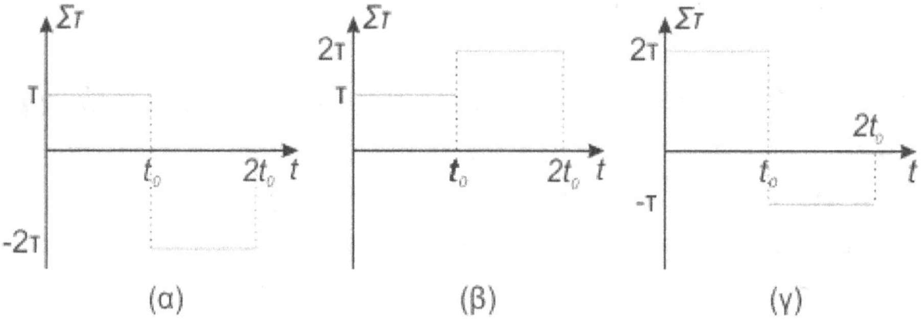

Να επιλέξετε τη σωστή απάντηση και να αιτιολογήσετε την επιλογή σας.

Β.12. Στο σχήμα φαίνονται σε κάτοψη δύο όμοιες ομογενείς ράβδοι (1) και (2), που βρίσκονται σε λείο οριζόντιο δάπεδο. Η ράβδος (1) είναι ελεύθερη ενώ η ράβδος (2) είναι στερεωμένη ακλόνητα στο αριστερό άκρο της Α. Δίνεται η ροπή αδράνειας μιας ομογενούς ράβδου ως προς άξονα κάθετο σε αυτήν που διέρχεται από το κέντρο μάζας της: $I_{cm} = \frac{1}{12}ML^2$.

Ασκούμε στο δεξιό άκρο τους την ίδια οριζόντια δύναμη F κάθετα σε κάθε ράβδο. Για τα μέτρα των γωνιακών επιταχύνσεων α_1 και α_2 , που θα αποκτήσουν αντίστοιχα οι δύο ράβδοι ισχύει:

(α) $\alpha_1 < \alpha_2$

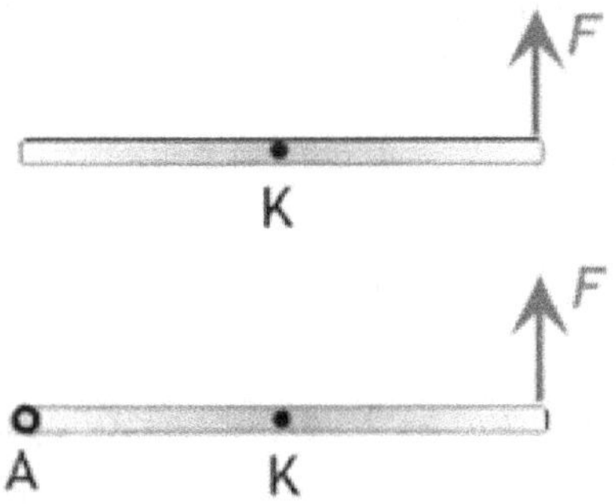

(β) $\alpha_1 > \alpha_2$

(γ) $\alpha_1 = \alpha_2$

Να επιλέξετε τη σωστή απάντηση και να αιτιολογήσετε την επιλογή σας.

B.13. Η Γη στρέφεται σε ελλειπτική τροχιά γύρω από τον Ήλιο. Το κοντινότερο σημείο στον Ήλιο ονομάζεται Περιήλιο (π) και το πιο απομακρυσμένο Αφήλιο (α). Αν θεωρήσουμε τη Γη υλικό σημείο τότε για τις αντίστοιχες αποστάσεις ισχύει $r_\alpha = 2r_\pi$, τότε:

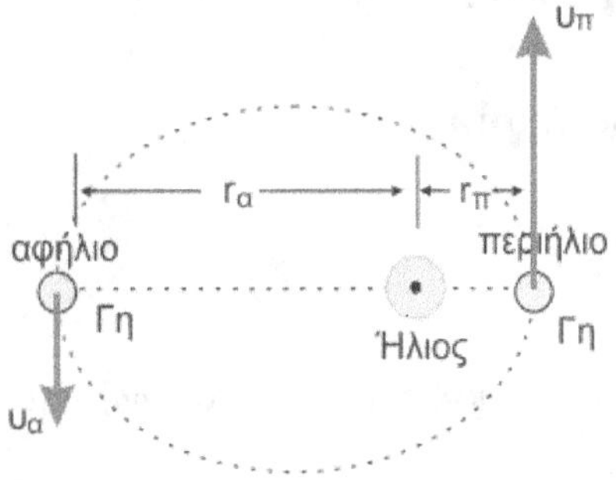

(α) Για τις ταχύτητες διέλευσης της Γης από το αφήλιο και το περιήλιο ισχύει $\upsilon_\alpha = 2\upsilon_\pi$

(β) Για τις κινητικές ενέργειες διέλευσης της Γης από το αφήλιο και το περιήλιο ισχύει $K_\pi = 4K_\alpha$.

Να χαρακτηρίσετε κάθε πρόταση ως Σωστή (Σ) ή Λάθος (Λ) και να αιτιολογήσετε τους χαρακτηρισμούς.

B.14. Ένας ομογενής δίσκος στρέφεται σε οριζόντιο επίπεδο χωρίς τριβές γύρω από κατακόρυφο άξονα με γωνιακή ταχύτητα ω_1. Ένα κομμάτι γύψου μάζας m πέφτει κατακόρυφα και κολλάει στο δίσκο σε απόσταση l από τον άξονα περιστροφής.

(α) Ο γύψος ελάχιστα πριν ακουμπήσει στον δίσκο, έχει ως προς τον άξονα περιστροφής του δίσκου στροφορμή ίση με μηδέν.

(β) Αμέσως μετά την κρούση η στροφορμή του συστήματος δίσκος-γύψος μειώνεται.

(γ) Η γωνιακή ταχύτητα του δίσκου μειώνεται μετά την κρούση.

(δ) Στην κρούση αυτή δεν ισχύει η Αρχή Διατήρησης της Ορμής.

Να χαρακτηρίσετε κάθε πρόταση ως Σωστή (Σ) ή Λάθος (Λ) και να αιτιολογήσετε τους χαρακτηρισμούς.

Β.15. Δυο χορευτές του καλλιτεχνικού πατινάζ πιάνονται αντικριστά με τεντωμένα χέρια και περιστρέφονται. Κάποια στιγμή λυγίζουν τα χέρια τους ώστε τα σώματά τους να πλησιάσουν μεταξύ τους. Ποιο από τα παρακάτω μεγέθη θα αυξηθεί·

(α) Η γωνιακή ταχύτητα περιστροφής του συστήματος.

(β) Η ροπή αδράνειας του συστήματος.

(γ) Η στροφορμή του συστήματος.

(δ) Η περίοδος περιστροφής.

Να επιλέξετε τη σωστή απάντηση και να αιτιολογήσετε την επιλογή σας.

Β.16. Ένα σωμάτιο μάζας m περιστρέφεται γύρω από σταθερό άξονα. Αν η απόσταση του σωματίου από τον άξονα διπλασιαστεί, χωρίς να μεταβληθεί η γωνιακή του ταχύτητα, η στροφορμή του ως προς τον άξονα περιστροφής:

(α) διπλασιάζεται.

(β) τετραπλασιάζεται.

(γ) παραμένει σταθερή.

(δ) υποδιπλασιάζεται.

Να επιλέξετε τη σωστή απάντηση και να αιτιολογήσετε την επιλογή σας.

Β.17. Στα άκρα μιας οριζόντιας αβαρούς ράβδου μήκους βρίσκονται δύο όμοιες μάζες $m_1 = m_2 = m$. Το σύστημα περιστρέφεται με συχνότητα f_1 γύρω από σταθερό κατακόρυφο άξονα που διέρχεται από το κέντρο της ράβδου. Αν λόγω εσωτερικών δυνάμεων υποδιπλασιαστεί η απόσταση κάθε μάζας από τον άξονα περιστροφής, τότε:

(α) Η ροπή αδράνειας του συστήματος υποδιπλασιάζεται και η στροφορμή του συστήματος υποδιπλασιάζεται.

(β) Η ροπή αδράνειας του συστήματος υποτετραπλασιάζεται και η στροφορμή του συστήματος παραμένει σταθερή.

(γ) Η ροπή αδράνειας του συστήματος παραμένει σταθερή και η στροφορμή του συστήματος υποδιπλασιάζεται.

(δ) Η ροπή αδράνειας του συστήματος υποδιπλασιάζεται και η στροφορμή του συστήματος παραμένει σταθερή.

Να επιλέξετε τη σωστή απάντηση και να αιτιολογήσετε την επιλογή σας.

Β.18. Ένας κύβος και ένας δίσκος έχουν ίδια μάζα και αφήνονται από το ίδιο ύψος να κινηθούν κατά μήκος δύο κεκλιμένων επιπέδων. Ο κύβος ολισθαίνει χωρίς τριβές και φτάνει στη βάση του κεκλιμένου επιπέδου με ταχύτητα υ_1. Ο δίσκος κυλιέται χωρίς να ολισθαίνει και φτάνει στη βάση του κεκλιμένου επιπέδου με ταχύτητα υ_2. Αν η ροπή αδράνειας του δίσκου ως προς τον άξονα περιστροφής του είναι: $I = \frac{1}{2}MR^2$ τότε:

(α) $\upsilon_2 = \upsilon_1$

(β) $\upsilon_2 = \sqrt{\frac{4}{3}}\upsilon_1$

(γ) $\upsilon_2 = \sqrt{\frac{2}{3}}\upsilon_1$

Να επιλέξετε τη σωστή απάντηση και να αιτιολογήσετε την επιλογή σας.

B.19. Ομογενής δίσκος μάζας M και ακτίνας R κυλίεται χωρίς να ολισθαίνει σε οριζόντιο επίπεδο. Η ταχύτητα του κέντρου μάζας του δίσκου είναι υ_{cm}. Η ροπή αδράνειας του δίσκου ως προς άξονα που διέρχεται από το κέντρο μάζας του είναι $I = \frac{1}{2}MR^2$. Η ολική κινητική ενέργεια του δίσκου είναι:

(α) $\frac{1}{2}M\upsilon_{cm}^2$

(β) $\frac{3}{4}M\upsilon_{cm}^2$

(γ) $\frac{7}{8}M\upsilon_{cm}^2$

Να επιλέξετε τη σωστή απάντηση και να αιτιολογήσετε την επιλογή σας.

B.20. Στο σχήμα φαίνεται ένας ομογενής συμπαγής κυκλικός δίσκος (I) και ένας ομογενής κυκλικός δακτύλιος (II), που έχουν την ίδια ακτίνα R , την ίδια μάζα m και περιστρέφονται γύρω από άξονα που περνάει από το κέντρο τους με την ίδια γωνιακή ταχύτητα $\vec{\omega}$.

Κάποια χρονική στιγμή ασκούνται στα σώματα αυτά σταθερές

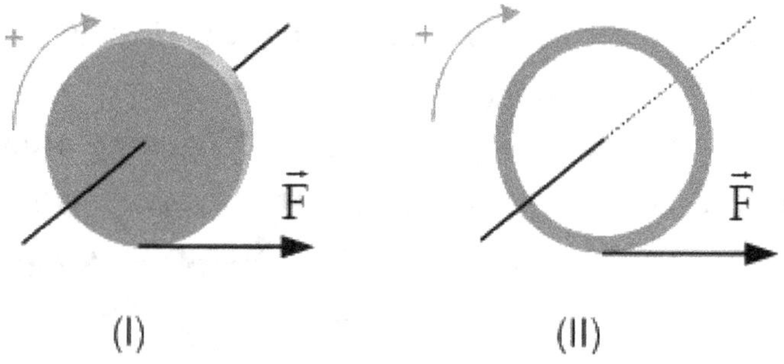

δυνάμεις ίδιου μέτρου F , εφαπτόμενες στην περιφέρεια και μετά από λίγο τα δύο σώματα σταματούν. Ο αριθμός των στροφών που θα εκτελέσουν, θα είναι:

(α) $N_I = N_{II}$

(β) $N_I > N_{II}$

(γ) $N_I < N_{II}$

Να επιλέξετε τη σωστή απάντηση και να αιτιολογήσετε την επιλογή σας.

Β.21. Ο αρχικά ακίνητος δίσκος του σχήματος ξεκινά να στρέφεται τη χρονική στιγμή $t = 0$ **με την επίδραση μιας δύναμης** $\vec{F}$ **, ως προς άξονα που περνάει από το κέντρο μάζας του και είναι κάθετος στην επιφάνειά του. Τη χρονική στιγμή** t_1 **ο δίσκος έχει στροφορμή** $\vec{L_1}$ **, ως προς τον άξονα περιστροφής του, και τη χρονική στιγμή** t_2 **ο δίσκος έχει στροφορμή** $\vec{L_2} = 2\vec{L_1}$ **. Η δύναμη από την αρχή μέχρι τη χρονική στιγμή** t_1 **παράγει έργο** $W_1 = 10J$ **. Από την αρχή μέχρι τη χρονική στιγμή** t_2 **η δύναμη παράγει έργο:**

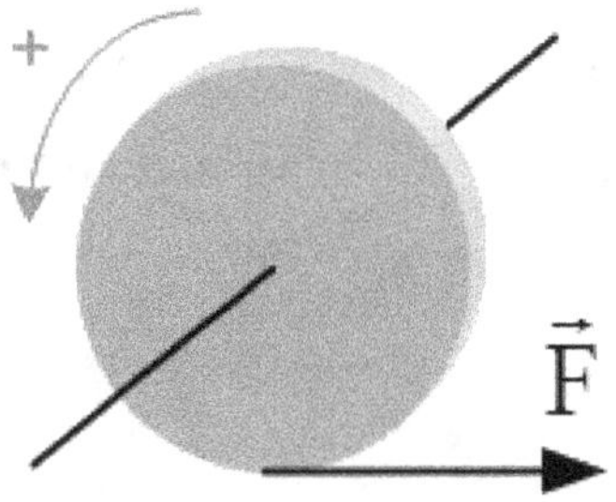

(α) $20J$

(β) $30J$

(γ) $40J$

Να επιλέξετε τη σωστή απάντηση και να αιτιολογήσετε την επιλογή σας.

Β.22. Η οριζόντια ράβδος ΑΚ του σχήματος είναι αβαρής και στρέφεται γύρω από κατακόρυφο άξονα που είναι κάθετος σε αυτήν και διέρχεται από το άκρο της Κ. Η μάζα m συγκρατείται σε απόσταση (ΠΚ)=R_π από τον άξονα περιστροφής και το μέτρο της ταχύτητάς της είναι υ_π .

Η μάζα αφήνεται ελεύθερη να μετακινηθεί στο σημείο Α που

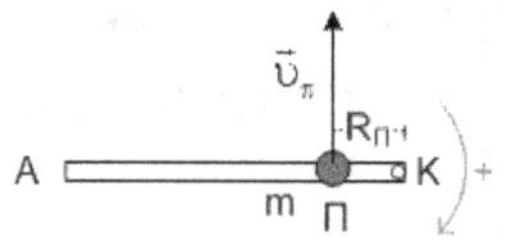

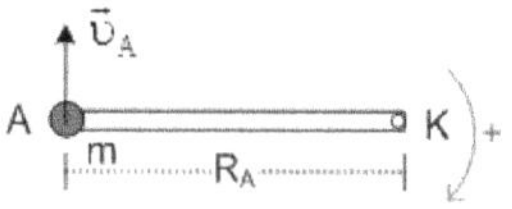

απέχει απόσταση (ΑΚ) = $R_A = 4R_\pi$. Για το λόγο των κινητικών ενεργειών που έχει η μάζα m στις παραπάνω θέσεις K_π και K_A αντίστοιχα, ισχύει:

(α) $\dfrac{K_\pi}{K_A} = 1$

(β) $\dfrac{K_\pi}{K_A} = 4$

(γ) $\dfrac{K_\pi}{K_A} = 16$

Να επιλέξετε τη σωστή απάντηση και να αιτιολογήσετε την επιλογή σας.

Β.23. Δυο συμπαγείς ομογενείς σιδερένιες σφαίρες με μάζες M_1, M_2 και ακτίνες R_1, R_2, αφήνονται σε κεκλιμένο επίπεδο γωνίας κλίσης ϕ, οπότε κυλίονται χωρίς να ολισθαίνουν. Αν δίνεται ότι $M_1 = 8M_2$ και ότι $I_{cm\sigma\phi} = \frac{2}{5}M_{\sigma\phi}R_{\sigma\phi}^2$, τότε για τις γωνιακές επιταχύνσεις που θα αποκτήσουν θα ισχύει:

(α) $\alpha_{\gamma\omega\nu,2} = 4\alpha_{\gamma\omega\nu,1}$

(β) $\alpha_{\gamma\omega\nu,2} = \alpha_{\gamma\omega\nu,1}$

(γ) $\alpha_{\gamma\omega\nu,2} = 2\alpha_{\gamma\omega\nu,1}$

Δίνεται ο όγκος της σφαίρας: $V = \frac{4}{3}\pi R^3$

Να επιλέξετε τη σωστή απάντηση και να αιτιολογήσετε την επιλογή σας.

Β.24. Τροχαλία μπορεί να περιστρέφεται χωρίς τριβές γύρω από ακλόνητο οριζόντιο άξονα που περνά από το κέντρο μάζας της. Γύρω από την τροχαλία είναι τυλιγμένο αβαρές και μη εκτατό νήμα.
Όταν στο ελεύθερο άκρο του νήματος ασκούμε κατακόρυφη δύναμη με φορά προς τα κάτω μέτρου F, η τροχαλία αποκτά γωνιακή επιτάχυνση μέτρου $\alpha_{\gamma\omega\nu,1}$ ενώ, όταν κρεμάμε στο ελεύθερο άκρο του νήματος σώμα βάρους $W = F$ η τροχαλία αποκτά γωνιακή επιτάχυνση $\alpha_{\gamma\omega\nu,2}$. Ισχύει:

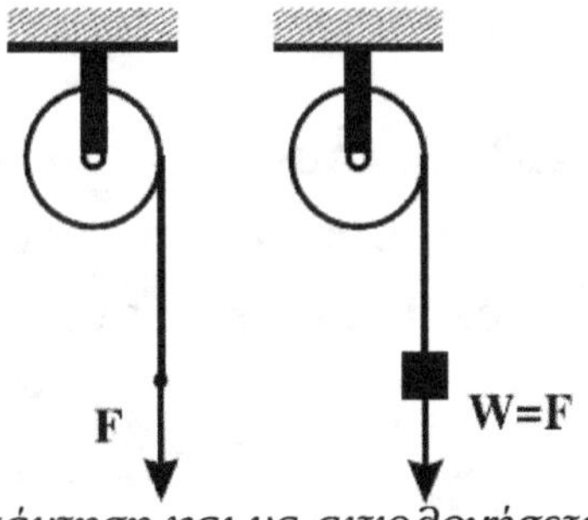

(α) $\alpha_{\gamma\omega\nu,1} = \alpha_{\gamma\omega\nu,2}$

(β) $\alpha_{\gamma\omega\nu,1} > \alpha_{\gamma\omega\nu,2}$

(γ) $\alpha_{\gamma\omega\nu,1} < \alpha_{\gamma\omega\nu,2}$

Να επιλέξετε τη σωστή απάντηση και να αιτιολογήσετε την επιλογή σας.

Β.25. Δύο ίδιοι οριζόντιοι κυκλικοί δίσκοι (α) και (β) μπορούν να ολισθαίνουν πάνω σε οριζόντιο ορθογώνιο τραπέζι ΓΔΕΖ χωρίς τριβές, όπως στο σχήμα. Αρχικά οι δύο δίσκοι είναι ακίνητοι και τα κέντρα τους απέχουν ίδια απόσταση από την πλευρά ΕΖ. Ίδιες σταθερές δυνάμεις F με διεύθυνση παράλληλη προς τις πλευρές ΔΕ και ΓΖ ασκούνται σε αυτούς. Στο δίσκο (α) η δύναμη ασκείται πάντα στο σημείο Α του δίσκου. Στο δίσκο (β) η δύναμη ασκείται πάντα στο σημείο Β του δίσκου. Αν ο δίσκος (α) χρειάζεται χρόνο t_α για να φτάσει στην απέναντι πλευρά ΕΖ, ενώ ο δίσκος (β) χρόνο t_β, τότε:

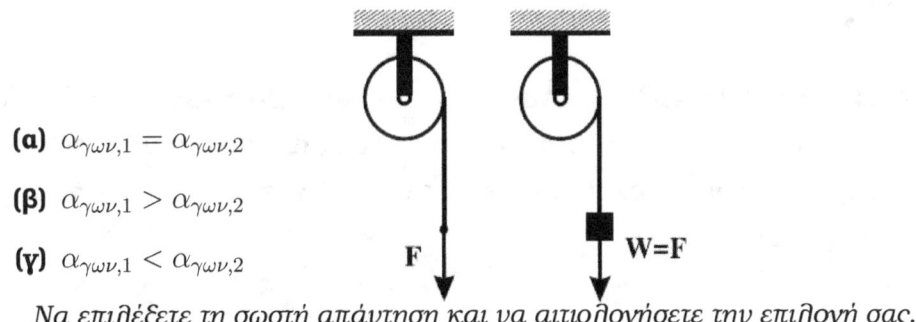

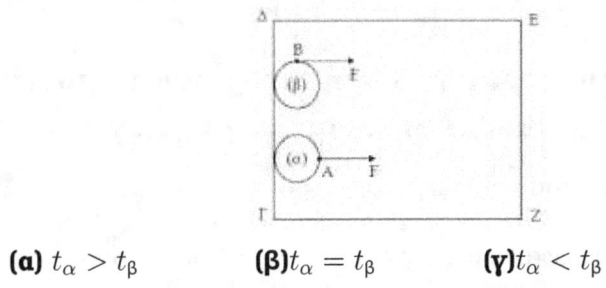

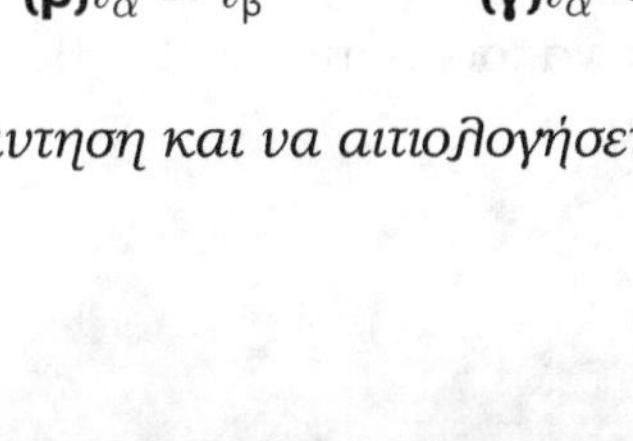

(α) $t_\alpha > t_\beta$ **(β)**$t_\alpha = t_\beta$ **(γ)**$t_\alpha < t_\beta$

Να επιλέξετε τη σωστή απάντηση και να αιτιολογήσετε την επιλογή σας.

Β.26. Χορεύτρια του καλλιτεχνικού πατινάζ στρέφεται χωρίς τριβές με σταθερή γωνιακή ταχύτητα έχοντας τα χέρια της ανοιχτά. Όταν συμπτύσσει τα χέρια της μεταβάλλει την γωνιακή της ταχύτητα κατά 60 % . Ο λόγος της αρχικής προς την τελική κινητική της ενέργεια είναι:

(α) $\frac{K_1}{K_2} = \frac{5}{8}$ **(β)** $\frac{K_1}{K_2} = \frac{5}{3}$ **(γ)** $\frac{K_1}{K_2} = \frac{3}{5}$

Να επιλέξετε τη σωστή απάντηση και να αιτιολογήσετε την επιλογή σας.

Γ.Ασκήσεις

Γ.1. Ομογενής ράβδος ΑΒ μήκους $L = 4m$ **και βάρους** $w = 100N$ **ισορροπεί οριζόντια στηριζόμενη σε κατακόρυφο τοίχο με άρθρωση και στο σημείο της Λ σε υποστήριγμα (ΜΛ =** $L/4$**) , Η ράβδος ισορροπεί οριζόντια.**

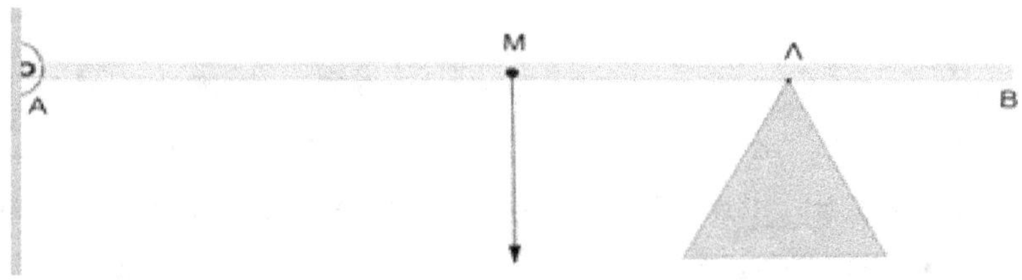

(α) Να βρεθεί η δύναμη Ν που δέχεται η ράβδος από το υποστήριγμα.

(β) Πόσο είναι το μέτρο της δύναμης που δέχεται η ράβδος από την άρθρωση.

(γ) Μετακινούμε το υποστήριγμα και το τοποθετούμε στο Ζ, το οποίο είναι το μέσο του ΑΜ. Πόση είναι πλέον η δύναμη που ασκεί το υποστήριγμα στη ράβδο ;

Γ.2. Η ράβδος ΑΒ του παρακάτω σχήματος είναι ομογενής, έχει μήκος L και βάρος $w = 100N$ **και ισορροπεί οριζόντια.**

(α) Να υπολογισθεί η τάση του νήματος.

(β) Στο σημείο Α η ράβδος εφάπτεται στον τοίχο. Αν η τριβή που δέχεται η ράβδος είναι μέγιστη δυνατή ώστε να ισορροπεί, να βρεθεί ο συντελεστής στατικής τριβής μεταξύ ράβδου και τοίχου.

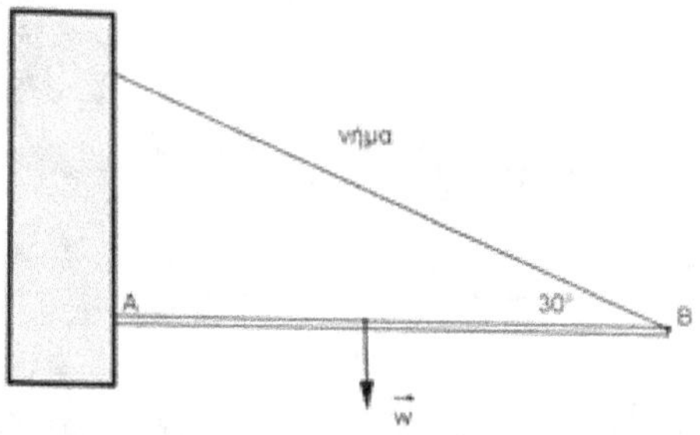

Γ.3. Στα άκρα Α και Β της ομογενούς ράβδου μήκους $L = 1m$ έχουμε κρεμάσει 2 σώματα με μάζες $m_1 = 3kg$ και $m_2 = 1kg$ Δίνεται $g = 10m/s^2$.

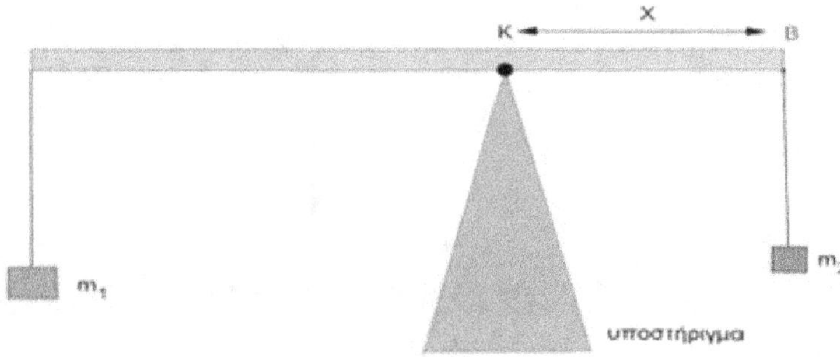

(α) Αν η ράβδος είναι αβαρής, πού πρέπει να τοποθετήσουμε το υποστήριγμα έτσι ώστε το σύστημα των τριών σωμάτων να ισορροπεί ;

(β) Αν η ράβδος έχει βάρος $w = 60N$, πού πρέπει να τοποθετήσουμε το υποστήριγμα ώστε το σύστημα να ισορροπεί ;

(γ) Αφαιρούμε το m_1 και από τη ράβδο κρέμεται μόνο το m_2. Πού πρέπει να τοποθετήσουμε το υποστήριγμα για να ισορροπεί η ράβδος· Πόση είναι η δύναμη που ασκεί το υποστήριγμα στην ράβδο ;

Γ.4. Μια ομογενής σανίδα ΚΛ μήκους $L = 10m$ και βάρους $w = 1200N$ τοποθετείται πάνω σε μια επιφάνεια ώστε το τμήμα ΔΛ μήκους $L = 4m$ να προεξέχει της επιφάνειας. Ένας άνθρωπος βάρους $w_1 = 800N$ ξεκινάει από το άκρο Κ και κινείται πάνω στη σανίδα με κατεύθυνση προς το Λ.

(α) Μέχρι ποια απόσταση x από το σημείο Δ μπορεί να περπατήσει ώστε να μην ανατραπεί η σανίδα ;

(β) Πόσο είναι η μέτρο της αντίδρασης Ν εκείνη την στιγμή ;

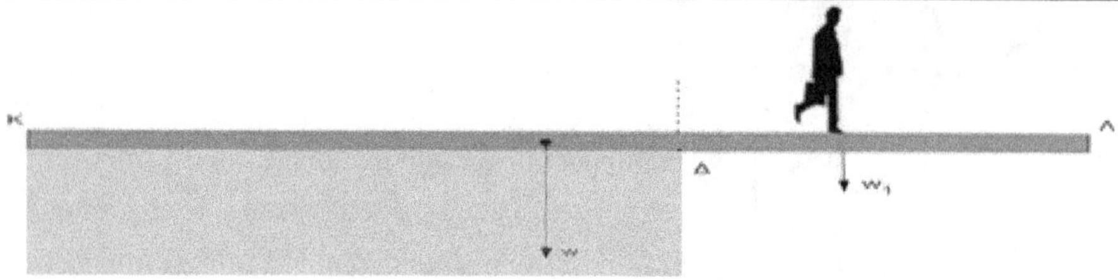

Γ.5.Ένας μηχανικός βάρους $w_1 = 800N$ βρίσκεται πάνω σε μια οριζόντια ομογενή σανίδα ΑΒ, μήκους $L = 10m$ και βάρους $w = 500N$. Η σανίδα κρέμεται από δύο κατακόρυφα σχοινιά που είναι δεμένα στα άκρα Α και Β. Όλο το σύστημα ισορροπεί οριζόντιο όπως φαίνεται στο σχήμα.

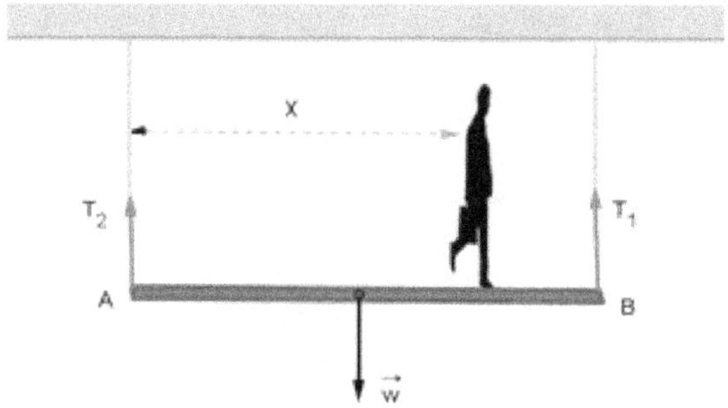

(α) Να βρεθούν τα μέτρα των τάσεων T_1 και T_2 των δύο σχοινιών αν $x = 8m$.

(β) Ποια είναι η μέγιστη και ποια η ελάχιστη τιμή του μέτρου της τάσης T_1 ;

(γ) Για ποια τιμή της απόστασης x , το μέτρο της τάσης T_1 είναι ίσο με το μέτρο της τάσης T_2 ;

Γ.6. Ένας οριζόντιος ομογενής δίσκος ακτίνας $R = 0,1m$ μπορεί να περιστρέφεται χωρίς τριβές, γύρω από κατακόρυφο άξονα που διέρχεται από το κέντρο του. Ο δίσκος είναι αρχικά ακίνητος και τη χρονική στιγμή $t = 0$ δέχεται εφαπτομενικά στην περιφέρειά του αριστερόστροφη δύναμη μέτρου $F_1 = 10N$ και η οποία του προσδίδει γωνιακή επιτάχυνση μέτρου $\alpha_{\gamma\omega\nu} = 20rad/s^2$.

Α. Να υπολογίσετε:

(α) Τη ροπή αδράνειας I_{cm} του δίσκου ως προς τον άξονα περιστροφής του.

(β) Τη μάζα M του δίσκου.

(γ) Το μέτρο της γωνιακής ταχύτητας του δίσκου τη χρονική στιγμή $t_1 = 5s$.

Β. Τη χρονική στιγμή t_1 καταργούμε ακαριαία τη δύναμη F_1 .

(δ) Να υπολογίσετε τον αριθμό των περιστροφών που θα κάνει ο δίσκος από τη χρονική στιγμή t_1 έως τη χρονική στιγμή $t_2 = 15s$.

Δίνεται η ροπή αδράνειας του δίσκου ως προς τον άξονα περιστροφής του $I_{cm} = \frac{1}{2}MR^2$.

Γ.7. Μια ομογενής λεπτή δοκός ΚΑ, μάζας $M = 6kg$ και μήκους $L = 2m$, μπορεί να στρέφεται σε οριζόντιο επίπεδο γύρω από έναν κατακόρυφο άξονα που διέρχεται από το άκρο της Κ. Στο άκρο Α της δοκού ασκείται οριζόντια δύναμη σταθερού $F = 10N$ κάθετα στη δοκό και η δοκός αρχίζει να περιστρέφεται αριστερόστροφα. Κατά την περιστροφή της δοκού υπάρχουν τριβές, που δημιουργούν ροπή ως προς τον άξονα περιστροφής μέτρου $\tau_T = 4N \cdot m$. Να υπολογίσετε:

(α) Το μέτρο της συνισταμένης των ροπών, ως προς τον άξονα περιστροφής, κατά τη διάρκεια της περιστροφής της δοκού.

(β) Τη ροπή αδράνειας της δοκού ως προς τον άξονα περιστροφής της.

(γ) Το μέτρο της γωνιακής επιτάχυνσης .

(δ) Το μέτρο της γραμμικής ταχύτητας του κέντρου μάζας της, όταν η δοκός έχει διαγράψει $N = \frac{8}{\pi}$ περιστροφές.

Δίνεται η ροπή αδράνειας της δοκού ως προς άξονα κάθετο στη δοκό, που διέρχεται από το κέντρο μάζας της $I_{cm} = \frac{1}{12}ML^2$

Γ.8. Ομογενής συμπαγής κύλινδρος ακτίνας $R = 0,05m$, μπορεί να στρέφεται (τριβές αμελητέες) γύρω από κατακόρυφο άξονα, που συμπίπτει με τον άξονα συμμετρίας του. Στην περιφέρειά του έχουμε τυλίξει αβαρές μη εκτατό νήμα. Τη χρονική στιγμή $t = 0$, αρχίζουμε να σύρουμε το άκρο του νήματος, ασκώντας εφαπτομενική δύναμη μέτρου $F = 1N$. Τη χρονική στιγμή $t = 4s$, ο κύλινδρος περιστρέφεται αριστερόστροφα και έχει αποκτήσει γωνιακή ταχύτητα μέτρου $\omega = 20rad/s$. Να υπολογίσετε:

(α) Το μέτρο της γωνιακής επιτάχυνσης του κυλίνδρου.

(β) Τη ροπή αδράνειας του κυλίνδρου, χωρίς να θεωρήσετε γνωστό τον τύπο της ροπής αδράνειας κυλίνδρου.

(γ) Το μέτρο της γωνιακής μετατόπισης του κυλίνδρου τη χρονική στιγμή $t = 4s$.

(δ) Το μήκος του νήματος, που ξετυλίχθηκε μέχρι τη χρονική στιγμή $t = 4s$, θεωρώντας ότι αυτό δεν ολισθαίνει πάνω στην επιφάνεια του κυλίνδρου.

Γ.9. Μια ομογενής ράβδος, μάζας $M = 3kg$ και μήκους $L = 2m$, ισορροπεί σε οριζόντια θέση, στηριζόμενη με το αριστερό άκρο της Α σε κατακόρυφο τοίχο με άρθρωση και δεμένη στο σημείο Δ στο κάτω άκρο κατακόρυφου νήματος, του οποίου το πάνω άκρο είναι ακλόνητα στερεωμένο. Αν η τάση του νήματος είναι $T = 20N$, να υπολογίσετε:

(α) την απόσταση του σημείου Δ, από το άκρο Α.

(β) τη δύναμη στήριξης από την άρθρωση.

Τη χρονική στιγμή $t = 0$ κόβουμε το νήμα, οπότε η
γύρω από την άρθρωση. Αν η ροπή αδράνειας ο
σε αυτήν άξονα διερχόμενο από το κέντρο μάζας ι
υπολογίσετε το μέτρο της γωνιακής επιτάχυν :

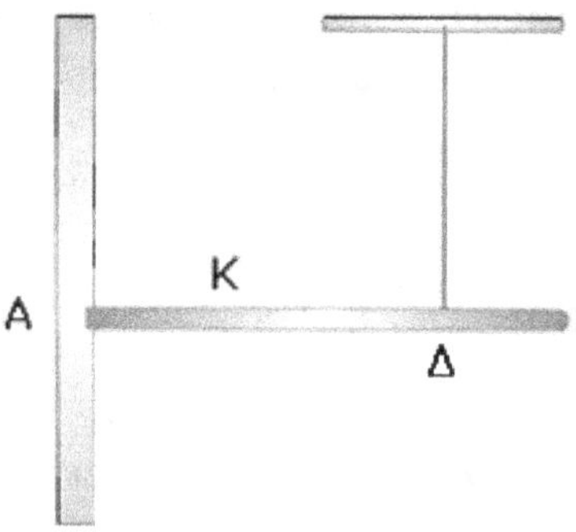

(γ) της εκκίνησης.

(δ) κατά την οποία η ράβδος σχηματίζει με την αρχι ε
$συνφ = 0,8$.

Δίνεται η επιτάχυνση της βαρύτητας $g = 10m/s^2$.

Γ.10. Ο τροχός ενός αναποδογυρισμένου ποδηλάτου, αποτελείται από ομογενή στεφάνη αμελητέου πάχους, με μάζα $M = 1kg$ και ακτίνα $R = 0,5m$, και τις ακτίνες του, μάζας $m = 0,02kg$ η καθεμία και μήκους $L = R$. Ο τροχός στρέφεται αρχικά γύρω από τον άξονά του, στο κέντρο του, έχοντας γωνιακή ταχύτητα μέτρου $\omega_0 = 100rad/s$. Τη χρονική στιγμή $t = 0$, ¨πατάμε¨ το φρένο, οπότε ο τροχός ακινητοποιείται με σταθερό ρυθμό σε $t_1 = 2s$. Να υπολογίσετε:

(α) τη ροπή αδράνειας της στεφάνης ως προς άξονα κάθετο στο επίπεδό της, που διέρχεται από το κέντρο μάζας της.

(β) τον αριθμό των ακτίνων του τροχού.

(γ) τον αριθμό των στροφών, που έκανε ο τροχός μέχρι να ακινητοποιηθεί.

(δ) το μέτρο της δύναμης της τριβής, που εφαρμόστηκε από το φρένο στη στεφάνη.

Δίνονται η ροπή αδράνειας της κάθε ακτίνας ως προς κάθετο σε αυτήν άξονα διερχόμενο από το άκρο της: $I_{\alpha} = \frac{1}{3}ML^2$, η ροπή αδράνειάς ολόκληρου του τροχού ως προς άξονα κάθετο στο επίπεδό του, που διέρχεται από τον άξονά του είναι $I_{\tau\rho} = 0,8kg \cdot m^2$.

Γ.11. Δύο σημειακές σφαίρες που η καθεμιά έχει μάζα $m = 0,1kg$ συνδέονται μεταξύ τους με οριζόντια αβαρή ράβδο. Το σύστημα περιστρέφεται γύρω από κατακόρυφο άξονα, ο οποίος τέμνει τη ράβδο σε σημείο που απέχει από τη μία μάζα $l = 1m$ και από την άλλη $l' = 2l = 2m$. Το σύστημα στρέφεται με γωνιακή ταχύτητα $\omega = 10rad/s$ αντίθετα από τη φορά κίνησης των δεικτών του ρολογιού.

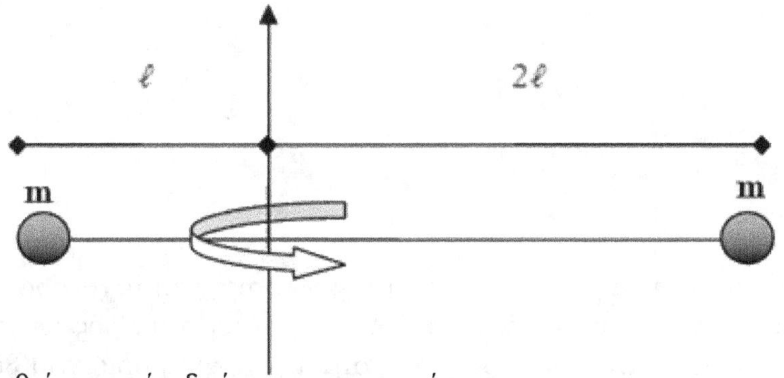

(α) Να βρεθεί η ροπή αδράνειας του συστήματος.

(β) Να υπολογιστεί η στροφορμή του συστήματος.

(γ) Να σχεδιαστεί το διάνυσμα της στροφορμής του συστήματος.

Γ.12. Ομογενής λεπτή ράβδος μήκους $L = 1,5m$ και μάζας $M = 4kg$ μπορεί να στραφεί χωρίς τριβές γύρω από οριζόντιο άξονα, κάθετο σε αυτήν στο άκρο της Ο. Ένα σωματίδιο, μάζας $m = 2kg$, είναι στερεωμένο στο άλλο άκρο της Α. Αρχικά η ράβδος ισορροπεί σε οριζόντια θέση και τη χρονική στιγμή $t = 0$ αφήνεται ελεύθερη, οπότε περιστρέφεται ως προς τον άξονα στο Ο σε κατακόρυφο επίπεδο.

Α. Να υπολογίσετε:

(α) την ολική ροπή αδράνειας του συστήματος.

(β) το μέτρο της συνισταμένης των ροπών, ως προς τον άξονα στο Ο τη χρονική στιγμή t_1 , που η ράβδος έχει διαγράψει γωνία ϕ , τέτοια ώστε $\sigma\upsilon\nu\phi = 0,5$.

(γ) το μέτρο της γωνιακής επιτάχυνση τη χρονική στιγμή t_1 .

Β. Να σχεδιάσετε τη γραφική παράσταση της γωνιακής επιτάχυνσης σε συνάρτηση του συνημιτόνου της γωνίας ϕ , που σχηματίζει η ράβδος με τον οριζόντιο ημιάξονα Οχ, κατά την περιστροφή της από την αρχική οριζόντια θέση έως την κατακόρυφη θέση.

Δίνονται η ροπή αδράνειας της ράβδου ως προς άξονα κάθετο στην ράβδο, που διέρχεται από το κέντρο μάζας της $I_{cm} = \frac{1}{12}ML^2$ και η επιτάχυνση της βαρύτητας $g = 10m/s^2$.

Γ.13. Δύο σημειακές μεταλλικές σφαίρες από σιδηρομαγνητικό υλικό, που η καθεμιά έχει μάζα $m = 0.05kg$ είναι τοποθετημένες σε μια πλαστική κούφια αβαρή ράβδο, μήκους $l = 1m$ με τέτοιο τρόπο ώστε να μπορούν να κινούνται χωρίς τριβές πάνω σε αυτή. Στο μέσον της ράβδου και εσωτερικά είναι τοποθετημένος ένας αβαρής ηλεκτρομαγνήτης τον οποίο μπορούμε να ενεργοποιούμε από απόσταση. Το σύστημα μπορεί να στρέφεται στο οριζόντιο

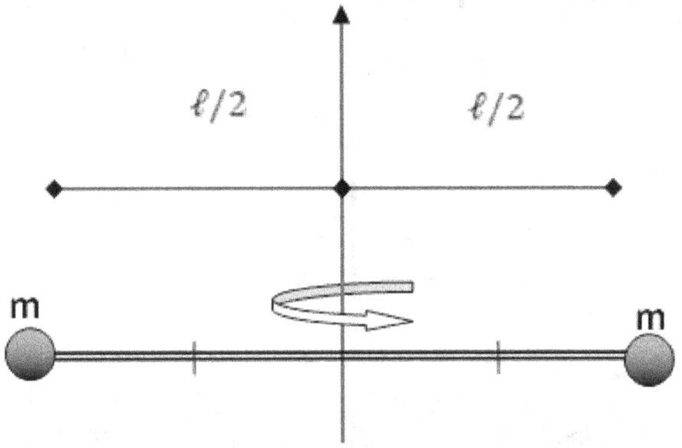

επίπεδο γύρω από κατακόρυφο άξονα που διέρχεται από το κέντρο της ράβδου. Αρχικά ο ηλεκτρομαγνήτης είναι απενεργοποιημένος, το σύστημα στρέφεται με συχνότητα $f = \frac{10}{\pi} Hz$ και οι σφαίρες βρίσκονται στα άκρα της ράβδου συγκρατούμενες με λεπτό αβαρές νήμα που διατρέχει την κούφια ράβδο. Ενεργοποιούμε τον ηλεκτρομαγνήτη οπότε οι σφαίρες μετακινούνται ταυτόχρονα και πλησιάζουν σε απόσταση $\frac{l}{4}$ η καθεμιά από το μέσον της ράβδου O, όπου και σταματούν με τη βοήθεια κατάλληλου μηχανισμού.

(α) Να υπολογιστεί η αρχική ροπή αδράνειας του συστήματος.

(β) Να υπολογιστεί η αρχική στροφορμή του συστήματος.

(γ) Να υπολογιστεί η νέα συχνότητα περιστροφής του συστήματος.

(δ) Πόσο τοις εκατό θα μεταβληθεί η συχνότητα περιστροφής του συστήματος μετά τη μετακίνηση των σφαιρών;

Γ.14. Ένας άνθρωπος μάζας $m = 60kg$ στέκεται ακίνητος στην περιφέρεια ακίνητης οριζόντιας πλατφόρμας μάζας $M = 160kg$ και ακτίνας $R = 1,5m$. Η πλατφόρμα μπορεί να περιστρέφεται χωρίς τριβές γύρω από κατακόρυφο άξονα που διέρχεται από το κέντρο της. Την στιγμή $t = 0$, ο άνθρωπος αρχίζει να περπατά πάνω στην περιφέρεια της πλατφόρμας, με ταχύτητα σταθερού μέτρου, $v = 2m/s$ ως προς το έδαφος, κινούμενος αντίθετα από τη φορά των δεικτών του ρολογιού.

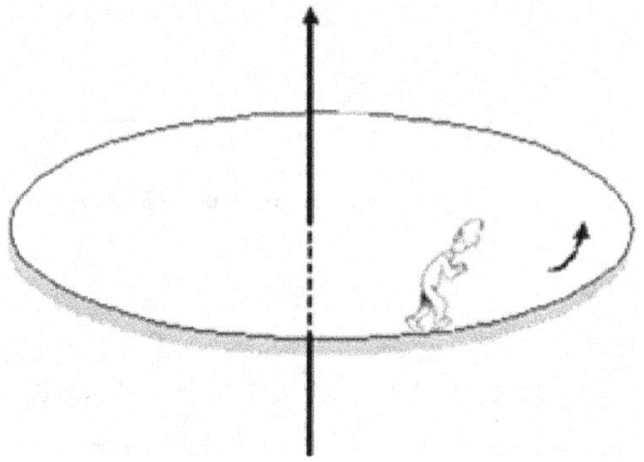

(α) Να βρεθεί το μέτρο και η κατεύθυνση της στροφορμής του ανθρώπου. Να σχεδιαστεί το διάνυσμα της στροφορμής του. Ο άνθρωπος μπορεί να θεωρηθεί σημειακό αντικείμενο.

(β) Θα κινηθεί η πλατφόρμα; Αν ναι, με ποια γωνιακή ταχύτητα και προς ποια κατεύθυνση;

(γ) Μετά από πόσο χρονικό διάστημα ο άνθρωπος θα ξαναβρεθεί στη θέση της πλατφόρμας από την οποία ξεκίνησε;

Δίνεται η ροπή αδράνειας της πλατφόρμας ως προς άξονα που είναι κάθετος σε αυτήν και διέρχεται από το κέντρο της, $I_{cm} = \frac{1}{2}MR^2$.

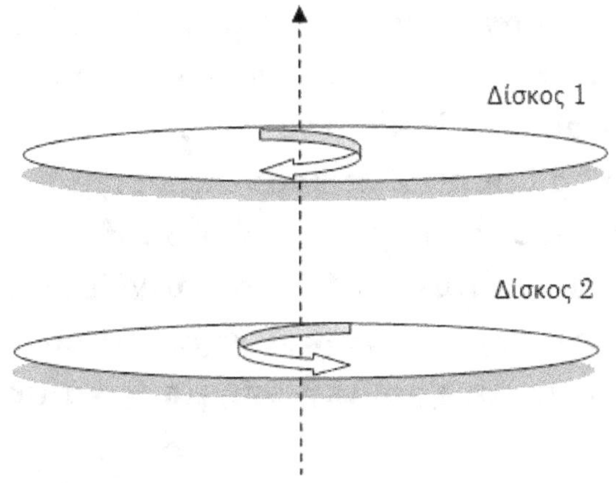

Γ.15. Οριζόντιος ομογενής δίσκος (1) μάζας $m = 1kg$ και ακτίνας $R = 0,1m$, περιστρέφεται με γωνιακή ταχύτητα μέτρου $\omega_1 = 10rad/s$ κατά τη φορά της κίνησης των δεικτών του ρολογιού. Δεύτερος, όμοιος δίσκος (2) περιστρέφεται με γωνιακή ταχύτητα μέτρου $\omega_2 = 5rad/s$ με φορά αντίθετη από αυτήν της κίνησης των δεικτών του ρολογιού, γύρω από τον ίδιο κατακόρυφο άξονα που διέρχεται από τα κέντρα και των δύο δίσκων και είναι κάθετος σε αυτούς.

(α) Να σχεδιάσετε τις στροφορμές των δύο δίσκων ως προς τον κοινό άξονα περιστροφής και να υπολογίσετε τα μέτρα τους.

(β) Τη χρονική στιγμή ο δίσκος 1 αφήνεται πάνω στο δίσκο 2, οπότε λόγω τριβών οι δύο δίσκοι αποκτούν την ίδια γωνιακή ταχύτητα. Να υπολογιστεί η κοινή γωνιακή τους ταχύτητα.

(γ) Από τη στιγμή που οι δίσκοι έρχονται σε επαφή, μέχρι να αποκτήσουν την ίδια γωνιακή ταχύτητα πέρασε χρόνος $\Delta t = 0,1s$. Να υπολογίσετε το μέτρο της σταθερής ροπής της τριβής που ασκήθηκε σε κάθε δίσκο στο χρονικό διάστημα αυτό.

Δίνεται η ροπή αδράνειας ενός δίσκου ως προς άξονα που είναι κάθετος σε αυτόν και διέρχεται από το κέντρο μάζας του, $I_{cm} = \frac{1}{2}MR^2$.

Γ.16. Οριζόντιος ομογενής και συμπαγής δίσκος, μάζας $M = 6kg$ και ακτίνας $R = 1m$, μπορεί να περιστρέφεται χωρίς τριβές γύρω από κατακόρυφο άξονα που διέρχεται από το κέντρο του (O). Αρχικά ο δίσκος ηρεμεί. Τη χρονική στιγμή $t = 0$ ασκούμε στο δίσκο δύναμη $\vec{F}$ σταθερού μέτρου $6N$ η οποία εφάπτεται συνεχώς στην περιφέρειά του, οπότε ο δίσκος αρχίζει να περιστρέφεται. Κάποια χρονική στιγμή t_1 ο δίσκος έχει στροφορμή μέτρου $L = 60Kg \cdot m^2/s$. Για αυτή τη χρονική στιγμή t_1 να υπολογίσετε:

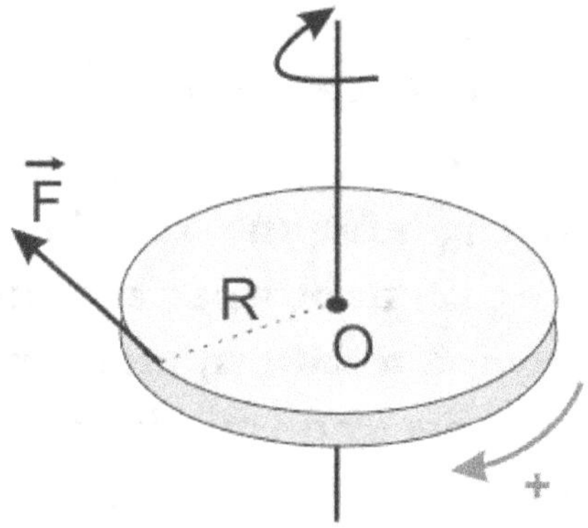

(α) το έργο της δύναμης $\vec{F}$ στο χρονικό διάστημα από $t = 0$ έως $t = t_1$.

(β) τον αριθμό των στροφών που έχει διαγράψει ο δίσκος στο παραπάνω χρονικό διάστημα.

(γ) το ρυθμό με τον οποίο η δύναμη $\vec{F}$ μεταφέρει ενέργεια στο δίσκο τη χρονική στιγμή t_1 .

(δ) το ρυθμό μεταβολής της κινητικής του ενέργειας τη χρονική στιγμή t_1 . Τι εκφράζει ο ρυθμός αυτός;

Δίνονται: $\frac{50}{\pi} \simeq 16$ και η ροπή αδράνειας του δίσκου ως προς τον άξονα περιστροφής του $I_{cm} = \frac{1}{2}MR^2$.

Γ.17. Μια ομογενής και συμπαγής σφαίρα μάζας $M = 4kg$ και ακτίνας $R = 0,5m$ αφήνεται (θέση Α) να κυλήσει κατά μήκος ενός πλάγιου επιπέδου γωνίας κλίσης φ, με $\eta\mu\phi = 0,35$.
Η σφαίρα κυλίεται χωρίς να ολισθαίνει. Τη στιγμή που το κέντρο μάζας της σφαίρας έχει κατακόρυφη μετατόπιση $h = 7m$ (θέση Γ), να υπολογίσετε:

(α) το μέτρο της γωνιακής ταχύτητας.

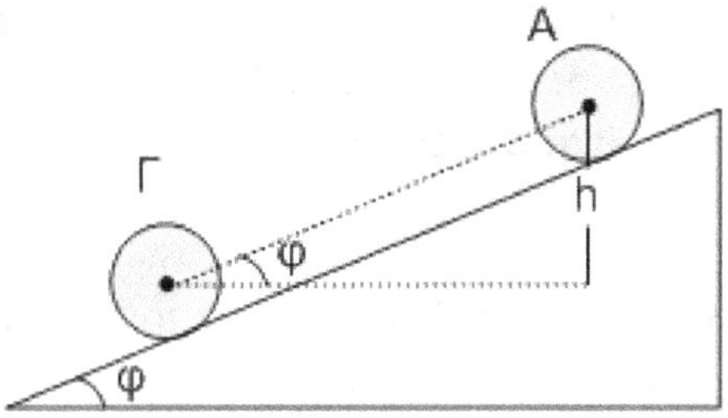

(β) τον αριθμό των περιστροφών που έχει εκτελέσει μέχρι τότε.

(γ) το λόγο της μεταφορικής προς την περιστροφική κινητική ενέργεια της σφαίρας σε κάποια χρονική στιγμή, κατά τη διάρκεια της κίνησής της.

(δ) Για τη μετατόπιση της σφαίρας από τη θέση Α έως τη θέση Γ να υπολογίσετε με τη βοήθεια του θεωρήματος έργου-ενέργειας το έργο της στατικής τριβής: (δ1) κατά τη μεταφορική κίνηση. (δ2) κατά τη περιστροφική κίνηση. Τι παρατηρείτε;

Δίνονται: Η ροπή αδράνειας της σφαίρας ως προς τον άξονά της $I_{cm} = \frac{2}{5}MR^2$ και η επιτάχυνση της βαρύτητας $g = 10m/s^2$.

Γ.18. Η ράβδος ΑΒ είναι ομογενής και ισοπαχής με μήκος $L = 2m$ και μάζα $M = 3kg$. Το άκρο Α της ράβδου συνδέεται με άρθρωση σε κατακόρυφο τοίχο. Το άλλο άκρο της Β συνδέεται με τον τοίχο με αβαρές νήμα που σχηματίζει γωνία $\phi = 30^o$ με τη ράβδο, η οποία ισορροπεί οριζόντια, όπως φαίνεται στο σχήμα.

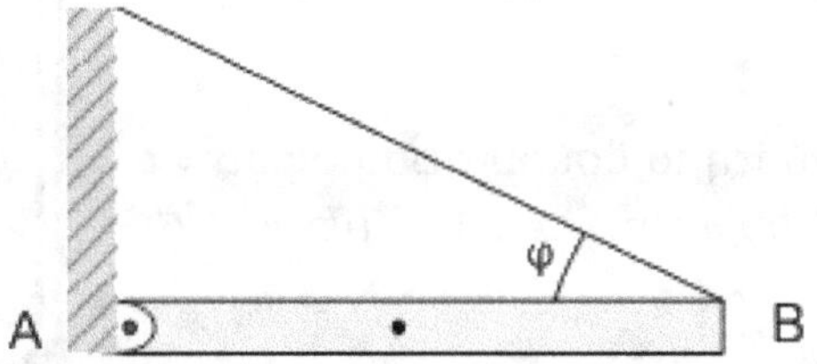

(α) Να υπολογίσετε το μέτρο της δύναμης που ασκείται στη ράβδο από το νήμα. Κάποια στιγμή κόβουμε το νήμα στο άκρο Β και η ράβδος αρχίζει να περιστρέφεται χωρίς τριβές γύρω από την άρθρωση σε κατακόρυφο επίπεδο. Να υπολογίσετε:

(β) Το μέτρο της γωνιακής επιτάχυνσης της ράβδου μόλις κοπεί το νήμα.

(γ) Την κινητική ενέργεια της ράβδου, τη στιγμή που διέρχεται από την κατακόρυφη θέση.

(δ) Σε ποια θέση της ράβδου, καθώς αυτή κινείται από την οριζόντια αρχική της θέση και μέχρι να διέλθει από την κατακόρυφη θέση, ο ρυθμός μεταβολής της κινητικής ενέργειας της είναι στιγμιαία μηδέν

Δίνονται: Η ροπή αδράνειας της ράβδου ως προς τον οριζόντιο άξονα που διέρχεται από το κέντρο μάζας της και είναι κάθετος σε αυτή $I_{cm} = \frac{1}{12}ML^2$, η επιτάχυνση της βαρύτητας $g = 10m/s^2$.

Γ.19. Ομογενής και ισοπαχής δοκός (ΟΑ), μάζας $M = 6kg$ και μήκους $l = 0,3m$, μπορεί να στρέφεται χωρίς τριβές σε κατακόρυφο επίπεδο γύρω από οριζόντιο άξονα που περνά από το ένα άκρο της Ο. Στο άλλο της άκρο Α υπάρχει στερεωμένη μικρή σφαίρα μάζας $m = \dfrac{M}{2}$.

(α) Βρείτε την ροπή αδράνειας του συστήματος δοκού - σφαίρας ως προς τον άξονα περιστροφής του.

Ασκούμε στο άκρο Α δύναμη, σταθερού μέτρου $F = \dfrac{120}{\pi}N$ που είναι συνεχώς κάθετη στη δοκό, όπως φαίνεται στο σχήμα.

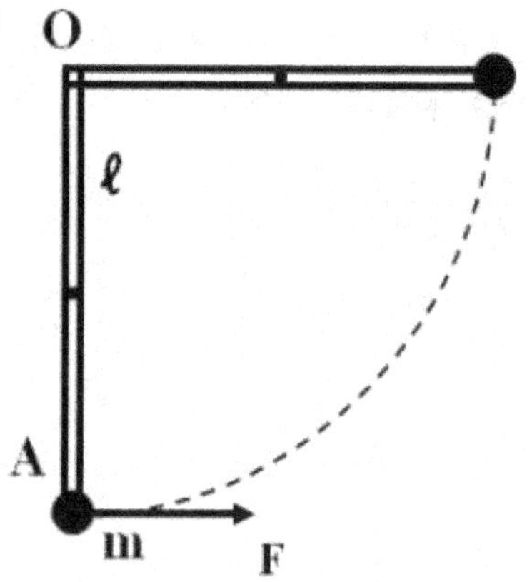

(β) Βρείτε το έργο της δύναμης F κατά την περιστρο οριζόντια θέση της.

(γ) Βρείτε την γωνιακή ταχύτητα του συστήματος δο θέση.

Επαναφέρουμε το σύστημα δοκού-σφαίρας στην (Ασκούμε στο άκρο Α δύναμη, σταθερού μέτρου F' κάθετη στη δοκό.

(δ) Βρείτε τη γωνία που σχηματίζει η δοκός με την : κινητική της ενέργεια γίνεται μέγιστη.

Δίνονται: $g = 10m/s^2$,$I_{cm} = \dfrac{1}{12}Ml^2$, η ροπή αδράνειας ομογενούς δοκού μάζας M και μήκους l, ως προς άξονα που διέρχεται από το κέντρο μάζας της και είναι κάθετος σε αυτήν.

(***Θέμα Γ - Πανελλήνιες Εξετάσεις Μάης 2012***, *Πρόβλημα στην διατύπωση του (δ), θεωρήστε ότι η γωνία είναι μικρότερη από* 2π.)

Γ.20. Το γιο-γιο του σχήματος αποτελείται από ομογενή συμπαγή κύλινδρο που έχει μάζα $m = 0,12kg$ και ακτίνα $R = 1,5;10^{-2}m$. Γύρω από τον κύλινδρο έχει τυλιχτεί νήμα. Τη χρονική στιγμή $t = 0$ αφήνουμε τον κύλινδρο να πέσει. Το νήμα ξετυλίγεται και ο κύλινδρος περιστρέφεται γύρω από νοητό οριζόντιο άξονα $x'x$, ο οποίος ταυτίζεται με τον άξονα συμμετρίας του. Το νήμα σε όλη τη διάρκεια της κίνησης του κυλίνδρου παραμένει κατακόρυφο και τεντωμένο και δεν ολισθαίνει στην περιφέρεια του κυλίνδρου. Τη στιγμή που έχει ξετυλιχτεί νήμα μήκους $l = 20R$, η ταχύτητα του κέντρου μάζας του κυλίνδρου είναι $v_{cm} = 2m/s$.

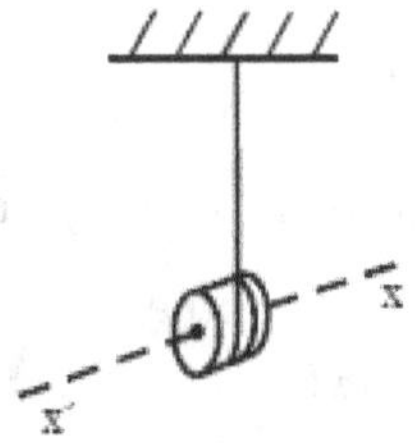

(α) Να υπολογίσετε τη ροπή αδράνειας του κυλίνδρου ως προς τον άξονα περιστροφής του με εφαρμογή του δεύτερου νόμου του Νεύτωνα για τη στροφική κίνηση.

(β) Να υπολογίσετε το μέτρο του ρυθμού μεταβολής της στροφορμής του κυλίνδρου, καθώς αυτός κατέρχεται.

(γ) Τη χρονική στιγμή που η ταχύτητα του κέντρου μάζας του κυλίνδρου είναι $v_{cm} = 2m/s$, κόβουμε το νήμα. Να υπολογίσετε το μέτρο της στροφορμής του κυλίνδρου ως προς τον άξονα περιστροφής του μετά την πάροδο χρόνου $0,8s$ από τη στιγμή που κόπηκε το νήμα.

(δ) Να κάνετε σε βαθμολογημένους άξονες το διάγραμμα του μέτρου της στροφορμής σε συνάρτηση με το χρόνο από τη χρονική στιγμή $t = 0$, μέχρι τη χρονική στιγμή που αντιστοιχεί σε χρόνο $0,8s$ από τη στιγμή που κόπηκε το νήμα.

Δίνεται: $g = 10m/s^2$

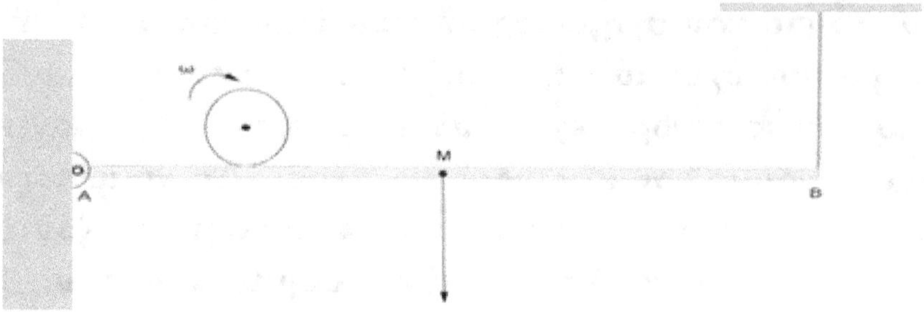

Δ.Προβλήματα

Δ.1. Η ομογενής ράβδος του σχήματος έχει βάρος $w_1 = 10N$ και μήκος $L = 4m$. Το ένα της άκρο αρθρώνεται σε κατακόρυφο τοίχο και το άλλο της άκρο κρέμεται από κατακόρυφο σχοινί με αποτέλεσμα να ισορροπεί οριζόντια.

(α) Να βρεθεί η τάση του νήματος.

(β) Να βρεθεί η δύναμη που δέχεται η ράβδος από την άρθρωση.

Τη χρονική στιγμή $t = 0$, από το άκρο Α ξεκινάει να κυλίεται χωρίς να ολισθαίνει πάνω στη ράβδο ένας κύλινδρος βάρους $w_2 = 10N$ με επιτάχυνση $\alpha_{cm} = 1m/s^2$.Ζητείται:

(γ) Η τάση του νήματος τη χρονική στιγμή $t = \sqrt{3}s$.

(δ) Η γωνιακή ταχύτητα και η θέση του κυλίνδρου, όταν η τάση του νήματος γίνει $T = 10N$. (Δίνεται η ακτίνα του κυλίνδρου $R = 0,1m$)

Δ.2. Στο κυρτό μέρος της περιφέρειας ενός ομογενούς κυλίνδρου μικρού πάχους, έχει τυλιχτεί πολλές φορές ένα αβαρές, μη εκτατό νήμα.
Σταθεροποιούμε το ελεύθερο άκρο του νήματος και αφήνουμε τον κύλινδρο να πέσει κατακόρυφα. Το νήμα ξετυλίγεται και ο κύλινδρος εκτελεί σύνθετη κίνηση: μετατοπίζεται κατακόρυφα προς τα κάτω και περιστρέφεται γύρω από ένα νοητό οριζόντιο άξονα $x'x$, που περνά από το κέντρο του.
Σε όλη τη διάρκεια της κίνησης του κυλίνδρου το νήμα παραμένει κατακόρυφο και δεν γλιστρά στην περιφέρεια του κυλίνδρου.

(α) Να αποδείξετε ότι η επιτάχυνση του κέντρου μάζας του κυλίνδρου α_{cm} και η γωνιακή επιτάχυνσή του $\alpha_{γων}$ συνδέονται με τη σχέση: $\alpha_{cm} = \alpha_{γων} \cdot R$.

Να υπολογίσετε:

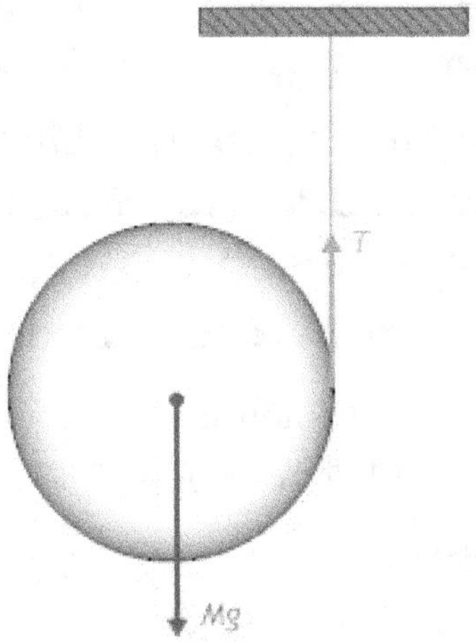

(β) τη γωνιακή επιτάχυνση του κυλίνδρου καθώς και την επιτάχυνση του κέντρου μάζας του.

(γ) την τάση T του νήματος.

(δ) το μήκος του νήματος, που έχει ξετυλιχτεί όταν ο κύλινδρος έχει αποκτήσει γωνιακή ταχύτητα $\omega_1 = 75rad/s$.

Δίνονται: η μάζα του κυλίνδρου $M = 0,09kg$, η ακτίνα του $R = \frac{8}{3}cm$, η ροπή αδράνειάς του ως προς το κέντρο μάζας του $I_{cm} = \frac{1}{2}MR^2$ και η επιτάχυνση της βαρύτητας $g = 10m/s^2$.

Δ.3. Μια μπάλα, μάζας m και ακτίνας R , αφήνεται από την κορυφή κεκλιμένου επιπέδου, γωνίας κλίσης ϕ , οπότε κυλίεται χωρίς να ολισθαίνει προς τη βάση του κεκλιμένου επιπέδου.

(α) Να σχεδιάσετε τις δυνάμεις, που ασκούνται στη μπάλα και να αιτιολογήσετε το σχεδιασμό της στατικής τριβής.

Να υπολογίσετε:

(β) το μέτρο της επιτάχυνσης του κέντρου μάζας της μπάλας.

(γ) το μέτρο της στατικής τριβής, αν η μάζα της μπάλας είναι $m = 0,5kg$.

(δ) τις επιτρεπτές τιμές του συντελεστή στατικής τριβής μ_σ για τις οποίες η μπάλα μπορεί να κυλίεται χωρίς να ολισθαίνει.

Δίνονται ότι $\eta\mu\phi = 0,5$, $\sigma\upsilon\nu\phi = 0,866$ και η επιτάχυνση της βαρύτητας $g = 10m/s^2$, η μπάλα θεωρείται κοίλη σφαίρα με ροπή αδράνειας ως προς άξονα διερχόμενο από το κέντρο μάζας της: $I_{cm} = \frac{2}{3}mR^2$

Δ.4. Ομογενής κύλινδρος μάζας $m = 2kg$ και ακτίνας $R = 0,2m$ κυλίεται χωρίς να ολισθαίνει και χωρίς παραμόρφωση σε οριζόντιο δάπεδο (Α) με ταχύτητα μέτρου $v_0 = 2m/s$. Τη χρονική στιγμή $t = 0$ ο κύλινδρος δέχεται οριζόντια δύναμη μέτρου $F = 6N$, που ασκείται στο κέντρο μάζας του. Ο κύλινδρος συνεχίζει να κυλίεται χωρίς να ολισθαίνει και μετά την άσκηση της δύναμης F.

(α) Να σχεδιάσετε τη στατική τριβή που δέχεται ο κύλινδρος από το δάπεδο, σε κατάλληλο σχήμα και να δικαιολογήσετε τη φορά της.

(β) Να υπολογίσετε το μέτρο:

(β1) της στατικής τριβής.

(β2) της επιτάχυνσης του κέντρου μάζας καθώς και της γωνιακής επιτάχυνσης του κυλίνδρου.

(β3) της γωνιακής ταχύτητας του κυλίνδρου τη χρονική στιγμή $t_1 = 4s$.

(γ) Στη συνέχεια τη χρονική στιγμή $t_1 = 4s$, ο κύλινδρος εισέρχεται σε λείο δάπεδο (Β), το οποίο είναι συνέχεια του προηγούμενου. Τη χρονική στιγμή $t_2 = 10s$, να υπολογίσετε την ταχύτητα του σημείου του κυλίνδρου, που είναι εκείνη τη στιγμή σ' επαφή με το λείο δάπεδο.

Δίνεται η ροπή αδράνειας ομογενούς κυλίνδρου ως προς άξονά του $I_{cm} = \frac{1}{2}mR^2$

Δ.5. Ένας ομογενής δίσκος, μάζας $m = 2kg$ και ακτίνας $R = 0,3m$, που βρίσκεται σε οριζόντιο δάπεδο, φέρει στην περιφέρειά του αυλάκι, στο οποίο έχουμε τυλίξει αβαρές και μη εκτατό νήμα. Τη χρονική στιγμή $t_0 = 0$, ασκούμε στο δίσκο μέσω του νήματος σταθερή κατακόρυφη δύναμη μέτρου $F = 9N$. Καθώς ξετυλίγεται το νήμα χωρίς να ολισθαίνει στο αυλάκι του δίσκου, ο δίσκος κυλίεται επίσης χωρίς να ολισθαίνει και χωρίς παραμόρφωση, πάνω σε οριζόντιο δάπεδο.

(α) Να σχεδιάσετε τη στατική τριβή που δέχεται ο δίσκος από το δάπεδο, σε κατάλληλο σχήμα και να δικαιολογήσετε τη φορά της.

(β) Να υπολογίσετε:

(β1) το μέτρο της στατικής τριβής, που δέχεται ο δίσκος.

(β2) το μέτρο της επιτάχυνσης του κέντρου μάζας καθώς και το μέτρο της γωνιακής επιτάχυνσης του δίσκου.

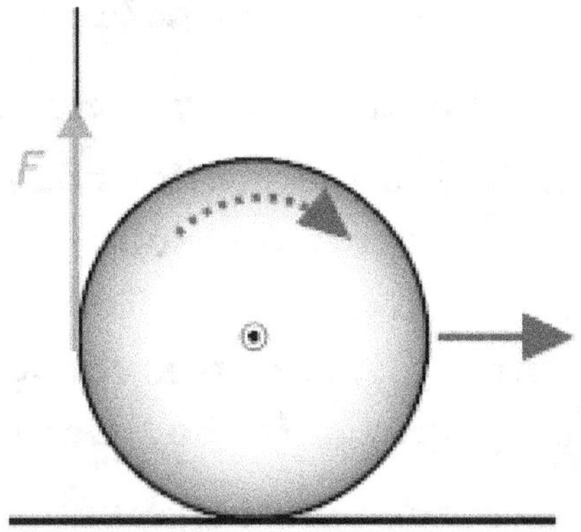

(β3) το μήκος του νήματος, που έχει ξετυλιχτεί από τη στιγμή $t = 0$, μέχρι τη στιγμή t_1 , κατά την οποία το ανώτερο σημείο του δίσκου έχει αποκτήσει ταχύτητα $\upsilon_A = 12m/s$.

Δίνεται η ροπή αδράνειας του δίσκου ως προς άξονά του: $I_{cm} = \frac{1}{2}mR^2$

Δ.6. Γύρω από ένα ομογενή δίσκο, ακτίνας R , μάζας $m = 2kg$ και ροπής αδράνειας $I_{cm} = \frac{1}{2}mR^2$, είναι τυλιγμένο αβαρές νήμα, μέσω του οποίου, τη χρονική στιγμή $t = 0$, ασκούμε στο ανώτερο σημείο Γ οριζόντια δύναμη σταθερού μέτρου $F = 6N$.
Ο τροχός κυλίεται χωρίς παραμόρφωση σε οριζόντιο δάπεδο, που έχει τέτοια τιμή συντελεστή στατικής τριβής μ_σ , ώστε οριακά να αποφεύγεται η ολίσθηση. Να υπολογίσετε:

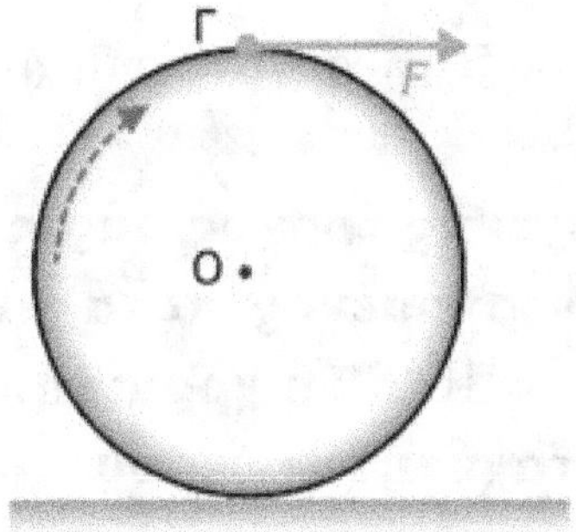

(α) το μέτρο της επιτάχυνσης του κέντρου μάζας Ο.

(β) το μέτρο της επιτάχυνσης του ανώτερου σημείου Γ.

(γ) τη δύναμη της στατικής τριβής, που δέχεται ο δίσκος από το δάπεδο.

(δ) το συντελεστή στατικής τριβής.

Δ.7. Ένας κύλινδρος ακτίνας R έχει μάζα $m = 4kg$. Στο εσωτερικό του υπάρχει μία κυλινδρική εγκοπή, ακτίνας $r = \frac{R}{3}$ πολύ μικρού πάχους, στην οποία έχουμε τυλίξει αβαρές μη εκτατό νήμα. Τη χρονική στιγμή $t = 0$, στο άκρο του νήματος και πάνω από το κέντρο μάζας, ασκείται σταθερή οριζόντια δύναμη $F = 9N$, όπως φαίνεται στο σχήμα. Έτσι ο κύλινδρος κυλίεται χωρίς να ολισθαίνει πάνω σε οριζόντιο επίπεδο. Θεωρήστε τον κύλινδρο ομογενή με ροπή αδράνειας ως προς τον άξονά του $I_{cm} = \frac{1}{2}mR^2$. Να υπολογίσετε:

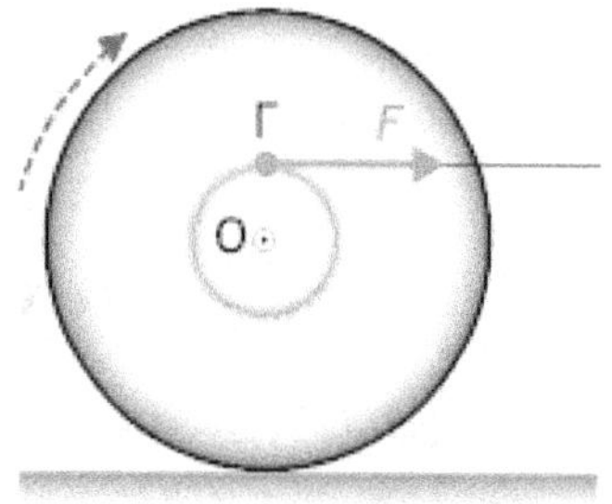

(α) το μέτρο της επιτάχυνσης α_{cm} του κέντρου μάζας του κυλίνδρου.

(β) το μέτρο της στατικής τριβής, που δέχεται ο κύλινδρος από το οριζόντιο επίπεδο και να την σχεδιάσετε σε κατάλληλο σχήμα.

(γ) το μέτρο της οριζόντιας επιτάχυνσης του σημείου επαφής Γ νήματος - κυλίνδρου.

(δ) το μήκος του νήματος, που ξετυλίχτηκε, έως τη χρονική στιγμή $t_1 = 3s$.

Δ.8. Συμπαγής και ομογενής τροχός μάζας $m = 10kg$ και ακτίνας $R = 0,2m$ κυλίεται ανερχόμενος κατά μήκος κεκλιμένου επιπέδου γωνίας κλίσης $\phi = 10^o$. Τη χρονική στιγμή $t = 0$ το κέντρο μάζας του τροχού έχει ταχύτητα μέτρου $\upsilon_{cm} = 10m/s$. Να υπολογίσετε:

(α) το μέτρο της γωνιακής ταχύτητας και το μέτρο της στροφορμής του τροχού τη χρονική στιγμή $t = 0$.

(β) την επιτάχυνση του κέντρου μάζας του τροχού καθώς ανέρχεται.

(γ) το ρυθμό μεταβολής της στροφορμής του τροχού καθώς ανέρχεται.

(δ) την ταχύτητα του κέντρου μάζας του τροχού, όταν αυτός ανερχόμενος έχει διαγράψει $N = \dfrac{54}{4\pi}$ περιστροφές.

Δίνεται η ροπή αδράνειας του τροχού ως προς άξονα που είναι κάθετος σε αυτόν και διέρχεται από το κέντρο μάζας του, $I_{cm} = \frac{1}{2}mR^2$ και $g = 10m/s^2$.

Δ.9. Ένα γιο-γιο αποτελείται από κύλινδρο μάζας $m = 0,1kg$ και ακτίνας $R = \dfrac{1}{15}m$, γύρω από τον οποίο είναι τυλιγμένο αβαρές νήμα. Κρατάμε ακίνητο το ελεύθερο άκρο του νήματος και αφήνουμε τον κύλινδρο να πέσει. Αυτός εκτελεί σύνθετη κίνηση κινούμενος κατακόρυφα χωρίς να ολισθαίνει. Να βρείτε:

(α) τη γωνιακή επιτάχυνση του κυλίνδρου καθώς κατέρχεται.

(β) το ρυθμό αύξησης της στροφορμής του κυλίνδρου καθώς κατέρχεται.

(γ) την ταχύτητα του χαμηλότερου σημείου του δίσκου, τη στιγμή που έχει ξετυλιχτεί νήμα μήκους $l = 30cm$.

(δ) την ταχύτητα του χαμηλότερου σημείου του δίσκου, τη στιγμή που έχει ξετυλιχτεί νήμα μήκους $l = 30cm$

Δίνεται η ροπή αδράνειας ομογενούς κυλίνδρου ως προς άξονα που διέρχεται από το κέντρο του, $I_{cm} = \frac{1}{2}mR^2$ και $g = 10m/s^2$.

Δ.10. Η κυκλική εξέδρα μιας παιδικής χαράς έχει ακτίνα $R = 1m$, μάζα $M = 80kg$, είναι ακίνητη και μπορεί να στρέφεται χωρίς τριβές γύρω από κατακόρυφο άξονα που διέρχεται από το κέντρο μάζας της. Ένα αγόρι μάζας $m = 20kg$ ενώ τρέχει στο έδαφος γύρω γύρω έξω από την εξέδρα με ταχύτητα μέτρου $\upsilon = 3m/s$, ξαφνικά πηδάει στην περιφέρεια της εξέδρας και μένει εκεί χωρίς να ολισθήσει. Να βρείτε:

(α) τη γωνιακή ταχύτητα του συστήματος, όταν το αγόρι ανέβει στην περιφέρεια της εξέδρας.

(β) τη δύναμη της στατικής τριβής που ασκείται στο αγόρι, αν στέκεται στη περιφέρεια της εξέδρας χωρίς να κρατιέται από τα στηρίγματα.

(γ) τη σταθερή εξωτερική δύναμη που πρέπει να ασκήσουμε εφαπτομενικά στην εξέδρα, ώστε αυτή να σταματήσει να περιστρέφεται μετά από χρόνο $t = 3s$.

(δ) πόσες περιστροφές έκανε η εξέδρα στο χρονικό διάστημα των $3s$.

Δίνεται η ροπή αδράνειας της πλατφόρμας ως προς άξονα που είναι κάθετος σε αυτήν και διέρχεται από το κέντρο μάζας της, $I_{cm} = \frac{1}{2}MR^2$

Δ.11. Μία κατακόρυφη ράβδος μάζας $M = 3kg$ και μήκους $l = 1m$, μπορεί να περιστρέφεται στο κατακόρυφο επίπεδο γύρω από οριζόντιο άξονα που διέρχεται από το πάνω άκρο της και είναι κάθετος σε αυτή.
Εκτρέπουμε τη ράβδο από τη θέση ισορροπίας της και την αφήνουμε ελεύθερη. Τη στιγμή που περνάει από την κατακόρυφη θέση, το κάτω άκρο της συγκρούεται με σφαίρα ακτίνας $r = 0,1m$ και μάζας $m = 1kg$ που βρίσκεται ακίνητη στο κατώτατο σημείο τεταρτοκυκλίου ακτίνας $R = 1m$, του οποίου το κέντρο συμπίπτει με το σημείο εξάρτησης της ράβδου. Το κάτω άκρο της ράβδου την στιγμή της κρούσης έχει ταχύτητα $\upsilon_1 = 5m/s$. Αμέσως μετά την κρούση η ράβδος ακινητοποιείται.
Η σφαίρα ανέρχεται στο τεταρτοκύκλιο στην αρχή ολισθαίνοντας και μετά κυλιόμενη. Τελικά εγκαταλείπει το ανώτερο άκρο του τεταρτοκυκλίου με γωνιακή ταχύτητα $\omega_3 = 8rad/s$. Να βρεθούν:

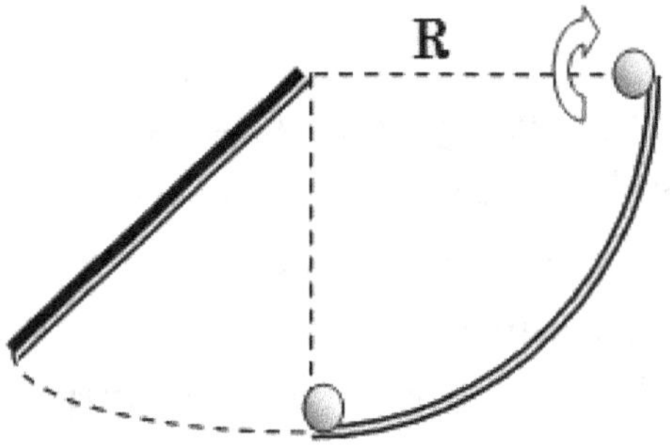

(α) η ροπή αδράνειας της ράβδου ως προς τον άξονα περιστροφής της.

(β) η ταχύτητα υ_2 της σφαίρας αμέσως μετά την κρούση.

(γ) το ύψος h, πάνω από το τεταρτοκύκλιο, στο οποίο θα φτάσει η σφαίρα.

(δ) η γωνιακή ταχύτητα της σφαίρας στο ανώτατο σημείο της τροχιάς της.

Δίνεται η ροπή αδράνειας της ράβδου ως προς άξονα που είναι κάθετος σ' αυτήν και διέρχεται από το κέντρο μάζας της, $I_{cm} = \frac{1}{12}Ml^2$ και $g = 10m/s^2$.

Δ.12. Μια ξύλινη ράβδος μήκους $l = 0,4m$ και μάζας $M = 0,04kg$ ισορροπεί ελεύθερη σε λείο οριζόντιο επίπεδο.
Ένα σώμα Σ μάζας $m = 0,01kg$ που κινείται οριζόντια με ταχύτητα $\upsilon = 4m/s$ χτυπά κάθετα στο άκρο Α της ράβδου. Μετά την κρούση το σώμα Σ ακινητοποιείται. Αν γνωρίζουμε ότι το σώμα Σ ως προς το κέντρο μάζας της ράβδου έχει στροφορμή που βρίσκεται από τη σχέση $L = \frac{mvl}{2}$, να βρείτε:

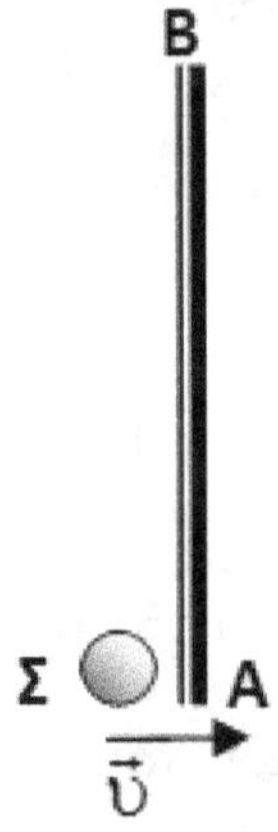

(α) την ταχύτητα του κέντρου μάζας της ράβδου αμέσως μετά την κρούση.

(β) τον άξονα γύρω από τον οποίο θα περιστραφεί η ράβδος και τη γωνιακή ταχύτητα που θα αποκτήσει.

(γ) τον αριθμό των περιστροφών που θα εκτελέσει η ράβδος στο χρονικό διάστημα που απαιτείται για να μετατοπιστεί το κέντρο μάζας της κατά $1m$.

(δ) Την ταχύτητα του πάνω άκρου της ράβδου (Β), όταν αυτή θα έχει συμπληρώσει 1,5 περιστροφές.

Δίνεται η ροπή αδράνειας της ράβδου ως προς άξονα που είναι κάθετος σε αυτήν και διέρχεται από το κέντρο μάζας της, $I_{cm} = \frac{1}{12}Ml^2$.

Δ.13. Μια κατακόρυφη τροχαλία έχει τυλιγμένο γύρω της ένα λεπτό αβαρές σχοινί, στο ελεύθερο άκρο του οποίου είναι δεμένο ένα σώμα (Σ) μάζας $m = 1kg$. Η τροχαλία έχει ακτίνα $R = 0,1m$, μάζα $M = 2kg$ και μπορεί να στρέφεται γύρω από σταθερό οριζόντιο άξονα, ο οποίος ταυτίζεται με τον άξονα που διέρχεται από το κέντρο μάζας της τροχαλίας. Τη χρονική στιγμή $t = 0$, αφήνουμε το σύστημα να κινηθεί. Να βρείτε:

(α) Την επιτάχυνση που θα αποκτήσει το σώμα Σ.

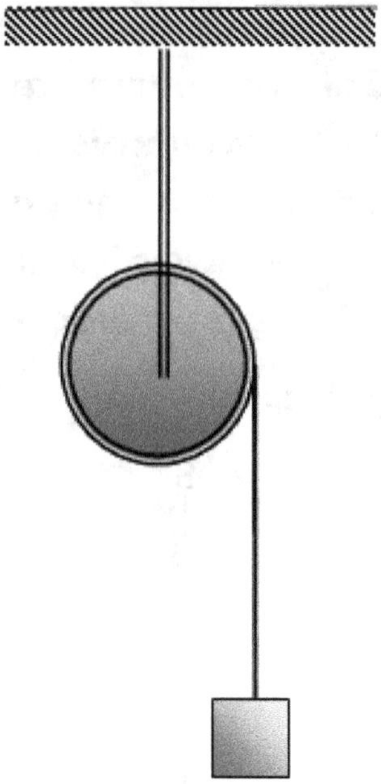

(β) Το μέτρο της δύναμης που ασκεί ο άξονας περιστροφής στην τροχαλία.

(γ) Για τη χρονική στιγμή $t = 2s$ ζητούνται:

(γ1) Η στροφορμή της τροχαλίας

(γ2) Ο ρυθμός μεταβολής της στροφορμής της τροχαλίας.

Η ροπή αδράνειας της τροχαλίας ως προς τον άξονα περιστροφής της είναι $I_{cm} = \frac{1}{2}MR^2$. Δίνεται $g = 10m/s^2$. Τριβές δεν υπάρχουν.

Δ.14. Η ομογενής και συμπαγής σφαίρα του σχήματος έχει μάζα $m = 1kg$ και ακτίνα $r = 0,2m$ και αφήνεται από ύψος h , να κινηθεί κατά μήκους κεκλιμένου επιπέδου και στη συνέχεια στο εσωτερικό της κυκλικής στεφάνης ακτίνας $R = 10,2m$.
Η σφαίρα κυλίεται συνεχώς χωρίς να ολισθαίνει. Για να κάνει η σφαίρα με ασφάλεια ανακύκλωση, να υπολογιστεί:

(α) το μέτρο της ελάχιστης τιμής της ταχύτητάς της στο σημείο Δ.

(β) το μέτρο της ελάχιστης γωνιακής ταχύτητας ως προς τον άξονα περιστροφής της, στο σημείο Γ.

(γ) το μέτρο της κάθετης δύναμης που δέχεται από το οριζόντιο επίπεδο στη θέση Γ αν από τη θέση αυτή διέρχεται με γωνιακή ταχύτητα ίση με αυτή που υπολογίσατε στο ερώτημα β.

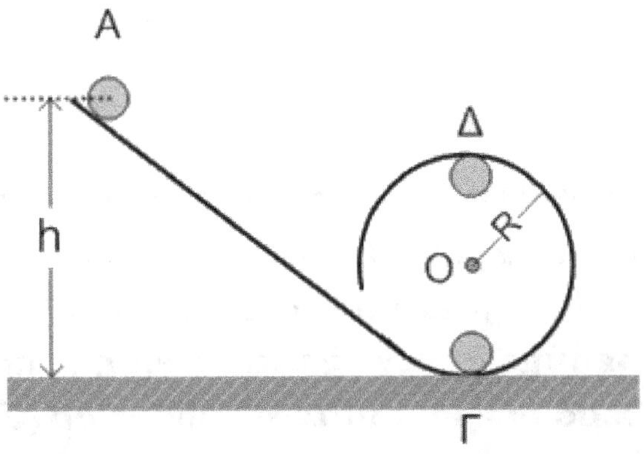

(δ) το ελάχιστο ύψος h.

Δίνονται η ροπή αδράνειας της σφαίρας ως προς τον άξονά της $I_{cm} = \frac{2}{5}Mr^2$, η επιτάχυνση της βαρύτητας $g = 10m/s^2$ και $\sqrt{\frac{27}{7}} \simeq 1,96$.

Δ.15. Στην επιφάνεια ενός ομογενούς κυλίνδρου μάζας $m = 2kg$ και ακτίνας $R = 0,3m$, έχουμε τυλίξει λεπτό σχοινί αμελητέας μάζας, το ελεύθερο άκρο του οποίου έλκεται με σταθερή οριζόντια δύναμη $\vec{F}$ μέτρου $6N$, όπως φαίνεται στο σχήμα. Το σχοινί ξετυλίγεται χωρίς ολίσθηση, περιστρέφοντας ταυτόχρονα τον κύλινδρο. Ο κύλινδρος μπορεί να κυλίεται χωρίς ολίσθηση και αρχικά ηρεμούσε στη θέση Α. Όταν βρεθεί στη θέση Γ έχει ξετυλιχθεί σχοινί τόσο, ώστε το σημείο εφαρμογής της δύναμης $\vec{F}$ να έχει μετατοπιστεί κατά $L = 4m$. Να υπολογισθεί:

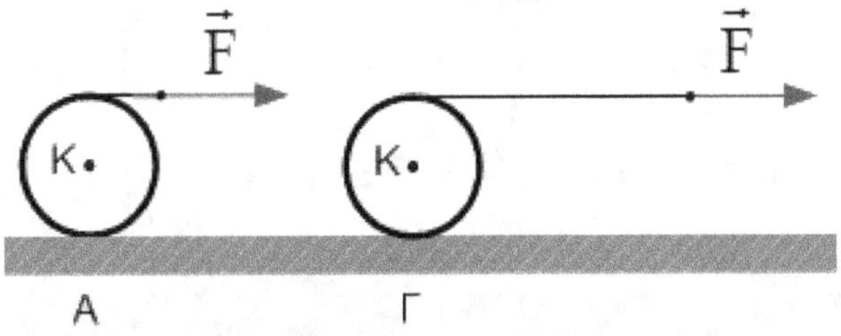

(α) το μέτρο της επιτάχυνσης του κέντρου μάζας του κυλίνδρου.

(β) η στατική τριβή.

(γ) η ισχύς της δύναμης $\vec{F}$ στη θέση Γ.

(δ) το ποσοστό της κινητικής του ενέργειας που είναι στροφική στη θέση Γ.

Δίνονται: η επιτάχυνση βαρύτητας $g = 10m/s^2$ και η ροπή αδράνειας του κυλίνδρου ως προς τον άξονα περιστροφής του $I_{cm} = \frac{1}{2}mR^2$.

Δ.16. Η ομογενής ράβδος ΑΚ στηρίζεται στο άκρο της Κ μέσω άρθρωσης και αρχικά κρέμεται κατακόρυφα (θέση Ι). Η ράβδος ΑΚ έχει μήκος $L = 0,15m$ και μάζα $M = 2kg$.
Στο άκρο της Α ασκούμε συνεχώς μια δύναμη $\vec{F}$ κάθετη στη ράβδο η οποία έχει σταθερό μέτρο, οπότε η ράβδος αρχίζει να ανεβαίνει. Όταν η ράβδος φτάσει στη θέση (ΙΙ), όπου σχηματίζει γωνία $\phi = 60^o$ με την κατακόρυφη, καταργείται η δύναμη $\vec{F}$ και η ράβδος φτάνει στην κατακόρυφη θέση (ΙΙΙ), χωρίς γωνιακή ταχύτητα. Να υπολογίσετε:

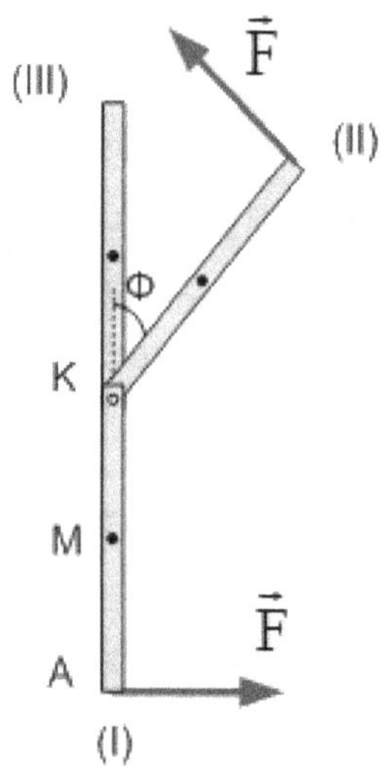

(α) Το μέτρο της γωνιακής ταχύτητας της ράβδου ως προς τον άξονα περιστροφής της στη θέση (ΙΙ).

(β) Το έργο της δύναμης $\vec{F}$ για τη περιστροφή της ράβδου από τη θέση (Ι) στη θέση (ΙΙ).

(γ) Το μέτρο της δύναμης $\vec{F}$.

(δ) Το ποσοστό του έργου της δύναμης F που μετατράπηκε σε κινητική ενέργεια της ράβδου κατά τη περιστροφή της από τη θέση (Ι) στη θέση (ΙΙ).

Δίνονται η ροπή αδράνειας της ράβδου ως προς άξονα περιστροφής που περνά από το άκρο της Κ και είναι κάθετος σε αυτή: $I_{cm} = \frac{1}{3}ML^2$, η επιτάχυνση της βαρύτητας $g = 10m/s^2$.

Δ.17. Στο σχήμα φαίνεται σε τομή μια τροχαλία που αποτελείται από δύο ομοαξονικούς κυλίνδρους με ακτίνες $R_1 = 0,2m$ και $R_2 = 0,1m$, που μπορεί να περιστρέφεται χωρίς τριβές γύρω από οριζόντιο άξονα, ο οποίος διέρχεται από το κέντρο της τροχαλίας.

Τα σώματα Σ_1 και Σ_2 έχουν ίσες μάζες $m_1 = m_2 = 2kg$ και είναι στερεωμένα μέσω νημάτων που είναι τυλιγμένα στους κυλίνδρους. Η τροχαλία και τα σώματα Σ_1,Σ_2 είναι αρχικά ακίνητα και τα κέντρα μάζας των Σ_1 ,Σ_2 βρίσκονται στο ίδιο οριζόντιο επίπεδο.

Τη χρονική στιγμή $t = 0$ το σύστημα αφήνεται ελεύθερο να κινηθεί και τη χρονική στιγμή t_1 το σώμα Σ_1 έχει κατέβει κατά $h_1 = 0,4m$.

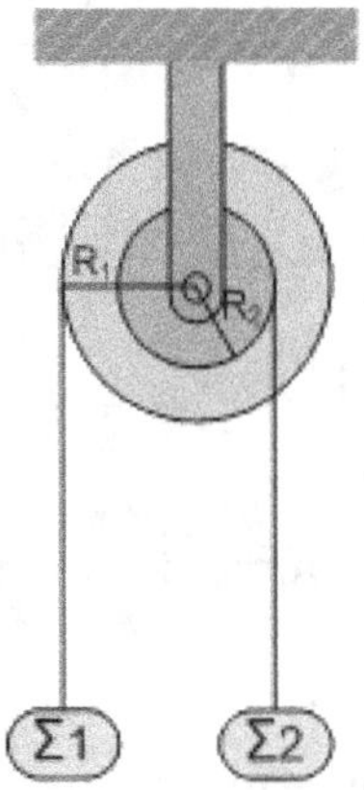

Α. Να δείξετε:

(α) ότι η ταχύτητα του σώματος Σ_1 είναι συνέχεια διπλάσια της ταχύτητας του σώματος Σ_2 .

(β) ότι το διάστημα που διανύει το σώμα Σ_1 είναι συνέχεια διπλάσιο του διαστήματος που διανύει το σώμα Σ_2 .

Β. Τη χρονική στιγμή t_1 να υπολογίσετε:

(γ) τη γωνιακή ταχύτητα της τροχαλίας.

(δ) το ρυθμό με τον οποίο το βάρος του σώματος Σ_1 μεταφέρει ενέργεια στο σύστημα.

Δίνονται: Η ροπή αδράνειας της τροχαλίας ως προς τον άξονα περιστροφής της είναι $I_{cm} = 0,1kg \cdot m^2$ και η επιτάχυνση της βαρύτητας $g = 10m/s^2$.

Σημείωση: Η τριβή ανάμεσα στην τροχαλία και στο νήμα είναι αρκετά μεγάλη, ώστε να μην παρατηρείται ολίσθηση. Το νήμα είναι αβαρές. Να θεωρήσετε ότι τα σώματα Σ_1 και Σ_2 δεν φτάνουν στο έδαφος ούτε συγκρούονται με την τροχαλία.

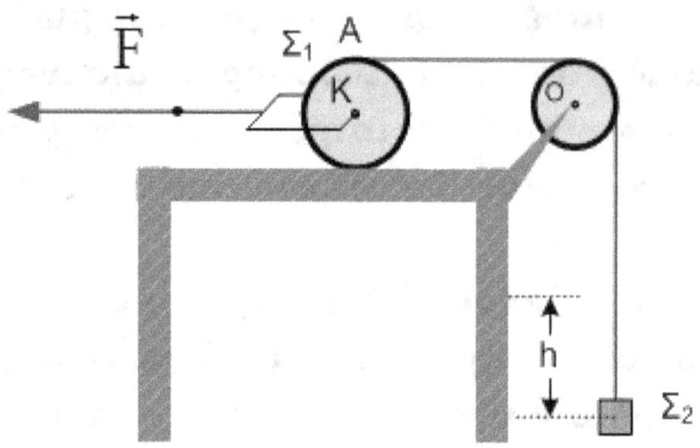

Δ.18. Η κατακόρυφη τροχαλία του σχήματος, μάζας $m = 3kg$ και ακτίνας $r = 0,1m$, μπορεί να περιστρέφεται χωρίς τριβές γύρω από οριζόντιο άξονα που περνάει από το κέντρο της Ο και είναι κάθετος σε αυτήν. Στο αυλάκι της τροχαλίας περνά νήμα που από το ένα άκρο του κρέμεται σώμα Σ_2 μάζας $m_2 = 2kg$ και στο άλλο άκρο του είναι δεμένος ένας κατακόρυφος τροχός (Σ_1) που έχει μάζα $M = 4kg$ και ακτίνα $R = 0,2m$.

(α) Να υπολογίσετε το μέτρο της δύναμης $\vec{F}$ ώστε το σύστημα που εικονίζεται στο σχήμα να παραμείνει ακίνητο.

Τη χρονική στιγμή $t = 0$ που το σύστημα του σχήματος είναι ακίνητο, αυξάνουμε τη δύναμη ακαριαία έτσι ώστε να γίνει $F = 80N$.

(β) Να υπολογίσετε την επιτάχυνση του σώματος Σ_2. Για τη χρονική στιγμή που το σώμα Σ_2 έχει ανέλθει κατά $h = 2m$, να υπολογίσετε:

(γ) Το μέτρο της στροφορμής της τροχαλίας ως προς τον άξονα περιστροφής της.

(δ) Τη μετατόπιση του τροχού από την αρχική του θέση.

(ε) Το ποσοστό του έργου της δύναμης F που μετατράπηκε σε κινητική ενέργεια του τροχού Σ_1 κατά τη μετατόπιση του σώματος Σ_2 κατά h .

Δίνονται η επιτάχυνση της βαρύτητας $g = 10m/s^2$, η ροπή αδράνειας της τροχαλίας ως προς τον άξονα περιστροφής της $I = \frac{1}{2}mr^2$ και του σώματος Σ_1 ως προς τον άξονα περιστροφής του $I_1 = \frac{1}{2}MR^2$.

Σημείωση: Η τριβή ανάμεσα στην τροχαλία και στο νήμα είναι αρκετά μεγάλη, ώστε να μην παρατηρείται ολίσθηση. Το νήμα είναι αβαρές. Ο τροχός Σ_1 κυλίεται χωρίς ολίσθηση.

Δ.19. Θέλουμε να μετρήσουμε πειραματικά την άγνωστη ροπή αδράνειας δίσκου μάζας $m = 2kg$ και ακτίνας $r = 1m$. Για το σκοπό αυτό αφήνουμε τον δίσκο να κυλίσει χωρίς ολίσθηση σε κεκλιμένο επίπεδο γωνίας $\phi = 30^o$ ξεκινώντας από την ηρεμία. Διαπιστώνουμε ότι ο δίσκος διανύει την απόσταση $x = 2m$ σε χρόνο $t = 1s$.

(α) Να υπολογίσετε τη ροπή αδράνειάς του ως προς τον άξονα που διέρχεται από το κέντρο μάζας του και είναι κάθετος στο επίπεδό του.

(β) Από την κορυφή του κεκλιμένου επιπέδου αφήνονται να κυλίσουν ταυτόχρονα δίσκος και δακτύλιος ίδιας μάζας M και ίδιας ακτίνας R. Η ροπή αδράνειας του δίσκου είναι $I_1 = \frac{1}{2}MR^2$ και του δακτυλίου $I_2 = MR^2$ ως προς τους άξονες που διέρχονται από τα κέντρα μάζας τους και είναι κάθετοι στα επίπεδά τους. Να υπολογίσετε ποιο από τα σώματα κινείται με τη μεγαλύτερη επιτάχυνση.

Συνδέουμε με κατάλληλο τρόπο τα κέντρα μάζας των δύο στερεών, όπως φαίνεται και στο σχήμα, με ράβδο αμελητέας μάζας, η οποία δεν εμποδίζει την περιστροφή τους και δεν ασκεί τριβές. Το σύστημα κυλίεται στο κεκλιμένο επίπεδο χωρίς να ολισθαίνει.

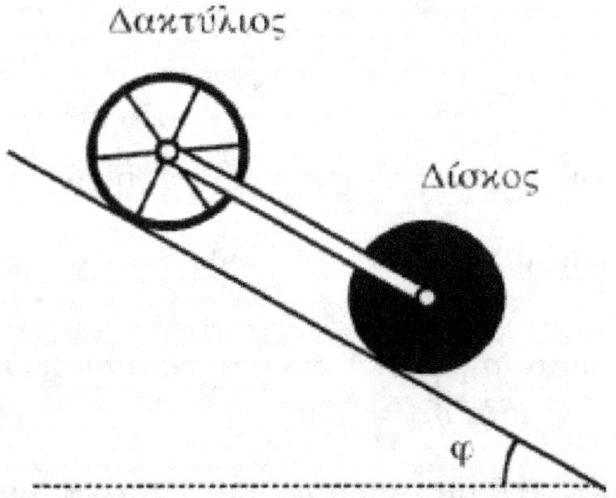

(γ) Να υπολογίσετε το λόγο των κινητικών ενεργειών $\frac{K_1}{K_2}$ όπου K_1 η κινητική ενέργεια του δίσκου και K_2 η κινητική ενέργεια του δακτυλίου.

(δ) Αν η μάζα κάθε στερεού είναι $M = 1,4kg$, να υπολογίσετε τις δυνάμεις που ασκεί η ράβδος σε κάθε σώμα. Να σχεδιάσετε τις πιο πάνω δυνάμεις.

Δίνεται: $g = 10m/s^2$ ***(Θέμα Δ -Πανελλήνιες Εξετάσεις Μάης 2010)***

Δ.20. Αβαρής ράβδος μήκους $3d$ ($d = 1m$) **μπορεί να στρέφεται γύρω από οριζόντιο άξονα, που είναι κάθετος σε αυτήν και διέρχεται από το Ο. Στο άκρο Α που βρίσκεται σε απόσταση** $2d$ **από το Ο υπάρχει σημειακή μάζα** $m_A = 1kg$ **και στο σημείο Γ, που βρίσκεται σε απόσταση δ από το Ο έχουμε επίσης σημειακή μάζα** $m_\Gamma = 6kg$. **Στο άλλο άκρο της ράβδου, στο σημείο Β, είναι αναρτημένη τροχαλία μάζας** $M = 4kg$ **από την οποία κρέμονται οι μάζες** $m_1 = 2kg$, $m_2 = m_3 = 1kg$. **Η τροχαλία μπορεί να περιστρέφεται γύρω από άξονα Ο΄.**

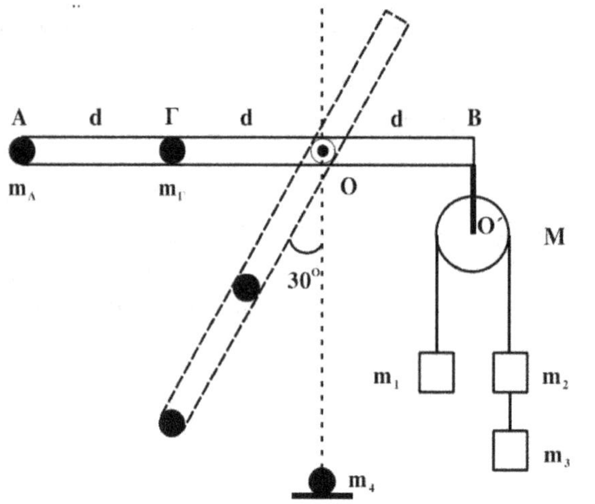

(α) Αποδείξτε ότι το σύστημα ισορροπεί με τη ράβδο στην οριζόντια θέση.

Κόβουμε το Ο΄Β, που συνδέει την τροχαλία με τη ράβδο στο σημείο Β.

(β) Βρείτε τη γωνιακή επιτάχυνση της ράβδου, όταν αυτή σχηματίζει γωνία 30° με την κατακόρυφο.

Όταν η σημειακή μάζα m_A φτάνει στο κατώτατο σημείο, συγκρούεται πλαστικά με ακίνητη σημειακή μάζα $m_4 = 5kg$.

(γ) Βρείτε τη γραμμική ταχύτητα του σημείου Α αμέσως μετά τη κρούση.

Στην αρχική διάταξη, όταν η τροχαλία με τα σώματα είναι δεμένη στο Β, κόβουμε το νήμα που συνδέει μεταξύ τους τα σώματα m_2 και m_3 και αντικαθιστούμε την m_A με μάζα m.

(δ) Πόση πρέπει να είναι η μάζα m, ώστε η ράβδος να διατηρήσει την ισορροπία της κατά τη διάρκεια περιστροφής της τροχαλίας ;

Τα νήματα είναι αβαρή, τριβές στους άξονες δεν υπάρχουν και το νήμα δεν ολισθαίνει στη τροχαλία. Δίνεται: $g = 10m/s^2$,*και η ροπή αδράνειας της τροχαλίας ως προς άξονα που διέρχεται από το κέντρο της* $I = \dfrac{MR^2}{2}$ ***(Θέμα Δ - Πανελλήνιες Μάης 2011)***

Δ.21. Συμπαγής ομογενής δίσκος, μάζας $M = 2\sqrt{2}kg$ και ακτίνας $R = 0,1m$, είναι προσδεδεμένος σε ιδανικό ελατήριο, σταθεράς $k = 100N/m$ στο σημείο Α και ισορροπεί πάνω σε κεκλιμένο επίπεδο, που σχηματίζει γωνία $\phi = 45^o$ με το οριζόντιο επίπεδο, όπως στο σχήμα. Το ελατήριο είναι παράλληλο στο κεκλιμένο επίπεδο και ο άξονας του ελατηρίου απέχει απόσταση $d = \frac{R}{2}$ από το κέντρο (Ο) του δίσκου. Το άλλο άκρο του ελατηρίου είναι στερεωμένο ακλόνητα στο σημείο Γ.

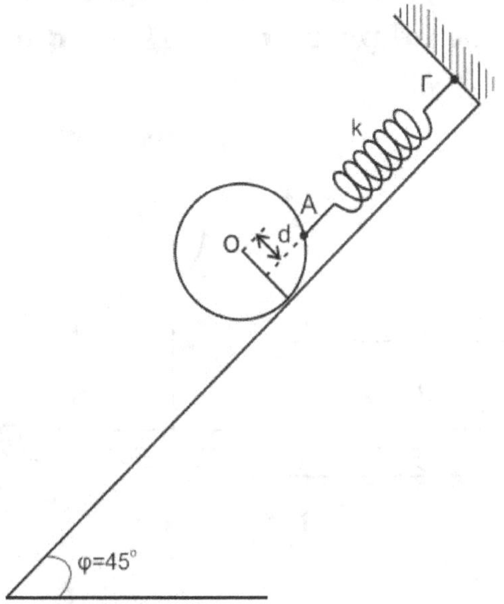

(α) Να υπολογίσετε την επιμήκυνση του ελατηρίου.

(β) Να υπολογίσετε το μέτρο της στατικής τριβής και να προσδιορίσετε την κατεύθυνσή της.

Κάποια στιγμή το ελατήριο κόβεται στο σημείο Α και ο δίσκος αμέσως κυλίεται, χωρίς να ολισθαίνει, κατά μήκος του κεκλιμένου επιπέδου.

(γ) Να υπολογίσετε την επιτάχυνση του κέντρου μάζας του δίσκου.

(δ) Να υπολογίσετε τη στροφορμή του δίσκου ως προς τον άξονα περιστροφής του, όταν το κέντρο μάζας του έχει μετακινηθεί κατά διάστημα $s = 0,3\sqrt{2}m$ στη διεύθυνση του κεκλιμένου επιπέδου.

Δίνονται: η ροπή αδράνειας ομογενούς συμπαγούς δίσκου ως προς άξονα που διέρχεται κάθετα από το κέντρο του $I = \frac{1}{2}MR^2$, η επιτάχυνση της βαρύτητας $g = 10m/s^2$ ***(Θέμα Γ - Επαναληπτικές Εξετάσεις Ιούνης 2012)***

Δ.22. Ομογενής ράβδος ΑΓ μήκους $L = 4m$ και μάζας $M = 3kg$, μπορεί να περιστρέφεται χωρίς τριβές γύρω από κατακόρυφο άξονα που διέρχεται από το σημείο της Ο, το οποίο απέχει απόσταση $L_1 = 1m$ από το άκρο Α. Στο άκρο Γ της ράβδου έχουμε κολλήσει σημειακή μάζα $m_2 = 2kg$, ενώ στο σημείο Δ που απέχει απόσταση $L_2 = 1,8m$ από το σημείο Ο, είναι δεμένο αβαρές και μη εκτατό νήμα που είναι τυλιγμένο στο μικρό αυλάκι διπλής τροχαλίας ακτίνας r. Στην περιφέρεια της τροχαλίας ακτίνας $R = 0,1m$ είναι τυλιγμένο αβαρές και μη εκτατό νήμα, στο άλλο άκρο του οποίου είναι δεμένο σώμα μάζας $m_1 = 1kg$. Το σύστημα στην αρχή ισορροπεί.

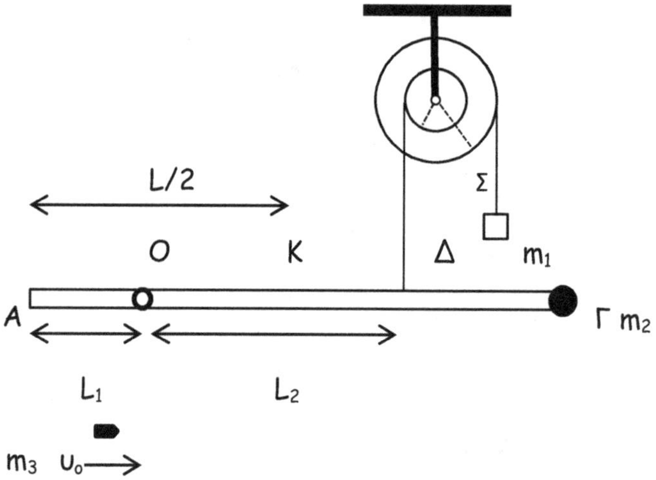

(α) (α1) Να υπολογιστούν οι δυνάμεις που ασκούνται στην ράβδο και να βρεθεί η ακτίνα r του μικρού αυλακιού της διπλής τροχαλίας.

(α2) Να βρεθεί η ροπή αδράνειας του συστήματος ράβδου - σώματος m_2 , ως προς τον άξονα περιστροφής.

(β) Κάποια στιγμή το νήμα που συνδέει την ράβδο με την τροχαλία κόβεται, οπότε η ράβδος μαζί με το σώμα που είναι στερεωμένο στο άκρο της αρχίζει να περιστρέφεται στο επίπεδο του σχήματος και το σώμα μάζας m_1 αρχίζει να κατέρχεται περιστρέφοντας την τροχαλία, μέσω του τεντωμένου νήματος που δεν ολισθαίνει στο αυλάκι της. Να υπολογίσετε:

(β1) Την γωνιακή επιτάχυνση της τροχαλίας και της ράβδου την στιγμή που κόβεται το νήμα.

(β2) Το μέτρο της ταχύτητας του σώματος m_1,όταν θα έχει ξετυλιχτεί νήμα μήκους $l = 2m$.

(β3) Την ταχύτητα του σώματος m_2 στο άκρο της ράβδου την στιγμή που φτάνει στην κατακόρυφη θέση για πρώτη φορά.

(γ) Όταν η ράβδος φτάσει στην κατακόρυφη θέση, συγκρούεται πλαστικά με σημειακή μάζα $m_3 = 11kg$, οποία κινείται οριζόντια με ταχύτητα v_0 με φορά προς τα δεξιά. Η σύγκρουση γίνεται στο κέντρο Κ της ράβδου. Αμέσως μετά την σύγκρουση η ράβδος έχει φορά περιστροφής αντίθετη της αρχικής και ακινητοποιείται στιγμιαία όταν γίνει οριζόντια. Να υπολογίσεται:

(γ1) Το μέτρο της στροφορμής της ράβδου ελάχιστα πριν τη σύγκρουση.

(γ2) Το μέτρο της ταχύτητας v_0.

Δίνεται $g = 10m/s^2$. Η ροπή αδράνειας της ράβδου ως προς άξονα που διέρχεται από το κέντρο μάζας της είναι $I_{cm} = \frac{1}{12}ML^2$, ενώ η ροπή αδράνειας της διπλής τροχαλίας είναι $I_{\tau\rho o\chi} = 0,09kgm^2$.

Κρούσεις - Doppler
8ο Σετ Ασκήσεων - Απρίλης 2013

Α. Ερωτήσεις πολλαπλής επιλογής

Α.1. Μια κρούση λέγεται έκκεντρη όταν:

α. δεν ικανοποιεί την αρχή διατήρησης της ορμής.

β. δεν ικανοποιεί την αρχή διατήρησης της ενέργειας.

γ. οι ταχύτητες των κέντρων μάζας των σωμάτων που συγκρούονται είναι κάθετες.

δ. οι ταχύτητες των κέντρων μάζας των σωμάτων που συγκρούονται είναι παράλληλες.

Α.2. Δύο μικρά σώματα συγκρούονται μετωπικά και πλαστικά. Ο λόγος της ολικής κινητικής ενέργειας του συστήματος των μαζών πριν και μετά την κρούση είναι $\frac{K_{\text{ολ}}^{(\text{πριν})}}{K_{\text{ολ}}^{(\text{μετά})}}$. Το ποσοστό της ενέργειας που μετατράπηκε σε θερμότητα κατά την κρούση είναι:

α. 0%

β. 25%

γ. 50%

δ. 75%

Α.3. Στην ανελαστική κρούση μεταξύ δύο σφαιρών:

α. η κινητική ενέργεια αυξάνεται.

β. η κινητική ενέργεια παραμένει σταθερή.

γ. η ορμή κάθε σφαίρας παραμένει σταθερή.

δ. μέρος της κινητικής ενέργειας των δύο σφαιρών μετατρέπεται σε θερμότητα.

Α.4. Μικρή σφαίρα, που κινείται ευθύγραμμα και ομαλά σε οριζόντιο επίπεδο, συγκρούεται ελαστικά και πλάγια με κατακόρυφο τοίχο. Στην περίπτωση αυτή:

α. Η γωνία πρόσπτωσης της σφαίρας είναι ίση με τη γωνία ανάκλασης.

β. Ισχύει $\vec{\upsilon} = \vec{\upsilon}'$ (όπου $\vec{\upsilon}$ η ταχύτητα της σφαίρας πριν την κρούση και $\vec{\upsilon}'$ η ταχύτητα της σφαίρας μετά την κρούση).

γ. Η ορμή της σφαίρας παραμένει σταθερή.

δ. Η κινητική ενέργεια της σφαίρας δεν διατηρείται σταθερή.

Α.5. Δύο σώματα με ίσες μάζες που κινούνται με μέτρα ταχυτήτων υ_1 και υ_2 συγκρούονται κεντρικά και ελαστικά. Μετά την κρούση τα σώματα θα αποκτήσουν ταχύτητες με μέτρα υ_1' και υ_1' αντίστοιχα που θα δίνονται από τις παρακάτω σχέσεις:

α. $\upsilon_1' = \upsilon_1$ και $\upsilon_2' = \upsilon_2$

β. $\upsilon_1' = 0$ και $\upsilon_2' = 0$

γ. $\upsilon_1' = 0$ και $\upsilon_2' = \upsilon_1$

δ. $\upsilon_1' = \upsilon_2$ και $\upsilon_2' = \upsilon_1$

Α.6.Κατά την ανελαστική κρούση δύο σωμάτων διατηρείται:

α. η ορμή κάθε σώματος.

β. η ορμή του συστήματος.

γ. η κινητική ενέργεια του συστήματος.

δ. η μηχανική ενέργεια του συστήματος.

Α.7. Σε μια ελαστική κρούση:

α. . καθένα από τα σώματα που συγκρούονται διατηρεί την ορμή του.

β. η μηχανική ενέργεια των σωμάτων που συγκρούονται διατηρείται.

γ. τα συγκρουόμενα σώματα, μετά την κρούση έχουν κινητική ενέργεια μικρότερη από την συνολική κινητική ενέργεια που είχαν πριν συγκρουστούν.

δ. συμβαίνει μόνιμη παραμόρφωση του σχήματος των σωμάτων που συγκρούονται.

Α.8. Σε μια κεντρική πλαστική κρούση:

α. διατηρείται η ορμή του συστήματος των σωμάτων που συγκρούονται.

β. η κινητική ενέργεια του συστήματος των σωμάτων που συγκρούονται διατηρείται.

γ. η κινητική ενέργεια του συστήματος των σωμάτων πριν είναι μικρότερη από αυτήν μετά την κρούση.

δ. τα σώματα μετά την κρούση κινούνται σε διευθύνσεις που σχηματίζουν γωνία.

Α.9. Όταν στο μικρόκοσμο συμβαίνει το φαινόμενο της σκέδασης (κρούσης) δύο σωματιδίων, τότε τα σωματίδια:

α. αλληλεπιδρούν για μικρό χρονικό διάστημα και αναπτύσσονται μεταξύ τους πολύ ισχυρές δυνάμεις.

β. έρχονται σε επαφή για μεγάλο χρονικό διάστημα.

γ. ανταλλάσσουν ορμές.

δ. ανταλλάσσουν ταχύτητες.

Α.10. Ένα σώμα Α μάζας m που κινείται με ταχύτητα υ συγκρούεται κεντρικά και ελαστικά με ακίνητο σώμα Β διπλάσιας μάζας. Οι ταχύτητες των σωμάτων Α και Β αμέσως μετά την κρούση έχουν:

α. ίδιες κατευθύνσεις.

β. αντίθετες κατευθύνσεις.

γ. κάθετες κατευθύνσεις.

δ. ίσα μέτρα και ίδιες φορές.

Α.11. Σφαίρα Α μάζας m συγκρούεται κεντρικά και πλαστικά με σφαίρα Β τριπλάσιας μάζας. Αν η ταχύτητα του συσσωματώματος είναι μηδέν, τότε οι σφαίρες Α και Β πριν την κρούση, έχουν:

α. ίσες ορμές.

β. αντίθετες ταχύτητες.

γ. αντίθετες ορμές.

δ. ίσες κινητικές ενέργειες.

Α.12. Ένας ποδηλάτης πλησιάζει και προσπερνά με σταθερή ταχύτητα ένα ακινητοποιημένο αυτοκίνητο, του οποίου η κόρνα σφυρίζει. Επιλέξτε τις σωστές από τις παρακάτω προτάσεις.

α. Όταν ο ποδηλάτης πλησιάζει, ακούει ήχο μεγαλύτερης συχνότητας από αυτή που εκπέμπεται.

β. Όταν ο ποδηλάτης απομακρύνεται από το αυτοκίνητο, φθάνουν στο αφτί του περισσότερα μέγιστα ανά δευτερόλεπτο απ' όσα φτάνουν όταν πλησιάζει.

γ. Όταν ο ποδηλάτης απομακρύνεται από το αυτοκίνητο, φθάνουν στο αφτί του λιγότερα μέγιστα ανά δευτερόλεπτο απ' όσα φθάνουν στο αυτί του οδηγού.

δ. Όταν ο ποδηλάτης πλησιάζει, αντιλαμβάνεται τον ήχο να διαδίδεται με την ίδια ταχύτητα που τον αντιλαμβάνεται ο οδηγός.

Α.13. Το φαινόμενο Doppler στο φως περιγράφεται με διαφορετικούς τύπους από αυτούς που ισχύουν για τον ήχο επειδή: Επιλέξτε τις σωστές από τις παρακάτω προτάσεις.

α. το φως έχει την ίδια ταχύτητα για όλα τα συστήματα αναφοράς, ενώ ο ήχος όχι.

β. το φως δεν χρειάζεται μέσο για να διαδοθεί, ενώ ο ήχος χρειάζεται.

γ. ο ήχος είναι εγκάρσιο κύμα ενώ το φως είναι διαμήκες.

δ. στον ήχο μπορεί να κινείται είτε η πηγή είτε ο παρατηρητής, ενώ στο φως κινείται μόνο η πηγή κυμάτων.

Α.14. Μια πηγή S βρίσκεται μεταξύ 2 ακίνητων παρατηρητών Α και Β. Η πηγή πλησιάζει προς τον Α ενώ απομακρύνεται από τον Β. Το μήκος κύματος που εκπέμπει η πηγή είναι λ_s και ο ήχος διαδίδεται στον αέρα με ταχύτητα v.

α. Ο παρατηρητής Α αντιλαμβάνεται ήχο με μήκος κύματος $\lambda_A > \lambda_s$.

β. Ο παρατηρητής Β αντιλαμβάνεται ήχο με μήκος κύματος $\lambda_B < \lambda_s$.

γ. Ο παρατηρητής Β αντιλαμβάνεται ήχο που διαδίδεται με ταχύτητα ίση με την v.

δ. Ο παρατηρητής Β αντιλαμβάνεται ήχο που έχει συχνότητα μεγαλύτερη από την f_s.

Α.15. Να επιλέξετε τη σωστή/σωστές από τις παρακάτω προτάσεις.

α. α. Στην ανελαστική κρούση τα σώματα υφίστανται μόνιμη παραμόρφωση, ενώ στην ελαστική κρούση τα σώματα μετά το πέρας της κρούσης επανακτούν το αρχικό φυσικό τους σχήμα.

β. Η ορμή συμπαγούς σφαίρας που ισορροπεί σε λείο οριζόντιο επίπεδο δεν μεταβάλλεται αν ασκηθεί σε αυτή ζεύγος δυνάμεων.

γ. Όταν πηγή ήχων πλησιάζει ακίνητο παρατηρητή τότε η συχνότητα που αντιλαμβάνεται ο παρατηρητής είναι μεγαλύτερη από την συχνότητα του ήχου που εκπέμπει η πηγή.

δ. Όταν η συνισταμένη των εξωτερικών δυνάμεων που ασκούνται σε ένα σύστημα σωμάτων είναι διάφορη του μηδενός η ορμή του διατηρείται.

ε. Κατά την σκέδαση σωματιδίων στο μικρόκοσμο, τα σωματίδια αλληλεπιδρούν με σχετικά μεγάλες δυνάμεις, για μικρό χρονικό διάστημα.

Α.16. Να επιλέξετε τη σωστή/σωστές από τις παρακάτω προτάσεις.

α. Στην πλαστική κρούση τα σώματα που συγκρούονται υφίστανται μόνιμη παραμόρφωση και μέρος της κινητικής τους ενέργειας μετατρέπεται σε θερμική.

β. Όταν η ορμή ενός σώματος είναι μηδέν τότε και η κινητική του ενέργεια θα είναι μηδέν.

γ. Όταν η απόσταση μεταξύ παρατηρητή και πηγής ήχων μεγαλώνει, τότε η συχνότητα που αντιλαμβάνεται, είναι μεγαλύτερη από τη συχνότητα του ήχου που εκπέμπει η πηγή.

δ. Όταν μια σφαίρα συγκρούεται ελαστικά με κατακόρυφο τοίχο, ανακλάται με την ίδια κατά μέτρο ταχύτητα.

ε. Αν δύο σφαίρες με ίσες μάζες συγκρούονται κεντρικά και η κρούση τους είναι ελαστική, τότε ανταλλάσσουν ταχύτητες.

Α.17. Να επιλέξετε τη σωστή/σωστές από τις παρακάτω προτάσεις.

α. Η συχνότητα του ήχου που αντιλαμβάνεται μηχανοδηγός τρένου σε όλη τη διάρκεια της κίνησης του τρένου είναι ίδια με τη συχνότητα που εκπέμπεται από πηγή η οποία είναι ακλόνητα στερεωμένη στο τρένο.

β. Στη διάρκεια μιας κεντρικής ελαστικής κρούσης δύο σωμάτων, η κινητική ενέργεια κάθε σώματος διατηρείται.

γ. Σε μια πλάγια πλαστική κρούση δύο σωμάτων το μέτρο της ορμής του συσσωματώματος ισούται με το άθροισμα των μέτρων των ορμών των δύο σωμάτων.

δ. Το μήκος κύματος του ήχου που εκπέμπει μια πηγή η οποία πλησιάζει σε ακίνητο παρατηρητή, είναι μικρότερο από αυτό που αντιλαμβάνεται ο παρατηρητής.

ε. Όταν δύο σφαίρες συγκρούονται κεντρικά, ανελαστικά και έχουν ίσες μάζες τότε ανταλλάσσουν ταχύτητες.

Α.18. Να επιλέξετε τη σωστή/σωστές από τις παρακάτω προτάσεις.

α. Σε κάθε κρούση για το σύνολο των σωμάτων που συγκρούονται η ορμή διατηρείται.

β. Το φαινόμενο Doppler εμφανίζεται μόνο στα ηχητικά κύματα.

γ. Στην πλαστική κρούση συμβαίνει συσσωμάτωση.

δ. Στην ελαστική κρούση δύο σωμάτων η μεταβολή της κινητικής ενέργειας του συστήματος πριν και μετά την κρούση είναι μηδέν.

ε. Έκκεντρη ονομάζεται η κρούση δύο σωμάτων, στην οποία οι ταχύτητες των κέντρων μάζας των σωμάτων πριν και μετά την κρούση είναι παράλληλες.

Α.19. Να επιλέξετε τη σωστή/σωστές από τις παρακάτω προτάσεις.

α. Ένας παρατηρητής ακούει ήχο με συχνότητα μεγαλύτερη από τη συχνότητα του ήχου που εκπέμπει μια πηγή, όταν η μεταξύ τους απόσταση αυξάνεται.

β. Το φαινόμενο Doppler χρησιμοποιείται από τους γιατρούς, για να παρακολουθούν τη ροή του αίματος.

γ. Σε κάθε κρούση ισχύει η αρχή διατήρησης της ενέργειας.

δ. Σε μια ανελαστική κρούση η δημιουργούμενη θερμότητα προέρχεται μόνο από τη μείωση της κινητικής και όχι από τη μείωση της δυναμικής ενέργειας του συστήματος.

ε. Στο φαινόμενο Doppler, στα ηχητικά κύματα, ένας παρατηρητής αντιλαμβάνεται διαφορετικό μήκος κύματος από αυτό που εκπέμπει η πηγή, μόνο όταν η πηγή κινείται.

Β. Ερωτήσεις πολλαπλής επιλογής με αιτιολόγηση

Β.1. Σώμα Σ_1 κινούμενο προς ακίνητο σώμα Σ_2, ίσης μάζας με το Σ_1, συγκρούεται μετωπικά και πλαστικά με αυτό. Το ποσοστό της αρχικής κινητικής ενέργειας του Σ_1 που έγινε θερμότητα κατά την κρούση είναι:

α. 0%

β. 25%

γ. 50%

Να επιλέξετε τη σωστή απάντηση και να αιτιολογήσετε την επιλογή σας.

Β.2. Σώμα Α μάζας m_A προσπίπτει με ταχύτητα υ_A σε ακίνητο σώμα Β μάζας m_B , με το οποίο συγκρούεται κεντρικά και ελαστικά. Μετά την κρούση το σώμα Α γυρίζει πίσω με ταχύτητα μέτρου ίσου με το $1/3$ της αρχικής του τιμής. Ο λόγος των μαζών $\dfrac{m_B}{m_A}$ είναι:

α. $\dfrac{1}{3}$

β. $\dfrac{1}{2}$

γ. 2

Να επιλέξετε τη σωστή απάντηση και να αιτιολογήσετε την επιλογή σας.

Β.3. Μεταλλική συμπαγής σφαίρα Σ_1 κινούμενη προς ακίνητη μεταλλική συμπαγή σφαίρα Σ_2, τριπλάσιας μάζας από τη Σ_1, συγκρούεται μετωπικά και ελαστικά με αυτή. Το ποσοστό της αρχικής κινητικής ενέργειας της Σ_1 που μεταβιβάζεται στη Σ_2 κατά την κρούση είναι:

α. 30%

β. 75%

γ. 100%

Να επιλέξετε τη σωστή απάντηση και να αιτιολογήσετε την επιλογή σας.

Β.4. Τρεις μικρές σφαίρες Σ_1 , Σ_2 και Σ_3 βρίσκονται ακίνητες πάνω σε λείο οριζόντιο επίπεδο. Οι σφαίρες έχουν μάζες $m_1 = m$, $m_2 = m$ και $m_3 = 3m$ αντίστοιχα. Δίνουμε στη σφαίρα Σ_1 ταχύτητα μέτρου υ_1 και συγκρούεται κεντρικά και ελαστικά με τη δεύτερη ακίνητη σφαίρα Σ_2. Στη συνέχεια η δεύτερη σφαίρα Σ_2 συγκρούεται κεντρικά και ελαστικά με την τρίτη ακίνητη σφαίρα Σ_3. Η τρίτη σφαίρα αποκτά τότε ταχύτητα μέτρου υ_3 . Ο λόγος των μέτρων των ταχυτήτων $\dfrac{\upsilon_3}{\upsilon_1}$ είναι:

α. $\dfrac{1}{3}$

β. $\dfrac{1}{2}$

γ. 1

Να επιλέξετε τη σωστή απάντηση και να αιτιολογήσετε την επιλογή σας.

Β.5. Ένα σώμα μάζας m_1 κινείται με ταχύτητα μέτρου υ_1 και συγκρούεται κεντρικά και ελαστικά με δεύτερο σώμα που είναι αρχικά ακίνητο. Είναι δυνατόν μετά την κρούση η ταχύτητα του 1ου σώματος να έχει μέτρο $\upsilon_1' = 3m/s$ ίδιας φοράς με την αρχική του ταχύτητα και η ταχύτητα του 2ου σώματος να έχει μέτρο $\upsilon_2' = 4m/s$ ·

α. όχι

β. ναι

γ. μόνο αν τα σώματα έχουν ίδιες μάζες

Να επιλέξετε τη σωστή απάντηση και να αιτιολογήσετε την επιλογή σας.

Β.6. Ένας μαθητής ισχυρίζεται ότι είναι δυνατόν η αρχική ορμή ενός συστήματος δύο σωμάτων που συγκρούονται πλαστικά να είναι μηδέν, και μετά την κρούση η τελική ορμή του συστήματος να είναι μηδέν ενώ η κινητική ενέργεια του συστήματος να είναι διάφορη του μηδενός. Ο παραπάνω ισχυρισμός:

α. είναι ψευδής.

β. είναι αληθής.

Να επιλέξετε τη σωστή απάντηση και να αιτιολογήσετε την επιλογή σας.

Β.7. Σώμα μάζας m κινείται οριζόντια με ταχύτητα υ . Στην πορεία του συγκρούεται πλαστικά με ακίνητο σώμα μάζας $M = 3m$. Η απόλυτη τιμή της μεταβολής της ορμής και της κινητικής ενέργειας $\Delta K_{\text{ολ}}$ του συστήματος είναι αντίστοιχα:

α. $|\Delta \vec{P}_{\text{ολ}}| = 0$, $|\Delta K_{\text{ολ}}| = \dfrac{m\upsilon^2}{3}$

β. $|\Delta \vec{P}_{\text{ολ}}| = m\upsilon$, $|\Delta K_{\text{ολ}}| = \dfrac{m\upsilon^2}{3}$

γ. $|\Delta \vec{P}_{\text{ολ}}| = 0$, $|\Delta K_{\text{ολ}}| = \dfrac{3m\upsilon^2}{8}$

δ. $|\Delta \vec{P}_{\text{ολ}}| = \dfrac{3m\upsilon}{4}$, $|\Delta K_{\text{ολ}}| = \dfrac{3m\upsilon^2}{8}$

Να επιλέξετε τη σωστή απάντηση και να αιτιολογήσετε την επιλογή σας.

Β.8. Ένα σώμα μάζας m_1 συγκρούεται μετωπικά με δεύτερο ακίνητο σώμα μάζας m_2 . Αν η σύγκρουση θεωρηθεί ελαστική και η αρχική κινητική ενέργεια του m_1 είναι K_1 , η κινητική ενέργεια που χάνει το m_1 είναι:

α. $\Delta K_1 = \dfrac{m_1 m_2}{m_1 + m_2} K_1$

β. $\Delta K_1 = \dfrac{(m_1 + m_2)^2}{m_1 m_2} K_1$

γ. $\Delta K_1 = \dfrac{4 m_1 m_2}{(m_1 + m_2)^2} K_1$

Να επιλέξετε τη σωστή απάντηση και να αιτιολογήσετε την επιλογή σας.

Β.9. Ένας παρατηρητής πλησιάζει με ταχύτητα υ_A ακίνητη πηγή ήχου , η οποία εκπέμπει ήχο συχνότητας f_S. Ο παρατηρητής ακούει ήχο συχνότητας f_A η οποία είναι κατά 20% μεγαλύτερη από την f_S . Η ταχύτητα του παρατηρητή είναι:

α. $\upsilon_A = \dfrac{\upsilon}{5}$

β. $\upsilon_A = \dfrac{\upsilon}{6}$

γ. $\upsilon_A = \dfrac{\upsilon}{4}$

Να επιλέξετε τη σωστή απάντηση και να αιτιολογήσετε την επιλογή σας.

Β.10. Μια ηχητική πηγή κινούμενη με ταχύτητα $v_S = \frac{v}{20}$ απομακρύνεται από κινούμενο παρατηρητή ο οποίος κινείται με ταχύτητα v_A κατευθυνόμενος προς την πηγή. Η πηγή εκπέμπει ήχο συχνότητας f_S, μήκους κύματος λ_S , ο οποίος διαδίδεται στον αέρα με ταχύτητα v . Ο παρατηρητής αντιλαμβάνεται ήχο που έχει μήκος κύματος:

α. $\lambda_A = \frac{20}{21}\lambda_S$

β. $\lambda_A = \frac{41}{40}\lambda_S$

γ. $\lambda_A = \frac{21}{20}\lambda_S$

Να επιλέξετε τη σωστή απάντηση και να αιτιολογήσετε την επιλογή σας.

Β.11. Μια ηχητική πηγή κινούμενη με ταχύτητα v_S απομακρύνεται από κινούμενο παρατηρητή ο οποίος κινείται με ταχύτητα $v_A = \frac{v}{30}$ κατευθυνόμενος προς την πηγή. Η πηγή εκπέμπει ήχο συχνότητας f_S , μήκους κύματος λ_S , ο οποίος διαδίδεται στον αέρα με ταχύτητα v. Ο παρατηρητής αντιλαμβάνεται τον ήχο να διαδίδεται με ταχύτητα:

(α) $v' = \frac{31v}{30}$

(β) $v' = \frac{30v}{31}$

(γ) $v' = \frac{31v}{51}$

Β.12. Μια ακίνητη πηγή ήχου S εκπέμπει ήχο συχνότητας f_S για χρονική διάρκεια Δt_S . Ένας παρατηρητής που πλησιάζει την πηγή κινούμενος με σταθερή ταχύτητα αντιλαμβάνεται τον ήχο με συχνότητα f_A και για χρονική διάρκεια Δt_A . Για τα δύο χρονικά διαστήματα ισχύει η σχέση:

(α) $\Delta t_A = \Delta t_S$

(β) $\Delta t_A < \Delta t_S$

(γ) $\Delta t_A > \Delta t_S$

B.13. Μια ηχητική πηγή κινείται με ταχύτητα $\upsilon_S = \dfrac{\upsilon}{10}$. Μπροστά από την πηγή σε μεγάλη απόσταση υπάρχει ακίνητο κατακόρυφο εμπόδιο (τοίχος) στο οποίο ο ήχος μπορεί να ανακλαστεί. Πίσω από την πηγή υπάρχει ένας παρατηρητής Α ο οποίος κινείται με ταχύτητα $\upsilon_A = \dfrac{\upsilon}{20}$ με κατεύθυνση προς τον τοίχο. Η πηγή εκπέμπει κύματα συχνότητας f_S και ο παρατηρητής ακούει δυο ήχους, έναν απευθείας από την πηγή συχνότητας f_1 και ένα μετά από την ανάκλαση στο κατακόρυφο εμπόδιο συχνότητας f_2. Τις δύο συχνότητες τις συνδέει η σχέση:

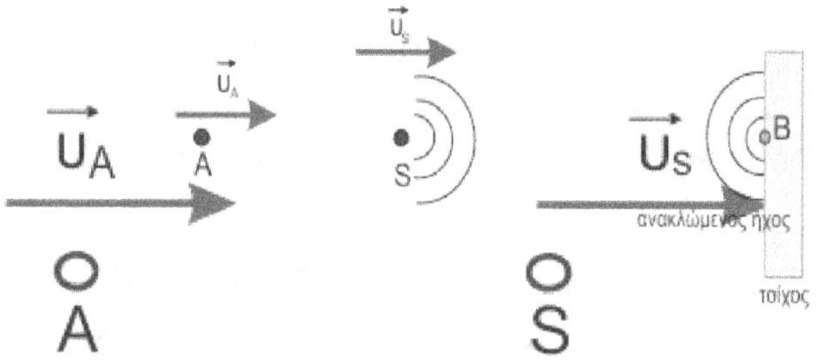

(α) $f_1 = \dfrac{21}{22} f_2$

(β) $f_1 = \dfrac{18}{21} f_2$

(γ) $f_1 = \dfrac{18}{22} f_2$

B.14. Ακίνητη ηχητική πηγή εκπέμπει ήχο που έχει συχνότητα f_S. Ένας κινούμενος παρατηρητής Α αντιλαμβάνεται ότι ο ήχος αυτός έχει συχνότητα f_A που μεταβάλλεται σε σχέση με το χρόνο, όπως φαίνεται στο διάγραμμα. Άρα ο παρατηρητής:

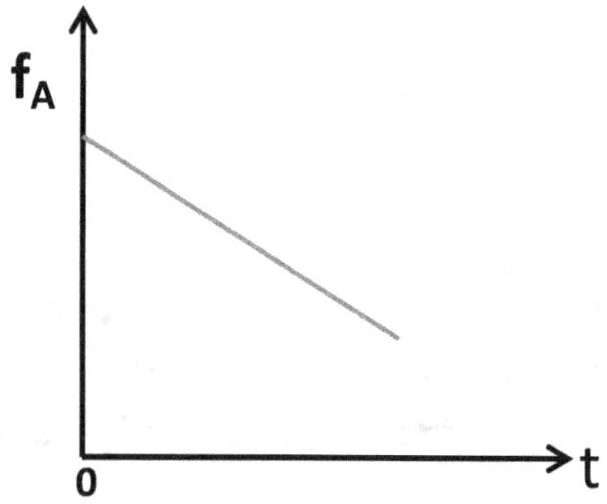

(α) απομακρύνεται από την πηγή με σταθερή ταχύτητα.

(β) πλησιάζει την πηγή με σταθερή επιτάχυνση.

(γ) απομακρύνεται από την πηγή με σταθερή επιτάχυνση.

Γ.Ασκήσεις

Γ.1. Σώμα μάζας $M = 5kg$ ηρεμεί σε οριζόντιο επίπεδο.Βλήμα κινούμενο οριζόντια με ταχύτητα μέτρου $\upsilon_1 = 100m/s$ και μάζας $m = 0,2kg$, διαπερνά το σώμα χάνοντας το 75% της κινητικής του ενέργειας και εξέρχεται με ταχύτητα $\vec{\upsilon_1'}$. Να υπολογιστεί:

(α) το μέτρο της ταχύτητας $\vec{\upsilon_1'}$ του βλήματος και της ταχύτητας $\vec{\upsilon_2'}$ του σώματος αμέσως μετά την έξοδο του βλήματος.

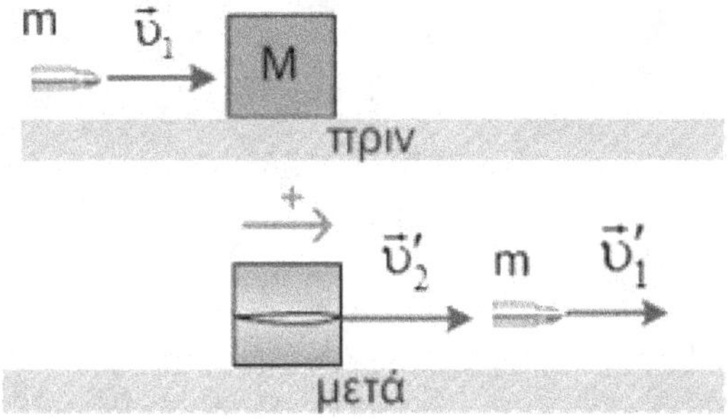

(β) Το ποσοστό της αρχικής κινητικής ενέργειας του βλήματος που μεταφέρθηκε στο σώμα κατά την κρούση.

(γ) Η μεταβολή της ορμής του βλήματος και του σώματος από τη στιγμή που ηρεμούσε το σώμα μέχρι την έξοδο του βλήματος.

(δ) Η μέση δύναμη που δέχεται το σώμα κατά τη διάρκεια της διέλευσης του βλήματος, αν αυτή διαρκεί $\Delta t = 0,01s$.

Γ.2. Σώμα Σ_1 μάζας $m_1 = 1kg$ κινείται με οριζόντια ταχύτητα μέτρου $\upsilon_1 = 12m/s$ με κατεύθυνση κάθετη σε κατακόρυφο τοίχο και συγκρούεται πλαστικά με σώμα Σ_2 μάζας $m_2 = 2kg$ που κινείται παράλληλα προς τον τοίχο με οριζόντια ταχύτητα $\vec{\upsilon_2}$. Το συσσωμάτωμα αποκτά ταχύτητα $\vec{\upsilon_1}$. Στη συνέχεια το συσσωμάτωμα συγκρούεται ελαστικά με τον κατακόρυφο τοίχο. Μετά την ελαστική κρούση αποκτά ταχύτητα μέτρου $\upsilon_2 = 4\sqrt{2}m/s$, η διεύθυνση της οποίας είναι κάθετη με τη $\vec{\upsilon_1}$. Οι κινήσεις των σωμάτων Σ_1, Σ_2 και του συσσωματώματος γίνονται στο ίδιο οριζόντιο επίπεδο. Να υπολογίσετε:

(α) το μέτρο και την κατεύθυνση της ταχύτητας $\vec{\upsilon_1}$.

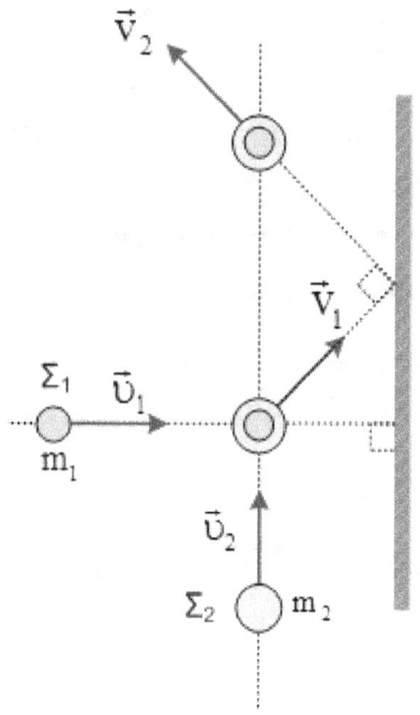

(β) το μέτρο της ταχύτητας $\vec{v_2}$.

(γ) τη μεταβολή της ορμής του συσσωματώματος εξαιτίας της ελαστικής κρούσης με τον τοίχο.

(δ) το μέτρο της μέσης δύναμης που ασκήθηκε στο συσσωμάτωμα κατά τη διάρκεια της κρούσης, αν η χρονική διάρκεια της κρούσης του συσσωματώματος με τον τοίχο είναι $\Delta t = 0,01s$.

Δίνεται η επιτάχυνση της βαρύτητας $g = 10m/s^2$

Γ.3. Ένα ξύλινο σώμα μάζας $m_2 = 0,96kg$ είναι ακίνητο πάνω σε λείο οριζόντιο επίπεδο. Ένα βλήμα μάζας $m_1 = 40g$ κινείται οριζόντια με ταχύτητα μέτρου $v_1 = 200m/s$ και σφηνώνεται στο σώμα, σε βάθος $d = 7,68cm$. Να υπολογιστεί:

(α) το μέτρο της ταχύτητας του συσσωματώματος μετά την κρούση.

(β) το ποσοστό της μηχανικής ενέργειας που μετατρέπεται σε θερμότητα (να θεωρήσετε ότι όλη η απώλεια της μηχανικής ενέργειας του συστήματος γίνεται θερμότητα και ότι το επίπεδο μηδενικής δυναμικής ενέργειας είναι το οριζόντιο επίπεδο).

(γ) η μέση δύναμη που ασκεί η σφαίρα στο ξύλο καθώς εισχωρεί σε αυτό.

(δ) η μετατόπιση του συστήματος ξύλο-βλήμα μέχρι να σφηνωθεί το βλήμα στο ξύλο.

Γ.4. Δυο σφαίρες Σ_1 και Σ_2, που έχουν μάζες $m_1 = 1kg$ και $m_2 = 2kg$ αντίστοιχα, κινούνται σε λείο οριζόντιο επίπεδο κατά μήκος της ίδιας ευθείας και πλησιάζουν η μια την άλλη με ταχύτητες μέτρων $v_1 = 6m/s$ και $v_2 = 9m/s$, αντίστοιχα. Οι δυο σφαίρες συγκρούονται μετωπικά. Μετά την κρούση η σφαίρα Σ_1 αλλάζει κατεύθυνση κινούμενη με ταχύτητα μέτρου $v_1' = 14m/s$.

(α) Να υπολογίσετε το μέτρο της ταχύτητας v_2' της σφαίρας Σ_2 μετά την κρούση.

(β) Να εξετάσετε αν η κρούση είναι ελαστική.

(γ) Να υπολογίσετε:

(1) τη μεταβολή της κινητικής ενέργειας κάθε σφαίρας κατά την κρούση. Τι παρατηρείτε;

(2) τη μεταβολή της ορμής κάθε σφαίρας κατά την κρούση. Τι παρατηρείτε;

Γ.5. Τρεις μικρές σφαίρες Σ_1, Σ_2 και Σ_3 βρίσκονται ακίνητες πάνω σε λείο οριζόντιο επίπεδο όπως στο σχήμα. Οι σφαίρες έχουν μάζες $m_1 = m$, $m_1 = m$ και $m_1 = 3m$ αντίστοιχα. Δίνουμε στη σφαίρα Σ_1 ταχύτητα μέτρου v_1 . Όλες οι κρούσεις που α-κολουθούν ανάμεσα στις σφαίρες είναι κεντρικές και ελαστικές. Να βρεθούν:

(α) ο αριθμός των κρούσεων που θα γίνουν συνολικά.

Αφού ολοκληρωθούν όλες οι κρούσεις των σφαιρών μεταξύ τους, να υπολογισθεί:

(β) η τελική ταχύτητα κάθε σφαίρας.

(γ) το μέτρο της μεταβολής της ορμής της πρώτης σφαίρας.

(δ) το ποσοστό της κινητικής ενέργειας της σφαίρας Σ_1 που μεταφέρθηκε στη τρίτη σφαίρα Σ_3.

Δίνονται: η μάζα $m_1 = 2kg$ και $v_1 = 10m/s$.

Γ.6. Μια σφαίρα Σ_1 μάζας m_1 κινείται πάνω σε λείο οριζόντιο επίπεδο με ταχύτητα $\vec{v_1}$ και συγκρούεται μετωπικά και ελαστικά με ακίνητη σφαίρα Σ_2 μάζας m_2 ($m_2 > m_1$).
Μετά την κρούση η σφαίρα Σ_2 συγκρούεται ελαστικά με κατακόρυφο επίπεδο τοίχο, που είναι κάθετος στη διεύθυνση της κίνησης των δυο σφαιρών.

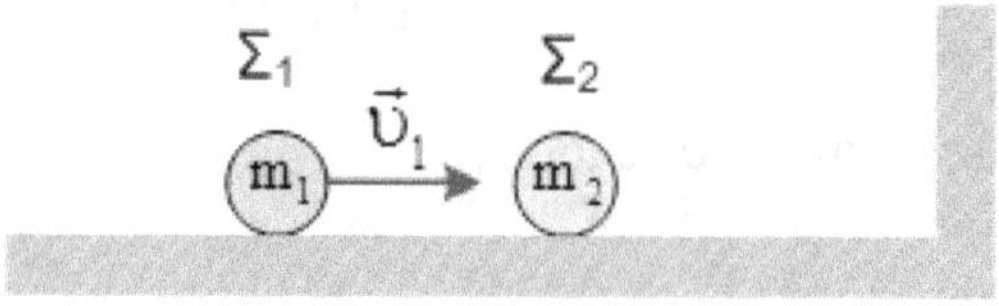

(α) Αν ο λόγος των μαζών των δυο σφαιρών είναι $\lambda = \frac{m_2}{m_1}$ να εκφράσετε τις αλγεβρικές τιμές των ταχυτήτων των σφαιρών Σ_1 και Σ_2 σε συνάρτηση με το λ και το μέτρο της ταχύτητας $\vec{v_1}$. Να βρεθεί:

(β) για ποιες τιμές του λ η σφαίρα Σ_1 μετά την κρούση της με τη σφαίρα Σ_2 κινείται προς τα αριστερά.

(γ) για ποια τιμή του λ , η σφαίρα Σ_2, μετά τη κρούση της με τον τοίχο θα διατηρεί σταθερή απόσταση από την σφαίρα Σ_1. Με βάση την παραπάνω τιμή του λ , να υπολογισθεί:

(δ) ο λόγος της τελικής κινητικής ενέργειας της σφαίρας Σ_2, που έχει μετά την κρούση της με τον τοίχο, προς την αρχική κινητική ενέργεια της σφαίρας Σ_1.

Γ.7. Σώμα μάζας $M = 2kg$ ηρεμεί σε οριζόντιο επίπεδο με το οποίο παρουσιάζει συντελεστή τριβής ολίσθησης $\mu = 0,2$. Μια μικρή μπάλα μάζας $m = 100g$ κινούμενη οριζόντια προς τα δεξιά, με ταχύτητα μέτρου $v_1 = 100m/s$, συγκρούεται με το σώμα και επιστρέφει με ταχύτητα μέτρου $v_1' = 20m/s$. Να υπολογιστεί:

(α) το μέτρο της ταχύτητας v_2' του σώματος Μ αμέσως μετά την κρούση.

(β) η απώλεια της μηχανικής ενέργειας του συστήματος των δύο σωμάτων κατά την κρούση. Σε ποιες μορφές ενέργειας μετατράπηκε;

(γ) η μετατόπιση του σώματος μάζας Μ μέχρι να σταματήσει εξαιτίας της τριβής του με το επίπεδο.

(δ) ο λόγος $\lambda = \frac{M}{m}$ των μαζών των δύο σωμάτων, αν η κρούση ήταν ελαστική.

Δίνεται: $g = 10m/s^2$.

Γ.8. Δύο τελείως ελαστικές σφαίρες με μάζες $m_1 = m = 1kg$ **και** $m_2 = 3m = 3kg$ **αντίστοιχα, κινούνται σε λείο οριζόντιο επίπεδο και πλησιάζουν η μία την άλλη με ταχύτητες μέτρου** $\upsilon_1 = \upsilon_2 = \upsilon_0 = 10m/s$ **. Να βρείτε :**

(α) Τις ταχύτητές των μαζών μετά την κρούση.

(β) Τη μεταβολή της ορμής της m_2

(γ) Το ποσοστό μεταβολής της κινητικής ενέργειας της σφαίρας m_2 .

(δ) Τη μέση δύναμη που ασκήθηκε στη σφαίρα m_1 κατά την κρούση αν αυτή διαρκεί χρόνο $\Delta t = 0,02s$

Γ.9. Σώμα Α μάζας $m_1 = 2kg$ **αφήνεται να γλιστρήσει από απόσταση** $l = 20m$ **από την κορυφή λείου κεκλιμένου επιπέδου γωνίας κλίσης** $\phi = 30^o$ **. Ταυτόχρονα δεύτερο σώμα Β μάζας** $m_2 = m_1$ **βάλλεται με αρχική ταχύτητα** $\upsilon_0 = 10m/s$ **από τη βάση του κεκλιμένου επιπέδου. Τα σώματα συγκρούονται κεντρικά και πλαστικά. Να υπολογίσετε :**

(α) τις ταχύτητες των σωμάτων λίγο πριν την κρούση.

(β) την ταχύτητα του συσσωματώματος αμέσως μετά την κρούση.

(γ) το μέτρο της μεταβολής της ορμής του σώματος Α κατά τη διάρκεια της κρούσης.

(δ) την ταχύτητα με την οποία το συσσωμάτωμα θα επανέλθει στη βάση του κεκλιμένου επιπέδου.

Δίνεται η επιτάχυνση βαρύτητας : $g = 10m/s^2$.

Γ.10. Ένα σώμα μάζας $m_1 = 4kg$ **εκτελεί απλή αρμονική ταλάντωση πλάτους** $A = \sqrt{\frac{5}{4}}m$ **πάνω σε λείο οριζόντιο επίπεδο δεμένο στην άκρη οριζόντιου ιδανικού ελατηρίου σταθεράς** $k = 16N/m$ **. Τη χρονική στιγμή** $t_0 = 0$ **που το σώμα βρίσκεται στη θέση** $x_1 = 1m$ **και κινείται από τη θέση ισορροπίας προς τη θέση μέγιστης απομάκρυνσης συγκρούεται ελαστικά με δεύτερο σώμα μάζας** $m_2 = 12kg$ **που κινείται με ταχύτητα μέτρου** $\upsilon_2 = 1m/s$ **αντίθετης φοράς από αυτή της** υ_1 **.Να υπολογίσετε :**

(α) το μέτρο της ταχύτητας του σώματος m_1 ελάχιστα πριν την κρούση.

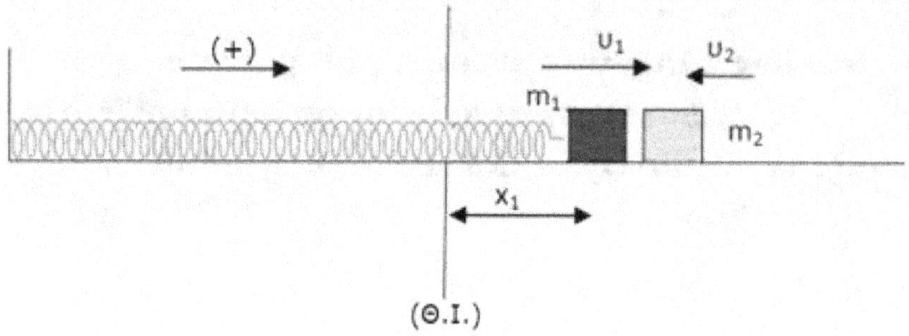

(β) τις ταχύτητες των σωμάτων αμέσως μετά την ελαστική κρούση.

(γ) το νέο πλάτος της ταλάντωσης του σώματος m_1 .

(δ) το στιγμιαίο ρυθμό μεταβολής της κινητικής ενέργειας του m_1 όταν αυτό βρίσκεται στη νέα ακραία θέση της ταλάντωσής του.

Γ.11. Ένας ακίνητος παρατηρητής βρίσκεται ανάμεσα σε δυο πανομοιότυπες πηγές κυμάτων Π1 και Π2, οι οποίες κατευθύνονται προς τον παρατηρητή και εκπέμπουν κύματα ίδιας συχνότητας $f_s = 697,2Hz$ **. Οι ταχύτητες των δυο πηγών είναι** $\upsilon_1 = 4m/s$ **και** $\upsilon_2 = 8m/s$ **. Να βρεθούν:**

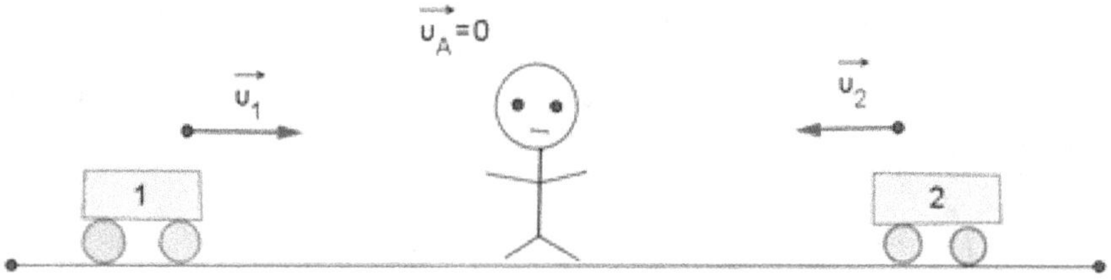

(α) οι συχνότητες f_1 και f_2 των δύο ήχων που ακούει ο παρατηρητής.

(β) τα μήκη κύματος λ_1 και λ_2 των δύο ήχων που αντιλαμβάνεται ο παρατηρητής.

(γ) ποια είναι η συχνότητα του σύνθετου ήχου και ποια η συχνότητα των διακροτημάτων που αντιλαμβάνεται ο παρατηρητής.

Δίνεται η ταχύτητα του ήχου στον αέρα $\upsilon = 340m/s$.

Γ.12. Ένα ασθενοφόρο που κινείται με σταθερή ταχύτητα $\upsilon_s = 25m/s$ σε ευθύγραμμο δρόμο έχει ενεργοποιημένη την σειρήνα του και εκπέμπει ήχο συχνότητας $f_s = 945Hz$. Στη διεύθυνση κίνησης του ασθενοφόρου υπάρχουν: (1) ένας ποδηλάτης Α που κινείται ομόρροπα με το ασθενοφόρο με ταχύτητα $\upsilon_A = 10m/s$ και βρίσκεται μπροστά από αυτό. (2) ένας μοτοσικλετιστής Β που κινείται αντίθετα από το ασθενοφόρο με σταθερή ταχύτητα υ_B και βρίσκεται μπροστά από αυτό. Για τις συχνότητες του ήχου f_A , f_B που αντιλαμβάνονται ο ποδηλάτης και ο μοτοσικλετιστής αντίστοιχα, ισχύει $\frac{f_1}{f_2} = \frac{33}{37}$. Να βρεθούν:

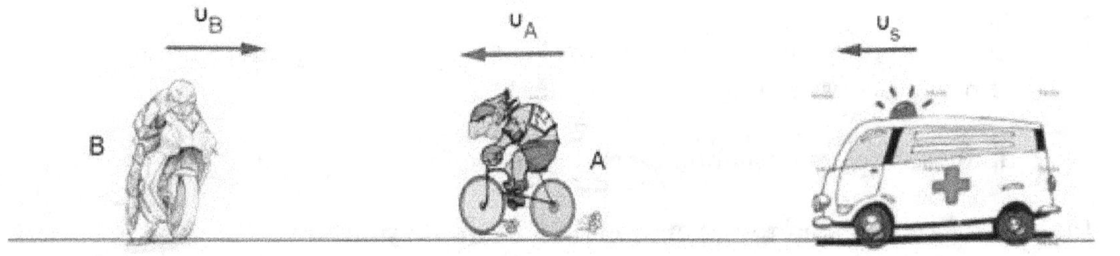

(α) η συχνότητα f_A που αντιλαμβάνεται ο ποδηλάτης.

(β) η ταχύτητα του μοτοσικλετιστή υ_B .

(γ) ο λόγος $\frac{\upsilon_{(A)}}{\upsilon_{(B)}}$, όπου $\upsilon_{(A)}$, $\upsilon_{(B)}$, οι ταχύτητες διάδοσης του ήχου που αντιλαμβάνονται ο ποδηλάτης και ο μοτοσικλετιστής αντίστοιχα.

(δ) ο λόγος $\frac{\lambda_A}{\lambda_B}$, όπου λ_A , λ_B , τα μήκη κύματος που αντιλαμβάνονται ο ποδηλάτης και ο μοτοσικλετιστής αντίστοιχα.

Δίνεται ότι η ταχύτητα του ήχου είναι $\upsilon = 340m/s$.

Γ.13. Πηγή ήχου S κινείται με σταθερή ταχύτητα υ_s σε ευθύγραμμη τροχιά και εκπέμπει ήχο συχνότητας f_s. Στην ίδια ευθεία βρίσκεται ακίνητος παρατηρητής ο οποίος ακούει ήχο με συχνότητα $f_1 = 680Hz$ όταν η πηγή τον πλησιάζει και ήχο με συχνότητα $f_2 = \frac{33}{35}f_1$ όταν η πηγή περνώντας τον απομακρύνεται από αυτόν. Ζητείται:

(α) η ταχύτητα με την οποία κινείται η πηγή.

(β) η συχνότητα του ήχου που εκπέμπει η πηγή.

(γ) το μήκος κύματος που αντιλαμβάνεται ο παρατηρητής όταν η πηγή τον πλησιάζει και όταν η πηγή απομακρύνεται από αυτόν.

Δίνεται η ταχύτητα του ήχου στον αέρα $\upsilon = 340m/s$.

Γ.14. Η σειρήνα ενός τρένου το οποίο κινείται σε ευθύγραμμη τροχιά με ταχύτητα $\upsilon_s = 40m/s$ εκπέμπει ήχο συχνότητας $f_s = 600Hz$ για χρονικό διάστημα $\Delta t_s = 3,5s$. Ένας παρατηρητής κινείται αντίθετα από το τρένο με ταχύτητα $\upsilon_A = 10m/s$. Να βρεθεί:

(α) η συχνότητα του ήχου που αντιλαμβάνεται ο παρατηρητής.

(β) το μήκος κύματος του ήχου που εκπέμπει το τρένο καθώς και το μήκος κύματος που αντιλαμβάνεται ο παρατηρητής Α.

(γ) ο αριθμός των μεγίστων που εκπέμπει η σειρήνα του τρένου.

(δ) η χρονική διάρκεια του ήχου που ακούει ο παρατηρητής.

Δίνεται η ταχύτητα του ήχου $\upsilon = 340m/s$.

Γ.15. Ένας παρατηρητής Α κινείται με ταχύτητα $\upsilon_A = 20m/s$ κατευθυνόμενος προς ακίνητη πηγή ήχου, η οποία εκπέμπει κύματα συχνότητας $f_s = 68Hz$ και μήκους κύματος λ_s , για χρονικό διάστημα $\Delta t_s = 10s$.

(α) Ποια είναι η συχνότητα και ποιο το μήκος κύματος του ήχου που αντιλαμβάνεται ο παρατηρητής καθώς πλησιάζει την πηγή;

(β) Πόσο έχει μετατοπισθεί ο παρατηρητής στο χρονικό διάστημα που ακούει 2 διαδοχικά μέγιστα ήχου;

(γ) Πόση είναι η απόσταση μεταξύ 2 διαδοχικών μέγιστων του ήχου που αντιλαμβάνεται ο παρατηρητής ;

(δ) Να βρεθεί η απόσταση πηγής-παρατηρητή τη χρονική στιγμή που φτάνει σε αυτόν το 1ο μέγιστο ήχου αν γνωρίζουμε ότι την ίδια στιγμή η πηγή εκπέμπει το τελευταίο μέγιστο ήχου.

Δίνεται η ταχύτητα του ήχου $\upsilon = 340m/s$.

Γ.16. Μια αμαξοστοιχία πλησιάζει έναν ακίνητο παρατηρητή κινούμενη με σταθερή ταχύτητα και τη στιγμή που η σειρήνα του απέχει $d = 680m$ από τον παρατηρητή εκπέμπει ήχο συχνότητας $f_s = 800Hz$ για χρονικό διάστημα $\Delta t_s = 8,5s$. Ο ακίνητος παρατηρητής αντιλαμβάνεται ήχο συχνότητας $f_A = 850Hz$. Να υπολογιστεί:

(α) η ταχύτητα της αμαξοστοιχίας.

(β) το μήκος κύματος του ήχου που αντιλαμβάνεται ο παρατηρητής.

(γ) το χρονικό διάστημα για το οποίο ο παρατηρητής αντιλαμβάνεται τον ήχο της σειρήνας.

(δ) η απόσταση αμαξοστοιχίας παρατηρητή την στιγμή που ο παρατηρητής σταμάτησε να ακούει τον ήχο.

Δίνεται η ταχύτητα του ήχου στον αέρα, $v = 340m/s$.

Δ.Προβλήματα

Δ.1. Από την κορυφή (Α) ενός κεκλιμένου επιπέδου μεγάλου μήκους και γωνίας κλίσης θ αφήνουμε ελεύθερο να κινηθεί ένα σώμα Σ_1 μάζας $m_1 = 1kg$ το οποίο εμφανίζει με το κεκλιμένο επίπεδο συντελεστή τριβής ολίσθησης $\mu = 0,5$. Αφού διανύσει διάστημα (ΑΓ) = $x_1 = 4m$ κινούμενο στο κεκλιμένο επίπεδο, συναντά ακίνητο σώμα Σ_2 μάζας $m_2 = 3kg$, με το οποίο συγκρούεται μετωπικά και πλαστικά (σημείο Γ). Το συσσωμάτωμα που δημιουργείται από την κρούση των δύο σωμάτων διανύει διάστημα $x_2 = 2m$ και φτάνει στη βάση (Β) του κεκλιμένου επιπέδου. Να υπολογίσετε:

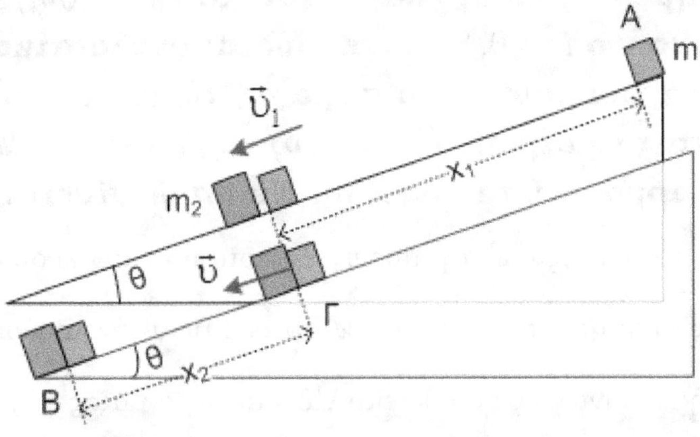

(α) την ταχύτητα του συσσωματώματος αμέσως μετά την κρούση.

(β) τη συνολική θερμότητα λόγω τριβών που παράχθηκε από τη στιγμή που αφήσαμε ελεύθερο το σώμα μάζας m_1 μέχρι τη στιγμή που το συσσωμάτωμα έφτασε στη βάση του κεκλιμένου επιπέδου.

(γ) την απώλεια της μηχανικής ενέργειας του συστήματος των δύο μαζών κατά τη κρούση.

(δ) το ποσοστό της αρχικής δυναμικής ενέργειας των σωμάτων Σ_1 και Σ_2 που έγινε θερμότητα μέχρι το συσσωμάτωμα να φτάσει στη βάση (B) του κεκλιμένου επιπέδου.

Να θεωρηθεί:

- *Το επίπεδο μηδενικής δυναμικής ενέργειας ταυτίζεται με το οριζόντιο επίπεδο που περνά από τη βάση του κεκλιμένου επιπέδου.*
- *'Ολη η απώλεια της μηχανικής ενέργειας του συστήματος κατά τη κρούση γίνεται θερμότητα.*
- *Το έργο που καταναλώνει η τριβή μετατρέπεται σε θερμότητα.*
- *Τα σώματα έχουν αμελητέες διαστάσεις.*
- *Ο συντελεστής τριβής ολίσθησης πριν και μετά την κρούση παραμένει ίδιος.*

Δίνονται: $\eta\mu\theta = 0,6$,$\sigma\upsilon\nu\theta = 0,8$ και η επιτάχυνση της βαρύτητας $g = 10m/s^2$.

Δ.2. Ένα σώμα μάζας $M = 3kg$ ισορροπεί δεμένο στο κάτω άκρο κατακόρυφου ιδανικού ελατηρίου σταθεράς $k = 100N/m$.

Δεύτερο σώμα μάζας $m = 1kg$, βάλλεται από το έδαφος από το σημείο Κ με αρχική ταχύτητα $\upsilon_0 = 10m/s$ και μετά από χρόνο $t = 0,8s$ συγκρούεται ανελαστικά με το M . Μετά την κρούση το σώμα m εξέρχεται από το m με ταχύτητα μέτρου $\upsilon' = 0,5m/s$. Το σώμα Μ εκτελεί απλή αρμονική ταλάντωση. Να υπολογίσετε:

(α) το μέτρο της ταχύτητας του σώματος m ελάχιστα πριν την κρούση.

(β) το μέτρο της ταχύτητας του σώματος M αμέσως μετά την κρούση.

(γ) το πλάτος της ταλάντωσης που θα εκτελέσει το σώμα μάζας M .

(δ) την αρχική μηχανική ενέργεια του συστήματος ελατήριο { σώμα μάζας m { σώμα μάζας M θεωρώντας σαν επίπεδο μηδενικής δυναμικής βαρυτικής ενέργειας αυτό που διέρχεται από το σημείο Κ.

Δίνεται η επιτάχυνση της βαρύτητας $g = 10m/s^2$.

Δ.3. Ένα πρωτόνιο Π_1 μάζας $m_1 = m$ κινούμενο με ταχύτητα μέτρου $v_1 = 10^6 m/s$ αλληλεπιδρά (συγκρούεται έκκεντρα και ελαστικά) με ένα άλλο ακίνητο πρωτόνιο Π_2 μάζας $m_2 = m$. Μετά την κρούση το πρωτόνιο Π_1 κινείται σε διεύθυνση που σχηματίζει γωνία $\theta = 30^o$ σε σχέση με την αρχική του πορεία.

Α. Να υπολογισθεί αμέσως μετά τη κρούση:

(α) το μέτρο της ταχύτητας του πρωτονίου Π_1.

(β) η ταχύτητα του πρωτονίου Π_2.

Β. Να βρεθεί το ποσοστό της κινητικής ενέργειας του πρωτονίου Π_1 που μεταφέρεται στο πρωτόνιο Π_2.

(γ) στην παραπάνω κρούση.

(δ) αν η κρούση ήταν κεντρική.

Δ.4. Στο κάτω άκρο κεκλιμένου επιπέδου γωνίας κλίσης $\phi = 30^o$ είναι στερεωμένο ιδανικό ελατήριο σταθεράς $k = 100N/m$. Στο πάνω ελεύθερο άκρο του ελατηρίου έχει προσδεθεί σώμα μάζας $m_1 = 2kg$ που ισορροπεί. Από την κορυφή του κεκλιμένου επιπέδου και από απόσταση $s = 0,15m$ από το m_1 , βάλλεται προς τα κάτω δεύτερο σώμα $m_2 = 1kg$ με αρχική ταχύτητα $v_0 = \sqrt{3}m/s$ και με κατεύθυνση τον άξονα του ελατηρίου που συγκρούεται κεντρικά με το m_1 . Μετά την κρούση η κίνηση του m_2 αντιστρέφεται, και διανύοντας απόσταση $d = 0,05m$ σταματάει. Το m_1 εκτελεί απλή αρμονική ταλάντωση.

Α. Να υπολογίσετε:

(α) την ταχύτητα του σώματος m_2 ελάχιστα πριν την κρούση.

(β) τις ταχύτητες των σωμάτων αμέσως μετά την κρούση.

(γ) τη μέγιστη συμπίεση του ελατηρίου από την αρχική του θέση.

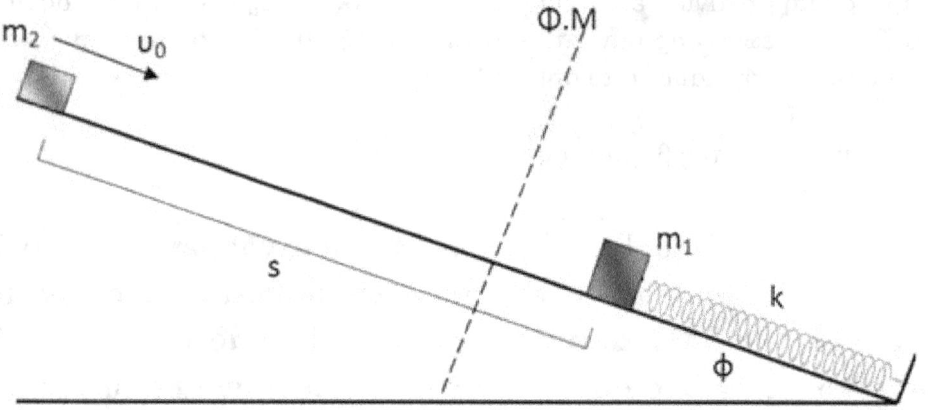

(δ) τη μέγιστη δυναμική ελαστική ενέργεια του ελατηρίου κατά την απλή αρμονική ταλάντωση του m_1.

Β. Να εξετάσετε αν η κρούση είναι ελαστική.

Δίνεται η επιτάχυνση βαρύτητας $g = 10m/s^2$.

Δ.5. Στο σχήμα το σώμα μάζας $m_1 = 5kg$ συγκρούεται ελαστικά και κεντρικά με το σώμα μάζας $m_2 = 5kg$. Αν είναι γνωστό ότι το ιδανικό ελατήριο βρίσκεται στο φυσικό μήκος του, ότι η μάζα του σώματος m_3 είναι $m_3 = 10kg$, η σταθερά του ελατηρίου είναι $k = 10N/m$, ο συντελεστής τριβής μεταξύ σωμάτων και επιπέδου είναι $\mu = 0,4$ και ότι η επιτάχυνση της βαρύτητας είναι $g = 10m/s^2$, να υπολογίσετε:

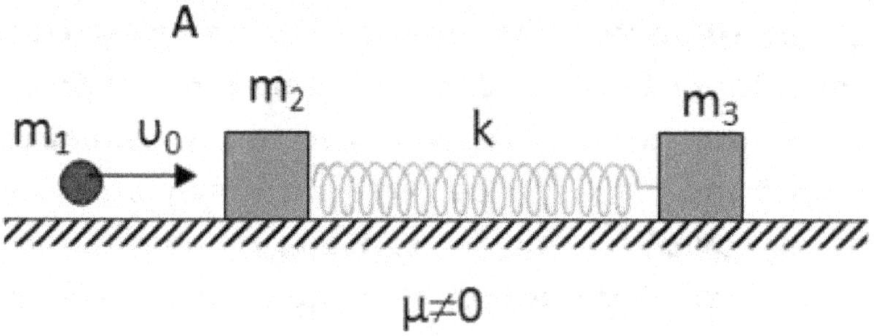

(α) τη μέγιστη επιτρεπτή παραμόρφωση του ελατηρίου ώστε να μην κινηθεί το m_3.

(β) τη μέγιστη ταχύτητα που μπορεί να έχει το m_1 ώστε να μην κινηθεί το m_3.

(γ) το μέτρο της μεταβολής της ορμής του m_1 στη διάρκεια της κρούσης.

(δ) τη θερμότητα που αναπτύχθηκε κατά τη διάρκεια του φαινομένου του ερωτήματος α.

Δ.6. Αρχικά η σφαίρα m_1 βρίσκεται ακίνητη και το νήμα σε κατακόρυφη θέση. Εκτρέπουμε τη σφαίρα μάζας $m_1 = m$ από την αρχική της θέση ώστε το νήμα μήκους $l = 1,6m$ να σχηματίζει με την κατακόρυφο γωνία $\phi = 60^o$ και την αφήνουμε ελεύθερη. Όταν αυτή περάσει από την αρχική της θέση ισορροπίας συγκρούεται ελαστικά με ακίνητο σώμα μάζας $m_2 = 3m$ που βρισκόταν πάνω σε οριζόντιο επίπεδο με τριβές. Το σώμα m_2 μετά την κρούση, αφού διανύσει διάστημα s σταματάει. Να βρεθούν:

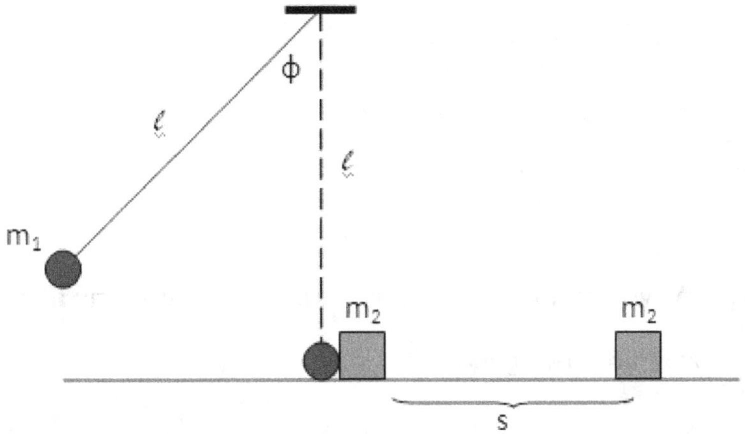

(α) Το μέτρο της ταχύτητας υ_1 του σώματος μάζας m ελάχιστα πριν την κρούση.

(β) Το συνημίτονο της τελικής γωνίας απόκλισης θ που θα σχηματίσει το νήμα με την κατακόρυφο μετά την ελαστική κρούση.

(γ) Το διάστημα s μέχρι να σταματήσει το σώμα m_2.

(δ) Το ποσοστό απώλειας της κινητικής ενέργειας του m_1 κατά την κρούση.

Δίνονται ο συντελεστής τριβής ολίσθησης μεταξύ σώματος και επιπέδου $\mu = 0,2$ και η επιτάχυνση της βαρύτητας $g = 10m/s^2$.

Δ.7. Το σώμα του παρακάτω σχήματος έχει μάζα $M = 0,98kg$ και ισορροπεί δεμένο στο κάτω άκρο κατακόρυφου νήματος μήκους $l = 2m$. Κάποια χρονική στιγμή βλήμα μάζας $m = 0,02kg$ σφηνώνεται στο σώμα μάζας M και το συσσωμάτωμα που προκύπτει, εκτελώντας κυκλική κίνηση, φτάνει σε θέση όπου το νήμα σχηματίζει με την κατακόρυφη γωνία ϕ τέτοια ώστε $\sigma\upsilon\nu\phi = 0,6$ και σταματά στιγμιαία. Να υπολογίσετε:

(α) Το μέτρο της ταχύτητας του συσσωματώματος αμέσως μετά την κρούση.

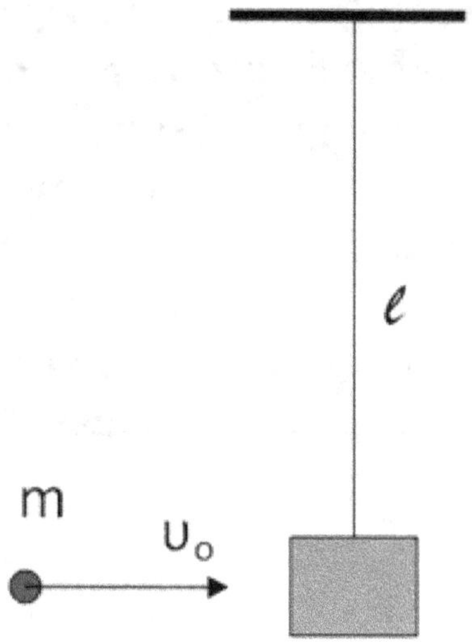

(β) Την αρχική ταχύτητα υ_0 του βλήματος.

(γ) Την τάση του νήματος πριν την κρούση.

(δ) Την τάση του νήματος αμέσως μετά την κρούση.

(ε) Τη μηχανική ενέργεια, που μετατράπηκε σε θερμότητα στην πλαστική κρούση.

Δίνεται η επιτάχυνση βαρύτητας $g = 10m/s^2$.

Δ.8. Ένα βλήμα μάζας $m = 0,1kg$ σφηνώνεται με ταχύτητα $\upsilon = 100m/s$ σε ακίνητο κιβώτιο μάζας $M = 0,9kg$ όπως φαίνεται στο παρακάτω σχήμα. Το κιβώτιο μπορεί να ολισθαίνει σε λείο οριζόντιο δάπεδο. Αν η δύναμη αντίστασης που εμφανίζεται μεταξύ βλήματος και κιβωτίου κατά την κρούση θεωρηθεί σταθερού μέτρου $F = 4500N$, να υπολογίσετε:

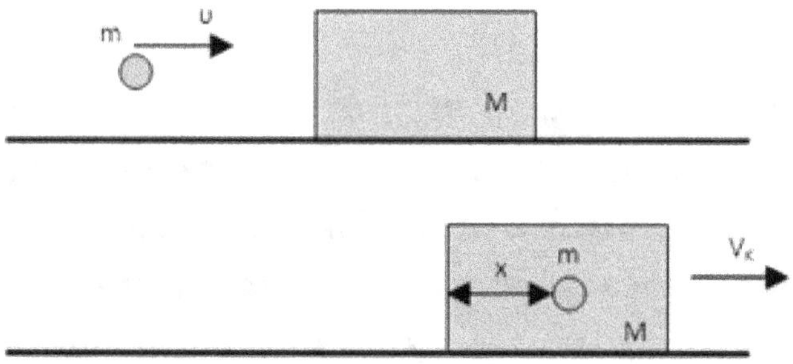

(α) Την κοινή ταχύτητα του συσσωματώματος.

(β) Τη μεταβολή της κινητικής ενέργειας του συστήματος (βλήμα { κιβώτιο) κατά τη διάρκεια της κρούσης.

(γ) Το χρόνο που διαρκεί η κίνηση του βλήματος σε σχέση με το κιβώτιο.

(δ) Πόσο βαθιά εισχωρεί το βλήμα στο κιβώτιο.

Δ.9. Το υλικό σημείο μάζας $m = \sqrt{3}kg$ αφήνεται να κινηθεί από το σημείο Α ενός λείου κατακόρυφου οδηγού σε σχήμα τεταρτοκυκλίου ακτίνας $R = 0,15m$. Όταν το υλικό σημείο φτάσει στο σημείο Β συγκρούεται ανελαστικά με μία λεπτή ομογενή κατακόρυφη ράβδο μάζας $M = 9kg$ και μήκους $l = R$ που μπορεί να περιστρέφεται χωρίς τριβές γύρω από το αρθρωμένο άκρο της Ο. Μετά την κρούση το υλικό σημείο αποκτά ταχύτητα μέτρου ίσου με το μισό από αυτό που είχε ελάχιστα πριν την κρούση και αντίθετης φοράς. Αν δίνονται η ροπή αδράνειας της ράβδου ως προς οριζόντιο άξονα που διέρχεται από το κέντρο μάζας της $I_{cm} = \frac{1}{12}Ml^2$ και η επιτάχυνση της βαρύτητας $g = 10m/s^2$, να υπολογίσετε:

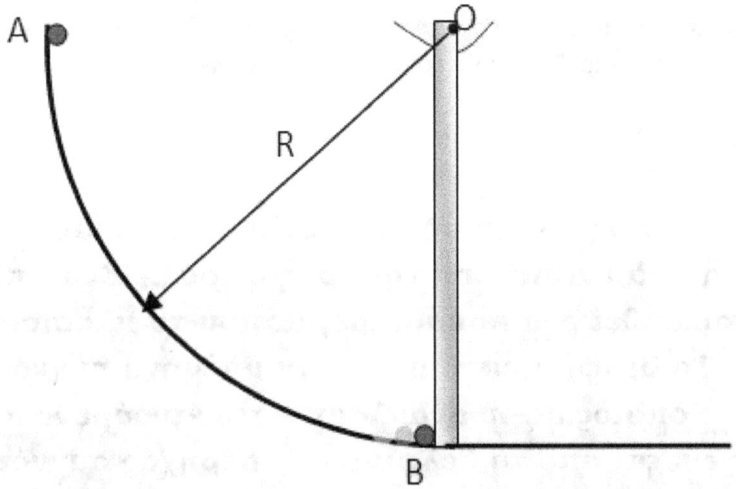

(α) το μέτρο της ταχύτητας του υλικού σημείου ελάχιστα πριν την κρούση.

(β) το μέτρο της γωνιακής ταχύτητας της ράβδου αμέσως μετά την κρούση.

(γ) τη μέγιστη γωνία εκτροπής που θα σχηματίσει η ράβδος με την κατακόρυφο.

(δ) την απόλυτη τιμή του ρυθμού μεταβολής της στροφορμής της ράβδου σε εκείνο το σημείο.

Δ.10. Ένα σώμα Σ_1 που έχει πάνω του προσαρμοσμένο δέκτη ηχητικών κυμάτων εκτελεί απλή αρμονική ταλάντωση στον οριζόντιο άξονα $x'Ox$ με εξίσωση στο $S.I.$ $x = A\eta\mu(10t + \frac{3\pi}{2})$. Στον θετικό ημιάξονα και σε απόσταση μεγαλύτερη από το πλάτος ταλάντωσης βρίσκεται ακίνητη μια σειρήνα που παράγει ηχητικά κύματα συχνότητας $f_s = 850Hz$.Να βρεθούν:

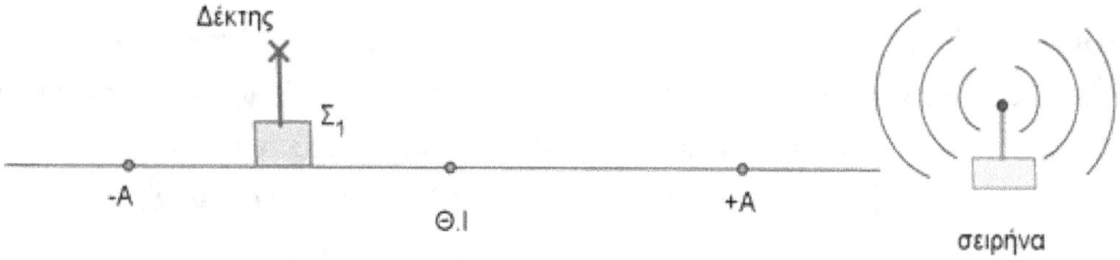

(α) ποια είναι η ελάχιστη και ποια είναι η μέγιστη συχνότητα του ήχου που ανιχνεύει ο δέκτης.

(β) πόσες φορές σε χρονική διάρκεια $\Delta t = \pi s$ ο ανιχνευτής μετρά ήχο ίδιας συχνότητας με τον ήχο που εκπέμπει η πηγή.

(γ) η συνάρτηση που περιγράφει πως μεταβάλλεται η συχνότητα που ανιχνεύει ο δέκτης σε σχέση με το χρόνο και να τη σχεδιάσετε σε αριθμημένους άξονες για χρονικό διάστημα ίσο με μια περίοδο της ταλάντωσης.

Δίνεται η ταχύτητα του ήχου στον αέρα $\upsilon = 340m/s$

Δ.11. Τα δελφίνια χρησιμοποιούν σύστημα εκπομπής και λήψης υπερήχων για να εντοπίζουν την τροφή τους. Ένα ακίνητο δελφίνι παρακολουθεί ένα κοπάδι ψάρια που το πλησιάζουν με ταχύτητα υ_A. Το δελφίνι εκπέμπει έναν υπέρηχο συχνότητας $f_s = 78,396kHz$, ο οποίος αφού ανακλαστεί στο κινούμενο κοπάδι ψαριών, ανιχνεύεται από το δελφίνι ως υπέρηχος συχνότητας $f_2 = 79,524kHz$. Τα ψάρια αντιλαμβάνονται το δελφίνι τη χρονική στιγμή $t = 0$ και αντιστρέφοντας αμέσως την ταχύτητά τους (χωρίς να αλλάξουν το μέτρο της) αρχίζουν να απομακρύνονται από αυτό. Το δελφίνι παραμένει ακίνητο μέχρι τη χρονική στιγμή $t = 3s$ και στη συνέχεια αρχίζει να κυνηγά το κοπάδι κινούμενο με σταθερή ταχύτητα $\upsilon_\Delta = 20m/s$. Να βρεθούν:

(α) η ταχύτητα υ_A των ψαριών.

(β) η συχνότητα του υπερήχου που ανιχνεύει το ακίνητο δελφίνι καθώς τα ψάρια απομακρύνονται από αυτό.

(γ) ποια χρονική στιγμή το δελφίνι θα φτάσει στο κοπάδι ψαριών αν τα ψάρια πλησίασαν το δελφίνι σε απόσταση $d = 120m$ και πόση απόσταση θα έχει διανύσει το κοπάδι αλλά και το δελφίνι έως τότε.

Δίνεται η ταχύτητα των υπέρηχων στο νερό $\upsilon = 1400m/s$.

Δ.12. Το σώμα Σ_1 του σχήματος έχει μάζα $m_1 = 1kg$, φέρει ενσωματωμένο ανιχνευτή ήχου και αρχικά ισορροπεί δεμένο στο ελεύθερο άκρο οριζόντιου ελατηρίου σταθεράς $k = 100N/m$. Εκτρέπουμε το σώμα κατά $d = A = 0,2m$ προς την αρνητική κατεύθυνση και το αφήνουμε ελεύθερο να κινηθεί στο λείο οριζόντιο επίπεδο. Στη διεύθυνση ταλάντωσης και στο σημείο Γ υπάρχει ακίνητη πηγή ήχου που εκπέμπει κύματα συχνότητας $f_s = 510Hz$. Όταν το Σ_1 βρίσκεται σε απομάκρυνση: $x = 0,1\sqrt{3}m$ κατευθυνόμενο προς την ηχητική πηγή, συγκρούεται πλαστικά με σώμα Σ_2, μάζας $m_2 = 3kg$, το οποίο κινείται σε αντίθετη κατεύθυνση με ταχύτητα $\upsilon_2 = 3m/s$. Να βρεθούν:

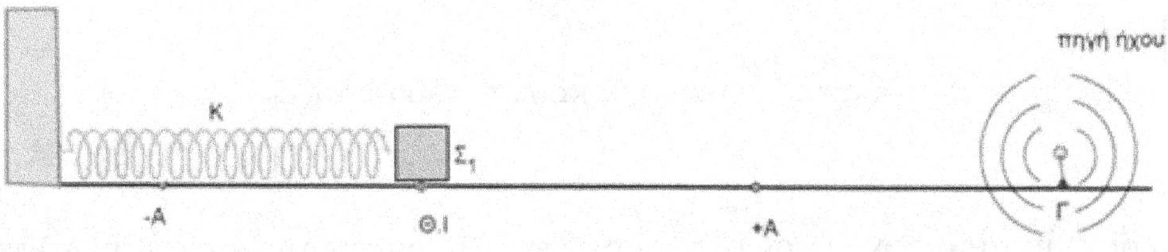

(α) η μέγιστη τιμή της συχνότητας που θα καταγράψει ο ανιχνευτής πριν την κρούση.

(β) η συχνότητα που καταγράφει ο ανιχνευτής ελάχιστα πριν την κρούση

(γ) η σχέση που δίνει τη συχνότητα που ανιχνεύει ο ανιχνευτής σε συνάρτηση με το χρόνο πριν την κρούση, θεωρώντας $t = 0$ την στιγμή που το Σ_1 είναι στη θέση ισορροπίας του και κινείται προς τα θετικά.

(δ) η συχνότητα που καταγράφει ο ανιχνευτής αμέσως μετά την κρούση καθώς και το ποσοστό της επί % μεταβολής της συχνότητας που καταγράφει ο δέκτης κατά την κρούση.

Δίνεται η ταχύτητα του ήχου στον αέρα $\upsilon = 340m/s$

Δ.13. Ένα σώμα Σ_1, μάζας $m_1 = 1kg$, που φέρει ενσωματωμένη σειρήνα συχνότητας $f_s = 538Hz$, κινείται στον οριζόντιο άξονα $x'Ox$ και προς τη θετική κατεύθυνση με ταχύτητα v_1 . Μπροστά από το Σ_1 κινείται προς την ίδια κατεύθυνση ένα δεύτερο σώμα Σ_2, μάζας $m_2 = 2m_1$, με ταχύτητα $v_2 = 5m/s$. Ένας ακίνητος παρατηρητής βρίσκεται πάνω στον οριζόντιο άξονα $x'Ox$ και δεξιότερα από τα δύο σώματα. Τη χρονική στιγμή $t = 0$ το σώμα Σ_1 απέχει $120m$ από τον παρατηρητή, ο οποίος αντιλαμβάνεται τον ήχο της σειρήνας να έχει συχνότητα $f_A = 561Hz$. Μετά από χρονικό διάστημα Δt το Σ_1 φτάνει στο Σ_2 και συγκρούεται με αυτό πλαστικά. Το συσσωμάτωμα αφού κινηθεί για χρονικό διάστημα Δt προσπερνά τον παρατηρητή τη χρονική στιγμή $t = 2\Delta t$. Να βρεθούν:

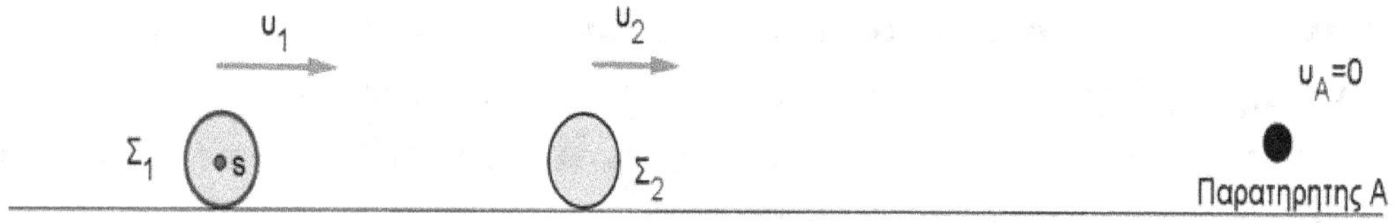

(α) η ταχύτητα του σώματος Σ_1 πριν την κρούση του με το Σ_2.

(β) η συχνότητα του ήχου που αντιλαμβάνεται ο παρατηρητής Α μετά την πλαστική κρούση.

(γ) η χρονική στιγμή που το συσσωμάτωμα προσπερνά τον παρατηρητή.

(δ) και να σχεδιαστεί σε αριθμημένους άξονες το μήκος κύματος που αντιλαμβάνεται ο παρατηρητής σε σχέση με το χρόνο για το χρονικό διάστημα $0 \leq t \leq 12s$.

Δίνεται η ταχύτητα του ήχου στον αέρα $v = 340m/s$.

Δ.14. Ένα περιπολικό που στέκεται ακίνητο στην άκρη του δρόμου έχει σειρήνα που εκπέμπει κύματα συχνότητας $f_s = 510Hz$. Ένας ποδηλάτης (παρατηρητής Α) που βρίσκεται ακίνητος ακριβώς δίπλα στο περιπολικό ξεκινά τη χρονική στιγμή $t = 0$ ομαλά επιταχυνόμενη κίνηση με $\alpha = 1m/s^2$ απομακρυνόμενος από αυτό. Την ίδια χρονική στιγμή το περιπολικό ενεργοποιεί τη σειρήνα του. Ένας αθλητής (παρατηρητής Β) που κινείται με σταθερή ταχύτητα υ_B πλησιάζοντας το περιπολικό αντιλαμβάνεται ότι η συχνότητα του ήχου της σειρήνας είναι f_B. Τη χρονική στιγμή $t = 18s$ ο ποδηλάτης αντιλαμβάνεται ήχο συχνότητας f_A που διαφέρει από την f_B κατά $36s$.

(α) Να βρεθεί η ταχύτητα με την οποία κινείται ο αθλητής καθώς και η συχνότητα του ήχου που αντιλαμβάνεται.

(β) Να βρεθεί η συχνότητα f_A του ήχου που αντιλαμβάνεται ο ποδηλάτης σε συνάρτηση με το χρόνο.

(γ) Να γίνει σε αριθμημένους άξονες το διάγραμμα της συχνότητας f_A του ήχου που αντιλαμβάνεται ο ποδηλάτης σε συνάρτηση με το χρόνο για το χρονικό διάστημα $0 \leq t \leq 18s$.

(δ) Να βρεθεί αριθμός των μεγίστων που άκουσε συνολικά ο ποδηλάτης στο χρονικό διάστημα $0 \leq t \leq 18s$.

Δίνεται $\upsilon = 340m/s$.

Δ.15. **Ένας ακίνητος παρατηρητής ενώ βρίσκεται στο μέσο Μ μιας γέφυρας ΑΒ μήκους L αντιλαμβάνεται σε απόσταση d, από το άκρο Α της γέφυρας, ένα τρένο να πλησιάζει με ταχύτητα υ_0 . Ταυτόχρονα ακούει τον ήχο της σειρήνας του τρένου η οποία έχει συχνότητα $f_s = 300Hz$, ενώ αυτός αντιλαμβάνεται τον ήχο της με συχνότητα $f_A = 340Hz$. Ο παρατηρητής αρχίζει αμέσως να τρέχει (χρονική στιγμή $t = 0$) με σταθερή ταχύτητα $\upsilon_A = 8m/s$ προς το άκρο Β της γέφυρας και χρειάζεται χρόνο t_A να φτάσει σε αυτό. Ο μηχανοδηγός από την απόσταση d που βρίσκεται ενεργοποιεί το σύστημα φρένων του τρένου, δίνει σε αυτό σταθερή επιτάχυνση $\alpha = -0,5m/s^2$ και ακινητοποιεί το τρένο στο άκρο Β της γέφυρας μετά από χρονικό διάστημα t_A. Να υπολογίσετε:**

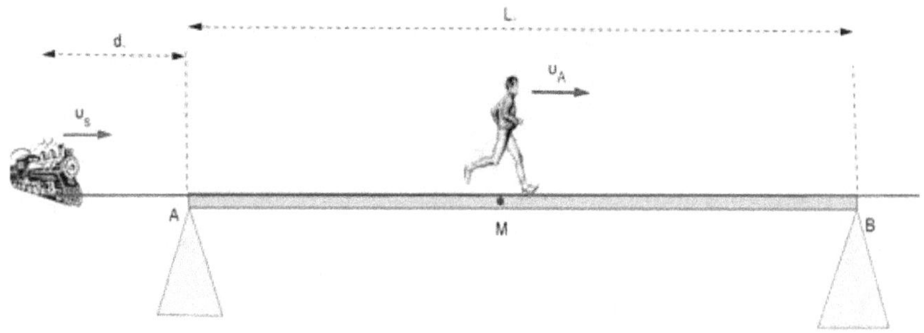

(α) την αρχική ταχύτητα του τρένου.

(β) το μήκος L της γέφυρας καθώς και τη συνολική απόσταση που διέτρεξε το τρένο μέχρι να σταματήσει.

(γ) τις συναρτήσεις που δίνουν τις θέσεις του τρένου και του παρατηρητή σε σχέση με το χρόνο για όλο το χρονικό διάστημα της επιβραδυνόμενης κίνησης του τρένου. Να θεωρήσετε $x = 0$ τη θέση του τρένου τη χρονική στιγμή $t = 0$. Να σχεδιάσετε τις συναρτήσεις σε κοινό ορθογώνιο αριθμημένο σύστημα αξόνων.

(δ) ποια ήταν η τελευταία συχνότητα που αντιλήφθηκε ο παρατηρητής πριν τον προσπεράσει το τρένο. (το αποτέλεσμα να δοθεί με ακρίβεια ενός δεκαδικού ψηφίου)

Δίνεται $\upsilon = 340m/s$.

Μέρος II

Χρήσιμη Τριγωνομετρία

Πίνακας ημιτόνων συνημιτόνων

ϕ (rad)	$\eta\mu(\phi)$	$\sigma\upsilon\nu(\phi)$	$\varepsilon\phi(\phi)$
0	0	1	0
$\pi/6$	1/2	$\sqrt{3}/2$	$\sqrt{3}/3$
$\pi/4$	$\sqrt{2}/2$	$\sqrt{2}/2$	1
$\pi/3$	$\sqrt{3}/2$	1/2	$\sqrt{3}$
$\pi/2$	1	0	δ.ο.
π	0	-1	0
$3\pi/2$	-1	0	δ.ο.
2π	0	1	0

Χρήσιμες σχέσεις

$$\eta\mu^2\phi + \sigma\upsilon\nu^2\phi = 1, \qquad \varepsilon\phi\phi = \frac{\eta\mu\phi}{\sigma\upsilon\nu\phi}$$

$$\eta\mu(\phi_1 \pm \phi_2) = \eta\mu\phi_1\sigma\upsilon\nu\phi_2 \pm \eta\mu\phi_2\sigma\upsilon\nu\phi_1$$

$$\sigma\upsilon\nu(\phi_1 \pm \phi_2) = \sigma\upsilon\nu\phi_1\sigma\upsilon\nu\phi_2 \mp \eta\mu\phi_1\eta\mu\phi_2$$

$$\eta\mu\phi_1 + \eta\mu\phi_2 = 2\eta\mu(\frac{\phi_1 + \phi_2}{2})\sigma\upsilon\nu(\frac{\phi_1 - \phi_2}{2})$$

$$\eta\mu\phi_1 - \eta\mu\phi_2 = 2\eta\mu(\frac{\phi_1 - \phi_2}{2})\sigma\upsilon\nu(\frac{\phi_1 + \phi_2}{2})$$

$$\eta\mu 2\phi = 2\eta\mu\phi\sigma\upsilon\nu\phi$$

$$\sigma\upsilon\nu 2\phi = \sigma\upsilon\nu^2\phi - \eta\mu^2\phi$$

Τριγωνομετρικές εξισώσεις

Ημιτόνου

$\eta\mu x = \eta\mu\phi \Rightarrow x = 2k\pi + \phi$ ή $x = 2k\pi + \pi - \phi$ για $k = 0, 1, 2, ...$

Συνημιτόνου

$\sigma\upsilon\nu x = \sigma\upsilon\nu\phi \Rightarrow x = 2k\pi \pm \phi$ για $k = 0, 1, 2, ...$

Εφαπτομένης

$\varepsilon\phi x = \varepsilon\phi\phi \Rightarrow x = k\pi + \phi$ για $k = 0, 1, 2, ...$

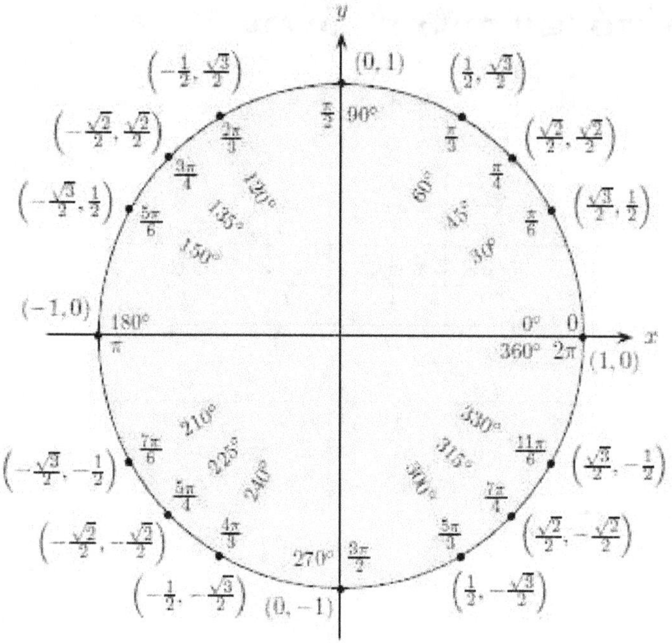

Τριγωνομετρικός Κύκλος

$\eta\mu(2k\pi + \phi) = \eta\mu\phi, \quad \sigma\upsilon\nu(2k\pi + \phi) = \sigma\upsilon\nu\phi$, για κ=0,1,2,..

$\sigma\upsilon\nu(-\phi) = \sigma\upsilon\nu\phi, \quad \eta\mu(-\phi) = -\eta\mu\phi = \eta\mu(\phi + \pi)$

- **1ο τεταρτημόριο** $\eta\mu\phi > 0$, $\sigma\upsilon\nu\phi > 0$
- **2ο τεταρτημόριο** $\eta\mu\phi > 0$, $\sigma\upsilon\nu\phi < 0$
- **3ο τεταρτημόριο** $\eta\mu\phi < 0$, $\sigma\upsilon\nu\phi < 0$
- **4ο τεταρτημόριο** $\eta\mu\phi < 0$, $\sigma\upsilon\nu\phi > 0$

Διαφορά φάσης

$$\eta\mu\phi = \sigma\upsilon\nu(\pi/2 - \phi), \quad \sigma\upsilon\nu\phi = \eta\mu(\pi/2 - \phi)$$

www.ingramcontent.com/pod-product-compliance
Lightning Source LLC
Chambersburg PA
CBHW081612200526
45167CB00019B/2277
* 9 7 8 1 4 9 3 6 0 6 0 1 6 *